高职高专“十二五”规划教材

无机及分析化学

聂英斌　主　编
许小青　陈　淼　孙双姣　副主编

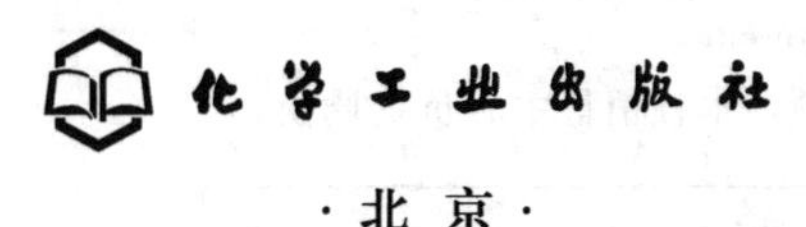

·北京·

本书是根据教育部颁发的高职高专药学类、医学检验类专业对无机化学与分析化学的教学基本要求，将无机化学和分析化学的内容整合后编写。全书共有9个项目，包括物质结构、化学反应及化学反应平衡、一般溶液性质及配制、分析基础知识、酸碱反应与酸碱滴定法、配位反应与配位滴定法、氧化还原反应与氧化还原滴定、沉淀滴定与沉淀分析法、紫外-可见光谱法。每个项目包括若干任务单元，各任务由“任务书”、“技能训练和解析”、“知识宝库”三部分组成。任务内容以典型实验为载体，融入知识学习，实现理论与实践的紧密相连，学生在“做中学”和“学中做”，强化学习效果，激发学习兴趣。每个项目还设有“项目引入”、“知识要点”、“习题”等内容，融入生产生活中的应用实例，梳理主要知识内容，诠释重要知识点，精选了典型例题，帮助学生理解、掌握和提高，具有较强指导作用。

本书语言简练，通俗易懂，紧密联系生产、生活实际，内容丰富，围绕职业能力的培养，强化训练，实用性强。书中采用了现行国家标准规定的术语、符号和单位，体现了科学性和先进性。本书可作为高职高专药学类、医学检验类等专业的教学用书，也可作为化工类等相关专业的教学用书以及企业分析检验人员培训和参考用书。

图书在版编目（CIP）数据

无机及分析化学/聂英斌主编．—北京：化学工业出版社，2016.2（2023.8重印）

高职高专“十三五”规划教材

ISBN 978-7-122-26046-8

Ⅰ．①无…　Ⅱ．①聂…　Ⅲ．①无机化学-高等职业教育-教材②分析化学-高等职业教育-教材　Ⅳ．①O61②O65

中国版本图书馆 CIP 数据核字（2016）第 011796 号

责任编辑：旷英姿　　文字编辑：刘志茹

责任校对：边　涛　　装帧设计：史利平

出版发行：化学工业出版社（北京市东城区青年湖南街13号　邮政编码100011）

印　　装：三河市延风印装有限公司

787mm×1092mm　1/16　印张 18½　彩插 1　字数 445 千字　2023年8月北京第1版第5次印刷

购书咨询：010-64518888　　售后服务：010-64518899

网　　址：http://www.cip.com.cn

凡购买本书，如有缺损质量问题，本社销售中心负责调换。

定　　价：38.00元

编写人员

主　编　聂英斌

副主编　许小青　陈　森　孙双姣

编　者　（以姓名笔画为序）

许小青　江苏卫生健康职业学院

孙双姣　邵阳医学高等专科学校

陈　森　吉林工业职业技术学院

陈立颖　吉林工业职业技术学院

贺　丽　吉林工业职业技术学院

袁　静　江苏联合职业技术学院南通卫生分院

聂英斌　吉林工业职业技术学院

徐　容　江苏联合职业技术学院南通卫生分院

前言
Preface

本书是为高职高专类院校“无机及分析化学”课程教学编写的特色教材。全书突出了项目导向，配合项目化教学改革，满足理实一体化教学需要，培养分析解决问题能力，提升职业技能，符合高职高专教育特点和教学要求。全书体现了以下特点。

1. 本书基于项目化导向，将无机化学和分析化学的内容合理整合，并以项目化教学的形式编撰。全书分为9个项目，涵盖物质结构、化学反应及化学反应平衡、四大反应平衡和四大滴定、紫外-可见光谱法等主要内容。每个项目以典型实验任务为载体，承载必要的理论知识，体现理论与实际的密切联系，促使学生“做中学”和“学中做”。围绕高职教育的人才培养目标和岗位需要来确定学习内容，职业素质训练的深广度符合高职院校无机及分析化学的教学需要。

2. 项目内容结构紧凑，按照“项目引入—任务书—技能训练和解析—知识宝库—知识要点—习题”的顺序编排，较好地辅助了项目化教学的实施。“项目引入”结合生活实例点明实践应用，生动具体，便于学习者接受；“任务书”明确操作和学习任务；“技能训练和解析”以实际任务为教学载体，进行职业技能培养，通过步骤框图，直观解析操作步骤；“知识宝库”中讲解理论知识，够用为度；“知识要点”梳理主要知识内容，对重要知识点进行简要诠释；典型“习题”考察学习者的运用能力，强化训练，促进学习者的融会贯通。

3. 本书突出编写了其他教材中少见的操作步骤框图，并在其中设计填空；仪器和试剂以列表形式体现，并设计实验准备情况的自检填空；为每个操作任务编写数据记录表格。由此引导学习者学会主动思考，积极实践，解读分析规程，培养分析思考能力和良好职业习惯，激发学生的学习和实践兴趣，达到高职教育课程设定的知识、技能和素质目标。

4. 按照“实用为主、够用为度、应用为本”的原则，本书对艰涩的理论推导过程合理地删减和整合，加重了职业技能训练比例。每个项目的理论知识、技能操作任务、习题练习相配套，相辅相成，环环相扣，循序渐进，构成有机统一的内容体系。

5. 本书符合高职高专教育特点，文字叙述层次清晰，语言简练，结合生产生活事例编写任务内容，通俗易懂；例题配有解题思路和详细步骤；较多运用图和表的形式，使学习者便于理解，方便师生教学使用。

本教材由吉林工业职业技术学院聂英斌任主编，江苏卫生健康职业学院许小青、吉林工业职业技术学院陈淼和邵阳医学高等专科学校孙双姣任副主编，吉林工业职业技术学院贺丽和陈立颖、江苏联合职业技术学院南通卫生分院徐容和袁静参编。项目1和项目2由陈淼编写，项目3由许小青编写，项目4和项目9由聂英斌编写，项目5由徐容编写，项目6由贺丽编写，项目7由袁静编写，项目8由孙双姣编写。陈立颖负责撰写绪论和修订实验内容，并参加全书的修改定稿。

为方便教学，本书配套有教学课件，有需要的读者可向编写教师邮箱 nielan1206@163.com 发信免费索取电子稿。

本书的编写出版承蒙化学工业出版社的鼎力支持和热忱帮助，在此表示诚挚的谢意。

本书尝试编写项目化导向教材，限于编者水平，书中可能存在欠妥之处，我们殷切期待与从事职业教育的同行们切磋，非常欢迎广大读者批评指正。

编者

2015年12月

目录

Contents

绪论

1. 学科分类

化学在发展过程中，依照所研究的分子类别和研究手段、目的、任务的不同，派生出不同层次的许多分支。在 20 世纪 20 年代以前，化学分为无机化学、有机化学、物理化学和分析化学四个分支。20 年代以后，由于世界经济的高速发展，化学键的电子理论和量子力学的诞生、电子技术和计算机技术的兴起，化学研究在理论上和实验技术上都获得了新的手段，导致这门学科从 30 年代以来飞跃发展，出现了崭新的面貌。现在化学内容主要包括了物理化学、生物化学、无机化学、有机化学、应用化学、化学工程学、高分子化学七大分支学科（见图 0-1）。

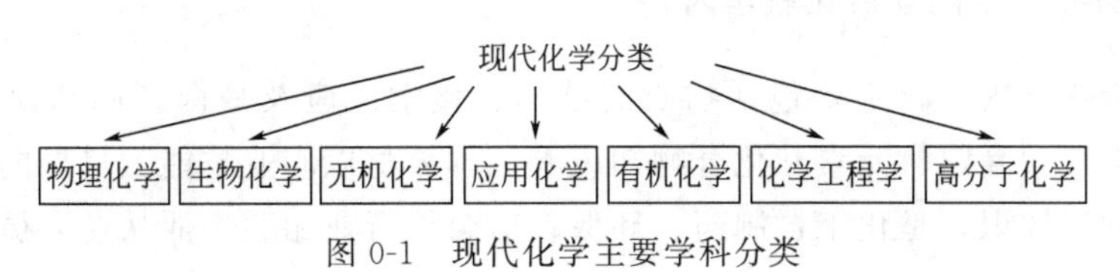

图 0-1　现代化学主要学科分类

2. 无机及分析化学的任务和基本内容

物质世界千变万化，对它们的性质、组成、作用和发展情况进行了解，是人们的基本要求。一般从无机化学入手，采用分析手段进行物质测试和研究。再学习有机化学、物理化学等。无机化学与分析化学二者紧密相连，密不可分，并为其他学科的学习打下基础。二者的主要内容和联系，见图 0-2。

无机化学的任务是研究除烃和烃的衍生物外的所有化合物的结构、性质、反应和应用的学科。内容以物质结构理论和四大平衡为基础，讨论元素及其化合物的性质和反应。

分析化学的任务是通过对物质进行测定分析，研究物质的化学组成、含量、结构的学科。内容以四大滴定为主的化学分析及仪器分析法为基础，涵盖分析基本知识和操作技术等。

无机化学与分析化学，是化工行业的从业人员必备的化学基础知识，内容密切相关，因此将二者知识内容经过整合和优化（主要将四大平衡与四大滴定内容整合），形成一个有机

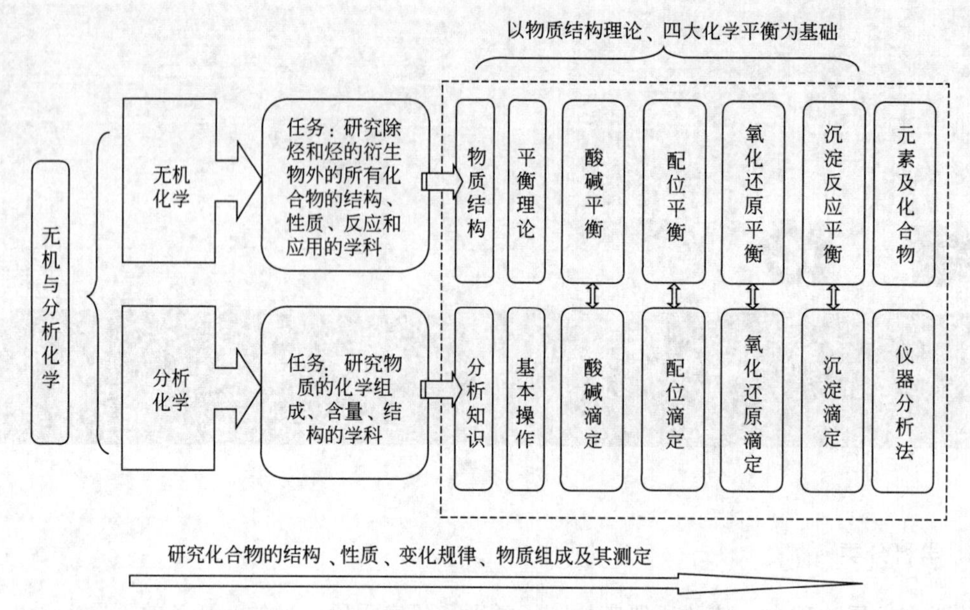

图 0-2 无机与分析化学的任务与主要内容的关联

整体，即无机及分析化学。

无机及分析化学的任务是讨论重要元素及其化合物的结构、性质、变化规律、物质组成及其测定的一般方法。学习无机及分析化学知识，与各专业对化学基础要求相结合，可以为相关工作的从业实践打下必要的基础。

3. 无机及分析化学的项目化教学内容

无机及分析化学内容，主要包括物质的结构、化学反应及平衡基础知识、分析基础知识、四大平衡与四大滴定、元素和化合物知识等。本教材以职业技能项目导向形式编写。

化学基础理论知识，是化工、制药、环保、冶金等行业相关专业从业人员必备的学科知识，不仅要学懂，更要会用。基于此目的，本教材以实际化学反应和分析案例为载体，承载知识的解读和学习，适应项目化教学需要。

本教材中每一个项目内容以生活实例或职业案例导入，点明知识应用。其中每一个任务，以技能训练操作，融入知识解读，后附“知识宝库”讲解必要的原理和理论。

项目内容编排顺序为：“项目引入—任务书—技能训练和解析—知识宝库—职业技能测试—例题—习题”，整体符合学习者的认知规律。学习时，由生活实际导入项目内容，以任务内容的解读和分析，引导查阅“知识宝库”，进行原理和理论的学习。然后，进行任务实践和操作，得出结论。最后习题练习巩固理论知识的学习效果。

4. 无机及分析化学的学习方法

① 注重无机化学和分析化学的有机结合，以无机化学的原理作为分析化学分析实验的指导，以分析化学的方法手段去验证无机化学的原理理论，两者相辅相成，这样才能抓住要领，举一反三。

② 注重自学能力培养。无机及分析化学将化学理论与分析方法手段有机地结合在一起，

为培养学生自学能力提供了方便条件。只有具备了良好的自学能力，学生才能在将来的工作中应对层出不穷的新的理论知识、分析方法和手段。

③ 注重实用性。努力做到学生所学知识在工作中能够用到，并使学生具备学以致用的能力。

④ 注重创新。鼓励在现有基础上发现新的方法和手段。

5. 无机及分析化学的应用和发展

随着科学的发展，无机化学产生了普通元素化学、无机高分子化学、稀有元素化学、无机合成化学、稀土元素化学、同位素化学、配位化学、金属间化合物化学等许多分支。分析化学也根据不同的任务产生了定性分析、定量分析、结构分析、形态分析、能态分析等相应的方法和手段。分析化学吸取当代科学技术的最新成就（包括化学、物理、数学、电子学、生物学等），利用物质的一切可以利用的性质，研究新的检测原理，开发新的仪器设备，建立表征测量的新方法和新技术，最大限度地从时间和空间的领域里获取物质的结构信息和质量信息。分析化学的发展又进一步促进了物质的表征和反应机理等的研究，推动无机化学迈向新的台阶，也为新型材料发明、应用和各学科的相关领域研究打下基础。它们在经济贸易、工业生产、国防建设、新材料、新能源开发、环境资源开发利用与保护、生命科学研究、法律执行、社会生活等诸多领域，发挥着不可或缺的作用。

项目1

物质结构

项目引入

我们周围千姿百态的物质都是由分子、原子组成的。要研究物质的性质及化学变化规律，首先必须了解这些物质的微观结构。

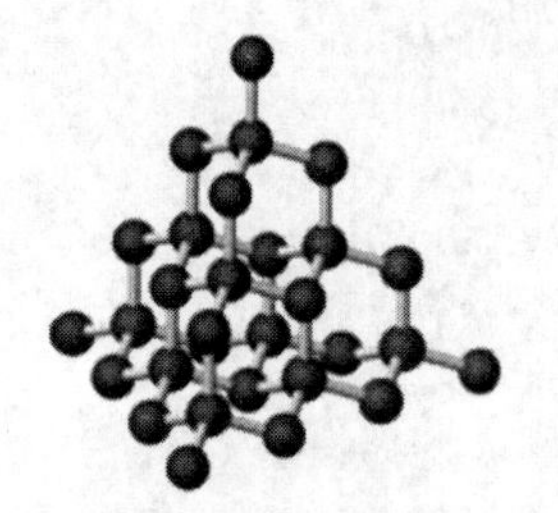
金刚石微观示意图

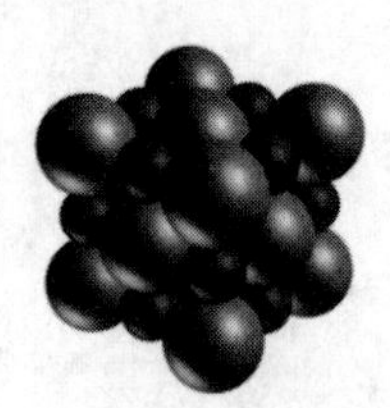
NaCl微观示意图

雪花形状图例

本节任务通过技能操作，理解物质的构成，理解元素周期变化规律，观察物质微观结构对性质的影响。

任务	技能训练和解析	知识宝库
1.1　认识元素性质和原子结构	1.1.2　同周期元素化学性质的认识实践 1.1.3　同主族元素化学性质的认识实践	1.1.4　原子结构
1.2　认识分子和晶体结构	1.2.2　分子立体结构和物质颜色的关系实验 1.2.3　分子结构和物质溶解性的关系实验 1.2.4　碘晶体的升华实验	1.2.5　分子结构 1.2.6　晶体

任务 1.1　认识元素性质和原子结构

1.1.1　任务书

通过技能训练操作任务中物质的化学反应，了解同周期、同主族元素化学性质变化的递变规律，理解元素周期表和元素周期律。并会根据元素原子核外电子的分布、原子结构，理解元素的化学性质。

 1.1.2 技能训练和解析

同周期元素化学性质的认识实践

1. 任务原理

（1）金属与水反应

$$2Na+2H_2O = 2NaOH+H_2\uparrow$$

$$Mg+2H_2O \overset{\triangle}{=} Mg(OH)_2+H_2\uparrow$$

（2）金属与酸反应

$$Mg+2HCl = MgCl_2+H_2\uparrow$$

$$2Al+6HCl = 2AlCl_3+3H_2\uparrow$$

（3）金属氧化物对应水化物的碱性比较

$$MgCl_2+2NaOH = Mg(OH)_2\downarrow+2NaCl$$

$$AlCl_3+3NaOH = Al(OH)_3\downarrow+3NaCl$$

$$Al(OH)_3+NaOH = NaAlO_2+2H_2O$$

（4）硫与氯的非金属性比较

$$Cl_2+H_2S = S\downarrow+2HCl$$

2. 任务材料

	仪器和试剂	准备情况
仪器	烧杯、试管、试管夹、酒精灯、砂纸、滤纸、胶头滴管、小刀、玻璃片、镊子	
试剂	钠(固)、镁(固)、铝(固)、氯化镁溶液、氯化铝溶液、氢氧化钠溶液、5%HCl溶液、酚酞、氢硫酸、氯水	

注：学生实验前检查仪器、试剂、样品是否准备齐全，在“准备情况”中打“√”。本书后续设计亦如此。

3. 任务操作

（1）金属与水反应

如图1-1所示进行任务操作，将数据填入表1-1中。

① 用镊子取出一小块金属钠，用滤纸吸干表面的煤油，将钠放在玻璃片上，用小刀切下大米粒大小的一块金属钠，放入盛有50mL水的烧杯中，加入2滴酚酞试液，观察现象。

② 取一小段镁带，用砂纸去除表面的氧化膜，放入盛有3mL水的试管中，滴入2滴酚酞试液，观察现象。

③ 取一小段铝带，用砂纸去除表面的氧化膜，再浸入氢氧化钠溶液中，以除去表面的氧化铝，用蒸馏水冲刷干净，立即放入盛有3mL水的试管中，滴入2滴酚酞试液，观察现象。

④ 对操作现象不明显的，加热后再观察现象。

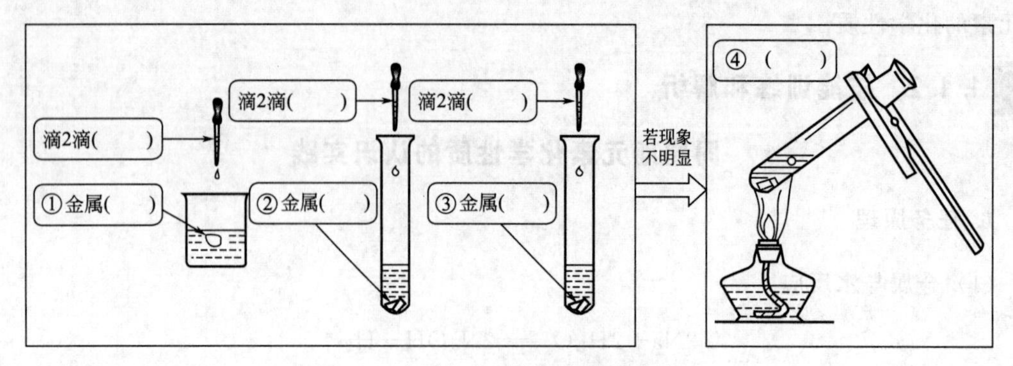

图 1-1　金属与水反应操作步骤示意图

(2) 金属与酸反应

如图 1-2 所示进行两个任务操作，将数据填入表 1-2 中。

① 取一小段铝带（用砂纸去除表面的氧化膜），放入 2mL 5% HCl 溶液的试管中，观察现象。

② 取一小段镁带（用砂纸去除表面的氧化膜），放入 2mL 5% HCl 溶液的试管中，观察现象。

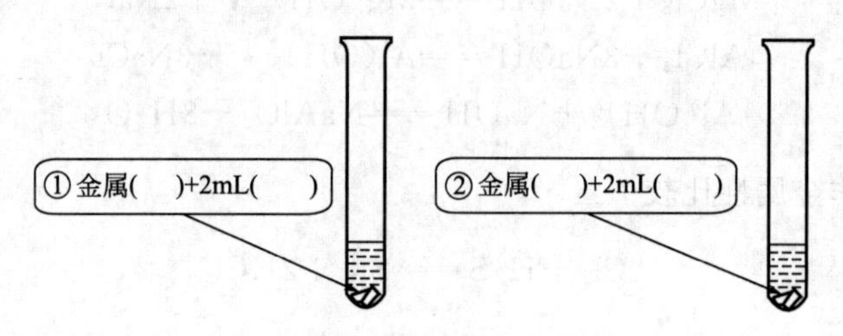

图 1-2　金属与酸反应操作步骤示意图

(3) 金属氯化物对应水化物的碱性比较

如图 1-3 所示进行两个任务操作，将数据填入表 1-3 中。

① 在盛有 3mL 氯化镁溶液的试管中，逐滴滴入过量的氢氧化钠溶液，观察现象。

② 在盛有 3mL 氯化铝溶液的试管中，逐滴滴入过量的氢氧化钠溶液，观察现象。

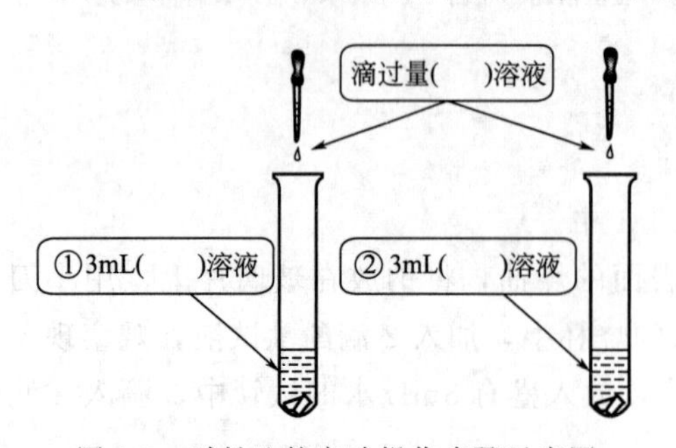

图 1-3　碱性比较实验操作步骤示意图

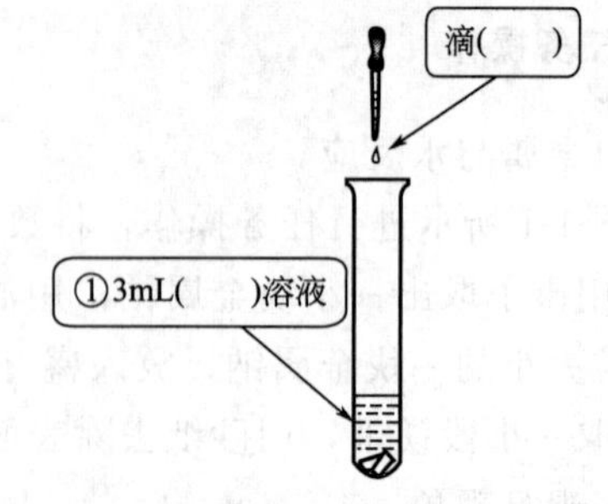

图 1-4　硫与氯非金属性实验操作步骤示意图

(4) 硫与氯非金属性比较

如图 1-4 进行任务操作，向试管中加入约 3mL 氢硫酸，然后滴入氯水，观察现象，将数据填入表 1-4 中。

4. 记录与报告单

(1) 现象记录

表 1-1 金属与水反应操作现象

操作	Na	Mg	Al
与冷水反应			
与热水反应	—		

表 1-2 金属与酸反应操作现象

操作	Mg	Al
与盐酸反应		

表 1-3 金属氯化物对应水化物的碱性比较的操作现象

操作	$MgCl_2$	$AlCl_3$
滴加过量 NaOH		

表 1-4 硫与氯非金属性比较的操作现象

操作	H_2S
滴加氯水	

(2) 操作结论

① 通过金属与水反应，得出金属性强弱顺序为：________。

② 通过金属与酸反应，得出金属性强弱顺序为：________。

③ 通过金属氯化物对应水化物的碱性比较，得出镁、铝氯化物对应水化物 $Mg(OH)_2$ 与 $Al(OH)_3$ 的碱性，$Al(OH)_3$ 具有两性，证明金属性强弱顺序为：________。

④ 通过硫与氯非金属性比较，得出氯水中的单质氯置换出硫化氢中的硫，非金属性强弱顺序为：________。

根据以上几个操作，得出金属性强弱顺序为：________，非金属性强弱顺序为：________。从而可以推出第三周期元素按原子序数增加，金属性逐渐________，非金属性逐渐________，进一步得出在同一周期中，随原子序数增加，原子半径逐渐________，失电子能力逐渐________，得电子能力逐渐________，金属性________，非金属性逐渐________。

5. 问题与思考

用（2）金属与酸反应同样的步骤，以 3mol/L 的氢氧化钠溶液代替盐酸做实验，观察现象，得出什么样的结论？

1.1.3 技能训练和解析

同主族元素化学性质的认识实践

1. 任务原理

$$Cl_2 + 2NaBr \xlongequal{} 2NaCl + Br_2$$

$$Cl_2 + 2NaI = 2NaCl + I_2$$
$$Br_2 + 2NaI = 2NaBr + I_2$$

2. 任务材料

	仪器和试剂	准备情况
仪器	烧杯、试纸、试管	
试剂	蒸馏水、碘化钠(固)、碘化钾(固)、溴化钠(固)、溴化钾(固)、碳酸钠(固)、氯水(液)	

3. 任务操作

① 碘化钠（钾）试纸的制备：取纯水 50mL，加入碘化钠（钾）和碳酸钠各 1g，搅拌溶解后，将滤纸条浸入，浸透后取出，晾干备用。

② 溴化钠（钾）试纸的制备：取纯水 50mL，加入溴化钠（钾）和碳酸钠各 1g，搅拌溶解后，将滤纸条浸入，浸透后取出，晾干备用。

③ 取一小试管，加入 3mL 氯水，取溴化钠滤纸条，盖住试管口，观察现象。

④ 再用碘化钠滤纸条，重复上述操作，观察现象。

⑤ 利用溴的黄色斑与碘化钠滤纸条重合，观察现象。

⑥ 利用碘的紫色斑与溴化钠滤纸条重合，观察现象。

将本任务操作的数据填入表 1-5 中。

4. 记录与报告单

表 1-5 试纸操作现象

操作	溴化钠滤纸条	碘化钠滤纸条
氯水	③ 现象:	④ 现象:
溴	—	⑤ 现象:
碘	⑥ 现象:	—

操作结论：

步骤③ 操作，说明氯从溴化钠中置换出溴，非金属性强弱顺序为：________。

步骤④ 操作，说明氯从碘化钠中置换出碘，非金属性强弱顺序为：________。

步骤⑤ 操作，说明溴从碘化钠中置换出碘，非金属性强弱顺序为：________。

步骤⑥ 操作，说明碘________从溴化钠中置换出溴。

根据以上几个操作，得出非金属性强弱顺序为：________，金属性强弱顺序为：________。从而可以推出第七主族元素按原子序数增加，非金属性逐渐________，金属性逐渐________，进一步得出在同一主族中，随原子序数增加，原子半径逐渐________，失电子能力逐渐________，得电子能力逐渐________，金属性逐渐________，非金属性逐渐________。

5. 问题与思考

(1) 请用原子结构的知识解释操作中得出的结论____________。

(2) 自行完成操作：在 3 支试管中，分别加入少量氯化钠、溴化钠和碘化钾晶体，各加入少量蒸馏水，使其溶解。然后分别加入 1mL 氯水，观察颜色变化分别为________。另取 3 支试管，用溴水代替氯水，做同样操作。又得到何结论？________。

 1.1.4 知识宝库

原子结构

1. 元素与原子

（1）原子

原子是物质发生一般化学反应时的最小微粒。原子是由原子核和核外运动的电子组成的。原子核是由带正电荷的质子和电中性的中子组成，原子不显电性是因为原子核含的质子数与核外电子数相等。

（2）元素

元素是指具有相同核电荷数的同一类原子。

元素的原子序数是指将元素按核电荷数从小到大顺序编号。

原子序数＝核电荷数＝核内质子数＝核外电子数

同位素是指具有相同数目的质子和不同数目的中子的同一种元素的原子。如碳元素有${}^{12}_{6}C$、${}^{13}_{6}C$ 和${}^{14}_{6}C$ 三种同位素。

2. 原子结构

在一般化学反应中，原子核是不发生变化的，核外电子的运动状态发生变化。因此，核外电子运动状态和电子层结构，成为原子结构的重要问题之一。

（1）原子核外电子分布

氢原子核外只有一个电子，其他元素的原子都含有两个或两个以上电子属于多电子体系。核外电子的运动状态遵循一定的规律。一般情况下，原子核外电子是分层的［因为电子总是尽可能优先占据能量低的原子轨道（能量最低原理），除非能量低的轨道容不下时，电子才会到离核远的轨道运动］，用 n 标记电子层的序号，n 取值为 1、2、3、4、5、6、7，又称为 K、L、M、N、O、P、Q 层。电子层离核从近到远，能量由低至高，每层最多可容纳的电子数为 $2n^2$，但若电子层是原子的最外电子层，则最多容纳 8 个电子，次外电子层只能容纳 18 个电子。

每个电子层可能容纳的最多电子数如表 1-6 所示。

表 1-6 原子核外电子层最多所容纳的电子数

电子层 n	1	2	3	4
电子层符号	K	L	M	N
最多可容纳的电子数 $2n^2$	2	8	18	32

（2）原子结构示意图

原子结构示意图中，原子核用圆圈代表，圆圈内表示出元素的核电荷数，断开的半圆弧线代表原子的核外电子层，弧线的断开处数字为该层的电子数，如碳原子结构见图 1-5。

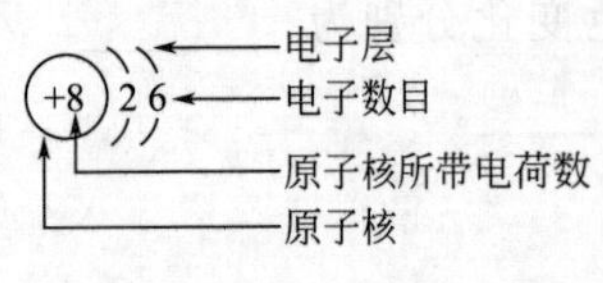

图 1-5　碳原子结构示意图

1～20 号元素原子结构见图 1-6。

从图 1-6 可见，核外电子的排布有以下规律。

第一个电子层只能容纳 2 个电子，决定了 1、2 号元素是这种电子层排布；

第二个电子层可容纳 8 个电子，有 8 种元素具有 K、L 两个电子层；

第三个电子层可容纳 18 个电子，但因其是这些元素的最外电子层，所以最多只容纳 8 个电子，也只有 8 种元素具有 K、L、M 三个电子层；

有相同电子层的元素，按原子序数递增顺序排在一行；

最外层有相同电子数的元素，按电子层的递增顺序排在一列。

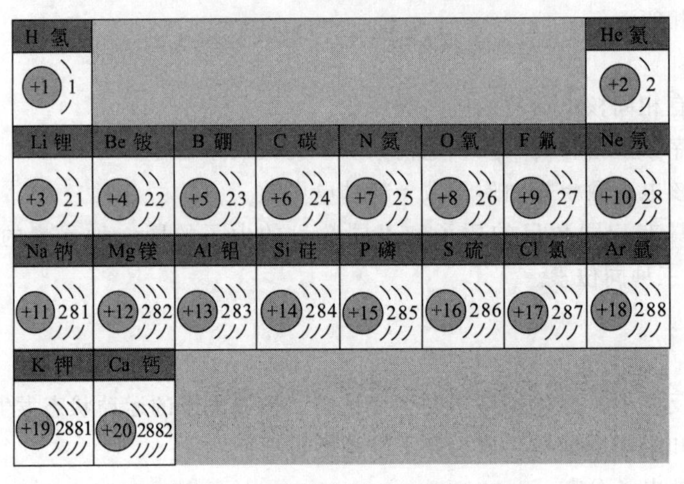

图 1-6　1～20 号元素原子结构示意图

(3) 电子式

在化学反应中起决定作用的，基本上是原子最外层（原子序数更大的元素还有次外层）的电子。因此，可用电子式来表达对原子、离子和化学反应的认识。

电子式是在元素符号周围用小黑点（或小叉）来表示最外层电子数的式子。

例如，用电子式表示原子：　H·　He:

用电子式表示离子：　$[:\ddot{Cl}\times]^{-}$　$[:\ddot{O}\times]^{2-}$

用电子式表示单质分子：　$:N\vdots\times N\times$　$\ddot{Cl}\times\ddot{Cl}\times$

用电子式表示共价化合物：　$H\times\ddot{O}\times H$　$:\ddot{O}::\times C\times:\ddot{O}:$

3. 元素周期表和元素周期律

(1) 元素周期表

元素周期律是指元素及其化合物性质随原子序数递增出现周期性变化的规律。

元素周期表是将元素周期律用表的形式表示，如图 1-7 所示。

① 周期　周期是具有相同电子层数，按原子序数递增顺序排成一个横行。周期表中共有七个周期。

② 族　族是把具有相同的最外层及次外层电子数，按电子层数递增顺序，由上至下排列成的纵列。元素周期表中共有 18 个纵列。每个纵列的元素分别构成一个族（第 8、第 9、第 10 三个纵列归为一个族，即第ⅧB 族），包括八个 A 族（我国将 A 族也称为主族）和八个 B 族（我国将 B 族也称为副族）。主族用ⅠA、ⅡA、ⅢA、ⅣA、ⅤA、ⅥA、ⅦA、ⅧA 表示。副族用ⅠB、ⅡB、ⅢB、ⅣB、ⅤB、ⅥB、ⅦB、ⅧB 表示。

化学元素周期表

*放射性

碱金属	碱土金属	镧系元素	锕系元素	过渡元素
主族金属	类金属	非金属	卤素	稀有气体

	ⅠA	ⅡA	ⅢB	ⅣB	ⅤB	ⅥB	ⅦB	Ⅷ	Ⅷ	Ⅷ	ⅠB	ⅡB	ⅢA	ⅣA	ⅤA	ⅥA	ⅦA	O
1	1 氢 H																	2 氦 He
2	3 锂 Li	4 铍 Be											5 硼 B	6 碳 C	7 氮 N	8 氧 O	9 氟 F	10 氖 Ne
3	11 钠 Na	12 镁 Mg											13 铝 Al	14 硅 Si	15 磷 P	16 硫 S	17 氯 Cl	18 氩 Ar
4	19 钾 K	20 钙 Ca	21 钪 Sc	22 钛 Ti	23 钒 V	24 铬 Cr	25 锰 Mn	26 铁 Fe	27 钴 Co	28 镍 Ni	29 铜 Cu	30 锌 Zn	31 镓 Ga	32 锗 Ge	33 砷 As	34 硒 Se	35 溴 Br	36 氪 Kr
5	37 铷 Rb	38 锶 Sr	39 钇 Y	40 锆 Zr	41 铌 Nb	42 钼 Mo	43 锝* Tc	44 钌 Ru	45 铑 Rh	46 钯 Pd	47 银 Ag	48 镉 Cd	49 铟 In	50 锡 Sn	51 锑 Sb	52 碲 Te	53 碘 I	54 氙 Xe
6	55 铯 Cs	56 钡 Ba	57-71 镧系 La-Lu	72 铪 Hf	73 钽 Ta	74 钨 W	75 铼 Re	76 锇 Os	77 铱 Ir	78 铂 Pt	79 金 Au	80 汞 Hg	81 铊 Tl	82 铅 Pb	83 铋 Bi	84 钋* Po	85 砹* At	86 氡* Rn
7	87 钫* Fr	88 镭* Ra	89-103 锕系 Ac-Lr	104 𬬻* Rf	105 𬭊* Db	106 𬭳* Sg	107 𬭛* Bh	108 𬭶* Hs	109 鿏* Mt	110 𫟼* Ds	111 𬬭* Rg	112 鿔* Cn	113 Uut* Uut	114 Uuq* Uuq	115 Uup* Uup	116 Uuh* Uuh	117 未知 Uus	118 Uuo* Uuo

镧系	57 镧 La	58 铈 Ce	59 镨 Pr	60 钕 Nd	61 钷* Pm	62 钐 Sm	63 铕 Eu	64 钆 Gd	65 铽 Tb	66 镝 Dy	67 钬 Ho	68 铒 Er	69 铥 Tm	70 镱 Yb	71 镥 Lu
锕系	89 锕* Ac	90 钍* Th	91 镤* Pa	92 铀* U	93 镎* Np	94 钚* Pu	95 镅* Am	96 锔* Cm	97 锫* Bk	98 锎* Cf	99 锿* Es	100 镄* Fm	101 钔* Md	102 锘* No	103 铹* Lr

图 1-7　化学元素周期表的示意图

周期表的下面还有两横行各含有 15 个元素，性质很相似，分别叫“镧系元素”和“锕系元素”。镧系和锕系在表中分别只占一个小格。

元素在周期表中的位置与原子结构、化合价存在如下关系：

核外电子层数＝周期序数

主族元素的最外层电子数＝族序数＝最高正化合价数

非金属元素的负价数＝8－族序数

（2）元素周期律

① 元素原子性质的周期性　原子半径、解离能和电负性随原子序数的递增呈现周期性变化。

同一周期中，随着核电荷数增加，原子核对核外电子吸引力增大，因此原子半径减小（稀有气体除外）；吸引力增大，失去核外的一个电子所需要消耗的能量增大，所以解离能增大。

同一主族，因电子层数增加，原子半径增大，原子核对最外层的电子的吸引力减小，所以，解离能、电负性随电子层的增加而减小。

② 元素化学性质的递变规律　元素的金属性、非金属性、最高正价化合物、氧化物和氧化物的水化物等性质随原子序数的递增发生周期性变化。

在同一周期，随原子序数增加，原子半径逐渐减小，失电子能力逐渐减弱，得电子能力逐渐增强，金属性减弱，非金属性逐渐增强。氧化物从碱性减弱到酸性逐渐增强，对应的氧化物的水化物的酸碱性，从强碱逐渐减弱成两性，再逐渐变成弱酸或强酸。这个渐变过程在每一个新周期重复出现。

在同一主族，随原子序数增加，原子半径逐渐增加，失电子能力逐渐增强，得电子能力逐渐减弱，金属性逐渐增强，非金属性逐渐减弱。氧化物的水化物酸性减弱，碱性逐渐增强。

上述周期性是主要变化趋势，其中某些具体性质有起伏波动。

任务1.2　认识分子和晶体结构

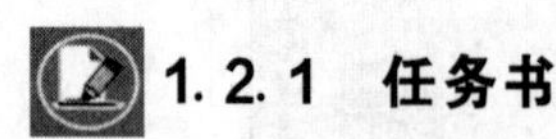

1.2.1　任务书

通过技能训练任务的操作，观察硫酸铜、二水合氯化铜、溴化铜等固体及其水溶液的颜色，了解配位键和配合物的概念；比较碘在纯水与四氯化碳中的溶解性，了解分子的性质；观察碘的升华与凝华现象，了解获得晶体的一种途径。从中学习和理解化学键、分子间力和晶体结构特点和对物质性质的影响。

1.2.2　技能训练和解析

分子立体结构和物质颜色的关系实验

1. 任务材料

仪器和试剂		准备情况
仪器	试管、天平	
试剂	硫酸铜、二水合氯化铜、溴化铜、蒸馏水	

2. 任务操作

如图1-8所示进行三组任务操作。

① 称量两份硫酸铜固体，每份0.1g，放入标号为a、a′的两支试管中。称量同样质量的二水合氯化铜固体，放入标号为b、b′的两支试管中。称量同样质量的溴化铜固体，放入标号为c、c′的两支试管中。

② 向a′、b′、c′3支试管中分别加入3mL蒸馏水，振荡。

③ 对比观察a、b、c三种固体颜色，a′、b′、c′三种溶液颜色，a与a′、b与b′、c与c′同种固体及溶液颜色。

将本任务操作的数据填入表1-7中。

3. 记录与报告单

（1）现象记录

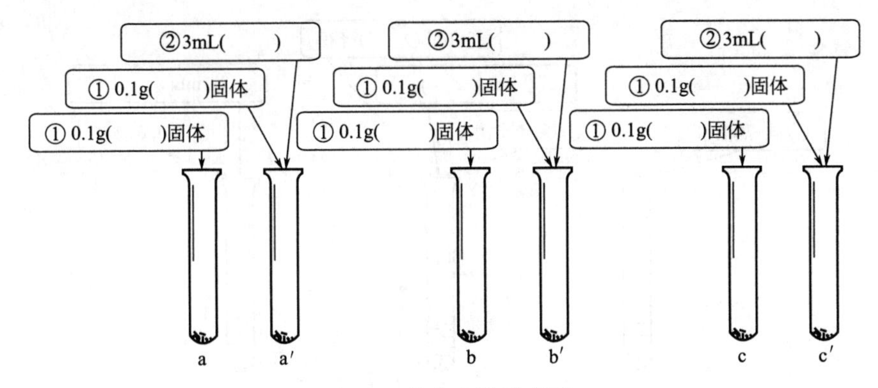

图 1-8　操作步骤示意图

表 1-7　颜色变化记录

试管编号	a	b	c	a′	b′	c′
颜色						

（2）操作结论

三种物质的溶液均为________色，因为形成的四水合铜离子为________色，而其他离子 SO_4^{2-}、Cl^-、Br^- 均为________色。

4. 问题与思考

配位键是共价键的一种，共价键还包括什么？特点有哪些？

1.2.3　技能训练和解析

分子结构和物质溶解性的关系实验

1. 任务材料

仪器和试剂		准备情况
仪器	试管、量筒	
试剂	碘、蒸馏水、四氯化碳、浓碘化钾水溶液	

2. 任务操作

如图 1-9 所示进行三组任务操作，将数据填入表 1-8 中。

① 取一小粒碘晶体放入一支试管中，加入约 5mL 蒸馏水，振荡，得碘水溶液。将得到的碘水溶液平均分为三份，标号为 a、b、c 试管，a 作为空白对照，观察碘在水中的溶解性以及溶液的颜色。

② 向 b、c 两份碘水溶液中分别加入约 1mL 四氯化碳，充分振荡，碘被四氯化碳萃取。观察液体分层以及各层的颜色。

③ 向 b 试管中加入 1mL 浓碘化钾水溶液，振荡。c 试管中不加浓碘化钾水溶液，观察试管中各层溶液颜色的变化。

3. 记录与报告单

（1）现象记录

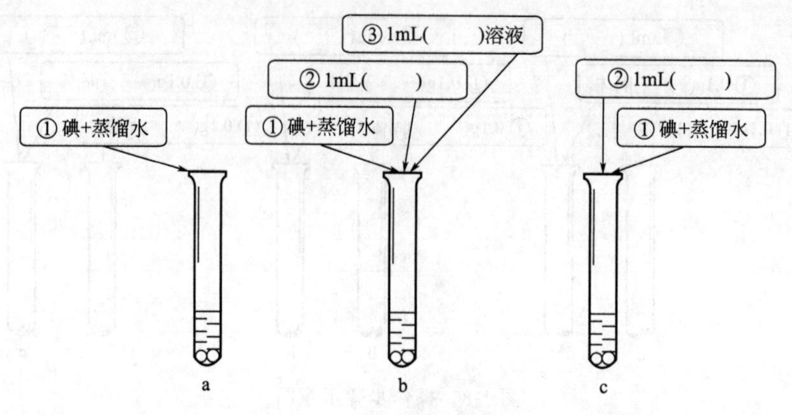

图 1-9　操作步骤示意图

表 1-8　碘在纯水与四氯化碳中溶解现象记录

试管编号	实验现象
a 试管	
b 试管	
c 试管	

（2）操作结论

碘在纯水与四氯化碳中溶解性的比较，说明不同物质的溶质在不同物质溶剂中溶解度________。

4. 问题与思考

试结合分子结构理论说明本实验中溶解性不同的原因。

1.2.4　技能训练和解析

碘晶体的升华实验

1. 任务材料

	仪器和试剂	准备情况
仪器	烧杯 250mL、烧瓶、铁架台、铁圈、铁夹、石棉网、酒精灯、火柴	
试剂	碘粒	

2. 任务操作

操作装置如图 1-10 所示。

① 首先按照图 1-10（a），由下而上的原则连接好装置。取适量的碘粒装入 250mL 烧杯

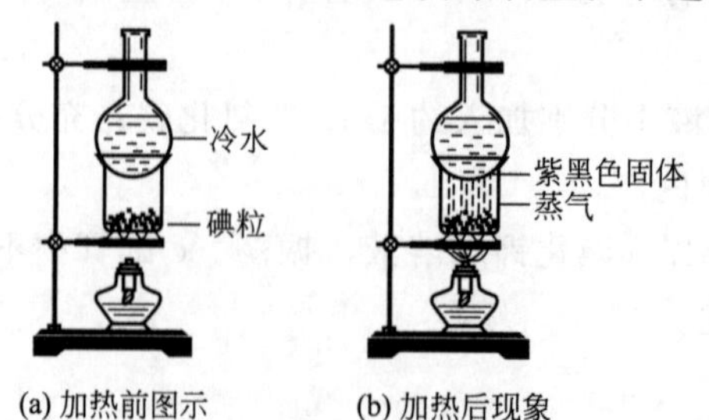

图 1-10　碘的升华实验装置

中，置于石棉网上。选择大小合适的烧瓶装入冷水，放置于烧杯的杯口处，观察烧杯内的固态碘粒的外观。

② 点燃酒精灯加热，观察产生的现象，如图 1-10（b）所示。

③ 熄灭酒精灯，待瓶内气体变冷时，观察烧瓶底部和烧杯内壁的碘结晶现象。

3. 记录与报告单

步骤	现象	说明
固态碘加热		
气态碘冷却		

操作结论：

气态物质冷却不经液态直接凝固，即________是得到晶体的一种途径。

4. 问题与思考

试举例说明获得晶体的其他方法还有________。

1.2.5 知识宝库

分子结构

1. 化学键

（1）化学键定义及分类

自然界中的物质，除稀有气体以单原子形式存在，其他物质均以分子、晶体形式存在。分子是构成物质的基本单元，是保持物质化学性质的最小微粒，是参加化学反应的最小单位，物质间的化学反应实质上是分子间的反应。

化学键是分子或晶体中相邻原子或离子间的强烈的相互作用。

化学键按电子运动方式不同，分为离子键、共价键和金属键。

（2）离子键

① 离子键的定义　离子键是阴、阳离子间通过静电作用而形成的化学键。

② 离子键的特点　离子键是无方向性和无饱和性的静电吸引力。

a. 无方向性　因为离子电荷分布是球形分布，在一定条件下，阴、阳离子可以从任何方向相互吸引，静电引力无方向性，即离子键无方向性。

b. 无饱和性　在离子型化合物中，离子间的相互吸引并不局限于几个离子键，而是每个离子都处于整个晶体的异号离子的电场中，只要空间允许，每个离子都会尽可能多地吸引异电荷离子，即离子键无饱和性。

③ 离子键的本质　离子键是原子得失电子形成阴、阳离子，阴、阳离子间靠静电引力结合在一起，即离子键本质是静电引力。

（3）共价键

① 共价键的定义　共价键是原子间通过共用电子对形成的化学键。

② 价键理论　价键理论又称电子配对法，简称 VB 法，包括电子配对原理和最大重叠原理。

a. 电子配对原理　只有具有自旋相反未成对电子的两个原子相互靠近时，才能形成稳定的共价键。即每个单电子只能与一个自旋方向相反的电子配对成键，一个原子有几个单电子，就可以形成几个共价键。

b. 最大重叠原理　成键时原子轨道将尽可能达到最大重叠。

因此，共价键形成的基本条件是：成键两原子需要由自旋相反的成键电子，成键时单电子所在的原子轨道必须发生最大程度的有效重叠。

③ 共价键的特点　共价键具有饱和性和方向性的特点。

a. 有饱和性　按电子配对原理，原子间形成的共价键数，受未成键电子数限制。

b. 有方向性　按最大重叠原理，形成共价键时，原子轨道将尽可能沿电子云密度最大的方向进行同号重叠，使系统能量处于最低状态。

④ 共价键的本质　共价键是原子轨道重叠。

⑤ 共价键的类型　根据轨道重叠方式不同，可将共价键分成不同类型。

a. σ 键和 π 键　σ 键是成键轨道沿键轴以“头碰头”方式发生有效重叠，形成共价键。σ 键具有原子轨道重叠部分沿键轴呈圆柱形对称，即沿键轴旋转时，其重叠程度及符号不变，可以形成 σ 键的轨道有 s-s、s-p_x、p_x-p_x 等。

π 键是伸展方向相互平行的成键原子以“肩并肩”方式发生有效重叠，形成共价键。π 键与 σ 键不同的是键重叠部分以过键轴的一个平面为对称面呈镜面反对称，可形成 π 键的轨道有 p_y-p_y、p_z-p_z、p-d、d-d 等。

单键都是 σ 键，因为 π 键重叠程度比 σ 键小，π 电子能量较高。双键或三键，受原子轨道伸展方向的限制，每个原子只能有一个原子轨道以“头碰头”方式重叠成 σ 键，其余原子轨道重叠则形成 π 键。π 键易断裂发生化学反应，例如烯烃、炔烃及芳香烃等的加成反应，都是由于 π 键的断裂引起的。

b. 配位键　共用电子对由一个原子提供而形成共价键。配位键用“→”表示，箭头指向接收电子对的原子。形成配位键需满足两个条件：提供共用电子对的原子其价电子层有孤对电子；接收共用电子对的原子其电子层有空轨道。

配合物是由可以给出孤对电子或多个不定域电子的一定数目的离子或分子（称为配体）和具有接收孤对电子或多个不定域电子的空位的原子或离子（统称中心原子），按一定的组成和空间构型所形成的化合物。

配位键是极性键，共用电子对偏向电负性较大的原子，配位键具有方向性和饱和性。

⑥ 极性键和非极性键　极性键是共用电子对有偏向的共价键。成键原子的电负性不同，共用电子对偏向电负性较大的原子，其电子云密度较大，显负电性，另一原子则显电正性，故为极性分子，例如 HCl、H_2O、CO_2、CCl_4 等。

非极性键是共用电子对无偏向的共价键，此时成键两原子的电负性相同，电子云在两核间的分布是对称的，例如 H_2、N_2、Cl_2 等为非极性分子。

（4）金属键

金属键是指在金属晶体中，金属阳离子与自由电子之间较强烈的作用。它存在于金属单质和合金中。金属键没有键长，变形不会断，所以金属具有延展性，其本质是一种电子共有化，具有无方向性和饱和性特点，其强弱通常与金属离子半径成反比，与金属内部自由电子密度成正比。

各种化学键类型和形成见表 1-9。

表 1-9 化学键类型一览表

化学键	离子键	共价键	金属键
决定性质	物理性质	分子稳定性	物理性质
表示方法	电子式	结构	无
微粒构成	离子	原子	金属离子和自由电子
形成条件	活泼金属和活泼非金属	大多数为非金属	金属离子
形成过程	正负离子相互吸引	形成电子对	自由电子吸引
构成晶体形式	离子晶体	分子晶体或稀有气体	金属晶体

（5）键参数

表征化学键性质的物理量，统称为键参数，常见的有键能、键角和键长。

① 键能　在一定温度和 100kPa 下，断裂气态分子中单位物质的量的化学键使其变成气态原子或原子团所需的能量称为键能，单位为 kJ/mol。键能是衡量共价键强弱的物理量，键能越大，共价键越牢固。

② 键角　分子内同一原子形成的两个化学键之间的夹角，单位是（°）。键角是决定分子几何构型的物理量。

③ 键长　两成键原子核间的平衡距离，称为键长，单位为 pm。键长是决定分子几何构型的物理量。

（6）共价键断裂方式

共价化合物参加化学反应的过程，就是原共价键断裂，新共价键形成的过程。共价键断裂有均裂和异裂两种。均裂是共价键断裂后，成键的共用电子对由两个成键原子各留一个。异裂是共用电子对归一个原子所有。

2. 杂化轨道理论

（1）杂化和杂化轨道

杂化是指在形成共价键过程中，同一个原子能级相近的某些原子轨道，可以“混合”起来，重新组成相同数目的新轨道。杂化轨道是指杂化后形成的新轨道。

（2）杂化轨道类型

杂化轨道类型取决于参与杂化的轨道种类和数目，常见杂化轨道有 sp 型杂化和 spd 型杂化。sp 型杂化包括 sp、sp^2、sp^3 几种方式。spd 型杂化包括 sp^3d^2、sp^3d、d^2sp^3、dsp^2 几种方式。

（3）杂化轨道与分子空间构型

杂化轨道理论认为杂化方式决定了分子的空间构型。杂化轨道成键时，要满足化学键间的最小排斥原理。因此键与键之间要尽可能地保持最远的空间距离。键角越大，排斥能越小。这就规定了杂化轨道在空间的相对位置，从而使分子具有一定的几何构型，见表 1-10。

3. 分子间力

（1）分子的极性

极性分子为分子的正、负电荷中心不重合。非极性分子为分子的正、负电荷中心重合。

共价分子的结合力和分子空间构型决定分子是否有极性。

双原子分子的极性主要取决于键的极性，由非极性键结合的为非极性分子。多原子分子的极性主要取决于分子的对称性，对称则为非极性，反之亦然。

分子极性可用偶极矩 μ 表示，偶极矩是矢量，其大小 $\mu=qd$（q 为偶极分子正电荷中心的电荷量；d 为正、负电荷中心距离），方向由正电荷指向负电荷，单位为库·米（C·m）。

极性分子 $\mu\neq0$，非极性分子 $\mu=0$。

表 1-10 常见杂化方式与空间构型关系

杂化类型	sp	sp^2	sp^3	dsp^2	sp^3d	$sp^3d^2d^2sp^3$
杂化轨道数	2	3	4	4	5	6
杂化轨道间夹角	180°	120°	109°28′	90°,180°	120°,90°,180°	90°,180°
空间构型	直线	平面三角形	正四面体	平面正方形	三角双锥	正八面体
举例	CO_2	BF_3	CH_4	$[Ni(NH_3)_4]^{2+}$	PCl_5	SF_6

（2）分子间力

分子间作用力包括范德华力和氢键。

① 范德华力　范德华力包括静电力、诱导力和色散力。范德华力是一种比共价键弱得多的分子间的近程作用力，作用范围只有十几到几十皮米，范德华力是决定共价键分子熔点、沸点、溶解性等性质的重要因素。

物质的溶解是生活中常见现象，但它又非常复杂的，受多因素影响。一种物质溶解于另一种物质中，通常经过两个过程：一个是溶质分子（或离子）的扩散过程，这需要吸收热量；另一个是分子（或离子）和溶剂分子作用，形成溶剂合分子（或溶剂合离子）的过程，这种过程是化学过程，放出热量。

一般范德华力越大，物质的熔点、沸点越高。大量生产实践总结出来的溶解度参数原则和相似相溶原则，是由于溶解前后，范德华力变化较小的缘故。

② 氢键　氢键形成条件：a. 有氢原子；b. 有电负性很大并带有孤对电子的原子与氢形成强极性氢化物，且该原子半径较小。氢键本质是电性吸引，具有方向性和饱和性的特点。

氢键可用 X—H···Y 表示，氢键既可在分子间形成，也可在分子内形成。

键能大小：共价键＞氢键＞范德华力

分子间氢键使熔点、沸点升高，分子内氢键使熔点、沸点降低。

分子间形成氢键，使溶解性增大。

 1.2.6 知识宝库

晶体

物质通常有三种聚集状态：气态、液态和固态。固态又分为晶体和非晶体两类。自然界中多数固态都是晶体，少数是非晶体。

晶体离我们并不遥远，它就在我们每个人的日常生活中。厨房中食盐、砂糖是晶体，我们的骨骼、牙齿是晶体，工业中矿物岩石是晶体，常见的各种金属及合金制品也属晶体，连地上的砂子都是晶体。我们身边的固体物质中，除了经常被我们误以为是晶体的玻璃、松香、琥珀、珍珠等之外，几乎都是晶体。究竟什么样的物质才能算作晶体呢？

1. 基本概念和性质

晶体有三个特征：① 晶体通常呈现规则的几何外形；② 晶体有固定熔点；③ 晶体有各

向异性特点。

非晶体有三个特征：① 非晶体没有规则几何外形，又称无定形体；② 非晶体没有固定熔点，只有一软化温度范围；③ 非晶体在各个方向上性质是相同的。

晶体的内部结构包括晶胞和晶格。晶胞是构成晶体的最小结构单元。把晶体中的微粒抽象为几何点，这些点称为晶格结点，这些点的总和称为晶格（或点阵）。晶体种类很多，布拉菲（A·Bravais）在1948年根据“每个点阵环境相同”，用数学分析法证明晶体的空间点阵只有14种，故这14种空间点阵叫做布拉菲点阵，按照其对称性特征又分属于七个晶系，最常见的为简单立方、面心立方和体心立方晶格，具体分布见表1-11。

表1-11　七晶系和14种布拉菲点阵

七晶系	立方晶系	四方晶系	正交晶系	单斜晶系	三斜晶系	六方晶系	菱方晶系
14种点阵	简单立方 面心立方 体心立方	简单四方 体心立方	简单正交 底心正交 体心正交 面心正交	简单单斜 底心单斜	简单三斜	六方点阵	菱方点阵

获得晶体的三种途径为：凝华、熔融结晶和溶液结晶。

2. 晶体类型

按晶格结点上微粒性质不同，可将晶体分为离子晶体、原子晶体、分子晶体和金属晶体，其主要区别见表1-12。

表1-12　晶体类型一览表

晶体类型	离子晶体	原子晶体	分子晶体	金属晶体
晶格结点上的微粒	正负离子	原子	分子	金属正离子或金属原子
微粒间作用力	离子键	共价键	分子间力	金属键
熔沸点	较高	高	低	一般较高，部分低
硬度	较大	大	小	一般较大，部分小
延展性	差	差	差	好
导电性	绝缘体（熔融和水溶液中导电）	绝缘体（半导体）	绝缘体（极性分子的水溶液导电）	导电
溶解度	相似相溶	一般难溶	相似相溶	难溶

知识要点

要点1　原子结构

（1）元素与原子

原子：物质发生化学反应时的最小微粒。原子由原子核和核外电子组成，原子核由质子和中子组成。

元素：具有相同核电荷数的同一类原子。

同位素：具有相同数目的质子和不同数目的中子的同一种元素的原子。

（2）原子结构

（3）元素周期表和元素周期律

周期表：将元素周期律表达出来。周期表有七个周期，十八个纵行。

周期律：元素及其化合物性质随原子序数递增出现周期性变化的规律。

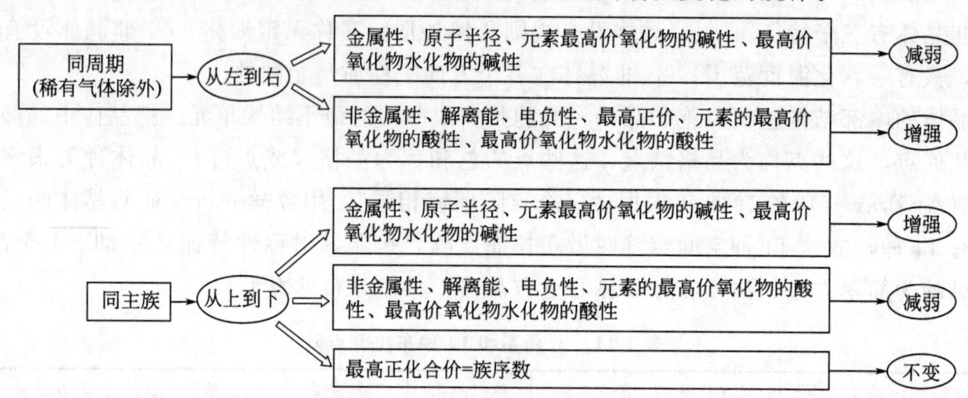

要点 2　分子结构

(1) 结合键

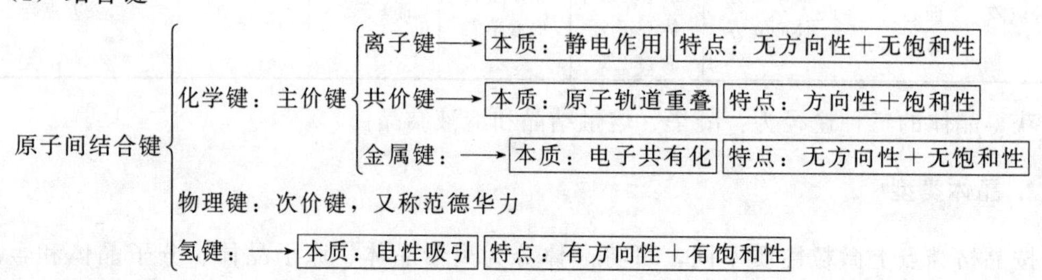

(2) 杂化轨道理论

杂化轨道理论 { 杂化和杂化轨道；sp 型杂化轨道

(3) 分子极性

- 极性分子 → 正、负电荷中心不重合
- 非极性分子 → 正、负电荷中心重合

要点 3　晶体

晶体分为离子晶体、原子晶体、分子晶体和金属晶体。

习　题

一、填空题

1. 原子是由________、________构成的。

2. 在 $Ca(OH)_2$、CaF_2、NH_4F、HF 等化合物中，仅有离子键的是________，仅有共价键的是________，既有共价键又有离子键的是________，既有离子键又有共价键和配位键的是________。

二、选择题

元素性质的周期性变化决定于（　　）。

A. 原子中核电荷数的变化　　B. 原子中价电子数目的变化

C. 原子中电子分布的周期性　　D. 原子中得失电子能力的周期性变化

三、判断题

1. 元素周期表中每一个周期元素的个数正好等于相应的最外层原子轨道可以容纳的电

子数目。（ ）

2. 所有分子的共价键都具有饱和性和方向性，而离子键没有饱和性和方向性。（ ）

四、问答题

1. 尽管 HF 的相对分子质量较低，试解释为什么 HF 的沸点（19.4℃）要比 HCl 的沸点（−85℃）高?

2. 已知稀有气体的沸点如下，试说明沸点递变规律及原因。

物质名称	He	Ne	Ar	Kr	Xe
沸点/K	4.26	27.26	87.46	120.26	166.06

项目2

化学反应及化学反应平衡

项目引入

在生产和科研中，不同化学反应快慢不同，有的快到瞬间完成，例如炸药爆炸在万分之一秒内就完成，有的慢到成年累月也觉察不出变化，如自然界煤和石油的形成、岩石的风化等。同一化学反应，当条件不同时速率也不同，例如氢气和氧气在 298K 时氢反应掉一半约需 10^{25} 年，实际上觉察不出变化！然而若用火花点燃氢氧混合气，反应瞬间即可完成，此时氢反应掉一半仅需 10^{-6}s。

喀拉喀托火山的瞬间爆发

上千万年才形成的溶洞风光

化工反应用各种催化剂

对工农业生产有利的反应，需采取措施增大反应速率，化工生产中常用催化剂来加快反应速率。对人类有害的反应，要设法降低反应速率，如对于桥梁建筑设法降低腐蚀速率。所以研究和控制化学反应速率是重要问题。

任务	技能训练和解析	知识宝库
2.1　认识化学反应速率的影响因素	2.1.2　化学反应速率的影响因素实验	2.1.3　化学反应速率
2.2　认识化学反应平衡的影响因素	2.2.2　化学反应平衡常数的测定实验 2.2.3　化学反应平衡的影响因素实验	2.2.4　化学平衡

任务 2.1　认识化学反应速率的影响因素

2.1.1　任务书

本次技能训练通过过二硫酸铵与碘化钾的反应，完成下列任务：

① 一定温度下，测定过二硫酸铵与碘化钾的反应速率，计算反应速率常数、反应的活化能和反应级数。

② 测定不同温度下的反应速率，计算反应的活化能。

③ 一定温度下，测定催化剂 $Cu(NO_3)_2$ 滴入量不同时的反应速率，计算反应的反应速率常数。

从而了解反应速率概念及表示方法，理解浓度、温度和催化剂对反应速率的影响。

2.1.2 技能训练和解析

化学反应速率的影响因素实验

1. 任务原理

（1）计算一定温度下反应级数和反应速率常数

一定温度下，水溶液中过二硫酸铵和碘化钾发生式（2-1）反应，加入一定体积 $Na_2S_2O_3$ 溶液和淀粉溶液，同时还进行式（2-2）反应，如下：

$$S_2O_8^{2-}+3I^-=\!=\!=2SO_4^{2-}+I_3^- \text{（慢）} \tag{2-1}$$

$$2S_2O_3^{2-}+I_3^-=\!=\!=S_4O_6^{2-}+3I^- \text{（快）} \tag{2-2}$$

反应式（2-2）进行得很快，几乎瞬间完成，而反应式（2-1）比反应式（2-2）缓慢得多，所以由式（2-1）生成的碘立即与 $S_2O_3^{2-}$ 反应，生成无色的 $S_4O_6^{2-}$ 和 I^-。因此，在反应的初始阶段，溶液呈无色。但是，当 $Na_2S_2O_3$ 一旦耗尽，反应式（2-1）生成的微量碘就很快与淀粉作用，使溶液呈蓝色。从式（2-1）和式（2-2）反应也可以得到：

$$-\Delta c(S_2O_8^{2-})=\frac{-\Delta c(S_2O_3^{2-})}{2}$$

一定温度下，瞬时速率为：$v=\dfrac{dc(S_2O_8^{2-})}{dt}=kc^m(S_2O_8^{2-})c^n(I^-)$

平均速率为：$v=\dfrac{-\Delta c(S_2O_8^{2-})}{\Delta t}$

近似地用平均速率代替瞬时速率：

$$v=\frac{-\Delta c(S_2O_8^{2-})}{\Delta t}=kc^m(S_2O_8^{2-})c^n(I^-)$$

综上所述，一定温度下化学反应瞬时速率为：

$$v=\frac{\Delta c(S_2O_8^{2-})}{\Delta t}=\frac{\Delta c(S_2O_3^{2-})}{2\Delta t}=kc^m(S_2O_8^{2-})c^n(I^-) \tag{2-3}$$

由式（2-3），两边取对数，得：

$$\lg v=m\lg c(S_2O_8^{2-})+n\lg c(I^-)+\lg k \tag{2-4}$$

当 $c(I^-)$ 不变，$\lg v$ 对 $\lg c(S_2O_8^{2-})$ 作图，可得一直线，斜率即为 m。同理，保持 $c(S_2O_8^{2-})$ 不变，$\lg v$ 对 $\lg c(I^-)$ 作图，可计算得 n，从而得到反应级数 $m+n$。通过 m 和 n 以及化学速率计算方程式（2-3），可以得到速率常数 k。

（2）计算不同温度下反应的活化能

利用阿仑尼乌斯方程：

$$\lg k=-\frac{E_a}{2.303RT}+\lg A \tag{2-5}$$

求得不同温度下的 k，以 $\lg k$ 对 $1/T$ 作图得一直线，此直线的斜率为 $-\frac{E_a}{2.303R}$，由此可以计算反应活化能 E_a。

2. 任务材料

	仪器和试剂	准备情况
仪器	烧杯、试管、量筒、秒表、温度计	
试剂	KI(0.20mol/L)、$Na_2S_2O_3$(0.01mol/L)、淀粉溶液(0.2%)、$(NH_4)_2S_2O_8$(0.20mol/L)、$Cu(NO_3)_2$(0.02mol/L)、KNO_3(0.20mol/L)、$(NH_4)_2SO_4$(0.20mol/L)、冰	

3. 任务操作

(1) 浓度对化学反应速率的影响

按表 2-1 编号 A 中的药品用量进行操作，如图 2-1 所示。

① 加 20.0mL KI (0.20mol/L) 溶液与 15.0mL$(NH_4)_2SO_4$ 溶液。

② 加 8.0mL $Na_2S_2O_3$ (0.01mol/L) 溶液。

③ 加 2.0mL 0.2%淀粉溶液。

④ 倒入 150mL 烧杯中，混合均匀。

⑤ 5.0mL $(NH_4)_2S_2O_8$(0.20mol/L) 溶液，迅速倒入上述混合液中。

⑥ 同时启动秒表，并不断搅动。

⑦ 当溶液刚出现蓝色时，立即按停秒表，记录反应时间和温度。

将本任务操作的测定数据填入表 2-1 中。

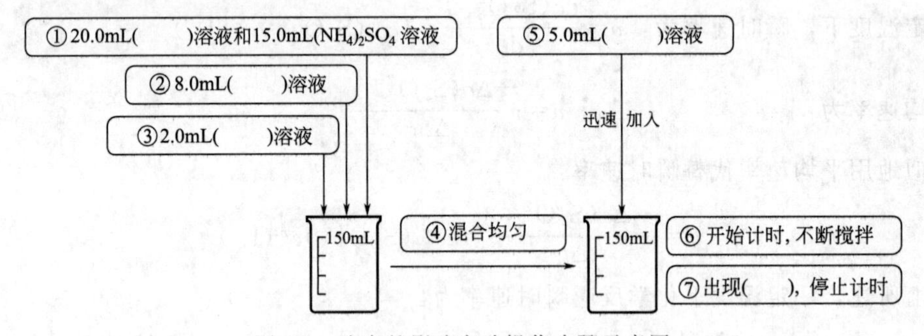

图 2-1 浓度的影响实验操作步骤示意图

用同样方法进行表 2-1 中编号 B～F 操作，为了使每次操作中溶液的离子强度和总体积保持不变，所减少的 KI 用量可用 KNO_3 来平衡，所减少的 $(NH_4)_2S_2O_8$ 用量用 $(NH_4)_2SO_4$ 来平衡。

(2) 温度对化学反应速率的影响

① 按表 2-1 编号 F 中的药品用量操作，如图 2-2 所示，取 KI (10.0mL)、$Na_2S_2O_3$ (8.0mL)、KNO_3 (10.0mL)、淀粉溶液 (2.0mL)，混合于大烧杯中。

② 取 20.0mL $(NH_4)_2S_2O_8$ 于小烧杯。

③ 大、小烧杯同时冰水浴，至低于室温 10℃时，迅速混合、计时并不断搅拌。

④ 当溶液刚出现蓝色时，记录反应时间，此操作编号记为 F_1。

将本任务操作的测定数据填入表 2-2 中。

同样方法在热水中进行高于室温 10℃ 的操作，此操作编号记为 F_2，将两次操作数据 F_1、F_2 和操作 F 的数据记入表 2-2 中进行比较。

注意：不同温度温差一般控制在 10℃，高温不要超过 30℃。

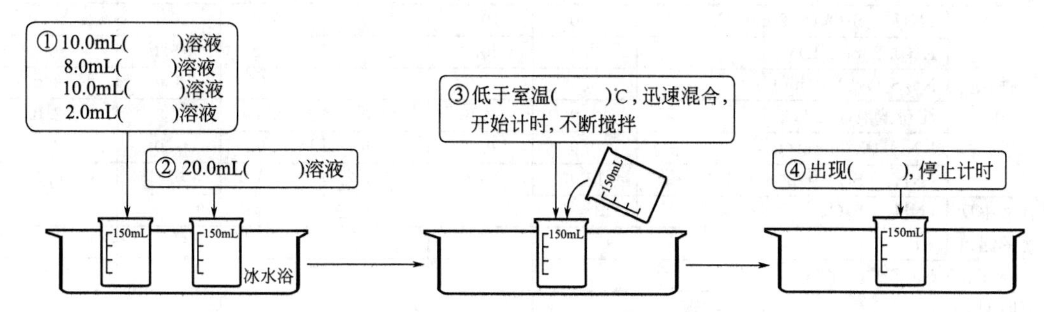

图 2-2　温度的影响实验操作步骤示意图

（3）催化剂对化学反应速率的影响

① 按表 2-1 编号 F 中的药品用量操作，如图 2-3 所示，取 KI（10.0mL）、$Na_2S_2O_3$（8.0mL）、KNO_3（10.0mL）、淀粉溶液（2.0mL）混合于 150mL 烧杯。

② 加入 1 滴 $Cu(NO_3)_2$ 溶液，搅匀。

③ 迅速加入 20.0mL 过二硫酸铵溶液，搅动、计时。

④ 当溶液刚出现蓝色时，记录反应时间。

将本任务操作的数据填入表 2-3 中，并分别再增加 $Cu(NO_3)_2$ 催化剂用量至 2 滴及 3 滴。作同样实验后，将所得结果也填入表 2-3 中。

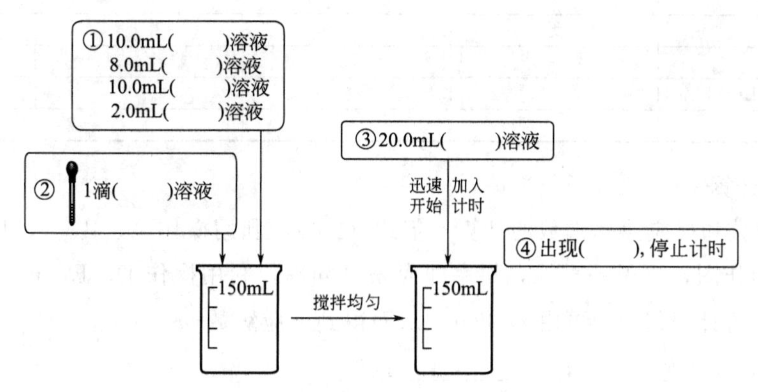

图 2-3　催化剂的影响实验操作步骤示意图

4. 注意事项

本操作对试剂有一定的要求。碘化钾溶液应为无色透明溶液，不宜使用有碘析出的浅黄色溶液。过二硫酸铵溶液要新配制，因为时间长过二硫酸铵易分解。如所配制过二硫酸铵溶液的 pH 小于 3，说明该试剂已分解，不适合本操作使用。所用试剂中如混有少量 Cu^{2+}、Fe^{3+} 等杂质，对反应会有催化作用，必要时需滴入几滴 0.10mol/L EDTA 溶液。

5. 记录与报告单

(1) 数据记录

表 2-1 浓度对反应速率的影响 室温____℃

操作编号		A	B	C	D	E	F
试剂用量/mL	$(NH_4)_2S_2O_8$(0.20mol/L)	5.0	10.0	15.0	20.0	20.0	20.0
	KI(0.20mol/L)	20.0	20.0	20.0	20.0	15.0	10.0
	$Na_2S_2O_3$(0.01mol/L)	8.0	8.0	8.0	8.0	8.0	8.0
	淀粉溶液(0.2%)	2.0	2.0	2.0	2.0	2.0	2.0
	KNO_3(0.20mol/L)	0.0	0.0	0.0	0.0	5.0	10.0
	$(NH_4)_2SO_4$(0.20mol/L)	15.0	10.0	5.0	0.0	0.0	0.0
混合液中反应物的起始浓度/(mol/L)	$(NH_4)_2S_2O_8$						
	KI						
	$Na_2S_2O_3$						
反应时间 Δt/s							
$\Delta c(S_2O_8^{2-})$/(mol/L)							
v/[mol/(L·s)]							

表 2-2 温度对化学反应速率的影响

操作编号	F	F_1	F_2
反应温度/K			
反应时间/s			
反应速率 v/[mol/(L·s)]			

表 2-3 催化剂对反应速率的影响

操作编号	F	F′		
是否有催化剂	无	1 滴	2 滴	3 滴
反应时间/s				
反应速率/[mol/(L·s)]				
反应速率常数 k				

(2) 数据计算

① 反应级数和反应速率常数的计算　依式 (2-4)，利用操作 A、B、C、D 的数据，$\lg v$ 对 $\lg c(S_2O_8^{2-})$作图，可得一直线，斜率即为 m。同理，利用操作 D、E、F 的数据，$\lg v$ 对 $\lg c(I^-)$作图，可计算得 n。再由 m 和 n，从而得到反应级数 $m+n$。

数据处理：$m=$________；$n=$________。

通过计算得到 m 和 n，代入式 (2-3)，可以得到速率常数 k，将得到的 k 填入表 2-4。

表 2-4 反应级数和反应速率常数的计算

操作编号	A	B	C	D	E	F
$\lg v$						
$\lg c(S_2O_8^{2-})$						
$\lg[I^-]$						
m						
n						
k						

② 反应活化能的计算 利用式（2-5），求得不同温度下的 k，以 $\lg k$ 对 $1/T$ 作图得一直线，此直线的斜率为 $-\dfrac{E_a}{2.303RT}$，由此可以计算反应活化能 E_a，数据填入表 2-5。

表 2-5 反应活化能的计算

操作编号	F	F_1	F_2
反应速率常数 k			
$\lg k$			
$1/T$			
反应活化能 E_a			

（3）操作结论

① 增加反应物的浓度，使反应速率________，反之亦然。

② 升高温度使反应速率________，反之亦然。温度对反应速率的影响比较显著。

范特荷夫经验性的近似规则：一般反应温度每升高________，反应速率增大到原来的________倍。

③ 合理使用催化剂，使反应速率________。

6. 问题与思考

（1）用实验结果说明，根据反应方程式，是否能确定反应级数？________。

（2）本实验如何得到化学反应级数？____________。

如何得到反应速率常数和反应活化能？____________。

（3）若不用 $S_2O_8^{2-}$，而用 I^- 或 I^{3-} 的浓度变化来表示反应速率，则 k 值是否一致？________。

（4）对于任务材料中的反应液，________的量必须准确量取。

（5）操作中因为________可以由出现蓝色的时间长短来计算反应速率。溶液出现蓝色后，反应是否终止？________。

（6）下列操作对结果有何影响？

① 取 6 种试剂的滴管没有分开专用，对结果的影响是________。

② 先加入 $(NH_4)_2S_2O_8$，最后加入 KI 溶液，对结果的影响是________。

③ 慢慢加入 $(NH_4)_2S_2O_8$ 溶液，对结果的影响是________。

④ 温度不恒定，对操作结果的影响是________。

（7）本操作 $Na_2S_2O_3$ 的用量过多或过少，对结果的影响是________。

2.1.3 知识宝库

化学反应速率

1. 化学反应速率的概念及表示方法

化学反应速率是在一定条件下，衡量反应物转化为生成物快慢的物理量，可用单位时间内反应物浓度的减少或生成物浓度的增加来表示。

浓度单位以 mol/m^3、mol/L 表示，时间单位可以是秒（s）、分（min）、时（h）。因此，反应速率单位一般为 mol/(m^3·s)、mol/（L·s)。

实验证明，多数化学反应都不是匀速进行的，在整个反应过程中，反应速率是个变量。按照所选时间间隔长短不同，化学反应速率可分为平均速率和瞬时速率。

（1）平均速率

平均速率为在一定时间间隔内求得的反应速率，用 $\overline{v}$ 表示。

$$\overline{v}=\pm\frac{\Delta c}{\Delta t}$$

式中，$\Delta c/\Delta t$ 为在时间间隔 $\Delta t=t_2-t_1$ 内反应引起反应物或生成物浓度改变 $\Delta c=c_2-c_1$，因为反应速率总是正值，所以用反应物浓度的减少来表示时，上式右边取负号。若用生成物浓度的增加来表示时，上式右边取正号。

一般反应：
$$a\mathrm{A}+b\mathrm{B}=q\mathrm{C}+p\mathrm{D}$$

$$v=-\frac{\mathrm{d}c(\mathrm{A})}{a\,\mathrm{d}t}=-\frac{\mathrm{d}c(\mathrm{B})}{b\,\mathrm{d}t}=\frac{\mathrm{d}c(\mathrm{C})}{q\,\mathrm{d}t}=\frac{\mathrm{d}c(\mathrm{D})}{p\,\mathrm{d}t}$$

原则上，可以用参加反应的任何一种物质的浓度变化来表示反应速率，但一般采用浓度变化易于测定的那种物质。

（2）瞬时速率

平均速率是讨论一段时间间隔内的速率，而在这段时间间隔内的每一时刻，反应速率是不同的。因此，要确切地描述某一时刻的反应快慢必须将时间间隔尽量减小，当 $\Delta t\rightarrow 0$ 时，此时的反应速率就是这一瞬间反应的真实速率，称为瞬时速率 v。

$$v=\pm\frac{\mathrm{d}c}{\mathrm{d}t}$$

瞬时速率必须用作图法求得。由于瞬时速率真正反映了某时刻化学反应进行的快慢，所以比平均速率更重要，有着更广泛的应用，故以后提到反应速率，一般指瞬时速率。

2. 影响反应速率因素

（1）浓度对反应速率的影响

① 基元反应和非基元反应　大量事实表明，绝大多数化学反应并不是按照反应方程式一步完成的，而往往是分步进行的。一步完成的反应称为基元反应，由一个基元反应构成的化学反应称为简单反应；由两个或两个以上的基元反应构成的化学反应称为非基元反应或复杂反应。

人们常把决定整个反应速率的那步反应称作控制步骤或定速步骤。因此，掌握了反应机理，就可抓住定速步骤的反应速率及其影响因素，对症下药地解决反应速率问题。

② 反应分子数　反应分子数是从微观上说明各反应物分子经碰撞而发生反应的过程中所包括的分子数。因此，反应分子数仅对基元反应而言。按反应的分子数，基元反应可分为单分子、双分子和三分子反应三类，绝大多数基元反应属于双分子反应。

③ 速率方程和速率常数　为什么增大反应物的浓度会使反应速率加快？恒温下的化学反应速率，主要决定于反应物浓度。浓度越大，反应速率越快。这一事实可用“有效碰撞理

论”加以解释。在一定温度下，反应物分子中活化分子百分数是一定的，所以增加反应物浓度，单位体积内活化分子的数目增大，反应物分子间的有效碰撞机会增多，反应速率加快。其定量关系为：

$$aA+bB \xlongequal{} qC+pD$$

$$v=kc^{m}(A)c^{n}(B) \tag{2-6}$$

式中，m 和 n 值由实验确定；v 是瞬时速率。

a. 对于基元反应：$m=a$，$n=b$

$$v=kc^{a}(A)c^{b}(B) \tag{2-7}$$

式（2-7）称为反应速率方程，表示在基元反应中，化学反应速率与反应物浓度幂的乘积成正比，其幂的方次等于反应方程式中相应物质的计量系数，这一规律叫做质量作用定律，式中 k 称为反应速率常数。

对某一反应，在一定温度下，k 为常数。温度改变，k 随之改变。但反应物浓度的改变不会影响 k 值。

b. 对于非基元反应，一般来说：$m \neq a$，$n \neq b$，m 和 n 值由定速步骤确定。例如：

$$2NO+2H_2 \xlongequal{} N_2+2H_2O$$

是非基元反应。

该反应分两步进行：

$$2NO+H_2 \xlongequal{} N_2+H_2O_2\text{（慢反应）} \tag{2-8}$$

$$H_2O_2+H_2 \xlongequal{} 2H_2O\text{（快反应）} \tag{2-9}$$

所以，总反应速率由第一步慢反应决定，其速率方程式为：

$$v=kc^{2}(NO)c(H_2)$$

这种定量关系是由实验确定的。

④ 反应级数　在速率方程式中，反应物浓度的方次称作反应级数。例如式（2-6）中对于A物质来说是 m 级反应，对于B物质来说是 n 级反应，$m+n$ 为反应总级数。某物质的反应级数越高，表明该物质浓度对于反应速率的影响程度越大。反应的总级数为1的化学反应叫做一级反应；反应的总级数为2的化学反应叫做二级反应，以此类推。

（2）温度对反应速率的影响

温度是影响化学反应速率的重要因素，实验表明：温度每升高10℃，反应速率增加2～4倍。为什么升高温度会使反应速率加快？温度升高，分子的运动速率加快，单位时间内分子间的碰撞次数增多，所以反应速率加快。但是，根据气体分子运动论的计算，温度每升高10℃，分子在单位时间内的碰撞次数仅增加2%左右，显然碰撞次数的增加不是反应速率加快的主要原因。更重要的是温度升高，分子的能量普遍增大，此时，有更多的普通分子获得了能量成为活化分子，提高了活化分子的百分率，使单位时间内分子间的有效碰撞次数显著增多，因而反应速率大大加快。温度对反应速率的影响程度比浓度要大得多。

① 阿仑尼乌斯公式　从速率方程来看，温度对反应速率的影响，主要体现在对速率常数 k 的影响上。温度升高时，k 值增加，反应速率相应加快。

1889 年，瑞典化学家阿仑尼乌斯提出下列经验公式：

$$k=A\mathrm{e}^{-E_a/RT} \tag{2-10}$$

式中，k 是速率常数；e 为自然对数的底数（2.718）；A 称为指前因子或频率因子；E_a 为活化能；R 是理想气体常数，8.314J/（mol·K）；T 是热力学温度；指数 $-E_a/RT$ 的分子分母都是能量单位，所以指数项本身无量纲，A 的单位与 k 相同。

阿仑尼乌斯公式较精确地反映了反应速率与温度的定量关系。对于某指定的化学反应，活化能 E_a 可视为一个定值（一般情况下，A 和 E_a 不随温度而变化），速率常数仅决定于温度，由于 k 和 T 的关系是一个指数函数，T 的微小变化将会引起 k 值较大的变化。

将式（2-10）两边同时取对数：

$$\lg k=-\frac{E_a}{2.303RT}+\lg A \tag{2-11}$$

由公式可以看出：

温度升高，k 值增大，反应速率加快；

对于不同的化学反应，当温度一定时，活化能越小，k 值越大，反应速率越快；反之，活化能越大，k 值越小，反应速率越慢，而且活化能较大的反应，其反应速率随温度的增加较快，所以升高温度对活化能较大的反应更有利。

② 阿仑尼乌斯公式的应用　主要应用包括：求反应活化能；求速率常数。

（3）催化剂对反应速率的影响

① 催化剂和催化作用　催化剂是指能显著改变化学反应速率，其本身的化学组成和质量在反应前后均不改变的物质。催化剂能改变反应速率的作用称为催化作用。

凡能加快反应速率的催化剂叫正催化剂，减慢反应速率的催化剂叫负催化剂（或阻化剂）。一般提到催化剂均指正催化剂，如合成氨用的铁粉、制备 SO_3 用的 V_2O_5 等都是正催化剂；而橡胶防老剂、金属缓蚀剂、化肥稳定剂等都是负催化剂。

有些物质本身没有催化作用，若把它加到催化剂中，却能使催化剂的催化活性显著增大，这类物质称为助催化剂，例如合成氨的铁催化剂中，加入少量的 Al_2O_3 和 K_2O，可使其催化活性增大 10 倍，Al_2O_3 和 K_2O 就是助催化剂，还有一些物质，即使很少量的混入催化剂中，也会使催化剂的活性急剧降低或完全消失，这种现象叫催化剂中毒。引起催化剂中毒的物质叫催化剂毒物。硫化物、一氧化碳等都是合成氨催化剂的催化剂毒物。因此，合成氨所用原料气必须经过脱硫净化等处理过程。

反应中也有不需要另加催化剂而能自动发生催化作用的。例如，硝酸经过处理除去氮的氧化物之后，投入铜片，最初几乎不发生反应，但当反应中有少量 NO 或 NO_2 生成时，反应速率会突然加快，这种作用称作自催化作用。

② 催化原理　催化剂为什么能加快反应速率？许多实验结果表明，催化剂之所以能加快反应，是因为它参加了反应过程，改变了原来反应的途径，降低了反应活化能。催化剂对

反应速率的影响要远大于温度和浓度。

③ 催化剂的基本性质

a. 催化剂虽然参与反应过程，但在反应前后它本身的组成和质量保持不变。

b. 催化剂只能加速热力学认为可能发生的反应，对于热力学计算不能发生的反应，使用任何催化剂都是徒劳的。催化剂不影响反应物和生成物的相对能量，不改变反应的始态和终态。因此，催化剂只能改变反应的途径，而不能改变反应发生的方向和程度。

c. 催化剂具有特殊的选择性。一是某种催化剂常对某些特定的反应有催化作用，例如铁粉是合成氨的特效催化剂，它对 SO_3 的制备反应却是无效的。二是同样的反应选用不同的催化剂，可能进行不同的反应。例如，乙醇的分解反应，选用不同的催化剂可以得到不同的生成物。

$$C_2H_5OH \xrightarrow[473\sim523K]{Cu} CH_3CHO + H_2$$

$$C_2H_5OH \xrightarrow[523\sim533K]{Al_2O_3} C_2H_4 + H_2O$$

$$2C_2H_5OH \xrightarrow[413K]{H_2SO_4} (C_2H_5)_2O + H_2O$$

根据这一特性，可由简单易得的原料，采用不同催化剂制得多种产品。

d. 对于可逆反应，催化剂能同等程度地加快正、逆反应速率。在一定条件下，正反应的优良催化剂必然也是逆反应的优良催化剂。例如，铁催化剂能加速氨的合成，也能加速氨的分解。

任务 2.2 认识化学反应平衡的影响因素

2.2.1 任务书

本次任务通过碘的平衡反应 $I_3^- \rightleftharpoons I_2 + I^-$ 技能操作训练，掌握经验平衡常数的一种测定方法，加深对经验平衡常数的理解。通过铬酸钾和少量 H^+ 的平衡反应，观察和判断平衡随浓度改变而移动的方向；通过 N_2O_4 和 NO_2 的平衡反应，观察和判断平衡随压力改变而移动的方向，平衡随温度改变而移动的方向。

从而理解化学平衡的概念及特点，了解浓度、压力和温度对化学平衡的影响，掌握平衡移动原理。

2.2.2 技能训练和解析

化学反应平衡常数的测定实验

1. 任务原理

碘溶于碘化钾溶液达到下列平衡：

$$I_3^- \rightleftharpoons I_2 + I^-$$

在一定温度下，其平衡常数 $K=\frac{[I_2][I^-]}{[I_3^-]}$，为测定 $[I_2]$、$[I^-]$ 和 $[I_3^-]$ 的平衡浓度，可取过量固体碘与已知浓度的KI溶液一起振荡达到平衡后，取上层清液，用 $Na_2S_2O_3$ 标准溶液滴定：

$$2Na_2S_2O_3+I_2 = 2NaI+Na_2S_4O_6$$

由于溶液中存在上述平衡，所消耗的 $Na_2S_2O_3$ 滴定最终得到的是 I_3^- 和 I_2 的总浓度：

$$c=[I_3^-]+[I_2]$$

其中 $[I_2]$ 的浓度可通过同温度时测量碘和水处于平衡时溶液中的碘浓度代替，设其浓度为：$c'=[I_2]$，则 $[I_3^-]=c-c'$。因此，处于平衡时，形成一个 I_3^- 就需要一个 I^-，所以平衡时 $[I^-]=[I^-]_0-[I_3^-]$，式中 $[I^-]_0$ 为KI的起始浓度，将 $[I_2]$、$[I^-]$ 和 $[I_3^-]$ 代入 $K=\frac{[I_2][I^-]}{[I_3^-]}$ 中，可得 K 值。

2. 任务材料

	仪器和试剂	准备情况
仪器	锥形瓶、碘量瓶、量筒	
试剂	$Na_2S_2O_3$(0.01mol/L)标准溶液、KI(0.01mol/L)标准溶液、固体碘、淀粉溶液(0.5%)、蒸馏水	

3. 任务操作

(1) 溶液的配制

取干燥碘量瓶，标上A、B、C，在A瓶中用量筒加入10.00mL KI和10.00mL蒸馏水，再加入研细的1.0g碘。在B瓶中加入20.00mL KI和1.0g碘。在C瓶中加入50.00mL蒸馏水和0.5g碘。盖好瓶盖，在室温下振荡30min后，静置10min。

(2) 溶液中碘浓度测定

在A瓶中取上层溶液2.0mL，量取40.0mL蒸馏水放入到250mL锥形瓶中，用硫代硫酸钠溶液滴定到淡黄色，加入5滴淀粉溶液，此时溶液呈蓝色，继续滴加 $Na_2S_2O_3$，并不断搅拌，滴至蓝色刚好消失为止，记录 $Na_2S_2O_3$ 标准溶液用量。

在B瓶中重复A瓶同样的操作。

在C瓶中取上层溶液25.0mL，用 $Na_2S_2O_3$ 标准溶液滴定，记录 $Na_2S_2O_3$ 标准溶液用量。

注意：碘易挥发、升华，有毒性和腐蚀性，要小心使用；滴定速度要快，防止碘挥发被空气氧化；实验结束后，碘要回收，其他废液倒入碱性废液筒内。

4. 记录与报告单

(1) 数据记录

将数据填入表 2-6 并进行处理。

表 2-6 操作数据记录

瓶号	A	B	C
$Na_2S_2O_3$ 溶液用量/mL			
I_2 和 I_3^- 总浓度 c/(mol/L)			
水溶液中碘的平衡浓度 c'/(mol/L)			
$[I_2]$ /(mol/L)			
$[I_3^-]$/(mol/L)			
$[I^-]$/(mol/L)			
k			

(2) 操作结论

依据公式________，即可得到此温度条件下的平衡常数 K。

5. 问题与思考

(1) 实验中固体碘的量是否要像加热 KI 溶液一样准确?

(2) 能否在 $Na_2S_2O_3$ 溶液滴定之前加入淀粉指示剂?

2.2.3 技能训练和解析

化学反应平衡常数的影响因素实验

1. 任务原理

当反应的条件（浓度、压力、温度）改变时，平衡就被破坏。反应立即按新的条件进行，直到建立新条件下的新平衡。因外界条件变化导致可逆反应从原来的平衡状态转变到新的平衡状态的过程，叫做化学平衡移动。

(1) 浓度对平衡移动的影响

已达到平衡的可逆反应，若其他条件不变，改变反应物的浓度，平衡将发生移动。

$$2K_2CrO_4 + H_2SO_4 \underset{OH^-}{\overset{H^+}{\rightleftharpoons}} K_2Cr_2O_7 + K_2SO_4 + H_2O$$

黄色　　　　　　橙色

铬酸钾和溶液中的少量 H^+ 处于化学平衡状态，加入硫酸使反应物 H^+ 的浓度增加，正反应速率加快，平衡向减少反应物、增加生成物的方向移动；达到新的平衡，重铬酸钾的浓度增大。向这个平衡中加入 OH^-，逆反应速率加快，铬酸钾浓度增大。

(2) 压力对平衡移动的影响

$$N_2O_4 \underset{增压}{\overset{减压}{\rightleftharpoons}} 2NO_2$$

无色　　　棕红色

在其他条件不变时，增大压力，平衡向生成四氧化氮的方向移动；减小压力，平衡向生成二氧化氮的方向移动。

（3）温度对平衡移动的影响

$$\underset{\text{无色}}{N_2O_4} \underset{\text{增压}}{\overset{\text{减压}}{\rightleftharpoons}} \underset{\text{棕红色}}{2NO_2} \qquad -57kJ/mol$$

升高温度，平衡向吸收热量的方向移动；降低温度，平衡向放出热量的方向移动（四氧化氮解聚需要吸收热量，二氧化氮结合成四氧化氮的过程会放出热量）。

2. 任务材料

	仪器和试剂	准备情况
仪器	试管、胶头滴管、医用注射器、平衡球、烧杯	
试剂	K_2CrO_4（0.10mol/L）、H_2SO_4（1mol/L）、NaOH（2mol/L）、二氧化氮气体、四氧化二氮气体	

3. 任务操作

（1）浓度对化学反应平衡的影响

如图 2-4 所示进行任务操作，将数据填入表 2-7 中。

① 取 5.0mL K_2CrO_4（0.10mol/L）溶液放入试管。

② 逐滴滴入 H_2SO_4（1mol/L）溶液，观察颜色变化。

③ 逐滴滴入 NaOH（2mol/L）溶液，观察颜色变化。

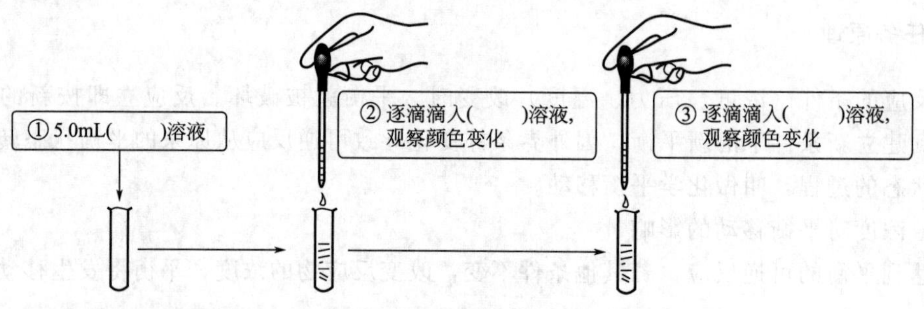

图 2-4　浓度的影响实验操作步骤示意图

（2）压力对化学反应平衡的影响

如图 2-5 所示进行任务操作，将数据填入表 2-8 中。

① 取一个 50.0mL 的医用注射器，里面装有二氧化氮和四氧化二氮的平衡混合气体，密封注射器进口。

② 向后拉活塞，减小压力，观察现象。

③ 向前推活塞，增大压力，观察现象。

（3）温度对化学反应平衡的影响

如图 2-6 所示进行任务操作，将数据填入表 2-9 中。

① 将装有二氧化氮和四氧化二氮混合气体的平衡球，分别放入盛有热水和冷水的烧杯中。

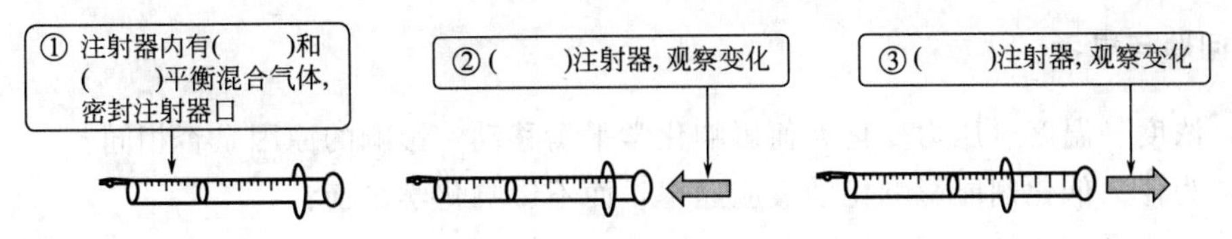

图 2-5 压力的影响实验操作步骤示意图

② 观察两个平衡球中气体的颜色变化。

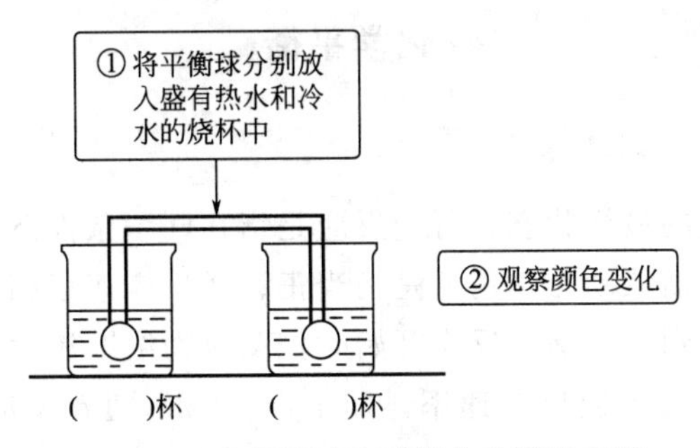

图 2-6 温度的影响实验操作步骤示意图

4. 记录与报告单

表 2-7 浓度对化学反应平衡的影响

实验步骤	浓度变化	颜色变化	化学平衡移动方向
滴入 H_2SO_4 溶液			
滴入 NaOH 溶液			

表 2-8 压力对化学反应平衡的影响

实验步骤	体积变化	压力变化	颜色变化	化学平衡移动方向
向后拉活塞				
向前推活塞				

表 2-9 温度对化学反应平衡的影响

实验步骤	颜色变化	化学平衡移动方向
冷水中球内气体		
热水中球内气体		

操作结论：

① ________反应物（或________生成物）的浓度，平衡向________生成物浓度的方向移动；________反应物（或________生成物）的浓度，平衡向________反应物浓度的方向移动，直至建立新的平衡。

② 在其他条件不变时，增大压力，平衡向气体分子总数________的方向移动；减小压力，平衡向气体分子总数________的方向移动。

③ 在其他条件不变时，________温度，平衡向吸热方向移动；________温度，平衡向放热方向移动。温度变化时，________数值改变。

5. 问题与思考

(1) 浓度、温度、压力变化如何影响化学平衡移动?影响的原因是否相同?

(2) 为什么催化剂能影响化学反应速率,而不影响化学平衡?

(3) 概述平衡移动原理?

2.2.4 知识宝库

化学平衡

1. 化学平衡定义

化学平衡是可逆反应的最终状态,可逆反应是指在同一条件下,既可向正向进行又可向逆向进行的反应。化学平衡从动力学角度是指当正、逆反应速率相等时,体系中各物质的浓度不再发生变化,反应达到了平衡。反应开始时,反应物浓度较大,生成物浓度小,根据质量作用定律,正反应速率大于逆反应速率,即 $v_{正} > v_{逆}$。随着反应的进行,反应物浓度减少,生成物浓度增加,所以 $v_{正}$ 减小,$v_{逆}$ 增大,当 $v_{正} = v_{逆}$ 时,达到化学平衡。

2. 化学平衡的特点

化学平衡具有可逆性、条件性、动态性和相对性的特点。

① 可逆性　只有在封闭体系恒温条件下进行的可逆反应,才能建立化学平衡。

② 条件性　化学平衡是在一定条件下建立的。当外界条件改变时,平衡将被破坏,在新条件下建立新的平衡。

③ 动态性和相对性　从宏观上看,反应似乎处于停止状态,体系中各物质浓度不再发生变化;从微观上看,正、逆反应仍在进行,反应并未停止,只不过 $v_{正} = v_{逆}$ 而已。

3. 化学平衡常数及应用

化学平衡常数是化学平衡的定量标志,它反映了平衡体系中,反应物与生成物之间的关系。

(1) 化学平衡常数 K

① 浓度平衡常数 K_c

可逆反应:

$$aA + bB \rightleftharpoons eE + dD$$

在一定条件下达到平衡,浓度平衡常数 K_c 等于生成物浓度的系数次幂乘积与反应物浓度的系数次幂乘积之比,$K_c = \frac{[E]^e [D]^d}{[A]^a [B]^b}$,其中[A]、[B]、[D]、[E]是平衡时各物质的浓度,单位是 mol/L。

② 压力平衡常数 K_p　对于气体间的反应,平衡常数可用各气体分压表示,如可逆反应:

$$aA(g) + bB(g) \rightleftharpoons eE(g) + dD(g)$$

$K_p=\frac{p_E^e p_D^d}{p_A^a p_B^b}$，其中 p_A、p_B、p_E、p_D 代表A、B、E、D四种物质平衡时的分压，单位是Pa。

以上 K_c 和 K_p 是由实验得到的，称为实验平衡常数。

③ 标准平衡常数 $K^{\ominus}$ 标准平衡常数 $K^{\ominus}$ 是无量纲的常数，其值等于各种物质的浓度 c 除以标准状态下浓度 $c^{\ominus}$，各种物质的分压 p 除以标准状态下分压 $p^{\ominus}$，其中 $c^{\ominus}=1\text{mol/L}$，$p^{\ominus}=101325\text{Pa}$。

可逆反应：

$$aA+bB \rightleftharpoons eE+dD$$

在一定温度下达到平衡时：$K^{\ominus}=\prod\left(\frac{c_i}{c^{\ominus}}\right)^{v_i}$，对于气体反应可写作：$K^{\ominus}=\prod\left(\frac{p_i}{p^{\ominus}}\right)^{v_i}$。

式中，$\prod$ 表示连乘；c_i 是物质 i 的浓度；p_i 是气体 i 的分压力；v_i 是物质 i 的计量系数，对于反应物 v_i 值为负数，对于生成物 v_i 值为正数。

(2) 化学平衡常数 K 的应用

① 平衡常数是可逆反应的特征常数。在一定温度下，K 值与反应物初始浓度无关，与反应从正向还是逆向开始无关，取决于反应物的本性，K 值随温度而变化。

② 平衡常数是反应进行程度的理论标志，K 值越大，表明反应向正向进行得越彻底。

③ 依据K可以判断反应进行的方向，首先计算浓度商。

$$Q_c=\frac{c^e(\text{E})c^d(\text{D})}{c^a(\text{A})c^b(\text{B})}$$

式中，Q_c 为浓度商，其表达式与 K_c 完全相同，区别是 Q_c 中各物质的浓度是任意状态下的浓度，而 K_c 中各物质的浓度是平衡浓度。

当 $Q_c<K_c$，反应向正向进行；当 $Q_c=K_c$，反应处于平衡状态；当 $Q_c>K_c$，反应向逆向进行。同理，也可依据 Q_p 与 K_p 大小判断反应进行方向。

④ 应用平衡常数，可以进行两方面的平衡计算：一是确定平衡常数，二是计算平衡组成、转化率或产率等。

4. 化学平衡移动及影响因素

(1) 化学平衡移动定义

化学平衡建立是有条件的，反应达到平衡时，反应速率满足 $v_{正}=v_{逆}$，物质浓度满足 $Q_c=K_c$，分压力满足 $Q_p=K_p$。当外界条件改变时平衡将被破坏，使可逆反应从一种平衡状态转变为另一种平衡状态的过程称为化学平衡移动。

(2) 化学平衡移动的影响因素

凡是能破坏 $v_{正}=v_{逆}$ 或 $Q_c=K_c$ 或 $Q_p=K_p$ 的因素，都可使化学平衡发生移动。

① 浓度对化学平衡移动的影响

可逆反应：

$$aA+bB \rightleftharpoons eE+dD$$

在一定温度下达到平衡，$v_{正}=v_{逆}$、$Q_c=K_c$、$Q_p=K_p$。

若其他条件不变，提高反应物的浓度，使 $v_{正}$ 提高，Q_c 减小，导致此时 $v_{正}>v_{逆}$、$Q_c<K_c$、$Q_p<K_p$，平衡被破坏，即平衡向右移动。随反应的进行，反应物浓度减小而生成物浓度增加，促使正反应速率减小而逆反应速率增加，当 $v_{正}=v_{逆}$、$Q_c=K_c$、$Q_p=K_p$ 时，体系重新建立新的平衡。同理，降低反应物浓度，平衡向左移动。

② 压力对化学平衡移动的影响　对于气体间的反应，平衡常数可用各气体分压表示，如可逆反应：

$$aA(g)+bB(g) \rightleftharpoons eE(g)+dD(g)$$

$$K_p=\frac{p_E^e p_D^d}{p_A^a p_B^b}$$

在恒温下，增加平衡体系的总压力，平衡向气体分子数减小的方向移动；同理，若减小平衡体系的总压力，平衡向气体分子数增加的方向移动。压力变化只对反应前后气体分子数有变化的反应有影响，即对 $(e+d)-(a+b)\neq 0$ 的反应有影响。

③ 温度对化学平衡移动的影响　温度对化学平衡的影响，与浓度、压力有本质区别。改变浓度、压力导致 Q_c、Q_p 变化，而改变温度引起 K_c、K_p 变化。

吸热反应：升高温度，平衡常数增大，平衡向右移动，即向吸热方向移动。

放热反应：升高温度，平衡常数减小，平衡向左移动，即向吸热方向移动。

无论吸热反应还是放热反应，升高温度平衡都是向吸热方向移动。同理降低温度，平衡都是向放热方向移动。

5. 平衡移动原理

法国科学家勒夏特列把反应条件的改变对化学平衡的影响，归纳成平衡移动原理（也称为勒夏特列原理）：改变某一个平衡条件（如温度、压力和浓度等），平衡就像削弱这种改变的方向移动。如温度升高，就像吸热方向移动；浓度增大，就向浓度减小方向移动；压力升高，就向分子数减少来降低压力的方向移动。总之，移动方向是对“改变”的“对抗”，这个原理具有普遍意义。但必须注意它只适用于平衡体系，没有达到平衡的体系，不能应用此原理。

知识要点

要点 1　化学反应速率

(1) 化学反应速率概念及表示方法

化学反应速率概念：化学反应速率是在一定条件下，衡量反应物转化为生成物快慢的物理量，单位时间内反应物浓度的减少或生成物浓度的增加来表示。

化学反应速率表示方法：

$$一般反应：aA+bB=qC+pD$$

$$\begin{cases}平均速率\ \bar{v}=\pm\dfrac{\Delta c}{\Delta t}\\ 瞬时速率\ v=\pm\lim\limits_{\Delta t\to 0}\dfrac{\Delta c}{\Delta t}=\pm\dfrac{dc}{dt}\end{cases}$$

质量作用定律：在基元反应中，化学反应速率与反应物浓度幂的乘积成正比，其幂的方次等于反应方程式中相应物质的计量系数，这一规律叫做质量作用定律。

$$基元反应：aA+bB\longrightarrow qC+pD \quad v=kc^{a}(A)c^{b}(B)$$

（2）影响化学反应速率的因素

浓度：增加浓度，反应速率增大，反之亦然。

温度：升高温度，反应速率增大，反之亦然。

催化剂：合理选用催化剂，明显提高反应速率。

要点 2 化学平衡

（1）化学反应平衡概念及特点

化学平衡是指 $v_{正}=v_{逆}$，体系中各物质的浓度不再发生变化，反应达到了平衡。

化学平衡具有可逆性、条件性、动态性和相对性的特点。

化学平衡常数等于生成物浓度系数次幂乘积与反应物浓度系数次幂乘积之比。

（2）影响化学平衡的因素

增大反应物浓度，平衡向增大生成物浓度方向移动。平衡常数不变，转化率改变。

增大压力，平衡向气体分子总数较少的方向移动。平衡常数不变，转化率改变。

升高温度，平衡向吸热方向移动。温度变化时，平衡常数改变，转化率改变。

（3）平衡移动原理内容

改变某一个平衡条件（如温度、压力和浓度等），平衡就向削弱这种改变的方向移动。

习 题

一、填空题

1. 使用催化剂可加快反应速率，这是因为催化剂能够________，使活化能________。

2. 增加反应物浓度，反应速率加快的主要原因是________，化学平衡移动的主要原因是________；减小生成物浓度，正反应速率________，化学平衡将向________移动。

二、选择题

1. 质量作用定律适用于（　　）。

A. 任意反应　　B. 复杂反应　　C. 基元反应　　D. 吸热反应

2. 一个可逆化学反应达到平衡的标志是（　　）。

A 各反应物和生成物浓度相等　　B. 各反应物和生成物浓度等于常数

C. 生成物浓度大于反应物浓度　　D. 反应物和生成物浓度不再随着时间的变化而变化

三、判断题

1. 催化剂之所以能改变化学反应速率，是因为催化剂能改变反应途径，而活化能发生

了变化。(　　)

2. 复杂反应的反应速率取决于反应速率最慢的基元反应。(　　)

四、问答题

1. 影响化学反应速率的外因有哪些？如何影响？

2. 化学反应的速率方程和反应级数能否根据反应方程式直接得出？为什么？

项目3

一般溶液性质及配制

项目引入

化学实验是学习化学的重要手段，其主要任务是理解和巩固理论知识，掌握化学实验基本操作技术，培养学生独立思考、发现问题、解决问题的能力，并在化学实验过程中培养学生的辩证唯物主义观点，实事求是和严谨的科学态度，养成准确、细致、整洁等良好习惯，为将来从事生产实践打好基础。

学生在实验前必须熟悉实验室环境，并在实验中遵守实验室各项规章和制度。

本项目通过技能操作训练任务，要求学生能够掌握实验室各种试剂的分类、储存，一般溶液组成和性质的基本知识及配制方法，实验用水的分级，各类常见化学实验基本仪器的正确使用方法，熟悉实验室安全规则、紧急处理办法和特殊溶液的性质，学会固体、液体试剂的取用，玻璃仪器的认领、洗涤以及溶液配制技巧等的正确操作方法。

任务	技能训练和解析	知识宝库
3.1　认识实验室试剂和用水的分类分级	3.1.2　试剂分类及保存的认识实践	3.1.3　认识实验室试剂、用水和安全问题
3.2　一般试剂溶液的配制和稀释	3.2.2　一般试剂溶液的配制实验	3.2.3　分散系 3.2.4　一般溶液的组成表示与配制方法
3.3　认识稀溶液依数性及其应用	3.3.2　凝固点降低法测定物质相对分子质量实验	3.3.3　一般稀溶液的性质
3.4　认识胶体溶液的性质	3.4.2　胶体溶液制备和性质实验	3.4.3　胶体 3.4.4　表面现象 3.4.5　高分子溶液

任务 3.1　认识实验室试剂和用水的分类分级

3.1.1　任务书

化学试剂的种类繁多，分类和分级标准和方法也是多样化的。本次任务要进行化学试剂

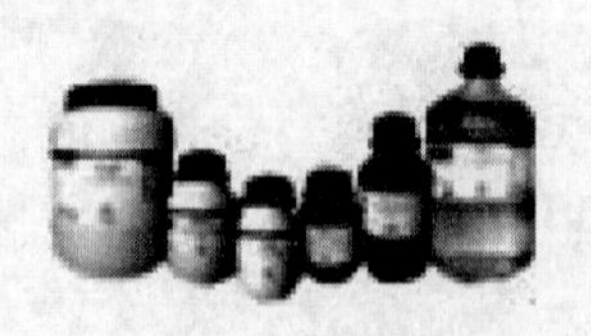

的分级和实验室用水分类的辨识，掌握化学试剂的正确取用方法，熟悉化学试剂的分类摆放和正确储存方法，了解实验用水的正确选择，了解实验室基本安全规则。

3.1.2 技能训练和解析

试剂分类及保存的认识实践

1. 任务原理

化学试剂种类繁多，分为无机试剂、有机试剂、生化试剂、分析用试剂等 11 大类。按安全管理的需要，化学试剂传统上又分为六类：爆炸品、易燃品、强氧化剂、强腐蚀剂、剧毒/品及放射性试剂。

实验室所用的化学试剂一般为普通试剂，按照纯度分为优级纯、分析纯、化学纯、实验试剂四个等级。其品质等级、标签颜色和缩写符号都有国家标准规定。

化学实验中取用固体、液体试剂的方法不同，用到的器材和容器不同；试剂只能取出，不能倒回，注意量器专用、避免污染；用后物品归位，养成良好的习惯。

2. 试剂材料

仪器和试剂		准备情况
仪器	托盘天平、称量纸、牛角匙、试管、小烧杯、量筒、滴管	
试剂	① 试剂分类实验：冰醋酸、硫酸铜、浓盐酸、浓硫酸、磷酸一氢钠、磷酸二氢钾 ② 试剂取用实验：NaCl 固体、NaOH 固体、蒸馏水、酚酞溶液	

3. 任务解析和操作

(1) 知识理解和归纳解析

① 化学试剂的分级

根据化学试剂纯度等级的划分，试剂一般可分为________个等级，其中符号 G.R. 表示__________，其标签通常用________色表示；A.R. 表示__________，其标签通常用________色表示；符号 C.P. 表示__________，其标签通常用________色表示；符号 L.P. 表示__________，其标签通常用________色表示。

② 固体试剂的取用

固体试剂一般存放在__________试剂瓶中，取用时应用__________伸入瓶内移取试剂。若要将试剂放入试管内，可将取出的试剂放入__________，然后水平伸入试管的 2/3 处，竖起试管，倒入药品。

每次取用试剂前时，先打开试剂瓶瓶盖或瓶塞，将瓶盖或瓶塞__________在干净的实验台上，然后使用清洁、干燥__________伸入瓶内移取试剂，放在称量纸上，并用台秤、托盘天平或分析天平称量，试剂取用完毕应立即将试剂瓶瓶盖或瓶塞盖好，并将试剂瓶的标签__________放回至原处；若取用的固体试剂颗粒较大，可先__________后再取用。

为了避免取用试剂过量，可在取用前预估后再取用，取用时遵循"宁________勿

________，慢慢增添”。

③ 液体试剂的取用

液体试剂一般存放在__________试剂瓶或__________中，取用时一般可采用__________法、__________法。用滴管取液时可用计算滴数的方法来估算取用液体的量，一般滴出约__________滴为1mL。

从细口试剂瓶中取用试剂时，一般采用__________法。在取用时，首先打开瓶塞，将瓶塞倒放在实验台上，________手拿试剂瓶，使试剂瓶的标签__________，（以免倾注液体时试剂沾污标签），__________手持量筒，并用大拇指指示所需体积刻度处，瓶口靠住量筒口，将液体缓慢注入量筒内，当液体液面距离所指示刻度__________时，改用一洁净的胶头滴管________滴加液体，至液体__________与所示刻度相切，即为要取用的液体体积。取完后，将试剂瓶瓶口在量筒壁上__________，再将试剂瓶竖直，以免试剂流至瓶的外壁，然后盖上瓶塞，将试剂瓶放回原处，并使标签朝外。

从滴瓶中取用少量试剂时要求掌握__________、__________和__________的正确使用。吸液时，提起滴管，使__________，用拇指和食指紧捏滴管上部的橡胶胶头，以赶走滴管中的空气，再把滴管伸入液体中，松开手指，吸入试剂。滴液时，将吸有试剂的滴管提起，__________地移到试管口或烧杯口的上方，然后用拇指和食指稍捏橡胶胶头，__________地使试剂逐滴滴入试管或烧杯中。

（2）试剂的分级辨别

按照化学试剂的分级和分类保管方法，将实验台上摆放的各种试剂转移到指定区域，并记录在实验报告本上。

（3）试剂的取用

① 固体试剂的取用

如图3-1所示，练习称量1.5g NaCl和NaOH固体分别置于洁净、干燥的试管中，备用。

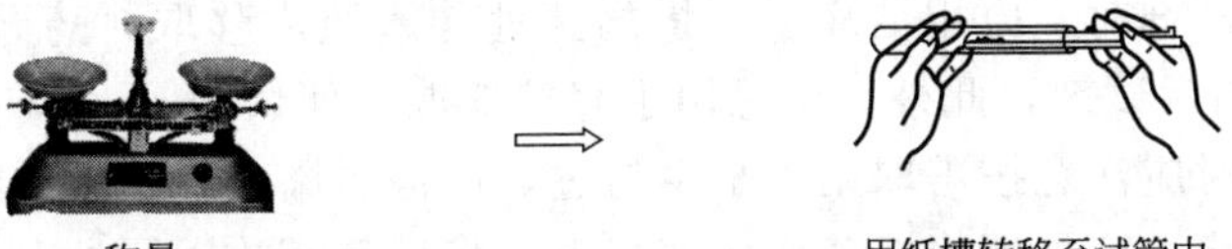

称量　　　　用纸槽转移至试管中

图3-1　取用固体试剂

② 液体试剂的取用

如图3-2所示，练习用量筒量取3mL蒸馏水，分别加入上述已装有一定量NaCl和NaOH固体的试管中，振荡使其完全溶解，再向两支试管中各滴加两滴酚酞试剂，观察现象，并记录在实验报告本上。

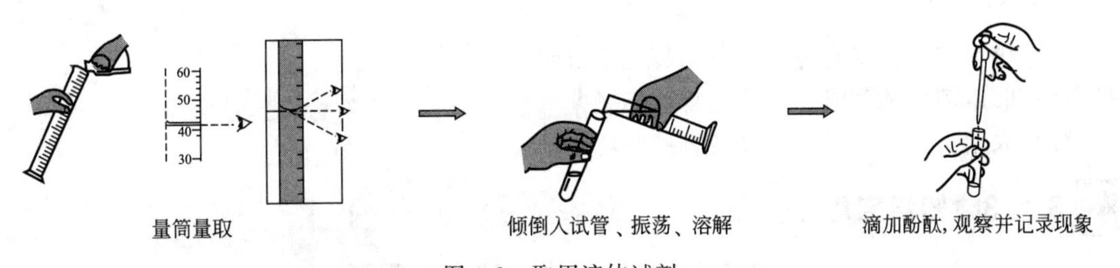

图3-2　取用液体试剂

4. 记录与报告单

使用仪器：

托盘天平，称量范围__________，称量精度__________；

量筒，量取范围__________，量取精度__________；

滴管，每1mL液体约__________滴。

实验记录：

（1）试剂分类

根据化学试剂纯度的分类等级，观察以下试剂的标签进行分类：冰醋酸__________级，硫酸铜__________级，浓盐酸__________级，浓硫酸__________级，磷酸一氢钠__________级，磷酸二氢钠__________级，并按照指导老师要求将试剂摆放在指定位置。

（2）试剂的取用

通过取用试剂的操作，练习不同试剂的取用方法，进行试剂溶液的添加和现象观察（见表3-1）。

表3-1 试剂的取用实验记录

样品	粗称质量/g	加 H_2O 体积/mL	加酚酞/滴	实验现象
NaCl固体				
NaOH固体				

实验结论：

称量大颗粒固体时应先__________再称取；取液体试剂时通常采用__________法和__________法。

5. 注意事项

① 在取用任何试剂前应先看清试剂瓶的标签，以免用错试剂。

② 取用时，打开试剂瓶后，应将瓶盖或瓶塞倒放在干净的实验台上。

③ 在取用固体试剂时，应用洁净、干燥的药匙伸入瓶内移取，药匙必须专匙专用，不得交叉使用，以免沾污试剂，此外，切忌用手直接抓取任何试剂。

④ 在取用试剂时应注意按需取用，宁少勿过，慢慢增添，以免造成浪费。

⑤ 试剂取用完毕，应立即将瓶盖或瓶塞盖上，将试剂瓶放回原处，并使标签朝外。

⑥ 在取用液体试剂的过程中，滴液时的滴管不能伸入试管或烧杯内，并且滴管需专管专用，不得交叉使用，以免沾污试剂。

⑦ 滴液时必须保持滴管垂直滴液，不能将滴管平放或斜放，以免试剂流入滴管的橡胶胶头而使胶头老化，且能保证滴加液体体积的准确性。

6. 问题与思考

（1）化学试剂根据其纯度可分为哪几个等级？

（2）取用固体试剂时，应注意哪些问题？

（3）取用液体试剂时，应注意哪些问题？

3.1.3 知识宝库

实验室试剂、用水及安全问题

1. 实验室安全守则

化学实验室中常储存有各种药品，有易燃、易爆的，也有具有腐蚀性和毒性的，因此，在化学实验中，应将“安全”放在首要位置。因此，为防止事故发生，实验人员须在思想上重视实验安全问题，不能麻痹大意，在实验中应严格遵守实验室安全守则，并掌握必要的急救措施，一旦发生意外事故，可进行及时处理。

实验室安全守则：

① 严禁带食物、餐具进入实验室，严禁在实验室内饮食、吸烟，严禁将实验室任何药品入口，离开实验室和饭前必须洗净双手。

② 严禁私自将实验室的药品带离实验室。

③ 实验时，不得用潮湿的手、物接触电源，并应先连接好电路后才接通电源。实验结束时，先切断电源再拆线路。如有人触电，应立即切断电源，然后进行施救。

④ 水、电、煤气使用完毕应立即关闭开关。

⑤ 点燃后的火柴用完应立即熄灭，不得乱扔。

⑥ 使用挥发性试剂、有毒、有刺激性或恶臭气味的试剂时必须在通风橱内进行，不得入口或接触伤口，使用后的废液不得随便倒入下水道，应倒入废液缸或指定容器内。

⑦ 使用易燃、易爆药品时，必须远离火源，并保持室内通风良好，以免发生爆炸事故。

⑧ 实验中加热试管时，试管口应指向无人处，不得将试管口对着自己或别人，以免试管内的液体飞溅而烫伤人。

⑨ 稀释浓硫酸时，应将浓硫酸缓慢倒入水中，并不断搅拌，切忌将水倒入浓硫酸中，以免局部过热使硫酸溅出而灼伤。

⑩实验中取用任何固体试剂应用镊子或药匙，不得用手直接接触。

⑪未经允许，不得随意将几种试剂或药品混合或研磨，以免发生爆炸等意外事故。

⑫实验中使用金属汞时应特别小心，不得将金属汞洒落在桌上或地上。汞易挥发，并通过呼吸道进入人体，导致汞蒸气慢性中毒。若不小心将汞洒落，则必须尽快将洒落的汞收集起来，并在汞表面洒上硫黄粉，使金属汞转变为不挥发的硫化汞。

2. 化学试剂的分类、分级和取用

(1) 化学试剂的分类和储存

化学试剂种类繁多，且大多数都具有毒性和腐蚀性。我国按照以用途为主、兼顾学科和产品结构的方法，将其分为无机试剂、有机试剂、生化试剂、分析用试剂等 11 大类。

按安全管理的需要，化学试剂传统上又分为六类：爆炸品、易燃品、强氧化剂、强腐蚀剂、剧毒/品及放射性试剂。对于无机试剂，要关注的是具有强腐蚀性的酸碱和有强氧化还原性的试剂。有机溶剂常具有熔、沸点低、易燃、易挥发、难溶于水而易溶于有机溶剂等特点。很多是危险试剂，在保管和使用过程中要关注其危险性。

在化学试剂的储存和管理上，要求必须有专人保管，定期检查。试剂必须进行分区存放，包括有机物区域、无机物区域和危险物品专放区域等。储藏室尽量保持通风低温、干燥状况。危险化学药品和剧毒物由专人加锁保管，实行领用经申请、审批、双人登记签字的制度。

(2) 化学试剂的分级

化学试剂的规格，一般根据其纯度（杂质含量的多少）进行划分。包括标准试剂、高纯试剂、专用试剂和普通试剂。

标准试剂如 pH 基准试剂、临床分析标准溶液、基准试剂等。高纯试剂杂质含量非常低

(10^{-9}～10^{-6}级)，用于微量分析中。专用试剂指特殊用途的试剂，包括光谱纯、色谱纯、生化试剂等。实验室普遍应用的试剂是普通试剂。按国家质量标准主要分为四种等级的试剂，也称为国标试剂，具体见表3-2。

表3-2 化学试剂的规格及适用范围

等级	名称	缩写符号	标签颜色	纯度	适用范围
一级	优级纯	G. R.	绿色	99.8%	精密分析实验和科研，也可作基准试剂
二级	分析纯	A. R.	红色	99.7%	定量分析实验和一般科研
三级	化学纯	C. P.	蓝色	≥99.5%	定性分析实验和一般无机、有机化学实验
四级	实验试剂	L. R.	黄色或其他颜色	较低，杂质含量高	要求不高的一般化学实验

(3) 化学试剂的取用

① 固体试剂的取用　实验室所用固体试剂一般装在广口试剂瓶中，通常采用称量法称取一定质量的固体。在取用时，应按照正确的操作要求进行，按需取用，杜绝浪费，不沾污试剂瓶中的试剂，不腐蚀称量工具。

固体试剂的取用方法如下。

每次取用试剂前，都应看清试剂瓶的标签，以免出错。取用时，先打开试剂瓶瓶盖或瓶塞，将瓶盖或瓶塞翻过来放在干净的实验台上，然后使用清洁、干燥的镊子或药匙伸入瓶内移取试剂，放在称量纸上，并用台秤、托盘天平或分析天平称量，试剂取用完毕应立即将试剂瓶瓶盖或瓶塞盖好，并将试剂瓶的标签朝外放回原处，这是化学实验过程中必须具备的良好实验习惯和素质的基本要求。当要取用多种不同固体试剂时，应注意药匙必须专匙专用，不得交叉使用，以免试剂受污染，用后药匙需立即洗净。应格外注意的是，无论取用何种试剂，都应保证药匙是经过清洁、干燥的，并且严禁用手直接抓取试剂。

若取用的固体试剂颗粒较大，可先在洁净、干燥的研钵中研碎后再取用。若要将取出的固体试剂加入试管，可将试剂放入干净、对折的纸槽内，再将纸槽水平伸入试管至2/3处，然后竖起试管，倒入药品。

在取用试剂时，若不慎多取，应将多余的试剂放入指定容器中以供他人使用，但不能倒回原试剂瓶。为了避免取用试剂过量，可在取用前预估后再取用，取用时，宁少勿过，慢慢增添。

② 液体试剂的取用　液体试剂一般存放在细口试剂瓶或带滴管的滴瓶中，取用一定体积的液体试剂时，可采用倾注法、滴液法，需定量取用液体试剂时通常采用量筒量取、移液管移取的方法。

从细口试剂瓶中取用试剂时，一般采用倾注法，根据需要也可用滴管吸取。

以用量筒量取一定体积的液体试剂为例，在取用时，首先打开瓶塞，将瓶塞倒放在实验台上，右手拿试剂瓶，使试剂瓶的标签朝向手心（以免倾注液体时试剂沾污标签），左手持量筒，并用大拇指指示所需体积刻度处，瓶口靠住量筒口，将液体缓慢注入量筒内，当液体液面距离所指示刻度1～2cm时，改用一洁净的胶头滴管逐滴滴加液体，至液体凹液面的最低处与所示刻度相切，即为要取用的液体体积。注意在读取刻度时，视线应与量筒内液体的凹液面最低处相平行。倒完后，应将试剂瓶口在量筒壁上靠一下，再将试剂瓶竖直，以免试剂流至瓶的外壁，然后盖上瓶塞，将试剂瓶放回原处，并使标签朝外。注意在取用试剂时应按需取用，不必多取，若不慎取用了过量试剂，则多余试剂应弃去，不得倒回原试剂瓶，以免沾污试剂。

从滴瓶中取用少量试剂一般是用滴瓶附配的滴管，或另取洁净备用滴管，其操作要求掌握吸液、滴液和滴管的正确使用。吸液时，提起滴管，使管口离开液面，用拇指和食指紧捏滴管上部的橡胶胶头，以赶走滴管中的空气，再把滴管伸入液体中，松开手指，吸入试剂。滴液时，将吸有试剂的滴管提起，垂直地移到试管口或烧杯口的上方，然后用拇指和食指稍捏橡胶胶头，悬空地使试剂逐滴滴入试管或烧杯中。滴液时，应注意不能将滴管伸入试管或烧杯内，以免试管或烧杯内的其他试剂沾污滴管而使滴瓶中的试剂变质；取用试剂的滴管应专管专用，不能和其他试剂的滴管混用，用毕应立即将滴管插回原来的试剂瓶中；滴液时必须保持滴管垂直滴液，不能将滴管平放或斜放，以免试剂流入滴管的橡胶胶头而使胶头老化，且能保证滴加液体体积的准确性。

在某些不需要准确体积的实验时，可以估计取出液体的量。如用滴管取液时可用计算滴数的方法来估算取用液体的量，一般滴出 20～25 滴为 1mL。

需要定量取用液体时，可用量筒量取或移液管移取。量筒可用于量度一定体积的液体，但要求取用准确的量时就必须用移液管移取。

3. 实验室的用水要求

（1）实验用水的分类

水是化学实验室内易被忽视但又至关重要的试剂，实验室常见用水的种类如下。

① 蒸馏水　实验室最常用的一种纯水。制备蒸馏水的过程一般能去除水中大部分的污染物，但一些挥发性物质，如二氧化碳、氨等以及一些有机物无法去除。新制备的蒸馏水是无菌的，但是在储存中易繁殖细菌。用于储存蒸馏水的容器必须是惰性物质，否则离子和塑形物质的析出会造成蒸馏水的二次污染。

② 去离子水　用离子交换树脂去除了水中的阴离子和阳离子，但是仍留有可溶性有机物，去离子水在储存中也容易繁殖细菌。

③ 反渗水　反渗水有效地去除了水中的溶解盐、胶体、细菌、病毒和大部分有机物等杂质，克服了蒸馏水和去离子水的缺点。

④ 超纯水　是纯度极高的水，其将水中的导电介质几乎完全去除，并将水中的气体、胶体、有机物质都除至很低程度，这种水除了 H_2O 分子外，几乎没有什么杂质，更没有细菌、病毒等物质。

（2）实验室用水的储存和选用

① 三级水　三级水是用原水（饮用水或适当纯度的水）通过蒸馏法或离子交换法制取，通常储存于密闭的、专用的聚乙烯容器中，也可使用密闭、专用的玻璃容器。三级水适用于一般化学分析的实验。

② 二级水　二级水是用三级水作为原水，通过多次蒸馏和离子交换法制取，通常储存于密闭的、专用的聚乙烯容器中。二级水多适用于无机痕量分析等实验，如原子吸收光谱等。

③ 一级水　一级水是用二级水作为原水，用石英蒸馏设备蒸馏或用离子交换混合床处

理后，再用 0.2μm 微孔滤膜过滤制取。一级水不可储存，一般在使用前制备。一级水适用于要求严格的分析实验。

各级水质标准见表 3-3。

表 3-3 实验室用水分级国家标准

名称	一级	二级	三级
pH(25℃)	—	—	5.0～7.5
电导率(25℃)/(μS/cm)	0.01	0.10	0.50
电阻率(25℃)/MΩ·cm	10	1	0.2
可氧化物质[以(O)计]/(mg/L)	—	0.08	0.4
吸光度(254nm,1cm)	0.001	0.01	—
蒸发残渣(105℃±25℃)/(mg/L)	—	1.0	2.0
可溶性硅[以(SiO_2)计]/(mg/L)	0.01	0.02	—

任务 3.2 一般试剂溶液的配制和稀释

3.2.1 任务书

溶液对于生命现象有着极其重要的意义，人体体液如血浆、组织液和细胞内液等都是溶液，人体组织细胞的生命活动都在溶液中进行。

本项目通过技能操作训练任务，完成几种一般溶液的配制。学生掌握一般溶液配制的操作技能要点，理解溶液组成的基本知识、溶液的性质特点、溶液性质的应用等知识。会进行相关的计算和操作，控制实验误差，并完成实验报告。

3.2.2 技能训练和解析

一般试剂溶液的配制实验

1. 任务原理

(1) 用纯试剂配制溶液

用纯试剂配制一定浓度和一定体积的一般试剂溶液时，应先根据配制溶液的要求计算所需要的取用量，再用天平称取或用量筒量取所需的试剂，进行配制。

(2) 稀释配制

溶液稀释前后，其含有的溶质的量不变，因此，按等式 $c_1V_1=c_2V_2$ 或 $w_1m_1=w_2m_2$，计算稀释一定体积和浓度的稀溶液时所需取用的相应浓溶液的体积或质量。

2. 试剂材料

	仪器和试剂	准备情况
仪器	100mL 容量瓶、10mL 容量瓶、50mL 容量瓶、移液管、洗耳球、玻璃棒、小烧杯、托盘天平、胶头滴管	
试剂	氯化钠固体、95%酒精溶液、0.2mol/L HAc 溶液	

3. 任务操作

(1) 取用固体试剂配制一般溶液

练习配制 9g/L 的 NaCl 溶液 100mL。

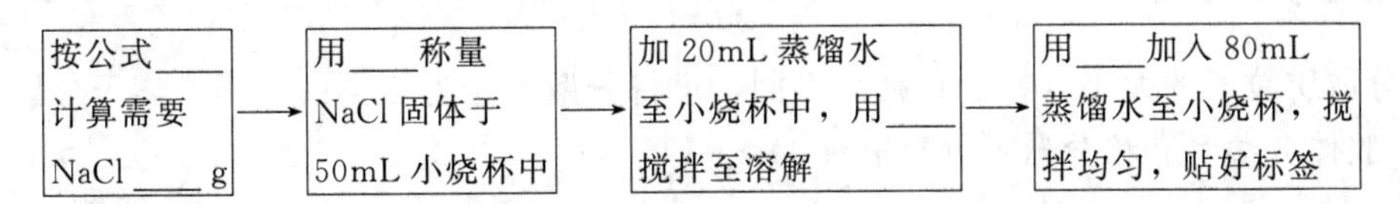

(2) 取用液体试剂配制一般溶液

练习用无水乙醇配制 75%的消毒酒精 100mL

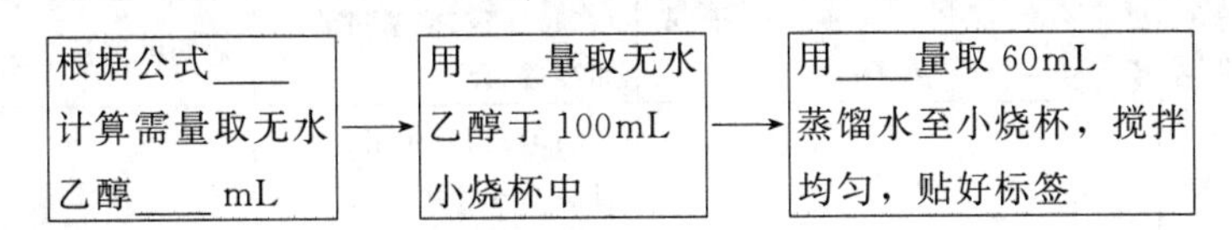

(3) 稀释配制

练习用 0.25mol/L 的 HAc 配制 0.1mol/L 的 HAc 溶液 50mL

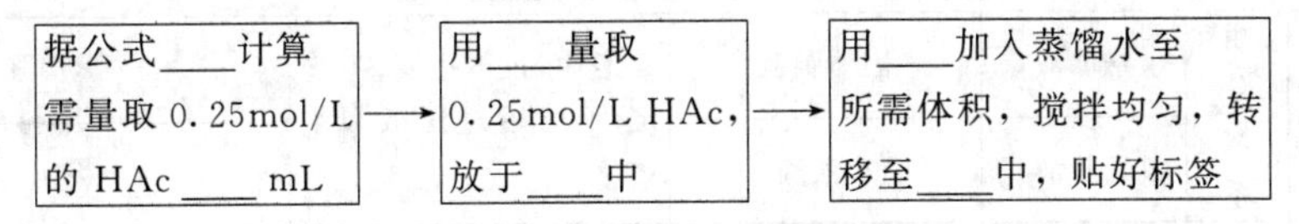

4. 记录与报告单

(1) 实验记录

① 根据计算，配制 100mL 9g/L NaCl 溶液，需称取 NaCl 固体__________g。

② 根据计算，配制 100mL 75%的消毒酒精，需量取无水乙醇__________mL。

③ 根据计算，配制 0.1mol/L HAc 溶液 50mL，需要 0.25mol/L 的 HAc__________mL。

(2) 实验结论

配制具有一定组成的普通溶液主要有两种方法，一种是__________，另一种是__________，以及将不同组成的溶液混合配制。涉及的量器有：称量固体使用__________，量取液体使用__________。

 3.2.3 知识宝库

分散系

溶液和胶体溶液是自然界中常见的分散体系，它与日常生活和生产实践有着密切的联系。生物体内的各种无机盐、有机物等都以溶液或胶体溶液的形式存在，因此，溶液和胶体溶液对生物体的健康和药物研究、开发、生产等方面起着极其重要的作用。

1. 分散系的概念

通常人们把具体研究的对象称为体系，把体系中物理和化学性质完全相同而与其他部分有明显界面的均匀部分称为相。只含有一个相的体系称为单相体系或均匀体系，含有两个或两个以上的相的体系称为多相体系或不均匀体系。

分散系就是一种或多种物质分散在另一种物质中所形成的体系，其中被分散的物质称为分散相或分散质，容纳分散质的物质称为分散剂或分散介质。例如氯化钠溶液体系是氯化钠分散在水中形成的分散系，其中氯化钠是分散质，水是分散剂。

2. 分散系的分类

按分散质粒子的大小（粒子直径）不同，可将分散系分为三类：分子或离子分散系（真溶液）、胶体分散系和粗分散系（见表 3-4）。

表 3-4　分散系的分类和特征

<table>
<tr><th>分散质粒子尺寸</th><th colspan="2">分散系类型</th><th>分散质组成</th><th>主要特征</th><th>实例</th></tr>
<tr><td><1nm</td><td colspan="2">分子、离子分散系（真溶液）</td><td>小分子、原子或离子</td><td>均匀；稳定；能透过滤纸和半透膜</td><td>葡萄糖溶液、生理盐水、消毒酒精</td></tr>
<tr><td rowspan="2">1～100nm</td><td rowspan="2">胶体分散系</td><td>溶胶</td><td>胶粒</td><td>不均匀；相对稳定；能透过滤纸，不能透过半透膜</td><td>AgI 溶胶、$Fe(OH)_3$ 溶胶</td></tr>
<tr><td>高分子溶液</td><td>单个高分子</td><td>均匀；稳定；能透过滤纸，不能透过半透膜</td><td>蛋白质溶液、淀粉溶液</td></tr>
<tr><td rowspan="2">>100nm</td><td rowspan="2">粗分散系</td><td>悬浊液</td><td>固体颗粒</td><td rowspan="2">不均匀；不透明；不稳定；不能透过滤纸和半透膜</td><td>泥浆水</td></tr>
<tr><td>乳状液</td><td>小液滴</td><td>牛奶、油水</td></tr>
</table>

分子或离子分散系是分散质粒子直径小于 1nm 的分散系，通常称为真溶液，简称溶液，其中分散质称为溶质，分散剂称为溶剂。因其分散质粒子很小，不能阻止光线通过，所以溶液是透明的，并且具有高度稳定性，例如葡萄糖溶液，不会随着放置时间的延长而出现溶质从溶液中分离出来的现象。

胶体分散系是分散质粒子直径在 1～100nm 之间的体系，主要有溶胶和高分子溶液两种类型。因其分散质粒子大小介于低分子分散系和粗分散系之间，其粒子能透过滤纸，但不能透过半透膜。任何物质，只要以 1～100nm 的大小分散在另一种物质中，即形成胶体溶液，如氢氧化铁溶胶、蛋白质溶液、细胞液、淋巴液、皮肤、毛发、指甲等。

粗分散系是分散质离子直径大于 100nm 的分散体系，包括悬浊液和乳状液。由于其分散质粒子大于 100nm，能阻止光线通过，因此粗分散系是浑浊、不透明的，并且易受重力影响而沉降，不稳定，不能透过滤纸和半透膜，例如泥浆水、硫黄合剂、松节油搽剂等。

 3.2.4　知识宝库

一般溶液的组成表示与配制方法

溶液是由溶质和溶剂组成的分散系，它对于生命现象具有极其重要的意义。人体内的组织间液、血液、细胞内液、腺体分泌液等都是溶液，人体内多种组织细胞的生命活动都是在溶液中进行的。实验室一般溶液指除了滴定分析所用标准溶液以外的其他溶液，包括缓冲溶液、pH 调节液、指示剂、显色剂、助色剂及其他试剂溶液。相对于标准溶液，其浓度不需要十分准确，配制时粗略配制即可，即：固体试剂用托盘天平称取，稀释水由量筒量取。

1. 溶液组成的表示方法

溶液是由分散质（溶质）和分散剂（溶剂）组成的，是分散系中一类分散质粒子直径小于 1nm 的分子离子分散系。溶液的有些性质决定于溶质的本性，而有些性质如渗透压等则只与溶液中溶质和溶剂的相对含量有关，因此，掌握溶液组成的表示方法非常重要。

溶液的组成表示方法又称为溶液的组成标度，它是指一定量的溶剂或溶液中所含溶质的量，有多种表示方法。

（1）物质的量浓度

物质的量浓度其定义为：溶质 B 的物质的量 n（B）除以体积 V，简称为浓度，用符号 c（B）表示，即：

$$c(\mathrm{B})=\frac{n(\mathrm{B})}{V} \tag{3-1}$$

物质的量浓度的 SI 单位是摩尔每立方米，符号：mol/m^3，医学上常用单位符号有 mol/L、mmol/L、μmol/L 等。

溶质 B 的物质的量 n(B)与其质量 m(B)、摩尔质量 M(B)之间的关系可用下式表示：

$$n(\mathrm{B})=\frac{m(\mathrm{B})}{M(\mathrm{B})} \tag{3-2}$$

（2）质量浓度

质量浓度是溶质 B 的质量 m(B)除以溶液的体积 V，用符号 ρ(B)表示，即：

$$\rho(\mathrm{B})=\frac{m(\mathrm{B})}{V} \tag{3-3}$$

质量浓度的 SI 单位是千克每立方米，符号是 kg/m^3，医学上常用 g/L、mg/L 和 μg/L 表示。例如，临床上常用的生理盐水（NaCl 溶液）的质量浓度为 9g/L。

物质 B 的质量浓度 ρ(B)与物质的量浓度 c(B)和摩尔质量 M(B)之间的换算关系为：

$$\rho(\mathrm{B})=c(\mathrm{B})M(\mathrm{B}) \tag{3-4}$$

【例 3-1】 临床上纠正酸中毒时，常用乳酸钠［$C_3H_5O_3Na$，M（乳酸钠）=112g/mol］注射液，其规格是每支 20mL 注射液中含乳酸钠 2.24g。计算该注射液的质量浓度和物质的量浓度分别是多少？

解 根据式（3-3）可得，乳酸钠的质量浓度为：

$$\rho（乳酸钠）=\frac{m（乳酸钠）}{V}=\frac{2.24\mathrm{g}}{0.02\mathrm{L}}=112\mathrm{g/L}$$

根据式（3-4）可得，乳酸钠的物质的量浓度为：

$$c（乳酸钠）=\frac{\rho（乳酸钠）}{M（乳酸钠）}=\frac{112\mathrm{g/L}}{112\mathrm{g/mol}}=1.0\mathrm{mol/L}$$

（3）质量分数

质量分数是溶质B的质量m(B)除以溶液的质量m，用符号ω(B)表示，即：

$$\omega(\mathrm{B})=\frac{m(\mathrm{B})}{m} \tag{3-5}$$

计算时，应保持m(B)和m的单位相同。质量分数无单位，可以用小数或百分数表示。如市售浓硫酸的质量分数为ω(B)=0.98或98%。

质量分数ω(B)与物质的量浓度c(B)之间的换算关系为：

$$c(\mathrm{B})=\frac{\omega(\mathrm{B})\rho}{M(\mathrm{B})} \tag{3-6}$$

(4) 体积分数

体积分数是在相同温度和压力时，溶质B的体积V(B)与溶液体积V的比值，用φ(B)表示。

$$\varphi(\mathrm{B})=\frac{V(\mathrm{B})}{V} \tag{3-7}$$

式中，V(B)和V的单位应相同。体积分数无单位，可以用小数或百分数表示。例如，医用消毒酒精是体积分数为0.75或75%的酒精溶液。体积分数通常用于溶质为液体的溶液。

2. 一般溶液的配制技术

配制具有一定组成的溶液一般有两种方法，一种是用纯物质加入溶剂直接配制；另一种是将浓溶液稀释配制，或将不同组成的溶液进行混合配制。涉及的量器有：称量固体一般使用托盘天平，量取液体使用量筒。

首先，根据配制浓度要求，计算所需试剂或者所需浓溶液的量，再如法取用和配制。

(1) 用纯试剂配制溶液

根据浓度要求，计算所需纯化学试剂的量，然后取得相应量加入溶剂水中配制。根据所配溶液的浓度表达方式不同，计算试剂B的公式见表3-5。

表3-5 配制溶液所需溶质试剂的取用量

所配溶液的浓度要求	计算溶质B的公式
浓度c(B)/(mol/L)	$m(\mathrm{B})=c(\mathrm{B})V_{溶液}M(\mathrm{B})$
浓度ρ(B)/(mg/L)	$m(\mathrm{B})=\rho(\mathrm{B})V_{溶液}$
浓度ω(B)/%	$m(\mathrm{B})=\omega(\mathrm{B})m_{溶液}$
浓度φ/%	$V(\mathrm{B})=\varphi(\mathrm{B})V_{溶液}$

配制操作技术：

① 由固体试剂配制一定浓度的溶液　配制前，首先根据要求配制的溶液浓度和体积，计算出所需的固体溶质的质量。再用天平称取，倒入一洁净的小烧杯中，加适量蒸馏水并搅拌使其完全溶解，之后将溶解的溶液继续加入蒸馏水，稀释至需要的体积刻度。将溶液转移至试剂瓶中，盖好塞子，摇匀，贴好标签。

② 由液体试剂配制一定浓度的溶液 首先计算配制所需液体溶质的体积，再用量筒量取所需液体试剂，放入一洁净的小烧杯，加适量蒸馏水搅拌均匀，若溶液发热，则应将溶液冷却至室温后，再将溶液完全转移至容量瓶中，定容、摇匀，最后按指定要求回收。

(2) 稀释配制

根据浓度要求，计算所需浓溶液的体积，再加入相应的水稀释至需要的体积。计算依据：配制时添加蒸馏水，配制前后含有溶质的量保持不变。公式：

$$c_1V_1=c_2V_2 \tag{3-8}$$

式中，c_1 和 V_1 为配制前的浓度和体积；c_2 和 V_2 为配制后的浓度和体积。

操作方法：按照计算需要的浓溶液的取用量，用量筒量取相应体积浓溶液，倒入烧杯中，加入蒸馏水稀释至所需体积，搅拌均匀，转移至试剂瓶中，贴好标签。

注意，如果是稀释浓硫酸，则应将浓硫酸缓慢注入水中，防止大量放热而飞溅烫伤。

(3) 混合配制

由两种不同浓度的溶液，混合后，配制为所需浓度的溶液，其浓度介于原来两者之间。首先，要计算出各需两种溶液的体积，计算公式：

$$c_1V_1+c_2V_2=cV \tag{3-9}$$

$$V_1+V_2=V \tag{3-10}$$

式中，c_1 和 V_1 为配制前 1 溶液的浓度和体积；c_2 和 V_2 为配制前 2 溶液的浓度和体积；c 和 V 为配制成混合溶液的浓度和体积。

操作方法：按照计算的两种溶液的取用量，用量筒分别量取后，倒入烧杯中，搅拌均匀，转移至试剂瓶中，贴好标签。

任务 3.3 认识稀溶液依数性及其应用

3.3.1 任务书

溶液的某些性质，只与溶液中溶质粒子的多少有关，而与溶质的本性无关，这类性质通常称为溶液的依数性，主要有溶液的蒸气压下降、沸点升高、凝固点降低以及溶液具有渗透压。本次任务要求学生利用凝固点降低法测定葡萄糖的摩尔质量，理解溶液依数性的应用，掌握凝固点测量技术，并掌握固体的称量、液体量取、一般溶液配制等基本操作技能。

3.3.2 技能训练和解析

凝固点降低法测定物质相对分子质量实验

1. 操作原理

凝固点是溶液与其固态溶剂具有相同的蒸气压而能平衡共存时的温度。当在溶剂中加入难挥发的非电解质溶质时，由于溶液的蒸气压小于同温度下纯溶剂的蒸气压，因此溶液的凝固点必定小于纯溶剂的凝固点。按照图 3-3 连接装置测定溶液的凝固点。

根据拉乌尔定律可推出：稀溶液的凝固点降低值 ΔT_f 近似地与溶液的质量摩尔浓度成正比，而与溶质的本性无关，即：$\Delta T_f=T_f^0-T_f=K_fb_B$，式中，$\Delta T_f$ 表示溶液凝固点的降

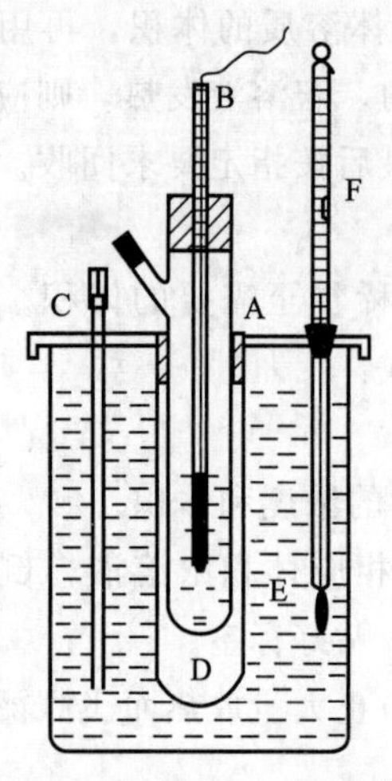

图 3-3　溶液凝固点测定装置

A—冷冻管；B—贝克曼温度计；C—搅拌器；D—外套管；E—冰水浴；F—温度计

低值；T_f 表示溶液的凝固点；T_f^0 表示纯溶剂的凝固点；b_B 表示溶液的质量摩尔浓度（溶液中，溶质的物质的量与溶剂质量的比值称为质量摩尔浓度，单位为 mol/kg）；K_f 表示溶剂的凝固点下降常数，单位是 K·kg/mol，它是溶剂的特征常数，随溶剂的不同而不同。

由此可导出计算溶质摩尔质量 M_B 的公式：$M_B=\dfrac{K_f m_B}{\Delta T_f m_A}$，因此，在已知 K_f、溶剂质量、溶质质量的前提下，只要测出溶液的凝固点降低值 ΔT_f，即可求出溶质的摩尔质量和相对分子质量。

通常测定凝固点的方法是将溶液逐渐冷却，使其结晶。但是，实际上溶液冷却到凝固点，往往并不析出晶体，这是因为新相形成需要一定能量，故结晶并不析出，这就是所谓过冷现象。然后由于搅拌或加入晶种促使溶剂结晶，由结晶放出凝固热，使体系温度回升，并保持相对稳定，直至全部液体凝固后温度下降，这一过程中相对稳定的温度就是该溶液的凝固点。

2. 任务材料

	仪器和试剂	准备情况
仪器	大烧杯、大试管、铁架台、铁夹、贝克曼温度计，普通温度计（0～50℃），分析天平，移液管（50mL）1 支，放大镜	
试剂	葡萄糖、NaCl、蒸馏水、冰块	

3. 任务操作

（1）纯溶剂凝固点的测定

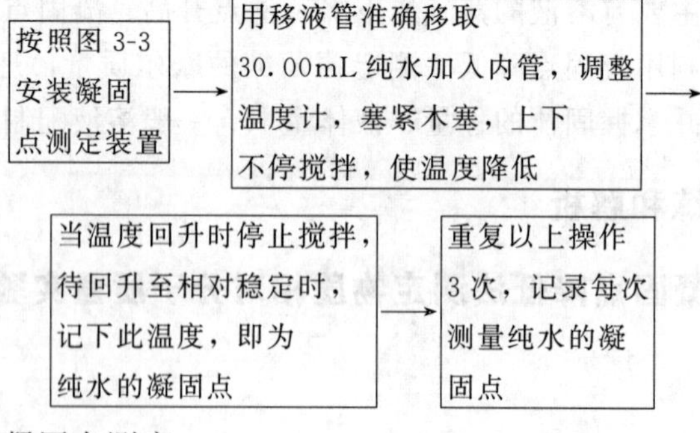

（2）葡萄糖溶液的凝固点测定

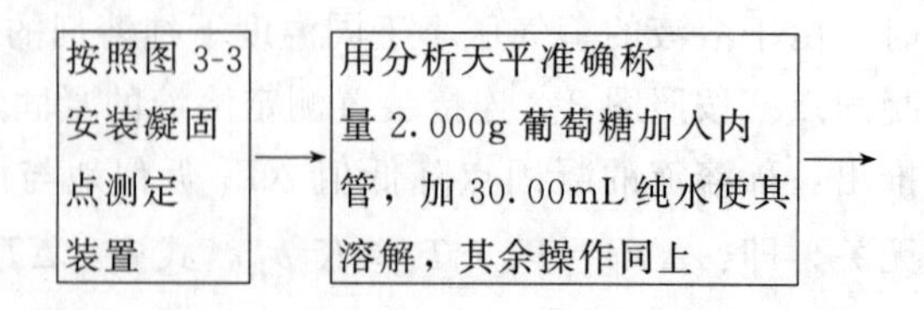

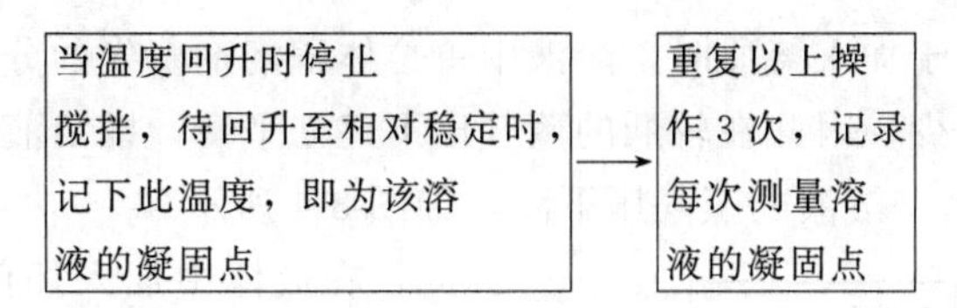

4. 记录与报告单（见表3-6）

表3-6 葡萄糖相对分子质量测定数据记录与结果

项目				
室温/℃				
纯水用量/mL				
葡萄糖的质量/g				
纯水的凝固点/℃	3次测量值			
	实验平均值			
溶液的凝固点/℃	3次测量值			
	实验平均值			
ΔT_f/K				
水的 K_f				
葡萄糖相对分子质量				

实验结论：

稀溶液的依数性主要有__________、__________、__________和__________，测定某物质的摩尔质量可采用__________法。

3.3.3 知识宝库

一般稀溶液的性质

溶液的性质分为两类：一类是与溶液的本性及溶质与溶剂的相互作用有关，如颜色、酸碱性和导电性等；另一类是只与溶液中溶质粒子的多少有关，而与溶质的本性无关，这类性质通常称为溶液的依数性，主要有：溶液的蒸气压下降、沸点升高、凝固点降低以及溶液的渗透压。人们在讨论溶液的依数性时，通常是指难挥发性非电解质的稀溶液，不考虑溶液中粒子间的相互作用。

1. 溶液的蒸气压下降

蒸发是指在一定温度下，将一杯纯水放在密闭的容器中，由于分子的热运动，一部分能量较高的水分子从水面逸出，扩散到空气中形成水蒸气的过程；凝结是指水蒸气分子在不断运动的过程中，其中一些分子又重新回到水面变成液态水的过程。

$$H_2O\ (l) \underset{\text{凝结}}{\overset{\text{蒸发}}{\rightleftharpoons}} H_2O\ (g)$$

当蒸发速率与凝结速率相等时，气相和液相达到动态平衡，水面上的蒸气压保持不变，此时的蒸气压称为该温度下纯水的饱和蒸气压，简称蒸气压，单位为 kPa。

在同一温度下，由于加入溶质时，溶液中单位体积溶剂蒸发的分子数目降低，逸出液面的溶剂分子数目相应减少，因此在较低的蒸气压下建立平衡，即溶液的蒸气压比纯溶剂的蒸气压低（p^0-p），这就是溶液的蒸气压下降，如图 3-4 所示。

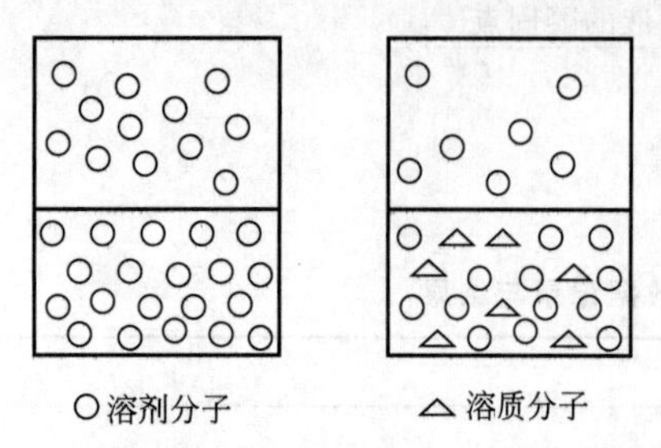

图 3-4 溶液的蒸气压下降

因此，在液体中加入任何一种难挥发性非电解质，液体的蒸气压就下降，纯溶剂蒸气压与溶液的蒸气压的差值用 Δp 表示：

$$\Delta p=p^0-p \tag{3-11}$$

式中，Δp 表示溶液蒸气压的下降值 Pa 或 kPa；p^0 表示纯溶剂的蒸气压；p 表示溶液的蒸气压。

在一定温度下，难挥发非电解质稀溶液的蒸气压下降与该溶液的质量摩尔浓度成正比，此为拉乌尔定律。即：

$$\Delta p=Kb_{\mathrm{B}} \tag{3-12}$$

式中，b_{B} 为溶液的质量摩尔浓度；K 为比例常数。

该式表明，在一定温度下，难挥发性非电解质稀溶液的蒸气压下降 Δp 只与溶液的质量摩尔浓度有关，而与溶质的种类和本性无关。若有质量摩尔浓度相同的几种非电解质稀溶液，如葡萄糖溶液、蔗糖溶液、尿素溶液，其蒸气压的降低值则是相等的。

2. 溶液的沸点升高

液体（纯液体或溶液）的蒸气压随温度的升高而增大，当液体的蒸气压与外界压强相等时的温度，即称为该液体的沸点。若未指明外界压强，则一般认为外界压强是一个标准大气压。

对于难挥发性非电解质的稀溶液，由于其蒸气压下降，要使溶液蒸气压达到与外界压强相等，就要使其升高温度超过纯溶剂的沸点。因此，非电解质稀溶液的沸点要比纯溶剂的沸点高，如图 3-5 所示。

溶液沸点升高是由于溶液的蒸气压下降导致的，而溶液的蒸气压下降程度与溶液的质量摩尔浓度成正比，因此，溶液沸点的升高程度也与其质量摩尔浓度成正比，而与溶质的本性无关，且溶液的浓度越大，其沸点越高。即：

$$\Delta T_{\mathrm{b}}=T_{\mathrm{b}}-T_{\mathrm{b}}^0=K_{\mathrm{b}}b_{\mathrm{B}} \tag{3-13}$$

式中，ΔT_{b} 表示溶液沸点的升高值；T_{b} 表示溶液的沸点；T_{b}^0 表示纯溶剂的沸点；b_{B} 表示溶液的质量摩尔浓度；K_{b} 表示溶剂的沸点升高常数，K·kg/mol，它随溶剂的不同而不同，见表 3-7。

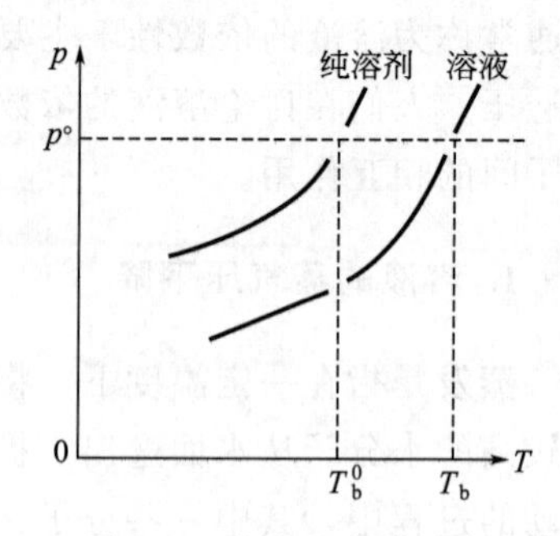

图 3-5 溶液的沸点升高

3. 溶液的凝固点下降

溶剂的凝固点是物质的液相和固相平衡共存时的温度。达到凝固点时，液、固两相的蒸气压相等，否则两相不能共存。例如，纯水的凝固点为0℃（即273.15K），此时水和冰的蒸气压相等，均为610.6Pa。溶液的凝固点是指溶液液相和固态溶剂平衡共存时的温度。溶液的凝固点比纯溶剂的凝固点低，如图3-6所示。溶液的浓度越大，凝固点就越低。

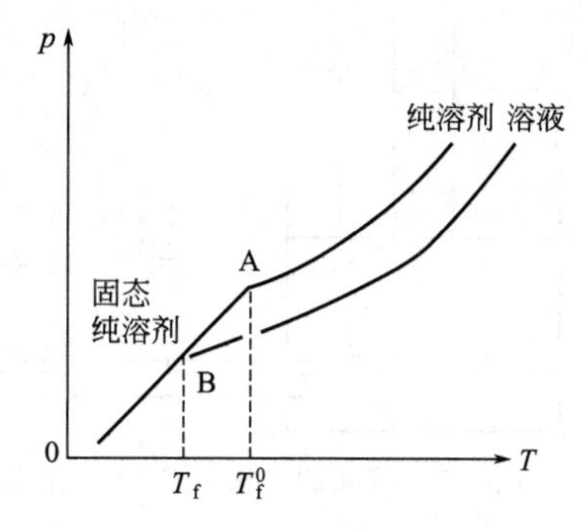

图3-6 溶液的凝固点降低

溶液的凝固点下降也是由于其蒸气压下降的缘故，因此，溶液凝固点的下降程度也只与溶液浓度有关，而与溶质的本性无关。溶液凝固点的下降值与溶液的质量摩尔浓度成正比，且溶液浓度越大，其凝固点越低。即：

$$\Delta T_f = T_f^0 - T_f = K_f b_B \tag{3-14}$$

式中，ΔT_f 表示溶液凝固点的降低值；T_f 表示溶液的凝固点；T_f^0 表示纯溶剂的凝固点；b_B 表示溶液的质量摩尔浓度；K_f 表示溶剂的凝固点下降常数，K·kg/mol，它是溶剂的特征常数，随溶剂的不同而不同，见表3-7。

溶液凝固点下降的性质在多种领域得到广泛应用。例如，冬天在汽车水箱里加入乙二醇或甘油可以起到防冻作用；在冰中加入盐可用作制冷剂；可根据溶液凝固点降低的性质测定某未知物的相对分子质量等。

表3-7 常见溶剂的 T_b^0、K_b 和 T_f^0、K_f 值

溶剂	T_b^0/℃	K_b/(K·kg/mol)	T_f^0/℃	K_f/(K·kg/mol)
水	100	0.512	0.0	1.86
乙醇	78.4	1.22	−117.3	1.99
苯	80	2.53	5.5	5.10
四氯化碳	76.7	5.03	−22.9	32.0
乙酸	118	2.93	17.0	3.9
乙醚	34.7	5.80	80.0	6.9

4. 溶液的渗透压

凡是溶液都具有渗透压，这是溶液的一个重要性质。溶液的渗透压在生物、医学等方面有广泛应用，如临床上给病人补充液体时要密切注意溶液的浓度，过浓或过稀都将产生不良后果，甚至造成死亡，这与溶液的渗透压有着密切的联系。

（1）渗透现象和渗透压

若在一杯清水中小心加入一层浓蔗糖水，不久整杯水都有甜味；若在一杯清水中滴入一滴红墨水，不久整杯水都变为红色。这是由于蔗糖分子从上层进入下层，同时水分子从下层进入上层，直到整杯溶液的浓度均匀为止，这种在两种不同浓度的溶液之间，由于溶质分子和溶剂分子无规则运动而相互分布的现象称为扩散。扩散是一种双向运动，只要两种不同浓度的溶液相互接触，就会发生扩散现象。

如果将蔗糖溶液与清水用理想半透膜（半透膜是一种具有选择性的薄膜，它只允许溶剂分子透过，而不允许溶质分子透过，例如细胞膜、动物的膀胱膜、人造羊皮纸和火棉胶膜

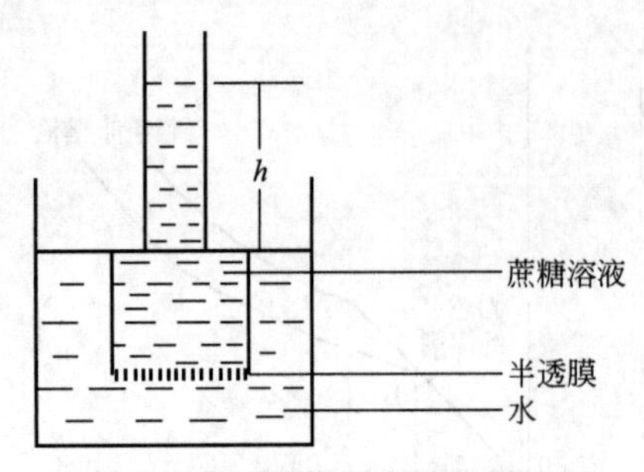

图 3-7　溶液的渗透现象和渗透压

等）隔开，并使膜两侧的液面相平，静置一段时间后，可以看到蔗糖溶液一侧的液面升高，如图 3-7 所示。我们把这种溶剂分子自发地通过半透膜，由纯溶剂溶液进入溶液，或由低浓度溶液进入高浓度溶液的现象称为渗透现象，简称渗透。

渗透是特殊条件下的扩散现象。渗透现象的产生必须具备以下两个条件：一是必须存在半透膜；二是半透膜两侧溶液存在一定的浓度差。

渗透现象的产生是由于蔗糖分子不能透过半透膜，而水分子却可以自由地透过半透膜。由于膜两侧单位体积内的水分子数目不相等，单位时间内水分子从纯水（或稀溶液）进入蔗糖溶液（或浓溶液）的数目比蔗糖溶液中水分子在同一时间内进入纯水（或稀溶液）的数目多，其结果是蔗糖溶液的液面升高，浓度降低。随着溶液液面的升高，由溶液液柱产生的静水压促使溶液中的水分子加速向纯水中扩散，当溶液液面上升到一定高度时，两种反向的扩散速率相等，此时，单位时间内从膜两侧透过的水分子数目相等，从而形成了一种动态平衡，溶液液面不再升高，这种动态平衡称为渗透平衡。

渗透的净方向总是趋于自发缩小膜两侧溶液的浓度差，亦即渗透总是溶剂分子从纯溶剂一侧进入溶液一侧，或从稀溶液一侧进入浓溶液一侧。

为了使半透膜两侧液面的高度相等并保持不变，必须在溶液液面上施加一额外压力。这种为维持溶液和溶剂之间的渗透平衡而需要的超额压力称为渗透压。渗透压用符号 Π 表示，单位是 Pa 或 kPa。若在溶液液面上方施加的外压大于渗透压，则溶剂分子的渗透方向就会从溶液一侧进入纯溶剂一侧，溶液液面降低，这种逆向进行的操作称为反渗透。此技术常用于从海水中提取淡水和三废治理中处理污水。

（2）渗透压与浓度、温度的关系

1886 年，荷兰化学家范特荷甫（Van’t Hoff）根据实验结果总结出以下规律：稀溶液的渗透压与溶液的浓度和热力学温度的乘积成正比。这就是范特荷甫定律，用方程式表示即为：

$$\Pi = cRT \tag{3-15}$$

式中，Π 为溶液的渗透压，kPa；c 为溶液的浓度，mol/L；R 为气体常数，$R=8.31$ kPa·L/(mol·K)；T 为热力学温度，$T=273+t$℃，K。

由上式可知，在一定温度下，难挥发性非电解质稀溶液的渗透压只与单位体积溶液中的溶质颗粒的数目成正比，而与溶质的本性无关。

在相同温度下，任何非电解质溶液的物质的量浓度相同时，单位体积内溶质颗粒的数目就相等，因此，它们的渗透压也必定相等。例如，0.30 mol/L 的葡萄糖溶液与 0.30 mol/L 的蔗糖溶液的渗透压相等。

对于电解质溶液，由于电解质在溶液中发生解离，单位体积内溶质颗粒的数目要比相同物质的量浓度的非电解质溶液多，因此，其渗透压也增大。如相同物质的量浓度的 NaCl 溶液和葡萄糖溶液相比，NaCl 溶液单位体积溶液中的溶质粒子数是葡萄糖溶液粒子数的 2 倍，其渗透压也几乎是葡萄糖溶液的 2 倍。因此，在计算电解质溶液的渗透压时，必须在上述公式中引入一个校正因子 i，即：

$$\Pi = icRT \tag{3-16}$$

i 是电解质的一个“分子”在溶液中产生的质点数，对强电解质稀溶液，可近似认为 1mol 强电解质解离产生的离子的物质的量。如 NaCl 的 i 是 2，$MgCl_2$ 的 i 是 3。式（3-16）中的 ic 则是溶液中各种溶质粒子的总浓度。

（3）渗透浓度

由式（3-16）可知，在一定温度下，溶液渗透压的大小只与单位体积内溶液中溶质的粒子数目成正比。我们把溶液中这些产生渗透效应的溶质粒子（分子或离子）统称为渗透活性物质，因此，可以用渗透活性物质的浓度来衡量溶液渗透压的大小。我们将溶液中渗透活性物质的总浓度定义为渗透浓度，用符号 c_{os} 表示，其常用单位为 mmol/L。

对于任何稀溶液，当温度一定时，其渗透压与稀溶液的渗透浓度成正比。因此，医学上常用渗透浓度来表示溶液渗透压的大小。

【例 3-2】 计算生理盐水（9.00g/L NaCl 溶液）和 50.0g/L 葡萄糖溶液的渗透浓度。

解 生理盐水溶质 NaCl 是强电解质，其 $i=2$；葡萄糖为非电解质，其 $i=1$。因此，其渗透浓度分别是：

$$c_{os(生理盐水)} = ic_{NaCl} = 2 \times \frac{9.00g/L}{58.5g/mol} = 0.308mol/L = 308mmol/L$$

$$c_{os(葡萄糖)} = ic_{葡萄糖} = 1 \times \frac{50.0g/L}{180g/mol} = 0.278mol/L = 278mmol/L$$

（4）等渗、低渗和高渗溶液

相同温度下，渗透压或渗透浓度相等的两种溶液称为等渗溶液；渗透压不等的溶液，其中渗透压相对较高的称为高渗溶液，渗透压较低的则称为低渗溶液。

在医学上，通常以正常血浆的总渗透压或总渗透浓度为比较标准来衡量等渗、低渗和高渗溶液。正常人血浆的总渗透压为 720～820kPa，相当于总渗透浓度为 280～320mmol/L。因此，临床规定凡是渗透浓度在 280～320mmol/L 范围内的溶液称为等渗溶液，低于 280mmol/L 的溶液称为低渗溶液，高于 320mmol/L 的溶液称为高渗溶液。如生理盐水、50.0g/L 葡萄糖溶液、19.0g/L 乳酸钠、12.5g/L 碳酸氢钠等溶液都是临床上常用的等渗溶液。

临床输液时，应用等渗溶液是一个基本原则。生理情况下，人血浆的渗透压与红细胞内液是等渗的，因此，如果将血红细胞放入低渗溶液中，在显微镜下可观察到红细胞逐渐膨胀、破裂，造成溶血；反之，若在静脉补液时，大量输入高渗溶液，则红细胞内的水分子便透过细胞膜进入血浆，红细胞发生皱缩，称为胞浆分离，会导致红细胞黏聚成团而发生血管栓塞。

任务 3.4 认识胶体溶液的性质

3.4.1 任务书

胶体分散系是分散系中分散质粒子直径在 1～100nm 之间的一类分散系，其广泛存在于石油、冶金、橡胶以及生命系统中，它对工业生产、生命现象和医学研究都非常重要。本次任务进行胶体的制备和性质、高分子化合物溶液的性质及其对胶体溶液的保护作用的实验，理解胶体溶液的性质特点，掌握制备胶体溶液的技巧，了解胶体溶液的保护和聚沉方法。

3.4.2 技能训练和解析

胶体溶液制备和性质实验

1. 任务原理

溶胶中胶体粒子的直径是1～100nm，略小于可见光波长（400～700nm）。溶胶剂的制备方法有分散法和凝聚法，本实验采用的是化学凝聚法。

溶胶稳定的主要原因有胶粒带电、溶剂化膜的存在和布朗运动。

使溶胶聚沉的因素有很多，如加入电解质、加入带相反电荷的溶胶、加热等。

2. 试剂材料

	仪器和试剂	准备情况
仪器	250mL小烧杯、试管、U形管、胶头滴管、玻璃棒、酒精灯、石棉网、铁架台、铁圈、手电筒、学生电源、石墨电极	
试剂	0.2mol/L $FeCl_3$溶液、0.1mol/L NaCl溶液、0.1mol/L Na_2SO_4溶液、0.1mol/L Na_3PO_4溶液、0.01mol/L KNO_3溶液、1%明胶溶液、0.02mol/L K_2CrO_4溶液、蒸馏水	

3. 任务操作和记录

（1）溶胶的制备

$Fe(OH)_3$溶胶的制备

（2）溶胶的性质

① 溶胶的光学性质

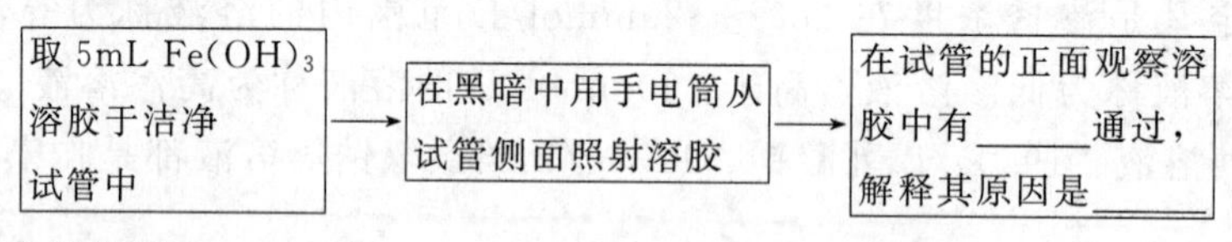

② 溶胶的电学性质

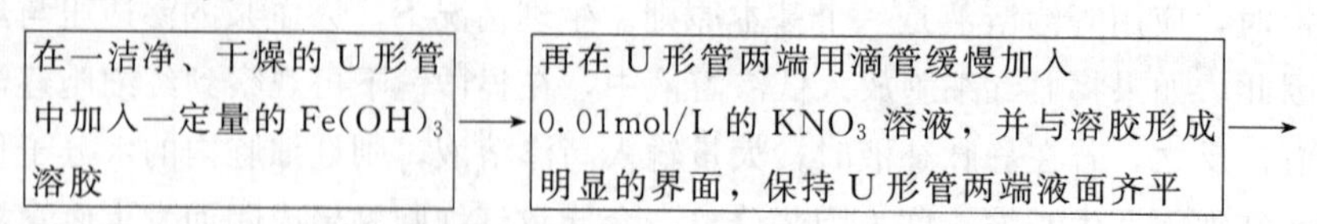

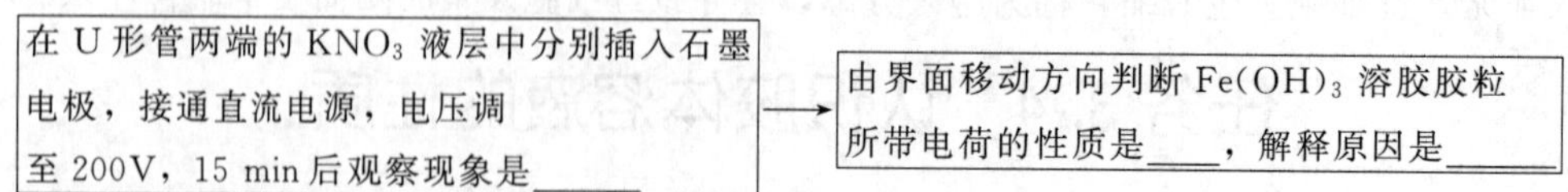

③ 溶胶的聚沉

电解质对溶胶的聚沉作用：

取3支试管标为一、二、三号，向试管中各加入2mL上述制备的$Fe(OH)_3$溶胶	→	分别在试管中逐滴加入0.1mol/L NaCl溶液、0.1mol/L Na_2SO_4溶液和0.1mol/L Na_3PO_4溶液，振荡，至3支试管中均出现沉淀	→

上述三种溶液使溶胶生成沉淀分别需要的滴数是______，解释原因是______________________________

加热对溶胶的聚沉作用：

取1支试管，加入3mL $Fe(OH)_3$溶胶，用酒精灯加热至沸腾，观察现象，解释原因。

取1支试管，加入3mL $Fe(OH)_3$溶胶	→	用酒精灯加热至沸腾，观察现象是__________，解释其原因是__________

④ 高分子化合物溶液对溶胶的保护作用

取2支试管，各加入$Fe(OH)_3$溶胶2mL，向1号管加蒸馏水2mL，向2号管加质量分数为1%的明胶溶液2mL，混匀后，分别向两管滴加0.02mol/L K_2CrO_4溶液，至沉淀析出为止，记下各加入K_2CrO_4的滴数，两管为什么不相同？

取2支试管，各加入$Fe(OH)_3$溶胶2mL	→	向1号管加蒸馏水2mL，向2号管加质量分数为1%的明胶溶液2mL，混匀后，分别向两管滴加0.02mol/L K_2CrO_4溶液，至沉淀析出为止	→

记下各加入K_2CrO_4的滴数分别是__________，两管为什么不相同？原因是____________________

4. 记录与报告单

(1) 将手电筒从侧面照射$Fe(OH)_3$溶胶时，在溶胶的正面可观察到的现象是__________，解释原因是__________。

(2) 在溶胶的电学性质实验中，通电15min后观察到的现象是__________，解释原因是__________。

(3) 0.1mol/L NaCl溶液、0.1mol/L Na_2SO_4溶液和0.1mol/L Na_3PO_4溶液对$Fe(OH)_3$溶胶的聚沉时，消耗的滴数分别是__________、__________和__________，这说明这三种电解质对$Fe(OH)_3$溶胶的聚沉能力强弱顺序为__________，解释原因是__________。

(4) 将$Fe(OH)_3$溶胶继续加热至沸腾可观察到的现象是__________，解释原因是__________。

(5) 高分子化合物溶液对溶胶的保护实验中，记下两试管中产生沉淀需各加入K_2CrO_4的滴数分别是__________和__________，解释原因是__________。

5. 注意事项

(1) 在制备$Fe(OH)_3$溶胶时，应注意缓慢加入$FeCl_3$溶液，并边加边搅拌。

(2) 在操作溶胶电泳实验时，U形管两端应缓慢注入一定量的KNO_3溶液，使之与红棕色溶胶形成明显的界面。

(3) 将石墨电极插入KNO_3液层时切勿搅动界面。

6. 问题与思考

（1）胶体分散系有哪些特点？
（2）溶胶有什么性质？
（3）胶粒带电的原因有哪些？

3.4.3 知识宝库

胶体

胶体分散系在自然界中普遍存在，如生物系统、石油、橡胶等，它与医学、工农业生产有着密切的联系。胶体分散系主要包括溶胶和高分子化合物溶液。

1. 溶胶的基本性质

溶胶是难溶性固体分散在介质中形成的一种胶体分散系。按照分散介质的不同，溶胶又可分为液溶胶、气溶胶和固溶胶。液溶胶是指分散介质为液体的溶胶，通常简称为溶胶，如氢氧化铁溶胶、碘化银溶胶等。

溶胶具有多相性、高分散性和聚集不稳定性的基本特征，其光学性质、动力学性质和电学性质都是由这些基本特征引起的。

（1）溶胶的光学性质　将溶胶和真溶液置于暗室中，用一束聚焦的可见光自侧面分别照射溶胶和真溶液，在与光束垂直的方向上可观察到溶胶中有一条明亮的光柱通过，而真溶液中是透明无光柱的，经比较，溶胶中能观察到一条明亮光柱的特有的现象称为丁达尔（Tyndall phenomenon）现象，如图 3-8 所示。

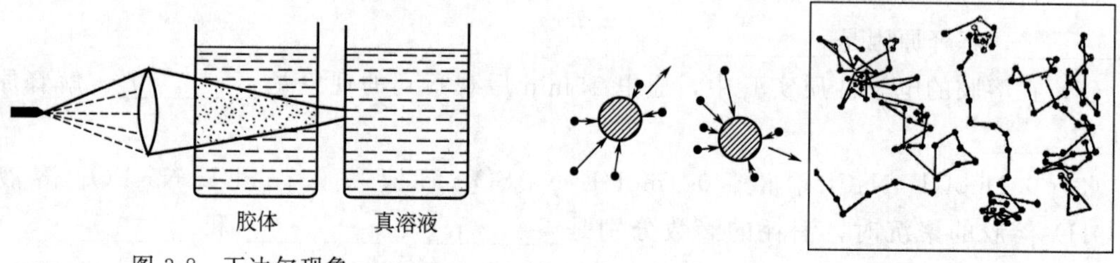

图 3-8　丁达尔现象

图 3-9　布朗运动

丁达尔现象产生的原因是由于溶胶中胶体粒子对光的散射而形成。溶胶中胶体粒子的直径是 1～100nm，略小于可见光波长（400～700nm）。当光照射在溶胶上时，光从胶粒向各个方向发生散射，千万个胶粒的散射光组成了一条明亮的光柱。当分散相粒子直径大于入射光波长时，主要发生反射，此时观察到分散系是浑浊的，如粗分散系；当分散相粒子小于入射光波长时，则发生透射，可观察到分散系为透明的，如真溶液。因此，利用丁达尔现象可以区别溶胶和其他分散系。

（2）溶胶的动力学性质

在超显微镜下可观察到胶体粒子在介质中不停地作无规则运动，这种运动由英国植物学家布朗观察花粉颗粒运动时发现，故称为布朗运动，如图 3-9 所示。

布朗运动是分子热运动的结果，是由于分散介质分子不断地从各个方向撞击胶体粒子，使胶粒在每一瞬间受到碰撞的合力大小和方向不断改变，从而导致胶粒运动的无序性。

当溶胶中的胶粒存在浓度差时，由于布朗运动，胶粒能自动地从高浓度区域向低浓度区域移动，这称为胶粒的扩散。胶粒的扩散使其不易下沉，故溶胶具有一定的动力学稳定性。溶胶浓度差越大，黏度越小，温度越高，则越容易扩散。

（3）溶胶的电学性质

如图 3-10 所示，在 U 形管中注入红棕色的 $Fe(OH)_3$ 溶胶，在溶胶上面小心地注入适量 NaCl 溶液。然后分别在 U 形管两端插入电极，此时，U 形管两端的溶胶液面高度保持一致，接通直流电源，一段时间后，可以观察到在负极一端的溶液颜色逐渐变深，且红棕色界面上升，而正极一端的颜色逐渐变浅，红棕色界面下降，这是由于 $Fe(OH)_3$ 溶胶粒子在电场作用下向负极移动导致，说明 $Fe(OH)_3$ 溶胶粒子是带正电荷的。若改用黄色的硫化砷溶胶，则能观察到在正极附近溶液颜色逐渐变深，液面上升，而负极颜色变浅，液面下降，说明硫化砷溶胶粒子在电场中向正极移动，其胶粒带负电。这种在外电场作用下，溶胶粒子的定向移动现象称为电泳。

电泳现象证明溶胶粒子是带电的，从电泳的方向可以判断胶粒所带电荷的性质。溶胶粒子向正极移动，则胶粒带负电，称为负溶胶，如大多数金属硫化物、非金属氧化物、硅胶、金、银等为负溶胶；溶胶粒子向负极移动，则胶粒带正电，称为正溶胶，如大多数金属氢氧化物溶胶。研究电泳现象，不仅有助于了解溶胶的结构及其电学性质，而且在临床上，电泳法在分离和鉴定蛋白质、多肽、核酸和氨基酸等物质时有着广泛的应用。

胶粒的胶核选择性地吸附溶液中与其组成相似的带电离子在其表面，致使胶粒带电。如 AgI 溶胶在含有过量 $AgNO_3$ 的溶液中，优先吸附 Ag^+，使胶粒带正电；而在含有过量 KI 的溶液中，则优先吸附 I^-，使胶粒带负电。胶粒对离子的选择性吸附是胶粒带电的主要原因。有些固体胶粒与分散介质接触时，表面分子与介质作用而发生部分解离，也会使胶粒带电。如硅溶胶是由许多硅酸分子聚合而成的，其表面分子可以解离成 H^+ 和 SiO_3^{2-}，其中 H^+ 扩散到介质中去，而 SiO_3^{2-} 则留在胶核表面，从而使硅溶胶带负电。

2. 胶团的结构

以 AgI 溶胶为例来讨论胶团的结构。当 $AgNO_3$ 的稀溶液与 KI 稀溶液缓慢混合，若其中任何一种稀溶液适当过量，则能制备得到 AgI 溶胶。由于选择性吸附的作用，过量不同的溶液，得到的溶胶分别为正溶胶和负溶胶。这里以 KI 稀溶液过量为例，制得的是 AgI 负溶胶，其结构如图 3-11 所示。

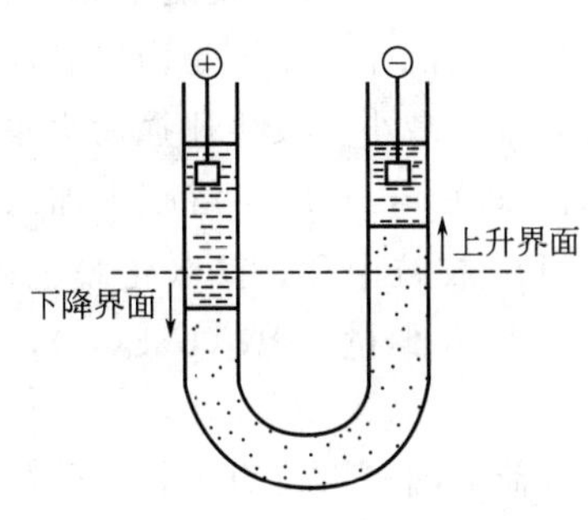

图 3-10 溶胶的电泳

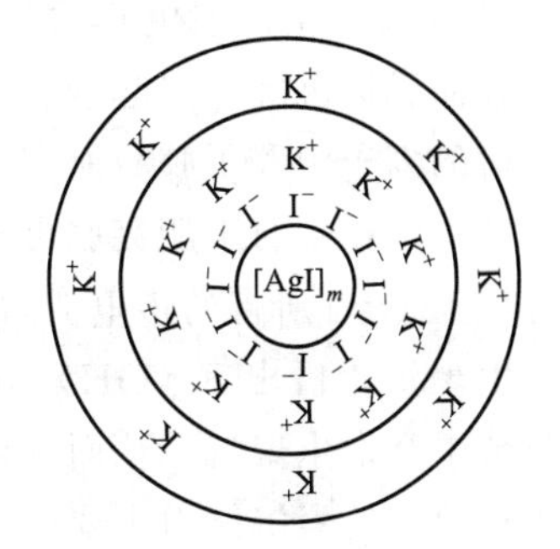

图 3-11 AgI 溶胶的胶团结构示意图

AgI 溶胶由许多（设为 m 个）AgI 分子聚集在一起形成大小为 1～100nm 的颗粒，构成了胶体的核心，称为胶核；当体系中有 KI 过量时，胶核选择性地吸附了若干个 I^-（设为 n 个，n 比 m 小得多）而带负电荷，被吸附的 I^- 又吸引部分（设为 $n-x$ 个）分散介质中带相反电荷 K^+，构成了吸附层，胶核与吸附层组成了胶粒，在外电场作用下，胶粒作定向移动；在吸附层外，还有 x 个与胶粒带相反电荷的 K^+ 分布在胶粒周围，形成扩散层。胶粒和扩散层一起总称为胶团。胶团是电中性的，其分散在液体介质中便形成溶胶。

胶团的结构式表示如下：

$$\{\underbrace{\underbrace{[AgI]_m}_{胶核}\cdot \underbrace{nI^- \cdot (n-x)K^+}_{吸附层}}_{胶粒}\}^{x-} \cdot \underbrace{xK^+}_{扩散层}$$

（胶粒与扩散层合称胶团）

若 $AgNO_3$ 的稀溶液过量，则形成 AgI 正溶胶，其胶团的结构式可表示为：

$$\{[AgI]_m \cdot nAg^+ \cdot (n-x)\ NO_3^-\}^{x+} \cdot xNO_3^-$$

3. 溶胶的相对稳定性和聚沉

（1）溶胶的相对稳定性

溶胶是高度分散、具有高表面能的热力学不稳定体系，其分散相粒子有自发合并成大粒子、降低分散度的倾向。但事实上，经纯化的溶胶却相当稳定，具有动力学稳定性，这种能够在相对较长的时间内稳定存在的性质称为溶胶的相对稳定性。溶胶具有相对稳定性的因素有以下三种。

① 胶粒带电　在溶胶体系中，同种胶粒带相同电荷，使胶粒之间互相排斥，从而阻止了胶粒相互接近而聚沉。胶粒带电越多，斥力越大，溶胶越稳定，这是溶胶稳定的主要因素。

② 溶剂化膜的存在　胶团的双电层中吸附的离子和反离子都具有很强的溶剂化能力，使胶粒外面包围一层保护性的水化膜，从而阻止胶粒互相聚集而能保持稳定。水化膜越厚，胶粒越稳定。

③ 布朗运动　胶粒剧烈的布朗运动能使胶粒克服重力影响而不聚沉，使体系具有一定的稳定性。但是，当布朗运动过于激烈时，粒子间的相互碰撞也增多，可能使胶粒相互合并增大，从而不能克服重力影响导致体系不稳定。布朗运动不是溶胶稳定性的主要因素。

（2）溶胶的聚沉

溶胶的稳定性是相对的。当溶胶的稳定因素被破坏时，溶胶粒子会聚集成较大的颗粒从分散介质中沉淀析出，这种现象称为聚沉。使溶胶聚沉的主要方法如下。

① 加入电解质　溶胶对电解质非常敏感，在溶胶中加入少量电解质就能中和胶粒电荷，粒子聚集变大而迅速沉降，引起溶胶聚沉。电解质对溶胶的聚沉作用主要是由电解质中与胶粒带相反电荷的离子中和了胶粒所带的电荷，胶粒之间的排斥减小，发生碰撞后聚集成大颗粒，当增大到一定程度时不能克服重力影响便沉降下来。如在 $Fe(OH)_3$ 溶胶中加入少量的 Na_2SO_4，由于 SO_4^{2-} 所带的负电荷与带正电荷的 $Fe(OH)_3$ 胶粒中和，其水化膜也被破坏，溶胶立即发生聚沉，析出 $Fe(OH)_3$ 沉淀；又如在豆浆中加入少量石膏（$CaSO_4$），使豆浆胶粒的电荷被中和发生聚沉，从而制得了豆腐。

电解质对溶胶的聚沉能力主要取决于与胶粒带相反电荷的离子（反离子）的价数。反离子的价数越高，聚沉能力越强。

② 加入带相反电荷的溶胶：将两种带相反电荷的溶胶混合时，由于带相反电荷的胶粒

相互中和而发生聚沉。例如，人们常用明矾净水的方法就是溶胶相互聚沉的实际应用。明矾加入水中后，水解生成 $Al(OH)_3$ 正溶胶，遇到悬浮在水中带负电荷的泥沙等杂质时，便互相中和发生聚沉，从而达到净水的目的。

③ 加热：很多溶胶在加热时都能发生聚沉。因为随着温度的升高，胶粒的运动速度加快，碰撞机会也增加，同时胶粒对反离子的吸附能力降低，溶剂化能力减弱，从而使胶粒在碰撞时发生聚集而导致聚沉。如将 $Fe(OH)_3$ 溶胶加热至沸，便会析出红棕色的 $Fe(OH)_3$ 沉淀。

3.4.4 知识宝库

表面现象

1. 表面能与表面张力

两相接触的分界面称为界面。按相互接触的两相物质状态，可将界面分为气-液、气-固、液-液、液-固和固-固五种类型，其中若有一相为气相，则称为表面。物质在界面和内部性质的差异，以及由此而引发的物理和化学现象称为界面现象，也称为表面现象。

溶胶的吸附作用、胶粒带电、肥皂去污、活性炭的吸附作用等都与表面现象有关。

任何两相界面上的分子与相内部分子所处的环境不一样，状态不同，能量也不同。以气-液界面为例，如图 3-12 所示。

液体内部分子 A 受到相邻周围分子的引力在各个方向是对称的，可以互相抵消，合力为零，因此，液体内部分子可以自由移动而不做功。而界面分子 B 受到周围的力是不对称的，液体内部分子对它的引力远远大于上方气相分子对它的引力，合力不为零，且该合力方向指向液体内部，并与液面垂直。这种合力力图将表面分子拉入液体内部，使表面积收缩减小，因此，表面分子总是趋向于形成球形而使表面积最小，如洒落的汞珠、荷叶上的水珠、肥皂泡等现象。这些现象表明液体表面分子存在着一种使液面紧缩而抵抗扩张的力，这种力称为表面张力，用 σ 表示。表面张力是垂直作用于单位长度相界面上的力。

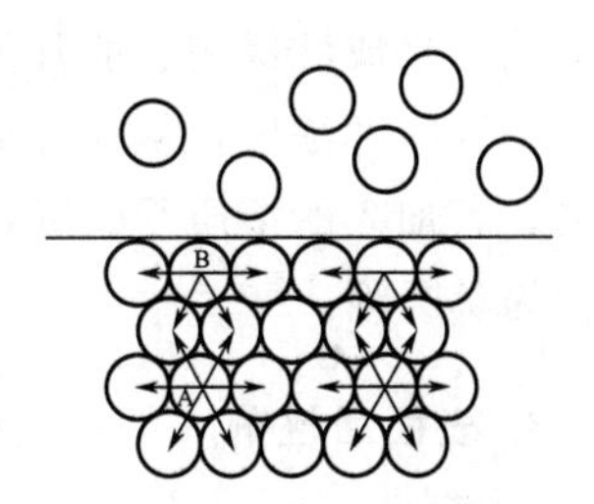

图 3-12 液体内部及表面分子受力情况示意图

表面张力是分子间相互作用的结果，不同的物质分子间的作用力不同，表面张力也不同，其大小与温度和界面两相物质的性质有关。不同物质，表面张力不同；分子间作用力越大，表面张力也越大。

如果要将液体内部的分子移到表面，使液体表面扩展，就必须克服内部分子的引力而作功，即表面功，它转化为移到表面层的分子的势能，这种表层分子比内层分子多出的能量称为表面能，用符号 E 表示，单位是 J/m^2。

实验表明，在一定条件下，表面能 E 等于表面张力 σ 与表面积 A 的乘积：

$$E=\sigma A \tag{3-17}$$

从上式可知，一定质量的物质分散得越细，表面积越大，表面能越高，体系越不稳定，自发降低表面能的趋势就越大。

表面能的减小可通过减小表面积 A 和表面张力 σ 来实现。对于纯液体，在一定温度下 σ 是一个常数，因此只能通过减小表面积来降低表面能，如荷叶上的水珠，小水珠相遇时，总是能自动合并成大的液珠，通过减小表面积来达到降低其表面能的目的；对于固体和盛放在固定容器中的液体来说，其表面积是一定的，因此只能通过吸附作用或加入表面活性剂来改变表面组成，从而减小表面张力σ，达到降低表面能的目的。

2. 吸附现象

吸附是指固体或液体表面吸引其他物质分子、原子或离子聚集在其表面的现象。吸附现象可发生在固体物质表面，也可发生在液体表面，具有吸附能力的物质称为吸附剂，如活性炭、硅胶、铂黑等，被吸附的物质称为吸附质，如溴蒸气。在充满红棕色溴蒸气的玻璃瓶中加入活性炭，可观察到瓶中的红棕色迅速消失或变浅，这是由于大量溴蒸气被活性炭吸附所致。

（1）固体表面的吸附

由于表面积无法自动变小，固体常通过吸附气体或液体分子以降低其表面能。固体表面的吸附作用可分为物理吸附（范德华力）和化学吸附（化学键力）。固体表面的吸附作用在工业、医药等领域有着广泛的应用。如利用活性炭等可除去大气中的甲醛等有毒气体，药用活性炭可经口服后吸附肠道中的毒素、细菌等。

（2）液体表面的吸附

液体表面会由于某种溶质的加入而产生吸附，液体的表面张力也因此而发生改变。如硬脂酸钠、合成洗涤剂、胆汁酸盐等。若加入的溶质倾向于自动富集在溶液表面层，使表面浓度大于其内部浓度，从而降低表面能，使体系趋于稳定，这种吸附称为正吸附，简称吸附；反之，若加入的溶质受表面层排斥，使表面浓度小于其内部浓度，从而增大表面能，这种吸附称为负吸附。

3. 表面活性剂

表面活性剂是指能显著降低溶液的表面张力，产生正吸附的物质，也称为表面活性物质；反之，能使溶液的表面张力增大，产生负吸附的物质称为表面非活性物质或表面惰性物质。

表面活性剂在分子结构上具有共同的特征：都由亲水的极性基团和憎水的非极性基团两部分组成，如图 3-13 所示，其分子结构是不对称的。常见的亲水基团有羟基—OH、氨基—NH_2、羧基—COOH、磺酸基—SO_3H 等；疏水基团有烃基、苯基等。表面活性剂的结构决定了表面活性剂具有表面吸附、分子定向排列以及形成胶束等基本性质，从而能降低表面张力，使体系趋于稳定。

高级脂肪酸钠盐（肥皂）是应用最早、最普遍的表面活性剂。以肥皂为例，将其溶于水后，亲水基团受水分子吸引进入溶液内部，而憎水基团受水分子排斥而向溶液表层聚集，伸向空气。表面活性剂分子便聚集在溶液表面，呈定向排列，形成单分子膜，如图 3-14 所示，从而降低了水的表面张力和体系的表面能。当浓度加大到一定程度时，在溶液表面形成单分子膜的同时，溶液内部的表面活性剂也逐渐聚集，形成憎水基向内而亲水基向外的直径在胶体范围的缔合体，这种缔合体称为

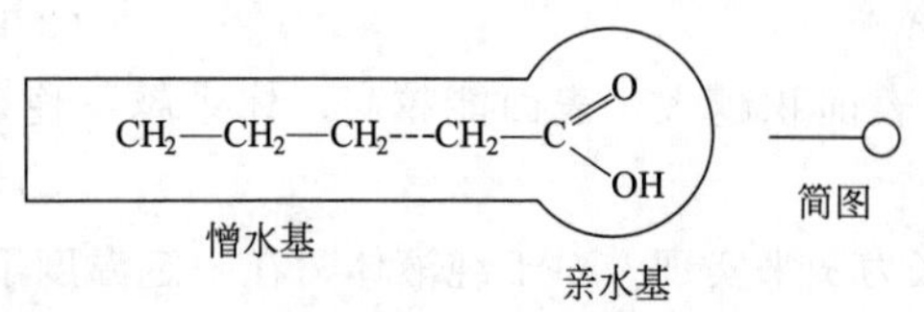

图 3-13 表面活性剂结构示意图

胶束，如图 3-14 所示。开始形成胶束时所需表面活性剂的最低浓度称为临界胶束浓度，用 CMC 表示。由于胶束的形成，减少了憎水基与水的表面积，从而使体系稳定。

表面活性剂具有润湿、乳化、增容、消泡等作用，在化工、医药等方面有着广泛的应用。

4. 表面活性剂的应用——乳状液

乳状液也称为乳剂，是将两种互不相溶的液体（油和水）剧烈振摇后，一种液体以微小液滴分散在另一种液体中形成的体系。若将少量油加入水中剧烈振荡，使油以小液滴分散在水中形成乳状液，当振荡停止后，小油滴便会自动聚集，最终使油水分层，说明该体系是不稳定的。这是由于乳状液的形成使表面积增大，表面能升高所致，因此，为了得到稳定的乳状液，必须加入表面活性剂——乳化剂。乳化剂的加入，能在被分散的小液滴表面作定向排列，从而降低了表面张力，并且乳化剂在两相界面上呈定向排列形成的单分子层保护膜，阻止了小液滴之间的聚集，从而提高了乳状液的稳定性。

油和水形成的乳状液，根据其连续相是水相还是油相可分为两类：一类是油分散在水中，称为水包油型乳状液，用符号 O/W 表示；另一类是油包水型乳状液，用符号 W/O 表示，如图 3-15 所示。

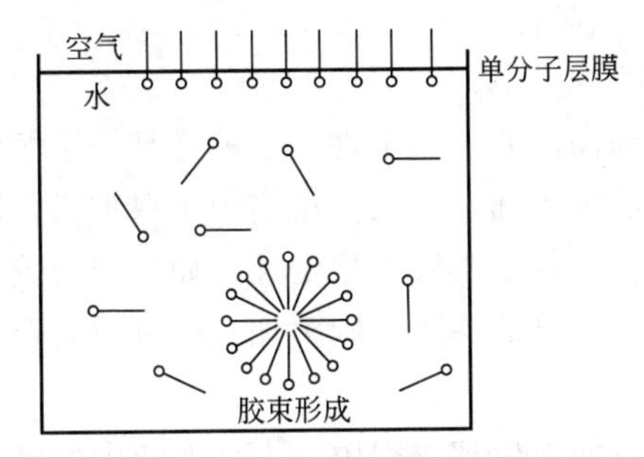

图 3-14　表面活性剂的定向排列和胶束的形成

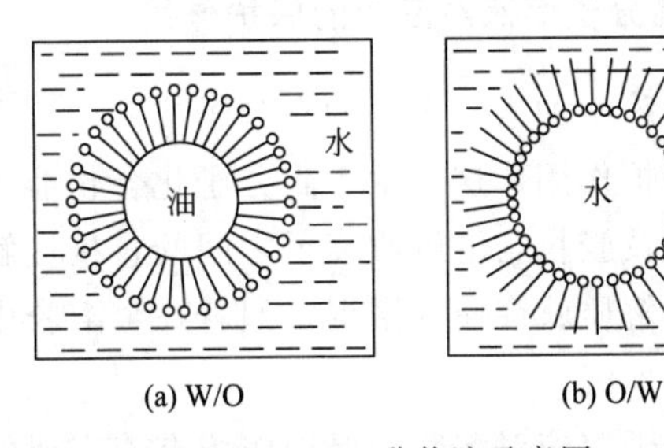

图 3-15　乳状液示意图

表面活性剂的乳化作用在医学上具有重要意义。如临床上使用的青霉素注射液有油剂（W/O）和水剂（O/W）两种，水剂易被人体吸收，但也易被排泄；油剂吸收慢，在体内维持时间长。

 3.4.5　知识宝库

高分子溶液

高分子化合物是指由成千上万个原子所组成的，相对分子质量在 10000 以上的化合物，又称为大分子化合物。如天然存在的蛋白质、核酸、纤维素、蚕丝、淀粉、橡胶和人工合成的高聚物尼龙、塑料、涂料、有机玻璃等。

高分子化合物溶液是指高分子化合物溶解在适当的溶剂中所形成的均相体系。高分子化合物溶液中，溶剂分子能进入高分子化合物的分子链空隙中而使其高度溶剂化，两者之间没有界面存在，形成稳定的高分子溶液。由于高分子化合物溶液的溶质离子直径在胶体范围内，因此，高分子溶液属于胶体分散系，具有胶体分散系的某些特征，如扩散慢，分散质粒子不能透过半透膜等，同时它也具有自身的特征。

1. 高分子化合物溶液的性质

(1) 稳定性强

高分子化合物溶液比溶胶更稳定，它可以长期放置而不沉淀，其稳定性与真溶液相似。高分子化合物具有许多亲水基团，如蛋白质、核酸中的—COOH、—OH、—NH_2 等，当溶于水中时，它们会强烈地吸引水分子，在高分子化合物表面形成一层水化膜，使分散质粒子不易靠近，从而阻碍高分子化合物的聚集，增加了体系的稳定性。

(2) 黏度大

高分子化合物溶液的黏度比一般溶液或溶胶大得多，这是由高分子化合物溶液的特殊结构决定的。高分子化合物在溶液中相互接近，形成链状、枝状和网状结构，结合后的高分子化合物受到介质的牵引而在流动时的阻力增大，使部分液体失去流动性，故其表现出高黏度，如蛋白质溶液、淀粉溶液等。

(3) 盐析

盐析是指当高分子溶液加入大量电解质时，高分子溶质的溶解度降低而析出的现象。盐析是由于加入的电解质离子强烈的水合作用破坏了高分子化合物的水化膜，致使高分子溶液的稳定性因素被破坏而使沉淀析出。

2. 高分子溶液对溶胶的保护作用

在溶胶中加入一定量的高分子溶液，可以显著提高溶胶的稳定性，这就是高分子溶液对溶胶的保护作用。这是由于高分子化合物能吸附在胶粒表面，形成一层高分子保护膜，阻止胶粒之间及胶粒与电解质离子之间的直接接触，从而增加了溶胶的稳定性。如在金溶胶中加入少量电解质就会使其聚沉，但若在金溶胶中加入一定量的明胶，则再加入电解质后金溶胶仍然不会聚沉。

高分子溶液对溶胶的保护作用有着广泛的应用。如在生理过程中，人体血液中的微溶性碳酸钙、磷酸钙等在蛋白质的保护下可以溶胶的形式存在，并且其浓度比在水中的浓度提高了近 5 倍，若这些保护蛋白质减少，则碳酸钙等微溶性盐类就会沉积在胆、肾等器官中，形成结石。

3. 凝胶

在一定条件下，如增大浓度、降低温度等，大多数高分子化合物溶液的黏度会增大，失去流动性，称为具有立体网状结构的弹性半固态物质，这种物质称为凝胶。例如将明胶、琼脂、动物胶等溶解在热水中，冷却后即变成了凝胶。

凝胶可分为弹性凝胶和脆性凝胶两大类。弹性凝胶是凝胶在干燥后体积缩小很多，但仍保持弹性，可以拉长而不断裂，如明胶、琼脂、指甲、毛发、肌肉、软骨等；脆性凝胶是凝胶在烘干后体积缩小不多，但失去弹性，容易被磨碎，如氢氧化铝、硅酸凝胶等。

将干燥的弹性凝胶放入合适的溶剂中时，能自动吸收溶剂而使体积增大，这个过程称为膨润或溶胀。而脆性凝胶则无此性质。有的弹性凝胶膨润到一定程度体积便不再增大，称为有限膨润，而有的则能无限地吸收溶剂，最后形成溶液，称为无限膨润。

将新制备的凝胶放置一段时间后，一部分液体会自动地从凝胶中分离出来，使凝胶本身的体积缩小，这种现象称为离浆或脱水收缩。如细胞失水、腺体分泌、老年皮肤出现皱纹等。

凝胶对生物体有着极其重要的意义。生物体中的肌肉组织、皮肤、脏器、细胞膜等都可看作是凝胶。它们具有的一定强度的网状骨架使其既能够维持某种形态，又能够具有物质交换的功能。

知识要点

要点1 试剂的分类和保存

（1）试剂分类：化学试剂的规格一般根据其纯度（杂质含量的多少）进行划分，我国颁布质量指标的主要有优级纯、化学纯、分析纯和实验试剂四个等级。

（2）试剂取用

固体试剂取用：用天平称量，按需取用，用纸槽转移入试管。

液体试剂取用：倾注法、滴瓶滴取、量筒或吸量管量取。

要点2 一般溶液的配制和稀释

（1）用纯试剂配制溶液：先根据配制溶液的要求计算所需溶质的质量或者体积，再按需取用一定溶质配制所要求体积的溶液。

（2）稀释配制：依据公式 $c_1V_1=c_2V_2$ 计算稀释一定体积和浓度的稀溶液时所需相应浓溶液的体积。

要点3 一般稀溶液的性质

稀溶液的依数性主要如下。

（1）溶液的蒸气压下降：$\Delta p=Kb_B$

（2）沸点升高：$\Delta T_b=T_b-T_b^\circ=K_bb_B$

（3）凝固点降低：$\Delta T_f=T_f^\circ-T_f=K_fb_B$

（4）溶液的渗透压：$\Pi=cRT$

要点4 胶体溶液的性质

胶体分散系主要包括溶胶和高分子化合物溶液。

溶胶具有光学性质、动力学性质和电学性质，其稳定性是相对的，加入电解质、相反电荷溶胶或加热都能使溶胶聚沉。

要点5 表面现象

物质在界面和内部性质的差异，以及由此而引发的物理和化学现象称为界面现象，也称为表面现象。液体表面分子存在着一种使液面紧缩而抵抗扩张的力，这种力称为表面张力，用 σ 表示。

表面活性剂是指能显著降低溶液的表面张力，产生正吸附的物质，也称为表面活性物质。表面活性剂由亲水的极性基团和憎水的非极性基团两部分组成。

要点6 高分子溶液

高分子化合物溶液是指高分子化合物溶解在适当的溶剂中所形成的均相体系，具有稳定性强，黏度大，易盐析的性质。

习 题

一、填空题

1. 根据分散相粒子的大小，可将分散系分为__________、__________和

________三类。

2. 渗透现象产生的必备条件是________和________。

3. 用半透膜将渗透浓度不同的两种溶液隔开，水分子的渗透方向是________。

4. 稀溶液的依数性包括________、________、________和________。

5. 溶胶胶粒带电的原因有________或________。

6. 能使溶胶聚沉的方法有________、________和________。

二、选择题

1. 下列体系中分散相粒子能透过半透膜而不能透过滤纸的是（　　）。

A. 分子、离子分散系　B. 粗分散系　C. 胶体分散系　D. 以上都不是

2. 生理盐水的物质的量浓度是（　　）。

A. 0.0154mol/L　B. 308mol/L　C. 15.4mol/L　D. 0.154mol/L

3. 医学上表示已知相对分子质量的物质在人体内的组成标度时，通常采用（　　）。

A. 物质的量浓度　B. 质量浓度　C. 质量摩尔浓度　D. 质量分数

4. 与难挥发性非电解质稀溶液的依数性有关的是（　　）。

A. 溶质的本性　B. 溶液的体积

C. 单位体积中溶质粒子的数目　D. 溶液的温度

5. 能较准确地测定某未知物的相对分子质量，合适的方法是（　　）。

A. 蒸气压下降　B. 凝固点下降　C. 沸点升高　D. 渗透压力

6. 用半透膜隔开的 A、B 两种溶液之间发生渗透，且溶液 A 的液面升高，则下列说法正确的是（　　）。

A. 溶液 A 的物质的量浓度一定比溶液 B 的高

B. 溶液 A 的质量摩尔浓度一定比溶液 B 的高

C. 溶液 B 的质量浓度一定比溶液 A 低

D. 溶液 B 的渗透浓度一定比溶液 A 低

7. 与人体正常血浆渗透压相比，下列溶液属于等渗溶液的是（　　）。

A. 500g/L 葡萄糖　B. 9g/L 氯化钠　C. 100mmol/L $NaHCO_3$　D. 100g/L KCl

8. 临床输液的原则是（　　）。

A. 低渗溶液　B. 等渗溶液　C. 高渗溶液　D. 以上都可以

9. 下列能发生丁达尔现象的是（　　）。

A. NaCl 溶液　B. $AgNO_3$ 溶液　C. AgCl 溶胶　D. 蔗糖溶液

10. 溶胶稳定的最主要原因是（　　）。

A. 布朗运动　B. 胶粒带电　C. 水化膜　D. 以上都是

三、计算题

1. 从人体尿液中提取出一种含氮中性化合物，将 90mg 该物质纯品溶解在 12g 蒸馏水中，所得溶液的凝固点比纯水降低了 0.233K，试计算该化合物的相对分子质量。

2. 将 100mL 生理盐水和 100mL 50g/L 的葡萄糖溶液混合，此混合液与人体正常血浆相比较是高渗、低渗还是等渗溶液？

3．如何配制下列溶液：

（1）100mL 含 NaCl 为 0.095g/mL 的水溶液；

（2）500g w＝10％的葡萄糖水溶液；

（3）200mL $\varphi_{水}$＝30％的乙醇水溶液。

项目4

分析基础知识

样品进行定量化学滴定分析的一般过程：

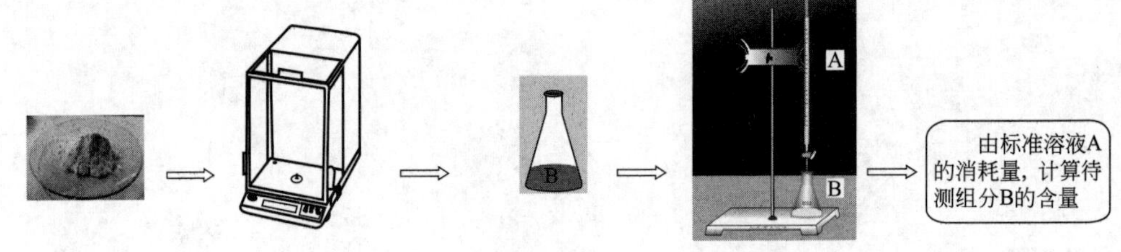

取样⟶　称量⟶　试样分解制成溶液⟶　滴定分析⟶　数据处理

要确保分析结果的准确性，必须分析过程的各个环节都要准确可靠。

① 取样和称量：取得组成和含量有代表性的试样，准确称量。

② 试样预处理：采用合适方法分解试样，不破坏待测组分，转化成易于测定的试样溶液。

③ 滴定：配制标准溶液A，用精确仪器滴定分析，控制终点，减小误差。

④ 数据处理：根据A溶液的消耗量计算待测组分B的含量。

本项目中，将从样品及试剂称量、样品预处理、标准溶液配制、滴定操作和计算、滴定管的校准等任务入手，理解定量化学分析方法和要点，控制滴定误差。

任务	技能训练和解析	知识宝库
4.1　称量和取用试样	4.1.2　电子天平称量实验	4.1.3　天平操作技术 4.1.4　样品的处理技术
4.2　配制标准溶液	4.2.2　标准溶液的直接法配制与稀释实验	4.2.3　数据记录和有效数字 4.2.4　标准溶液的配制方法 4.2.5　吸管和容量瓶的操作技术
4.3　滴定分析方法和计算	4.3.2　滴定分析操作实践	4.3.3　滴定分析方法 4.3.4　滴定分析计算 4.3.5　滴定管的操作技术
4.4　分析质量的保证和滴定误差控制	4.4.2　滴定分析仪器校准实验	4.4.3　滴定分析仪器的校准 4.4.4　定量分析中的误差及数据处理

任务 4.1 称量和取用试样

4.1.1 任务书

化验室的检验人员在分析样品或精确配制试剂溶液时，首先要对样品及试剂进行准确称量，会熟练使用分析天平或电子天平。本次任务，进行电子天平的称量训练，学会固体试剂的直接称量法、差减称量法、固定质量称量法操作，并训练液体的称量操作。掌握去皮法称量技巧。

4.1.2 技能训练和解析

电子天平称量实验

1. 任务原理

电子天平称量原理：依据电磁力平衡，托盘下电磁线圈产生的电磁力与物品重力相等，大小相反。当秤盘上放置物品时，由维持二力平衡所需的线圈电流换算显示出物品的质量。

直接称量法：天平调零后，秤盘放入称量物体，显示数据。

固定质量称量法：适用于称取所需质量固定的样品。装样品所用的容器放入秤盘，天平调零，再逐渐加入样品至一个固定质量。

差减称量法：适用于称取的质量固定在一个范围内的样品。使用含有样品的称量瓶，倾倒的方式取出样品，取样量等于倾倒前后所称量的称量瓶（含样品）总质量之差。

2. 试剂材料

仪器和试剂		准备情况
仪器	电子天平、牛角匙、小表面皿、小烧杯、称量瓶、滴瓶、锥形瓶	
试剂	Na_2CO_3 固体、磷酸溶液	

3. 任务操作

（1）天平准备

① 准备　检查天平水平仪，清扫天平盘，接通电源预热至少 30min。

② 校准　有的天平为内校准，按下开/关键时，显示屏很快出现“0.0000g”，或用校正按键时，则仪器在内部用标准砝码自动校正。有的天平采用外部校准，方法见知识宝库。

检查天平______ → 清扫天平 → 预热天平______ min → 校准天平

（2）直接称量法

① 天平清零。

② 称量。在天平盘上放置（小于天平最大量程）物品，稳定后，记录。依次练习称量小烧杯、称量瓶、瓷坩埚的质量并记录。注意：放在天平盘上的器皿必须洁净、干燥。

③ 结束，检查天平零点，天平归零，关闭。

（3）固定质量称量法（增量法）

练习称量0.6127g邻苯二甲酸氢钾（$KHC_8H_4O_4$）固体。去皮称量法。

步骤：天平清零→放入小表面皿→去皮→倾入药品→记录。

① 去皮。天平准备并校准后，将小表面皿放到秤盘上，清零，即为去掉皮重。

② 倾入药品。用小药匙取KHP固体倾入小表面皿，当读数与0.6127g的目标质量之差不大于0.1mg，关上防风门，记录。

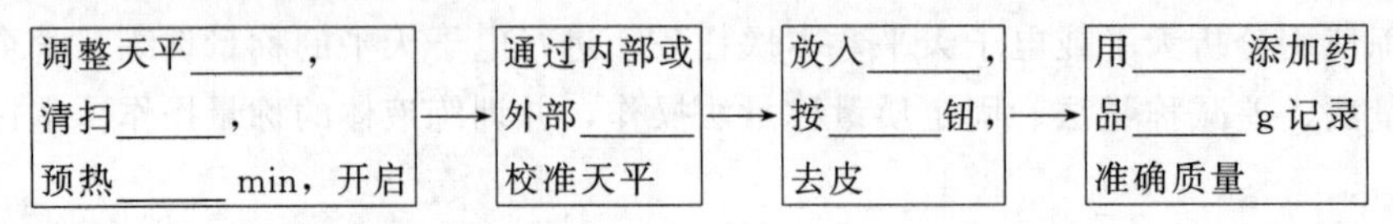

（4）递减称量法（减量法）

练习称量0.25～0.30g　Na_2CO_3 固体。

① 非去皮法称量　步骤：天平清零→称量装有 Na_2CO_3 固体的称量瓶 m_1→向锥形瓶内敲击转移0.25～0.30g样品→称量装有 Na_2CO_3 固体的称量瓶剩余质量 m_2→计算锥形瓶中试样质量为(m_1-m_2)g。

以上述方法连续递减可称取若干份平行样品，即第二份样品 $m=(m_2-m_3)$g，第三份样品 $m=(m_3-m_4)$g，第四份样品 $m=(m_4-m_5)$g。

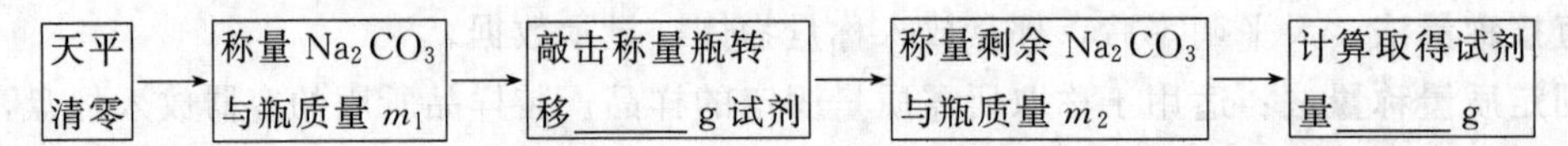

② 去皮法称量　步骤：天平清零→放入装有 Na_2CO_3 固体的称量瓶，清零去皮→向锥形瓶内敲击转移0.25～0.30g样品→剩余药品和称量瓶放回天平盘，显示的负数为已转入锥形瓶内的样品质量，记录。同此递减法连续称量三份样品。

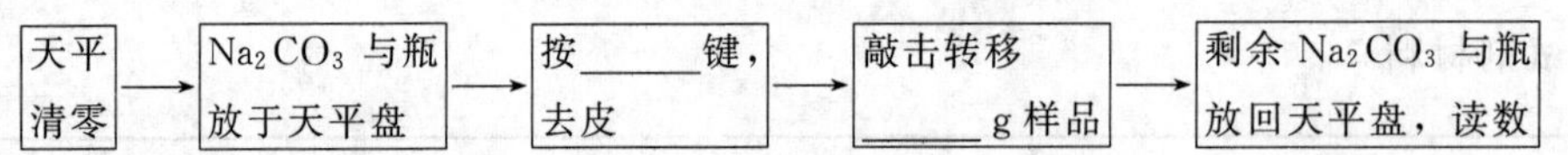

注意：称取多份试样前，先将洁净的锥形瓶按照瓶上编号排列，以免混乱。

（5）液体试样的称量（减量法）

练习称取约1.5g磷酸试样，方法如下。

① 非去皮法　步骤：称量含有磷酸的滴瓶总质量 m_1→滴入锥形瓶10滴磷酸→称量剩余磷酸＋滴瓶的质量→差减后计算1滴磷酸的质量→计算1.5g磷酸的总滴数→向锥形瓶补充滴加磷酸至总滴数→称量剩余磷酸＋滴瓶的质量 m_2→计算锥形瓶内磷酸为（m_1-m_2）g，记录。重复上述动作，连续称取3份试样。

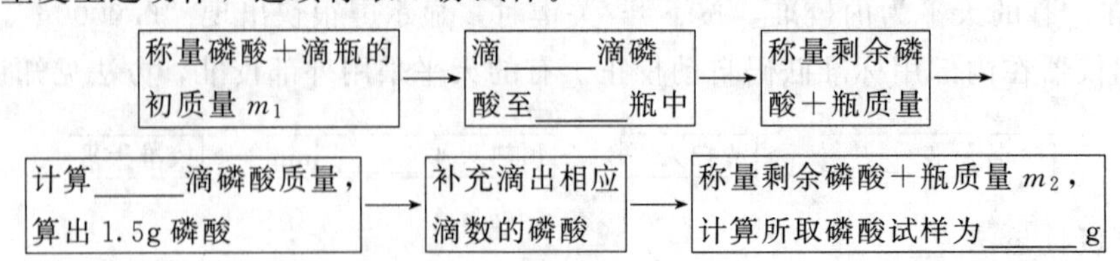

② 去皮法　步骤：含有磷酸的滴瓶放入天平→清零去皮→将10滴磷酸滴入锥形瓶→滴瓶放回天平盘，显示10滴磷酸的质量负数→计算1滴磷酸的质量并算出1.5g磷酸的总滴数→向锥形瓶内补加磷酸至总滴数→滴瓶放回天平盘上，显示锥形瓶内所取磷酸的质量负数，记录。可以重复上述动作，连续称取3份试样。

注意：液体称量严防倾倒，滴取时不能有液体洒落瓶外壁，否则不准确。

含有磷酸的滴瓶放于________盘 → 按________键，去皮 → 滴________滴磷酸至________瓶，滴瓶放回天平 →

由10滴质量计算1滴磷酸质量，再算出1.5g磷酸滴数。________滴 → 补充滴出相应滴数的磷酸至锥形瓶 → 剩余磷酸＋滴瓶放于天平盘，显示为所取磷酸样品总质量的______

4. 记录与报告单

使用仪器：电子天平，最大载荷________，称量精度________（见表4-1～表4-5）。

表4-1　直接称量法称量记录

称量物品	被称物质量/g	称量物品	被称物质量/g

表4-2　递减称量法称量记录（非去皮法）

测定项目	1	2	3	4
称量范围/g				
倾样前称量瓶＋试样质量 m_1/g				
倾样后称量瓶＋试样质量 m_2/g				
试样质量 m/g				

表4-3　递减称量法称量记录（去皮法）

测定项目	1	2	3	4
称量范围/g				
试样质量 m/g				

表4-4　液体试样称量记录（非去皮法）

测定项目	1	2	3	4
称量范围/g				
滴出磷酸前,滴瓶＋磷酸试样质量/g				
滴出磷酸后,滴瓶＋磷酸试样质量/g				
磷酸试样质量/g				

表4-5　液体试样称量记录（去皮法）

测定项目	1	2	3	4
称量范围/g				
取出磷酸试样质量/g				

实验结论：

__________法适用于称量一定质量范围内的试样。__________法适用于称取固定质量的试样。称量不易挥发的液体质量可采用__________法。易挥发的液体可采用安瓿球法。

5. 问题思考

（1）湿的容器可以敞口放在天平上称量吗？热的物品可以直接放在天平盘上称量吗？

（2）用差减法和固定质量称量法称取试样，天平零点未调至0，对称量结果是否有影响？称量过程中能否重新调零点？

（3）称量易挥发的液体，如浓氨水、浓硫酸、发烟硫酸，用什么容器来盛装？

4.1.3 知识宝库

天平操作技术

1. 部分机械加码电光天平

（1）结构原理

双盘部分机械加码分析天平依据力矩平衡原理制成，又称半自动电光分析天平，其构造如图 4-1 和表 4-6。等臂天平平衡时两端质量相同，物体和砝码质量相同。天平由外框部分、立柱部分、横梁部分、悬挂系统、制动系统、光学读数系统和机械加码装置七大系统构成。

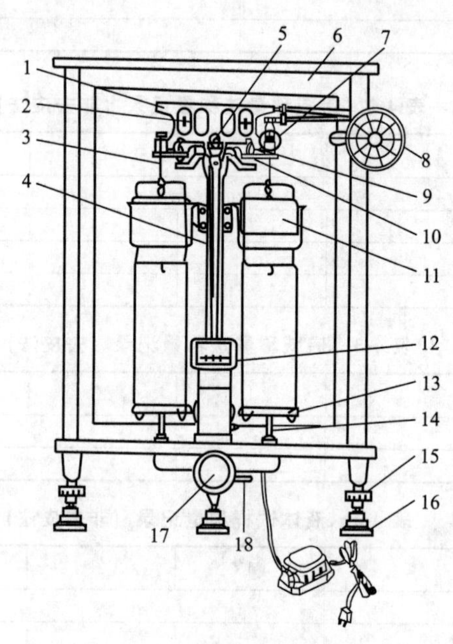

图 4-1 部分机械加码分析天平

1—横梁；2—平衡螺丝；3—吊耳；4—指针；5—支点刀；6—框罩；7—圈形砝码；8—指数盘；9—支刀鞘；10—折叶；11—阻尼内筒；12—投影屏；13—秤盘；14—盘托；15—螺旋脚；16—垫脚；17—升降旋钮；18—投影屏调节杆

表 4-6 分析天平主要部件

主要天平部件	功能作用
升降旋钮	启动和休止天平
螺旋脚	调节天平水平
平衡螺丝	调节天平零点
加码指数盘	加减 1g 以下砝码，外圈 100～900mg，内圈 10～90mg
指针	下端透明微分标尺，被电光系统投至投影屏
投影屏	查看读数
投影屏调节杆	小范围调节天平零点
空气阻尼筒	空气阻尼作用使天平很快达到平衡
感量螺丝	调节天平灵敏度
气泡水平仪	观察天平水平情况

天平的左盘放被称量的物品，右盘放 1g 以上的砝码（用镊子夹取），1g 以下的环状砝码通过机械加码器进行加减，10mg 以下的质量通过光学投影装置读取。

天平的灵敏度与天平臂长成正比，与横梁的质量成反比。分析天平的重心用感量调节螺丝来调节，天平重心位置越低，重心距越短，灵敏度越高，但其稳定性越差。

分析天平横梁用三个玛瑙三棱体做支点（玛瑙刀口），中央为支点刀，两侧各一个称重刀。天平灵敏度还很大程度上取决于刀口的锋利润滑度，摩擦力小则灵敏度高。任何情况下，要调节天平、取用物品或砝码之前，必须休止天平！防止外力冲击使刀口崩坏。

（2）天平性能

① 灵敏度 E：是指在天平的一个盘上增加 1mg 质量时引起天平指针偏转的分度数（小格数）。例如，将 10mg 砝码加于天平的一盘中，引起指针偏移 100 分度（小格），其灵敏度即为 $E=10$ 分度/mg。实际检定工作中，右盘放 10mg 环码，指针移动在 100 ± 1 分度范围内，天平灵敏度符合要求。

② 感量 S：或称分度值 e，常表示天平的灵敏度，也是天平的精度值。即引起一个分度（小格）变化所需要的质量值。分度值是灵敏度的倒数，上例中分度值 $e=1/E=0.1$mg/分度，也即每小格是 0.1mg。

（3）分析天平使用方法

① 准备工作　取下、折叠天平罩，砝码盒、接收称量物的器皿、记录本放在规定处。

② 检查　检查天平各个部件是否都处于正常位置、砝码是否齐全、天平是否处于水平位置。观察天平秤盘和底板是否清洁，用刷子清扫天平盘。“即做到三查一扫”。

③ 调整天平零点。

④ 预称　将装有被称物品的称量瓶，先用托盘天平进行预称。

⑤ 称量　将被称物品放在左盘中央。根据用托盘天平预称得到的数据，用镊子选取合适砝码放在右盘中央，关上左右天平门，用试重法将机械加码指数盘调至适当位置。试重：用左手轻轻开启升降旋钮半开天平，以指针偏移方向或光标移动方向判断两盘轻重，据此加减和调整砝码（指数盘外圈数字由预称试重确定，指数盘内圈数字按“由大到小、中间截取”试重确定）。最后确定合适砝码，天平平衡，将升降旋钮全部打开，准备读数。

⑥ 读数与记录　待指针停止摆动后，在投影光屏上读取微分标尺读数（0～10mg 范围），加上砝码和加码指数盘读数，立即用钢笔或圆珠笔记在记录本上。

⑦结束工作　关闭天平开关旋钮，称量物和砝码放在规定的地方，将指数盘归零。检查天平零点是否有变动，如果超过 2 小格，则应重称。最后，切断电源，罩好天平罩，将天平台收拾干净，填写天平使用记录。

2. 电子分析天平

（1）结构原理

电子分析天平是根据电磁力补偿原理设计的。放在称量盘上的物体有向下作用的重力；在磁场中的通电补偿线圈产生向上作用的电磁力，并与物体所受重力相平衡。显示屏上自动显示出载荷的质量值。天平结构如图 4-2 所示。

（2）使用方法

使用电子天平一般程序如下。

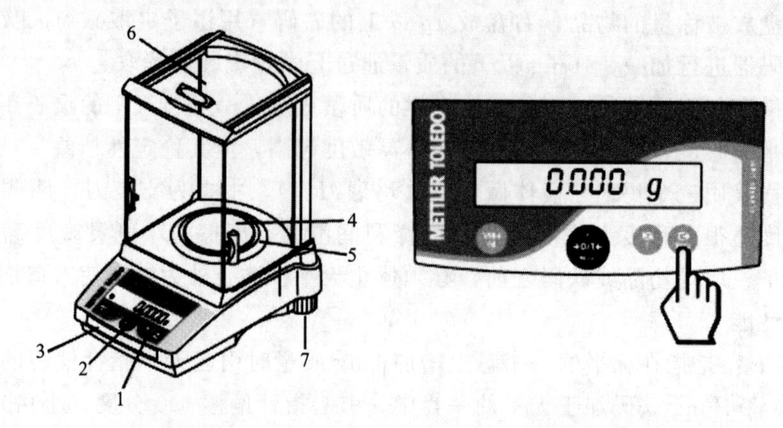

图 4-2 AL204 型电子天平形状和控制面板图示

1—操作键；2—显示屏；3—参数标牌；4—秤盘；
5—防风圈；6—防风罩；7—水平调节脚

① 预热 接通电源预热至少 30min。

② 检查 天平盘是否清洁、天平是否水平。

③ 校正 按下开/关键，显示屏很快出现“0.0000g”，用标准砝码外部校准或用校正按键进行内部校准。

④ 称量 将物品放到秤盘上，关上防风门。待显示屏上的数字稳定并出现质量单位“g”后，即可读数，记录称量结果。操纵相应的按键可以实现“去皮”、“增重”、“减重”等称量功能。

⑤ 结束 取下被称物，按下“开/关”键（但不拔下电源插头）；如果长时间不用，应拔下电源插头，盖上防尘罩，清扫并填写天平使用记录。

标准砝码外部校准方法如图 4-3 所示（AL204 型天平）。

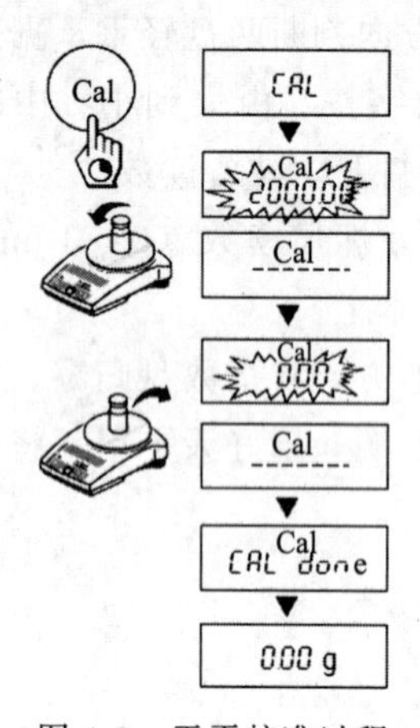

图 4-3 天平校准过程

让秤盘空着→按住 Cal 键，直到显示“CAL”字样，显示屏显示校准砝码值→秤盘放上对应校准砝码，天平自动地进行校准→当“0.00g”闪烁时，移去砝码，显示屏上短时间闪现“CAL done”，紧接着又出现“0.00g”时，校准过程结束。

3. 称量试样的方法

（1）固体试样的称量

① 在空气中不吸湿、不与空气反应的试样可采取直接称样法。先放入清洁、干燥的表面皿（或称样纸），按下调零键。再用牛角匙取试样并放入试样，显示数据即为试样的质量。

② 在空气中易吸湿、会与空气反应的试样可以采取递减称样法（也称差减法）。首先准确称取盛装试样的称量瓶的质量。然后按图 4-4（用纸条绕在称量瓶外夹取方法，也可以戴上手套后直接用手拿取称量瓶）和图 4-5 取用和倾出一定量的试样，再准确称其剩余质量。两次质量之差即为取出试样的质量。

图 4-4　夹取称量瓶的方法

图 4-5　倾出试样的操作

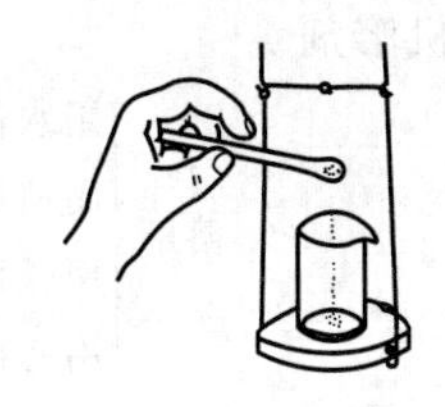

图 4-6　固定质量称量法加样操作

去皮称量法技巧：使用电子分析天平可以用去皮称量法。将装有试样的称量瓶放在秤盘上，按调零键即“去皮”后，取下并倾出所需的样品，剩余称量瓶放回秤盘，屏幕显示倾出样品的质量的负数，记录即可。

③ 欲准确称取固定质量的试样可以采用固定质量称样法。在天平上准确称出洁净、干燥的小烧杯质量后，加好所需样品量的砝码，如图 4-6 所示用小药匙慢慢将试样加到小烧杯上，直至达到指定的质量为止。

(2) 液体试样的称量

称量液体试样的方法与固体试样基本相同，只是盛装液体的容器不同。

① 对于不易挥发的液体试样，一般将试样放入滴瓶中称量。可以采用递减称样法及去皮称量法。

② 对于易挥发的液体试样，可将试样吸入安瓿球中称量。试样也可以吸入注射器中，用硅橡胶垫封口，再称其质量。

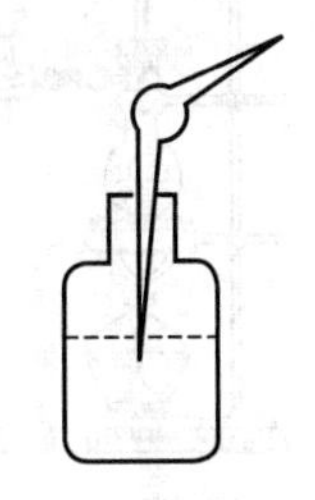

图 4-7　加热后的安瓿球一端插入瓶中吸液

安瓿球使用方法将已称量的安瓿球（称准至 0.0002g）在火焰上微微加热其球部，然后将安瓿球的毛细管端浸入盛有样品的瓶中，如图 4-7 所示，并使冷却，待样品充满 1.5～2.0mL，取出安瓿球，用滤纸仔细擦净毛细管端，在火焰上使毛细管端封闭，不使玻璃损失。称量含有样品的安瓿球，称准至 0.002g，并根据差值计算样品质量。样品测定时：将盛有样品的安瓿球，小心置于预先含有少量溶剂的磨口瓶中，塞紧磨口塞。然后剧烈振荡，使安瓿球破裂，并冷却到室温，摇动瓶子，直至样品全部溶入溶剂为止。也可用玻璃棒捣碎安瓿球，研碎毛细管。取出玻璃棒时，用水洗涤。

 4.1.4　知识宝库

样品的处理技术

液体试样有些可以直接进行分析，有些要提取浓缩或分离杂质后分析；气体试样有的可以直接分析，有的是富集采样后得到的样品试液进行定量分析；而固体样品首先经过分解，制备成溶液，有些还要继续经过分离和富集，才能进行定量分析。

样品的（前）处理，即在定量分析之前，将样品进行溶解、提取待测成分或分离杂质并处理成适合测定的形态。

1. 样品的分解

固体试样在分析前，首先要经过分解制备成溶液，方法主要有溶解法和熔融法。

(1) 溶解法

试样中的被测物，大多能直接溶解于水中，或浸于无机酸或碱液中溶解。许多有机样品

易溶于有机溶剂。

溶解
- 用水作溶剂
- 用酸性溶剂（HCl、HNO_3、H_2SO_4、$HClO_4$ HF、混酸）
- 用碱性溶剂（NaOH、KOH）
- 用有机溶剂（甲醇、乙醇、氯仿、四氯化碳等）

（2）熔融法

对于难溶于酸的样品，可加入某种固体熔剂，在高温下熔融，使待测组分转化为易溶化合物，再加入水或酸溶解。常用的碱性熔剂有 Na_2CO_3、K_2CO_3、NaOH、Na_2O_2 或其混合物。

$$\text{样品}\xrightarrow[\text{高温}]{\text{加入熔剂}}\Rightarrow\text{熔融状态}\xrightarrow{\text{加入水或酸}}\Rightarrow\text{溶解}$$

熔融
- 酸性溶剂（$K_2S_2O_7$ 等）
- 碱性溶剂（Na_2CO_3、NaOH、Na_2O_2）

溶融后可用水或稀酸浸溶

2. 样品的分离和富集

在分析测定中，因实际试样组成复杂，共存组分常常干扰测定，使测得结果不准确，甚至无法测定，必须除去干扰组分，即分离。对含量极微、浓度甚稀的组分，分离出来后还需富集（浓缩）。分离和富集经常同时进行，最常用的分离富集方法有沉淀分离法、蒸馏法、溶剂提取法、离子交换法等。

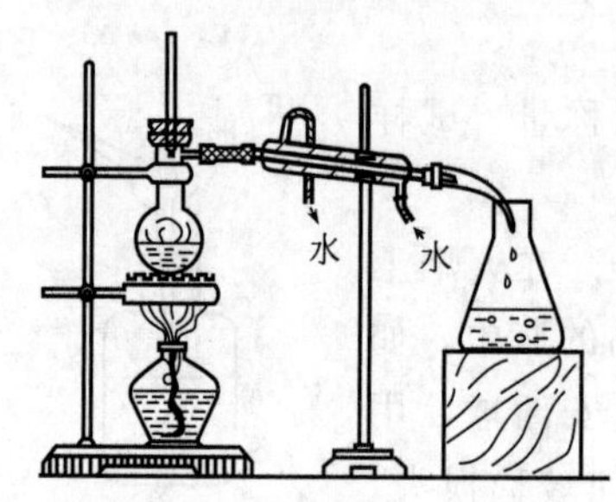

图 4-8　蒸馏装置图示

图 4-8 是实验室蒸馏装置，如果产物冷却后为气态形式，则其输出导管需插入吸收液面下进行吸收。

任务 4.2　配制标准溶液

4.2.1　任务书

标准滴定溶液用于样品测定的滴定分析，配制方法有直接法和标定法两种。当标准溶液需要稀释配制时，也要准确进行操作。

本次任务：完成直接法配制浓度为 $c\left(\frac{1}{2}Na_2CO_3\right)=0.1mol/L$ 的碳酸钠溶液；并用已有 $c(HCl)=1mol/L$ 溶液稀释配制 $c(HCl)=0.1mol/L$ 盐酸溶液，计算盐酸溶液的浓度（两个溶液留待后续的滴定操作中使用，见任务 4.3.2 节实验）。

4.2.2　技能训练和解析

标准溶液的直接法配制与稀释实验

1. 任务原理

（1）配制 Na_2CO_3 标准溶液：经过 270～300℃烘干 2～2.5h 的碳酸钠试剂，可以满足基准物要求，采用直接法配制 $c\left(\frac{1}{2}Na_2CO_3\right)=0.1mol/L$ 标准溶液，配制后计算其准确浓度。

（2）盐酸标准溶液的稀释配制：准确进行标准溶液稀释操作，稀释后能计算其准确浓度 $c_{前}V_{前}=c_{后}V_{后}$。

直接法配制标准溶液及稀释，量取液体体积用移液管、容量瓶，称固体质量用分析天平。

2. 试剂材料

	仪器和试剂	准备情况
仪器	分析天平、托盘天平、牛角匙、100mL小烧杯、容量瓶（2个250mL）、25mL移液管、500mL试剂瓶	
试剂	Na_2CO_3 固体（270～300℃烘干2～2.5h）、HCl标准溶液（1mol/L）	

3. 任务操作

（1）配制 $c\left(\frac{1}{2}Na_2CO_3\right)=0.1mol/L$ 的碳酸钠溶液250mL

操作包括：洗涤和检漏→称量和溶解→定量转移→平摇→静置→定容→颠倒摇匀。

其中，称量和溶解：准确称取约1.32g Na_2CO_3 固体试剂（精确至0.0002g）于100mL小烧杯中；加入约50mL水，使试剂全部溶解。

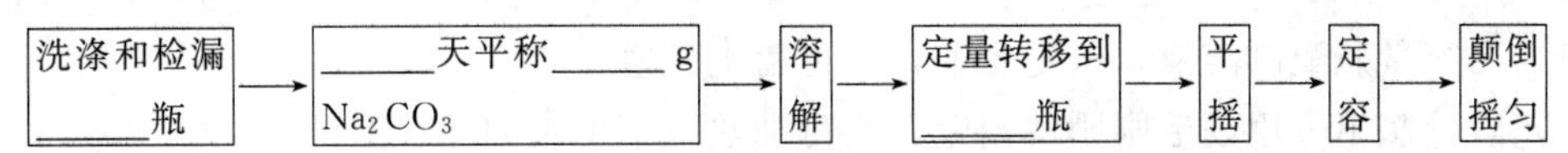

（2）稀释配制 $c(HCl)=0.1mol/L$ 盐酸标准溶液

整体操作包括：容量瓶洗涤和检漏→移取溶液→放液→平摇→静置→定容→颠倒摇匀。

移取溶液的步骤：检查→洗涤→润洗→吸液→擦管尖→调液面→放溶液。

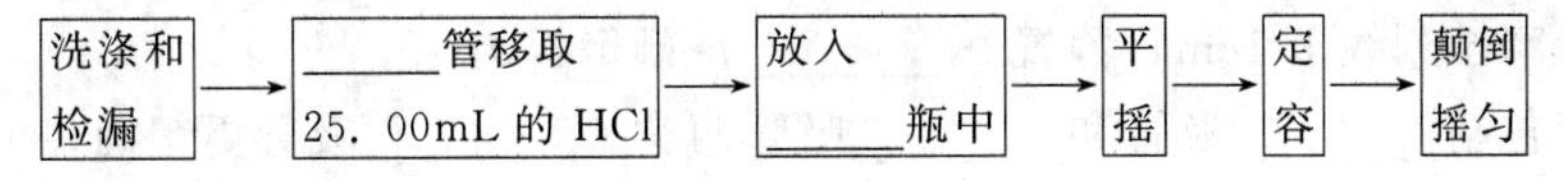

4. 结果计算

（1）配制 Na_2CO_3 溶液

$$c\left(\frac{1}{2}Na_2CO_3\right)=\frac{m(Na_2CO_3)}{V(Na_2CO_3)\,M\left(\frac{1}{2}Na_2CO_3\right)}$$

（2）稀释HCl溶液

$$c_2(HCl)=\frac{c_1(HCl)\,V_1(HCl)}{V_2(HCl)}=\frac{1.000mol/L\times 25.00mL}{250.00mL}$$

式中，$m(Na_2CO_3)$、$V(Na_2CO_3)$、$M\left(\frac{1}{2}Na_2CO_3\right)$、$c\left(\frac{1}{2}Na_2CO_3\right)$ 分别为碳酸钠试剂的称取质量、配制溶液的体积、$\frac{1}{2}Na_2CO_3$ 基本单元的摩尔质量和配制浓度；$c_1(HCl)$、$V_1(HCl)$ 和 $c_2(HCl)$、$V_2(HCl)$ 分别为稀释配制前浓溶液和配制后的稀溶液的浓度、体积（c_1 浓度具体由实验老师提前给定，为四位有效数字）。

5. 记录与报告单

(1) 配制碳酸钠溶液　见表 4-7。

表 4-7　碳酸钠溶液配制记录表格

称取试剂 $m(Na_2CO_3)/g$	
配制溶液 $V(Na_2CO_3)/mL$	
$M\left(\frac{1}{2}Na_2CO_3\right)/(g/mol)$	
$c\left(\frac{1}{2}Na_2CO_3\right)/(mol/L)$	

烘干后的 Na_2CO_3 试剂________（是或否）基准物，其标准溶液可采用________法配制，用________天平称取试剂，用________瓶配制。

(2) 稀释盐酸标准溶液

盐酸标准溶液的稀释采用________管移取浓盐酸溶液________mL，用________瓶配制，配制后体积为________mL。盐酸标准溶液浓度保持________位有效数字。

思考：若稀释前盐酸浓溶液为 c_1（HCl）1.123mol/L，则稀释 10 倍后盐酸溶液为c_2（HCl）＝________mol/L。

6. 注意事项

(1) 用容量瓶配制溶液，未定容前，不可盖上瓶塞。

(2) 容量瓶不可用硬毛刷刷洗内壁，不可加热，不可长期储存溶液。

7. 问题与思考

(1) 容量瓶的使用包括：洗涤→________→溶解试剂→________转移溶液→________→平摇→加水稀释至刻线下 1cm，静置→________→颠倒摇匀。

(2) 吸管包括________吸管和________吸管两类。________吸管更精确，但只能吸取标示体积的溶液；________吸管准确度稍差，但可以吸取不同体积的溶液。

(3) 移液管的使用包括：洗涤→________→吸取溶液→擦管尖→________→放液，溶液流尽后还要等待 15s。放尽溶液后，尖端残留的液体是否需要吹入接收器？

4.2.3　知识宝库

数据记录和有效数字

1. 有效数字

定量分析常需经过若干次实验的分析测定和数据运算得到最终分析结果。记录和处理实验数据时，必须注意有效数字的问题。

(1) 有效数字的意义

有效数字是指分析仪器实际能够测量到的数字。

在有效数字中只有最末一位数字是可疑的，可能有±1 的偏差。有效数字位数从第一个不是零的数字起，至最末一位数字为止。数据的位数不仅表示数量的大小，而且反映了仪器精度和测量的准确程度。

有效数字位数不能随意取舍。例如，在分度值为 0.1mg 的分析天平上称一试样质量为 0.7870g，这样记录是正确的，与该天平所能达到的准确度相适应，其为 4 位有效数字，相对偏差为 $\frac{\pm 0.0001}{0.7870}$。如果记作 0.787g 即是错误的，变成 3 位有效数字，其相对偏差为 $\frac{\pm 0.001}{0.7870}$，显然加大了仪器测定结果的误差。

因而，现将定量分析中经常遇到的各类数据的有效数字，举例列入表 4-8 中。

注意，科学计数法以 10 的幂指数形式表示，前面的数字才能代表有效数字。pH 为氢离子浓度的负对数值，所以 pH 的小数部分才为有效数字。

(2) 有效数字的处理规则

计算过程中，当需要进行有效数字的修约时，应按“四舍六入五留双”的原则，即：

> 四舍六入五成双；五后非零就进一，五后皆零视奇偶，
> 五前为偶应舍去，五前为奇则进一

注意，数字修约时只能对原始数据进行一次修约到需要的位数，不能逐级修约。

表 4-8 实验中常见的量的有效数字举例

分析项目	采用量具或仪器	数字举例	有效数字位数
试样的质量	分析天平称量	0.2650g	四位
	托盘天平称量	11.8g	三位
溶液的体积	滴定管计量	32.64mL	四位
	移液管量取	10.00mL	四位
	量筒量取	12.5mL	三位
溶液的浓度	—	0.1000mol/L	四位
	—	0.1mol/L	一位
质量分数	—	35.25%	四位
pH	酸度计	7.30	两位
解离常数 K	—	1.7×10^{-4}	两位

【例 4-1】 将数据修约到两位有效数字：

修约前	→	修约后	修约前	→	修约后	修约前	→	修约后
3.148	→	3.1	6.757	→	6.8	75.50	→	76
8.050	→	8.0	46.51	→	47	7.5489	→	7.5

2. 有效数字的运算规则

以上有效数字修约与主要运算规则汇总见表 4-9。

表 4-9 有效数字处理和运算的规则

项目	有效数字保留位数	项目	有效数字保留位数
有效数字修约原则	四舍六入五留双	乘方和开方	结果的有效数字的位数与原数据有效数字位数相同

续表

项目	有效数字保留位数	项目	有效数字保留位数
加减法	结果按小数点后位数最少的数据位数为准来修约	取对数	结果的小数部分位数与原数据有效数字位数相同
乘除法	结果按有效数字位数最少数据的位数	倍数或常数	按无限多位有效数字对待
科学计数法	以前面数字的有效数字位数为准，10 的指数部分不记入有效数字	分析结果≥10% 1%～10% ≤1%	4 位 3 位 2 位
首位数字≥8	计算过程中可多保留一位	误差或偏差	1～2 位

4.2.4 知识宝库

标准溶液的配制方法

用标准滴定溶液对未知试样溶液进行滴定分析，要通过标准滴定溶液用量和浓度，计算出被测组分的含量。正确配制标准滴定溶液，对于提高滴定分析的准确度具有重要意义。

1. 标准滴定溶液组成的表示方法

（1）物质的量浓度 c

标准滴定溶液的物质的量浓度保留四位有效数字。当浓度数值在四位有效数字以下时，浓度不够准确，只做普通试剂溶液，不能用于滴定分析。以溶液 A 为例，计算如式（4-1）。

$$c(\mathrm{A})=\frac{n(\mathrm{A})}{V}\ (\mathrm{mol/L}) \tag{4-1}$$

（2）滴定度 $T_{\mathrm{B/A}}$

工厂实验室的例常分析中，常用滴定度表示标准溶液的组成，可以简化分析结果的计算。滴定度是指 1mL 标准滴定溶液相当于被测组分的质量，用 $T_{\text{被测组分/滴定剂}}$ 表示。例如，$T_{\mathrm{Cl^-/AgNO_3}}=0.5000\mathrm{mg/mL}$ 表示 1mL $AgNO_3$ 标准滴定溶液可测定出 0.5000mg Cl^-。

公式：

$$T_{\mathrm{B/A}}=\frac{m(\mathrm{B})}{V(\mathrm{A})} \tag{4-2}$$

滴定度与物质的量浓度之间的换算关系为：

$$T_{\mathrm{B/A}}=\frac{c(\mathrm{A})\ M(\mathrm{B})}{1000} \tag{4-3}$$

滴定度表示溶液浓度，本质上是为了方便计算，滴定分析后，用滴定度乘以滴定消耗的标准溶液的体积就得到待测物的质量，$m(\mathrm{B})=T_{\mathrm{B/A}}V(\mathrm{A})$，十分快捷，方便了工厂进行大量样品分析时的计算。

【例 4-2】 测定 10.0015g 铁矿石中的含铁量，处理成 Fe^{2+} 试液后，用 $K_2Cr_2O_7$ 的标准溶液滴定，消耗滴定度为 0.6324g/mL 的 $K_2Cr_2O_7$ 滴定液 8.83mL，铁矿石含铁量为多少？

解 $w(\mathrm{Fe})=\frac{m(\mathrm{Fe})}{m_{\text{样品}}}\times100\%=\frac{T_{\mathrm{B/A}}V(\mathrm{K_2Cr_2O_7})}{m_{\text{样品}}}\times100\%=\frac{0.6324\times8.83}{10.0015}\times100\%=55.85\%$

2. 标准滴定溶液的配制和计算

(1) 直接配制法

准确称取一定量的物质，溶解后，定量转移至容量瓶中，稀释至一定体积，根据称量的准确质量和溶液体积，计算出该溶液的准确浓度。例如，准确称取基准试剂重铬酸钾2.4515g，溶于水后定量转移到500mL容量瓶中，用水稀释至刻度，摇匀。计算其浓度为$c\left(\frac{1}{6}K_2Cr_2O_7\right)=0.1000mol/L$。配制过程如图4-9所示。

用直接法配制标准滴定溶液采用的物质，称为基准物质或基准试剂，必须符合要求：

① 具有足够的纯度，一般要求为纯度大于99.9%；其杂质含量应少于滴定分析所允许的误差限度以下；

② 物质的组成（包括结晶水）与化学式完全符合；

③ 性质稳定；

④ 参加滴定反应时，按照反应式定量进行，没有副反应。

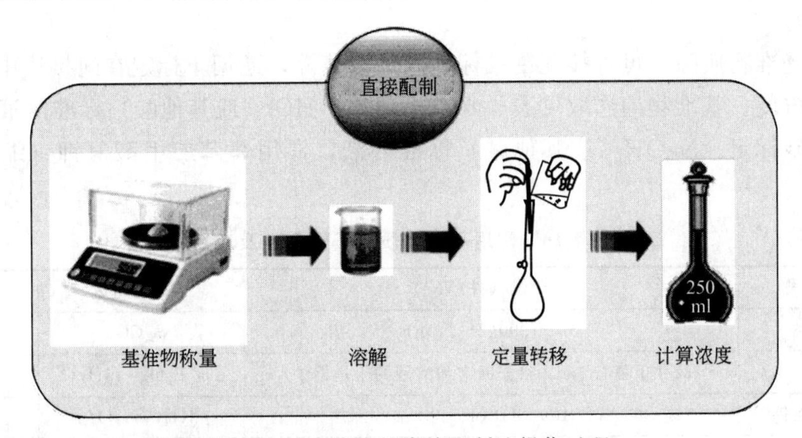

图4-9 标准溶液的直接配制法操作过程

基准物质使用之前一般需要干燥处理。常用基准物质的干燥条件和应用范围见表4-10。

计算所配制标准溶液的浓度，依据：

$$c=\frac{m}{MV_{溶液}} \tag{4-4}$$

(2) 间接配制法（又称标定法）

具备基准物时，可用直接法配制标准溶液；但很多时候，物质不符合基准物质的条件，如NaOH易吸收空气中的水和CO_2，浓HCl易挥发，这些物质的标准溶液要用间接法配制。

首先，粗配溶液，用试剂和水配成近似所需浓度的溶液；然后再用其他基准物或另一标准溶液测定其准确浓度，这一操作叫做“标定”。配制步骤如图4-10所示。

其中，标定的方法有如下两种。

① 直接标定 准确称取一定量的基准物，溶于水后用待标定的溶液滴定，至反应完全。根据所消耗待标定溶液的体积和基准物的质量，计算出待标定溶液的准确浓度。

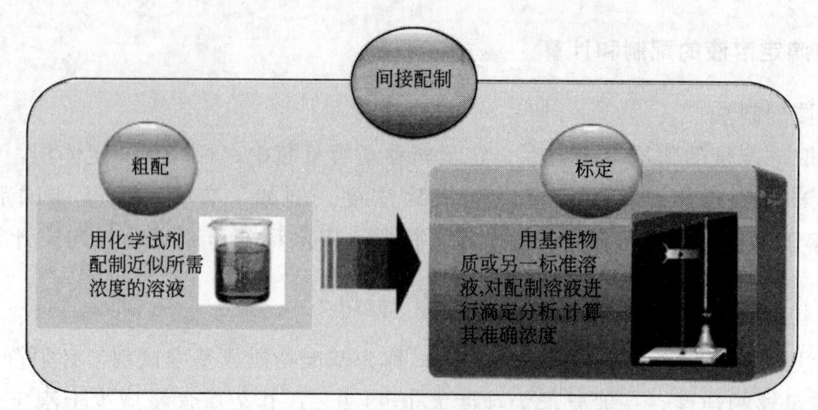

图 4-10　标准溶液的间接配制法操作过程

例如，欲配制浓度约为 0.1mol/L HCl 标准滴定溶液，先粗配成大约这个浓度的溶液，然后准确称取一定量的碳酸钠基准试剂，溶解后用配好的 HCl 溶液去滴定，根据碳酸钠的质量和化学计量点时消耗 HCl 的体积，即可求出 HCl 溶液的准确浓度（操作见后续酸碱滴定 5.3.3 节）。

因而，基准物质除了可直接配制成标准滴定溶液外，还用于标定在间接法中所配制其他溶液的准确浓度。基准物的选取见表 4-10。一般地，HCl（或其他酸）标准溶液，常用无水碳酸钠或硼砂标定；NaOH（或其他碱）标准溶液，常用邻苯二甲酸氢钾（缩写为 KHP）标定。

表 4-10　常用基准物质的干燥条件及应用

基准物质名称	干燥条件/℃	干燥后组成	标定对象
无水碳酸钠	270～300(2～2.5h)	Na_2CO_3	酸溶液
硼砂	保存于装有 NaCl 和蔗糖饱和溶液的干燥器中	$Na_2B_4O_7 \cdot 10H_2O$	酸溶液
邻苯二甲酸氢钾	105～110(1～2h)	$KHC_8H_4O_4$	碱溶液
重铬酸钾	120(3～4h)	$K_2Cr_2O_7$	还原剂溶液
溴酸钾	130(1.5～2h)	$KBrO_3$	还原剂溶液
三氧化二砷	105(3～4h)	As_2O_3	氧化剂溶液
草酸钠	130(1～1.5h)	$Na_2C_2O_4$	氧化剂溶液
碳酸钙	105～110(2～3h)	$CaCO_3$	EDTA 溶液
氧化锌	850±50(2～3h)	ZnO	EDTA 溶液
氯化钠	550±50(40～45min)	NaCl	$AgNO_3$ 溶液
氯化钾	550±50(40～45min)	KCl	$AgNO_3$ 溶液

② 间接标定(比较法)　有一些标准溶液，如果不具有合适的用于标定的基准试剂，也可以采用另一已知浓度的标准溶液来标定。如乙酸溶液用 NaOH 标准溶液来标定，草酸溶液用 $KMnO_4$ 标准溶液来标定等。

当然，间接标定的系统误差比直接标定要大些。

标准滴定溶液的配制更为详细的资料可查阅国家标准 GB 601—2002，该标准中规定了常用标准滴定溶液的制备方法。

(3) 标准溶液配制的一般规定

制备标准溶液用水，在未注明其他要求时，应符合 GB 6682—92 三级水规格。所用试剂的纯度应为分析纯以上。所用分析天平的砝码、滴定管、容量瓶及移液管均需定期校正。

滴定分析用标准溶液在常温（15～25℃）下，保存时间一般不得超过 2 个月。浓度越低，保存时间越短。配制浓度等于或低于 0.02mol/L 的标准溶液时，应临时配制，将浓度高的标准溶液用煮沸并冷却的水稀释。

为了确保标准滴定溶液浓度的准确性，国家标准规定，“标定”或“比较”标准溶液浓度时，平行试验不得少于 8 次，即两人各作 4 次平行测定，每人的四个平行测定结果的极差与平均值之比不得大于 0.15%，两人共八次的测定结果的极差与平均值之比不得大于 0.18%，取两人八次平行测定结果的平均值为标定结果，取四位有效数字。

4.2.5 知识宝库

吸管和容量瓶的操作技术

滴定管、移液管、吸量管和容量瓶是滴定分析的常用仪器。其中，滴定管、移液管和吸量管为“量出式”量器，量器上标有“Ex”，用于测定从量器中放出的液体的体积；容量瓶为“量入式”量器，量器上标有“In”，用于测定注入量器中液体的体积。

1. 吸管的操作技术

吸管包括移液管和吸量管两种。

移液管也称为单标线吸管，中部为膨大部分，上部有一条刻度线，如图 4-11（c）所示，只能移取某一体积的溶液。常见的移液管有 5mL、10mL、25mL、50mL 等规格。

吸量管是具有分刻度的移液管，也称分度吸管，可移取不同体积的液体，如图 4-11（a）和（b）所示。管径较粗，因此吸量准确度不如移液管，一般只用于量取小体积的溶液。常用的吸量管有 1mL、2mL、5mL、10mL 等规格。

使用步骤：**检查→洗涤→润洗→吸液→擦管尖→调液面→放溶液。**

检查：洗涤前要检查吸管的上口和尖嘴，必须完整无损，破损则不能使用。

洗涤：吸管一般依次用自来水、铬酸洗液（或洗衣粉溶液）、自来水、蒸馏水洗涤。洗好的吸管必须达到内壁与外壁的下部完全不挂水珠。

动作：左手持洗耳球，右手持吸管。吸取液体至管体积的 1/4～1/3，将管横握转动，使液体浸润全管内壁后放出。

用洗液洗涤时，从上口将洗液放回洗液瓶，再用水冲洗全管。其他洗涤时，液体都从尖嘴处吸入和放出。

润洗：为防止装入溶液的浓度变化，需用待装液润洗 3 次。

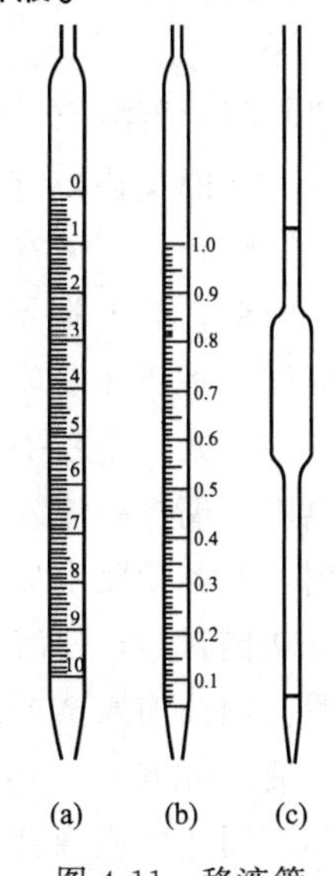

图 4-11 移液管

（a）、（b）吸量管；（c）移液管

先用洗耳球将管尖残液吹至滤纸上，擦干管外壁和管尖。待装溶液摇匀后，部分倾倒至小烧杯中，从中吸出约占管容积 1/3 的液体，润洗内壁，横握转动的动作同洗涤，使溶液流至刻度线以上且距上端管口 2～3cm 后，将溶液由尖嘴放出弃去。

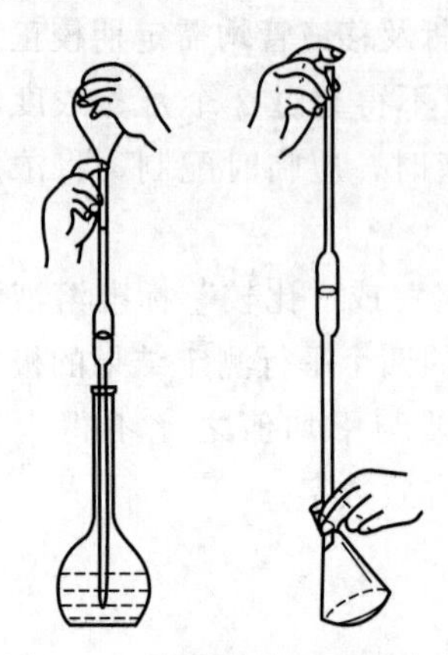

图 4-12 移液管的吸液和放液

吸液：吸管插入待吸溶液的液面下 1～2cm 处吸液（注意避免吸空）（见图 4-12）。吸取溶液至超过标线以上 1～2cm 处，取出。

擦管尖：管身保持竖直，用滤纸擦拭管下端外部。

调液面：左手放下洗耳球，改取一只干净小烧杯，将吸管垂直，管尖紧靠小烧杯内壁，小烧杯保持倾斜，视线与刻度线相平，稍微放松右手食指，调整液面下降至凹液面最低处与刻度线相切为止。

放溶液：移走小烧杯，左手改拿接收溶液的容器，容器倾斜，吸管垂直，管尖紧靠接收器内壁（见图 4-12），松开食指，让溶液自然沿器壁流下。待液面下降到管尖处，保持放液状态停留 15s，移走移液管（注意管尖残留液体为正常，不能将其吹入容器内）。

吸管用毕，用自来水冲洗，再用蒸馏水冲净，放在管架上。

2. 容量瓶

容量瓶可准确量取一定体积的液体，为量入式仪器。主要用于配制标准溶液或试样溶液，也用于将溶液定量稀释。规格通常有 25mL、50mL、100mL、250mL、500mL、1000mL 等。

使用步骤：**试漏→洗涤→定量转移→平摇→静置→定容→颠倒摇匀。**

试漏：在容量瓶内加水大约至刻度线，盖上瓶塞，将瓶倒置 2min，如不漏水，将瓶直立，瓶盖旋转 180°后倒置 2min 检查，不漏水的才能使用（为避免塞子打破或遗失，应用线绳系在瓶颈处）。

洗涤：洗涤方法与移液管相似。倒入少量铬酸洗液润洗内壁后，依次用自来水和蒸馏水洗净。

定量转移：若溶质是固体，应先在小烧杯内溶解（若难溶，可盖上表面皿，加热溶解，但需放冷后才能转移），再定量转移至容量瓶中。

左手拿烧杯，右手拿玻璃棒［见图 4-13（a）］。引流时，玻璃棒伸入容量瓶口 1～2cm，下端靠在内壁，但上端不能碰容量瓶的瓶口。烧杯嘴紧靠玻璃棒，距容量瓶口 1cm 左右。待溶液流尽，将烧杯沿玻璃棒稍微上提，同时使烧杯直立。将玻璃棒放回烧杯中，注意：勿放于烧杯尖嘴处，用左手食指将其按住不使滚动。再用少量蒸馏水冲洗烧杯和玻璃棒，后将洗涤液也用玻璃棒引流入容量瓶中，如此重复洗涤和引流转移操作 5～6 次。

平摇：向容量瓶中加入蒸馏水，约至容量瓶容积 3/4 处，将容量瓶拿起，按同一方向摇动几周（勿倒转!），使溶液初步混匀。

静置：继续加入蒸馏水，当液面接近刻度线下约 1cm 时，等待 1～2min，使附在瓶颈内壁的溶液充分流下。

定容：用洗瓶或滴管滴入蒸馏水，至弯月面下缘与刻度线相切。

颠倒摇匀：盖好瓶塞，如图 4-13（b）、（c）所示，将容量瓶反复颠倒旋摇 14 次以上。

注意：用右手的三个指尖托住瓶底边缘，不能用手掌握住瓶身，以免体温造成液体膨

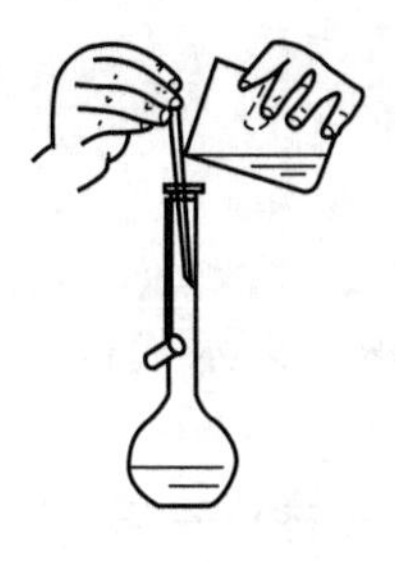

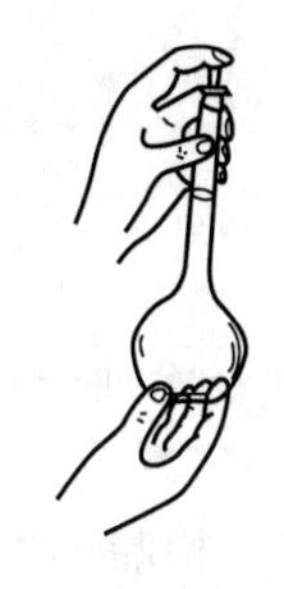

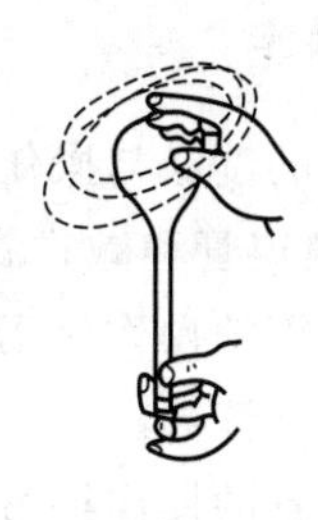

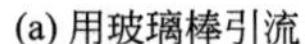

(a) 用玻璃棒引流　　(b) 容量瓶直立　　(c) 旋摇混匀

图 4-13 溶液转移的操作和容量瓶的颠倒摇均

胀，影响容积的准确性。每摇几次后应将瓶塞提起并旋转 180°，然后塞上再摇。

保存：容量瓶不能用于长期保存试剂溶液，配好的溶液可转移到试剂瓶中保存。容量瓶冲洗后，将磨口处擦干，垫上纸片。容量瓶不能加热，更不得在烘箱中烘烤。如需干燥时，可洗净后，用乙醇等有机溶剂荡洗后晾干或用电吹风的冷风吹干。

任务 4.3 滴定分析方法和计算

 4.3.1 任务书

完成盐酸溶液对碳酸钠溶液的滴定操作，观察滴定终点。练习移液管和酸式滴定管的使用。

配制 NaOH 溶液，完成 NaOH 溶液对 HCl 溶液的滴定操作练习，观察和判断滴定终点。练习使用碱式滴定管。

 4.3.2 技能训练和解析

滴定分析操作实践

1. 任务原理

(1) HCl 溶液与 Na_2CO_3 标准溶液的滴定分析（相对标定 HCl 溶液）：使用 Na_2CO_3 基准试剂配制标准溶液，与 HCl 溶液进行滴定分析，从而计算 HCl 溶液的准确浓度。采用甲基橙作指示剂，终点为橙色。

(2) HCl 标准溶液与 NaOH 溶液的滴定分析（相对标定 NaOH 溶液）：NaOH 易吸潮及含有碳酸钠杂质等，不是基准物质，采用标定法配制标准溶液。标定：用 HCl 标准溶液与粗配得到的 NaOH 溶液进行滴定分析，酚酞作指示剂，终点为浅粉红色 30s 不褪色。

2. 试剂材料

仪器和试剂		准备情况
仪器	托盘天平、50mL 酸式滴定管、50mL 碱式滴定管、250mL 烧杯、25mL 移液管、50mL 锥形瓶(3 个)、洗瓶。	
试剂	NaOH 固体、盐酸 $c(HCl)=0.1mol/L$、碳酸钠 $c\left(\frac{1}{2}Na_2CO_3\right)=0.1mol/L$、酚酞指示液(10g/L 乙醇溶液)、甲基橙指示液(1g/L 水溶液)	前面实验已配 Na_2CO_3 和 HCl 溶液

3. 任务操作

（1）仪器的洗涤与操作练习

① 酸式滴定管和碱式滴定管

酸式滴定管的操作练习包括：洗涤→涂油→检漏→装溶液（以水代替）→赶气泡→调零→滴定操作→读数。

碱式滴定管的操作练习包括：洗涤→检漏→装溶液（以水代替）→赶气泡→调零→滴定操作→读数。

② 移液管

操作练习包括：洗涤→润洗→吸液（用容量瓶中的溶液）→调液面→放液（至锥形瓶中）。

（2）溶液的准备

① HCl 溶液 $c(\mathrm{HCl})=0.1\mathrm{mol/L}$、碳酸钠溶液 $c(\frac{1}{2}\mathrm{Na_2CO_3})=0.1\mathrm{mol/L}$，前面实验已配。

② 配制 NaOH 溶液 $c(\mathrm{NaOH})=0.1\mathrm{mol/L}$

在托盘天平上迅速称取 1.0～1.1g NaOH 固体，放于 250mL 烧杯中，加入 100mL 水溶解后转移到试剂瓶中，稀释至 250mL，盖上橡胶塞，摇匀，贴好标签。

（3）滴定分析操作

① 用 HCl 溶液滴定 Na_2CO_3 溶液

如图 4-14 所示，移液管润洗后，吸取 25.00mL Na_2CO_3 试液，放入锥形瓶中，加 1 滴甲基橙指示液，用酸式滴定管中的 HCl 溶液（预先装满溶液、调好零点）滴定至橙色，记下消耗的 HCl 溶液的体积。平行测定 3 次，3 次的体积之差最大不得大于 0.05mL。

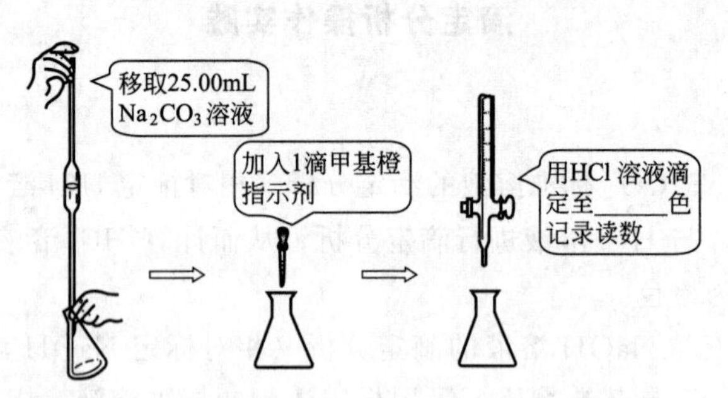

图 4-14　盐酸溶液滴定碳酸钠溶液的操作步骤

② NaOH 溶液滴定 HCl 溶液（操作步骤见图 4-15）。

用 0.1mol/L 的盐酸溶液和氢氧化钠溶液分别润洗酸式滴定管、碱式滴定管，并装满溶液，赶去气泡，调好零点。

从酸式滴定管中放出 20.00mL HCl 溶液，于锥形瓶（注意读数可以不是恰好 20.00mL，记录真实读数即可），加 2 滴酚酞指示液，以碱式滴定管中的 NaOH 溶液滴定至溶液呈浅粉红色 30s 不褪，读取 NaOH 溶液消耗的体积，记录。

继续向锥形瓶中放入 HCl 溶液约 2.00mL（读数不必恰好是 22.00mL，记录真实读

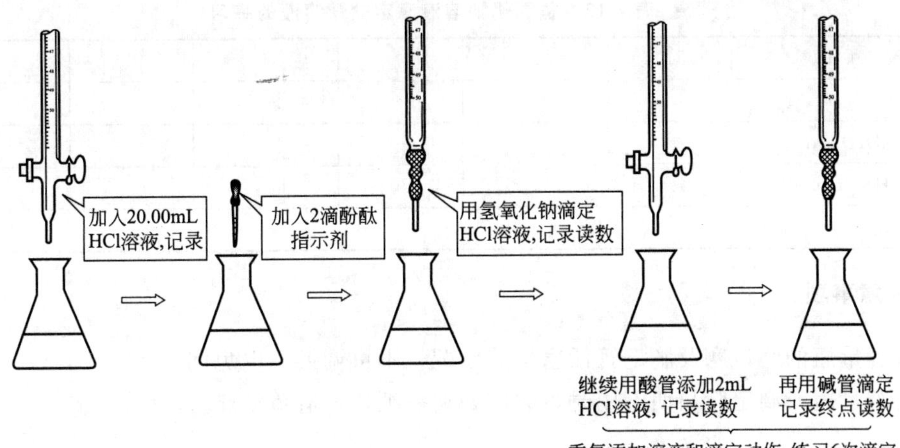

图 4-15　氢氧化钠溶液滴定盐酸溶液实验操作步骤

数)，再用 NaOH 溶液继续滴定至浅粉色终点，记录消耗量。

如此，每次放出 2mL HCl 溶液，继续用 NaOH 溶液滴定，反复操作六次。记下每次滴定的终点读数。

4. 结果计算

计算 $c(\mathrm{HCl})$公式：

$$c(\mathrm{HCl})V(\mathrm{HCl})=c\left(\frac{1}{2}\mathrm{Na_2CO_3}\right)V(\mathrm{Na_2CO_3})$$

计算 $c(\mathrm{NaOH})$公式：

$$c(\mathrm{NaOH})V(\mathrm{NaOH})=c(\mathrm{HCl})V(\mathrm{HCl})$$

式中，$c(\mathrm{HCl})$、$V(\mathrm{HCl})$、$c\left(\frac{1}{2}\mathrm{Na_2CO_3}\right)$、$V(\mathrm{Na_2CO_3})$、$c(\mathrm{NaOH})$、$V(\mathrm{NaOH})$分别为盐酸、碳酸钠、氢氧化钠基本单元的物质的量浓度和反应消耗的体积。

5. 记录与报告单（见表 4-11 和表 4-12）

表 4-11　用盐酸溶液滴定碳酸钠溶液的练习

测定项目	1	2	3
$V(\mathrm{Na_2CO_3})/\mathrm{mL}$			
$V(\mathrm{HCl})/\mathrm{mL}$			
$c\left(\frac{1}{2}\mathrm{Na_2CO_3}\right)/(\mathrm{mol/L})$			
$c(\mathrm{HCl})/(\mathrm{mol/L})$			
平均值 $\bar{c}(\mathrm{HCl})/(\mathrm{mol/L})$			

表 4-12 氢氧化钠溶液滴定盐酸溶液的练习

测定项目	1	2	3	4	5	6
$V(HCl)/mL$						
$V(NaOH)/mL$						
$c(NaOH)/(mol/L)$						
平均值 $\bar{c}(NaOH)/(mol/L)$						

6. 注意事项

（1）容量瓶的磨口塞及滴定管活塞均需原配，不可调换，以免漏水。

（2）容量瓶或滴定管长期不用时，磨口处夹一纸片，避免粘连。

7. 问题与思考

（1）标准溶液的配制方法有______和______两种。具有基准物的可采用______方法配制。而______法配制标准溶液，先配制出近似浓度的溶液，再用______测定得到它的准确浓度，这个操作称作______。

（2）使用滴定管和吸管时，为什么要用待装溶液润洗？容量瓶和锥形瓶是否需要润洗？

（3）滴定操作时，一边用______手控制滴定管，一边用______手摇动锥形瓶。

（4）如何准确判断滴定终点和控制滴定速度？

（5）酸式滴定管的准备包括：洗涤→涂油→______→装溶液→______→______。

（6）普通滴定管读数时，眼睛平视，和______水平面平齐；使用带有蓝色衬背的滴定管时，眼睛应对准______的刻度，平视读数。颜色太深看不清凹液面的溶液，可读取______的最高点。

4.3.3 知识宝库

滴定分析方法

1. 滴定分析基本术语

滴定分析操作采用的装置如图 4-16 所示。

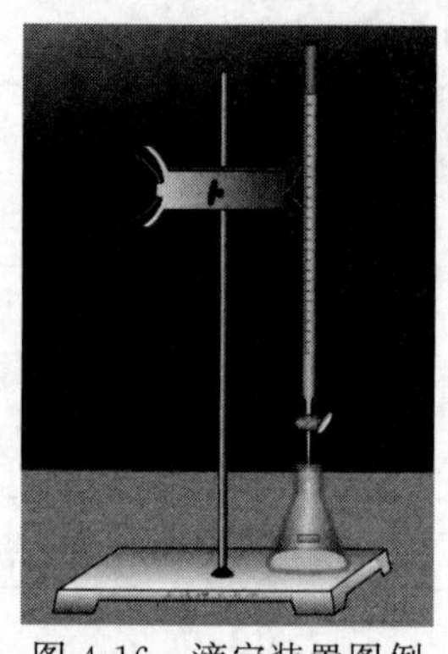

图 4-16 滴定装置图例

① 滴定 将滴定剂通过滴定管滴加到试样溶液中，与待测组分进行化学反应的操作。

② 滴定剂 用于滴定而配制的具有一定浓度的溶液，滴定时装入滴定管中。

③ 标准溶液 已知准确浓度的溶液。常用作滴定剂。

④ 化学计量点 滴定过程中，待测组分与滴定剂恰好完全反应之时，二者消耗的数量符合化学反应的计量关系。

⑤ 指示剂 滴定分析中加入的某种试剂，以其颜色突变来判断化学计量点。

⑥ 滴定终点 滴定时，观察到指示剂改变颜色的那一点称为滴定终点，简称终点。

⑦终点误差 因滴定终点与化学计量点不完全符合而引起的误差。其大小决定于化学反应的完全程度和指示剂的选择。

2. 滴定分析的基本条件

不是任何化学反应都能用于滴定分析，适于滴定分析的化学反应必须符合一定的条件。

① 反应按一定的化学反应式定量进行，即具有确定的化学计量关系，不发生副反应，这是定量计算的基础。如果有共存物干扰，需用适当方法排除。

② 反应必须进行完全，通常要求反应完全程度≥99.9%。

③ 反应速率要快。对于速率较慢的反应，可通过加热、增加反应物浓度、加入催化剂等加快反应速率，使反应速率和滴定速率基本一致。

④ 有适当的方法确定滴定终点。

符合以上要求的反应，可用标准滴定液直接滴定被测物质，此滴定方式称为直接滴定。

3. 滴定分析方法分类

按照标准滴定溶液与被测组分之间发生化学反应类型不同，滴定分析方法可分为四种。见表 4-13。

表 4-13 滴定分析方法分类

滴定方法	发生化学反应	待测物	常用滴定剂
酸碱滴定法	酸碱中和	酸性物质 碱性物质	强碱（NaOH） 强酸（HCl、H_2SO_4）
配位滴定法	配位反应	金属离子	乙二胺四乙酸二钠盐（EDTA）
氧化还原滴定法	氧化还原反应	氧化性物质 还原性物质	还原剂 $Na_2S_2O_3$ 氧化剂 $KMnO_4$、$K_2Cr_2O_7$、I_2
沉淀滴定法	沉淀反应	卤素	$AgNO_3$

注意：在待测试液的含量测定时，需针对待测组分具有的性质，合理选择滴定方法。

4. 滴定方式

当标准滴定溶液与被测物质的反应不完全符合滴定条件，无法直接滴定时，可采用一些其他的方式测定有关物质含量（见表 4-14）。各种滴定方式将在以后各章中说明其应用。

表 4-14 其他滴定方式

滴定方式	操作原理	应用举例
直接滴定	满足滴定分析基本要求的反应，可用于直接滴定	NaOH 标准溶液→滴定 HCl
返滴定	① 在待测试液中准确、过量地加入某标准溶液 A，与待测组分完全反应；② 剩余 A 的量由另一种标准溶液 B 返滴定，再推算待测组分的含量。	直接滴定 Al^{3+} 反应慢，定量加入过量 EDTA 标液，加热反应后，剩余 EDTA 由 Zn^{2+} 标准溶液回滴，推算 Al^{3+} 含量
置换滴定	先加入适当的试剂与待测组分置换反应，生成的产物，可进行滴定分析，然后反推计算待测组分的含量	测定配合物 AlY 时，加入 NH_4F，置换生成 Y，用 Zn^{2+} 标准溶液滴定 Y，推算 AlY 含量
间接滴定	某些待测组分不能直接与滴定剂反应，但可加入试剂，发生化学反应，产物可进行滴定分析，间接推算其含量。	测定 Ca^{2+} 含量，加入 $C_2O_4^{2-}$ 反应形成沉淀，过滤并溶于 H_2SO_4 溶液，用 $KMnO_4$ 标准溶液滴定 $C_2O_4^{2-}$，推算 Ca^{2+} 含量

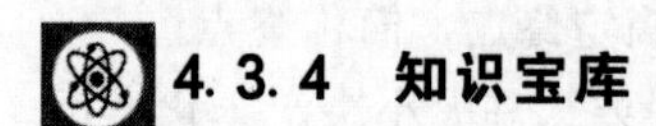

4.3.4 知识宝库

滴定分析计算

1. 基本单元及应用

(1) 基本单元

一般以参加滴定反应、能够发挥反应效力的最小粒子单元为物质的基本单元，若物质 B 能提供 z 个反应最小粒子，基本单元为$\frac{1}{z}$B。

确定基本单元，主要是为了计算方便。它可以是原子、分子、离子、电子或自然界不存在的、人为划分的这些粒子的特定组合。

确定了基本单元后，在表示 n、c、M 时，必须指明基本单元；但 m、V 为测定值，不受基本单元选取的影响，不必指明基本单元。表现形式即：$n\left(\frac{1}{z}\mathrm{B}\right)$、$c\left(\frac{1}{z}\mathrm{B}\right)$、$M\left(\frac{1}{z}\mathrm{B}\right)$、$m(\mathrm{B})$、$V(\mathrm{B})$（以物质 B 为例）。

确定了基本单元后，数量含义就完全固定下来了。例如：

n（NaOH）＝0.05mol，表示以 NaOH 为基本单元，氢氧化钠基本单元的数量是 0.05mol。

$c\left(\frac{1}{2}H_2SO_4\right)=1.000\mathrm{mol/L}$，表示以$\frac{1}{2}H_2SO_4$ 为基本单元，其浓度为每升溶液中含有 1.000mol 的$\frac{1}{2}H_2SO_4$ 基本单元。

$M\left(\frac{1}{5}KMnO_4\right)=31.606\mathrm{g/mol}$，即基本单元$\frac{1}{5}KMnO_4$ 的摩尔质量为 31.606g/mol。

(2) 选取基本单元的方法

在滴定分析中，规定选取基本单元的原则：

① 酸碱反应以给出或接受一个 H^+ 或 OH^- 的，作为基本单元；

② 氧化还原反应以给出或接受一个电子的，作为基本单元；

③ EDTA 配位反应和卤化银沉淀反应通常以参与反应物质的分子或离子为基本单元。

(3) 计算公式的表达

计算公式中要指明基本单元，涉及 n、c、M 都要括号标明基本单元；但 m、V 只标出物质名称。公式两边的基本单元选取要保持一致。以$\frac{1}{2}H_2SO_4$ 基本单元为例，如：

$$c\left(\frac{1}{2}H_2SO_4\right)=\frac{n\left(\frac{1}{2}H_2SO_4\right)}{V(H_2SO_4)}$$

$$n\left(\frac{1}{2}H_2SO_4\right)=\frac{m(H_2SO_4)}{M\left(\frac{1}{2}H_2SO_4\right)}$$

(4)不同基本单元之间的数量换算关系

基本关系：一个物质 B 分子包含 z 个基本单元$\frac{1}{z}$B。

对应换算关系：

$$n\left(\frac{1}{z}\mathrm{B}\right)=zn(\mathrm{B}) \tag{4-5}$$

$$c\left(\frac{1}{z}\mathrm{B}\right)=zc(\mathrm{B}) \tag{4-6}$$

$$M\left(\frac{1}{z}\mathrm{B}\right)=\frac{1}{2}M(\mathrm{B}) \tag{4-7}$$

2. 等物质的量反应原则

按照以上选取基本单元的前提下，当滴定达到化学计量点时，待测组分 B 基本单元的物质的量 n (B)与滴定剂基本单元的物质的量 n (A)必然相等，这就是等物质的量反应原则。

用 A 和 B 分别表示参与反应的滴定剂和待测物，等物质的量反应原则可简写为：

$$n(\mathrm{A})=n(\mathrm{B}) \tag{4-8}$$

如果 A 与 B 都是溶液，可得：

$$c(\mathrm{A})V(\mathrm{A})=c(\mathrm{B})V(\mathrm{B}) \tag{4-9}$$

如果 A 与 B 分别为溶液和固体，可得：

$$c(\mathrm{A})V(\mathrm{A})=\frac{m(\mathrm{B})}{M(\mathrm{B})} \tag{4-10}$$

需要指出，式(4-8)、式(4-9)和式(4-10)为简写形式，当计算时，涉及 n、c、M 都要用括号标出基本单元，涉及 m、V 不用标明基本单元，只用括号标出物质名称。公式两边的基本单元选取要保持一致。

3. 滴定分析计算方法和应用

应用式(4-9)和式(4-10)可以计算滴定分析中几乎所有计算问题。滴定分析计算涉及的基本问题归为三种类型，见表 4-15，即“三大问题、两个公式、一个原则”。一般地，涉及两种溶液之间的计算可用公式(4-9)；溶液与固体物质之间计算可用公式(4-10)。

表 4-15 滴定分析计算常见类型和公式

适用情况分类		原理	计算简式	含义
配制溶液	固体基准物配制	配制前后，含有物质的粒子数不变	$c(\mathrm{A})V(\mathrm{A})=\frac{m(\mathrm{B})}{M(\mathrm{B})}$	A、B 代表同一基准物质
	稀释配制	稀释前后含有的溶质粒子数量不变	$c(\mathrm{A})V(\mathrm{A})=c(\mathrm{B})V(\mathrm{B})$	A、B 为浓、稀两种状态

续表

适用情况分类		原理	计算简式	含义
标准溶液的标定	用基准物标定溶液	由等物质的量原则，基准物与标准溶液反应，二者基本单元的数量相等	$c(\mathrm{A})V(\mathrm{A})=\frac{m(\mathrm{B})}{M(\mathrm{B})}$	B代表基准物，A代表待标溶液
	用另一标准溶液标定	由等物质的量原则，两种溶液反应，二者基本单元的数量相等	$c(\mathrm{A})V(\mathrm{A})=c(\mathrm{B})V(\mathrm{B})$	B代表待标溶液，A代表另一标准溶液
样品测定	滴定样品溶液，求待测组分的质量和含量	由等物质的量原则，待测组分与滴定剂反应，两者基本单元数量相等	$c(\mathrm{A})V(\mathrm{A})=\frac{m(\mathrm{B})}{M(\mathrm{B})}$ $w(\mathrm{B})=\frac{m(\mathrm{B})}{m_{试样}}\times100\%$	B代表待测组分，A代表标准滴定溶液
	滴定待测液，求溶液的浓度 c		$c(\mathrm{A})V(\mathrm{A})=c(\mathrm{B})V(\mathrm{B})$	B代表待测溶液，A代表标准滴定溶液
	估算滴定剂用量 $V(\mathrm{A})$ 和称取试样量 $m_{试样}$		$c(\mathrm{A})V(\mathrm{A})=\frac{m(\mathrm{B})}{M(\mathrm{B})}$	B代表待测组分，A代表标准滴定溶液

注意：表中公式为简式，在应用于计算时，涉及 n、c、M 都要用括号标出基本单元，涉及 m、V 用括号标出物质名称。

另外，常用的浓度换算公式如下。

① 质量分数 $w(\mathrm{B})$ 与物质的量浓度 $c(\mathrm{B})$ 换算。按式(4-10) 和质量分数的定义可导出：

$$c(\mathrm{B})=\frac{1000\rho(\mathrm{B})w(\mathrm{B})}{M(\mathrm{B})} \tag{4-11}$$

式中，$\rho(\mathrm{B})$ 为溶液的密度，g/mL。

② 滴定度 $T_{\mathrm{B/A}}$ 与物质的量浓度换算。按式 (4-10) 和滴定度的定义可导出：

$$T_{\mathrm{B/A}}=\frac{m(\mathrm{B})}{V(\mathrm{A})}=\frac{c(\mathrm{A})M(\mathrm{B})}{1000} \tag{4-12}$$

【例 4-3】 500mL H_2SO_4 溶液中含有 4.904g H_2SO_4，求 $c(H_2SO_4)$ 及 $c\left(\frac{1}{2}H_2SO_4\right)$。

解题思路 摩尔质量 M、物质的量 n、物质的量浓度 c 与基本单元的选取有关，而质量 m 和体积 V 与基本单元的选择无关。列式中基本单元的选取要一致。

解

$$c(H_2SO_4)=\frac{n(H_2SO_4)}{V}=\frac{m(H_2SO_4)}{M(H_2SO_4)V}=\frac{4.904}{98.07\times0.5}=0.1000(\mathrm{mol/L})$$

$$c\left(\frac{1}{2}H_2SO_4\right)=\frac{n\left(\frac{1}{2}H_2SO_4\right)}{V}=\frac{m(H_2SO_4)}{M\left(\frac{1}{2}H_2SO_4\right)V}=\frac{4.904}{49.035\times0.5}=0.2000(\mathrm{mol/L})$$

或由 $c\left(\frac{1}{2}H_2SO_4\right)=2c(H_2SO_4)=2\times0.1000=0.2000(mol/L)$ 计算得出。

【例 4-4】 欲配制 $c\left(\frac{1}{2}Na_2CO_3\right)=0.1000mol/L$ 标准溶液 250mL，如何配制？

解题思路 干燥后的基准试剂 Na_2CO_3 符合基准物条件，可以直接配制标准溶液。

解 计算 根据式（4-10）计算需要称量的 Na_2CO_3 质量。

$$\frac{m(Na_2CO_3)}{M\left(\frac{1}{2}Na_2CO_3\right)}=c\left(\frac{1}{2}Na_2CO_3\right)V\times10^{-3}$$

$$m(Na_2CO_3)=c\left(\frac{1}{2}Na_2CO_3\right)V\times10^{-3}\times M\left(\frac{1}{2}Na_2CO_3\right)$$

$$=0.1000\times250\times10^{-3}\times\frac{1}{2}\times106.0=1.325(g)$$

配制：准确称取基准物 Na_2CO_3 试剂 1.325g，于 100mL 烧杯中，加少量水溶解后，定量转移至 250mL 容量瓶中，加水稀释至刻度，摇匀。

【例 4-5】 实验室需要配制 $c\left(\frac{1}{2}H_2SO_4\right)$ 约为 0.5mol/L 的 H_2SO_4 溶液 1000mL，问应取密度为 1.84g/mL，质量分数为 96%的浓 H_2SO_4 溶液多少毫升？说明如何配制。

解题思路 首先，换算得到浓硫酸溶液的物质的量浓度，再应用稀释配制公式计算所需浓硫酸溶液的体积。配制时注意将硫酸加入水中搅拌。

解 根据式（2-8），原浓硫酸的浓度为：

$$c(浓\ H_2SO_4)=\frac{1000\rho(浓\ H_2SO_4)w(浓\ H_2SO_4)}{M(H_2SO_4)}=\frac{1000\times1.84\times96\%}{98.07}=18.0(mol/L)$$

则：

$$c_{浓}\left(\frac{1}{2}H_2SO_4\right)=2c_{浓}(H_2SO_4)=2\times18.0=36.0(mol/L)$$

根据式(4-10)，稀释配制时，需要浓硫酸的体积为：

$$V_{浓}(H_2SO_4)=\frac{c_{稀}\left(\frac{1}{2}H_2SO_4\right)V_{稀}(H_2SO_4)}{c_{浓}\left(\frac{1}{2}H_2SO_4\right)}=\frac{0.5\times1000}{36.0}=13.9(mL)$$

粗配：用量筒量取约 15mL 浓 H_2SO_4（考虑到硫酸的挥发，可以比 13.9mL 稍微多取些），缓慢加入 985mL 蒸馏水中，混匀，保存于试剂瓶中，贴好标签。

【例 4-6】 标定某硫酸溶液的浓度，如果准确称取基准碳酸钠试剂 0.9515g，用溴甲酚绿-甲基红指示剂，用硫酸溶液滴定消耗 34.95mL，则所配制硫酸溶液的浓度为多少？

解 根据式（4-10），

$$c\left(\frac{1}{2}H_2SO_4\right)V(H_2SO_4)=\frac{m(Na_2CO_3)}{M\left(\frac{1}{2}Na_2CO_3\right)}$$

所以 $c\left(\frac{1}{2}H_2SO_4\right)=\frac{m(Na_2CO_3)}{M\left(\frac{1}{2}Na_2CO_3\right)V(H_2SO_4)}=\frac{m(Na_2CO_3)}{\frac{1}{2}M(Na_2CO_3)V(H_2SO_4)}$

$$=\frac{0.9515}{\frac{1}{2}\times 105.99\times 34.95\times 10^{-3}}=0.5137(\text{mol/L})$$

【例 4-7】 有工业硼砂 1.0938g，用 0.2013mol/L 的盐酸溶液滴定，消耗了 28.07mL，恰好反应完全，试计算样品中 $Na_2B_4O_7\cdot 10H_2O$ 的质量分数。

解题思路 用 HCl 标准溶液滴定分析工业硼砂含量，符合等物质的量规则，按式（4-10）计算出工业硼砂中含有（与 HCl 反应的）纯硼砂的质量，则可求出硼砂的质量分数 w。

解 $$\frac{m(Na_2B_4O_7\cdot 10H_2O)}{M\left(\frac{1}{2}Na_2B_4O_7\cdot 10H_2O\right)}=c(HCl)V(HCl)$$

则： $$m(Na_2B_4O_7\cdot 10H_2O)=M\left(\frac{1}{2}Na_2B_4O_7\cdot 10H_2O\right)c(HCl)V(HCl)$$

$$=\frac{1}{2}\times 381.4\times 0.2013\times 18.07\times 10^{-3}$$

$$=0.6937(\text{g})$$

硼砂质量分数为：$w=\frac{m(Na_2B_4O_7\cdot 10H_2O)}{m_{样品}}\times 100\%=\frac{0.6937}{1.0938}\times 100\%=63.42\%$

【例 4-8】 欲标定 c（HCl）近似浓度为 0.05mol/L 的 HCl 溶液，为使消耗量控制在 30～40mL 之间，应称取基准试剂硼砂 $Na_2B_4O_7\cdot 10H_2O$ 的质量应该在何范围内？

解题思路 用 HCl 溶液滴定基准物硼砂时，应用式（4-10）计算，盐酸为液体，硼砂为固体。此时盐酸浓度近似为 0.1mol/L，由预计滴定消耗量在 30～40mL 之间，推算称样量范围。因为是估算大致用量，所求硼砂称量质量只需保留小数点后两位即可。

解 滴定反应为：$2HCl+Na_2B_4O_7+5H_2O═2NaCl+4H_3BO_3$，基本单元为 $\frac{1}{2}Na_2B_4O_7$ 和 HCl。

已知 $M(Na_2B_4O_7\cdot 10H_2O)=381.4\text{g/mol}$，$V(HCl)=0.03\sim 0.04\text{L}$，$c(HCl)=0.05\text{mol/L}$，根据式（4-10），当消耗滴定剂 V（HCl）＝30mL 时，对应所需称样量：

$$m(Na_2B_4O_7\cdot 10H_2O)=c(HCl)V(HCl)M\left(\frac{1}{2}Na_2B_4O_7\cdot 10H_2O\right)$$

$$=0.05\times 30\times 10^{-3}\times 381.4\times\frac{1}{2}=0.2860(\text{g})$$

当消耗滴定剂 $V(HCl)=40\text{mL}$ 时，对应所需称样量：

$$m(Na_2B_4O_7\cdot 10H_2O)=c(HCl)V(HCl)M\left(\frac{1}{2}Na_2B_4O_7\cdot 10H_2O\right)$$

$$=0.05\times 40\times 10^{-3}\times 381.4\times\frac{1}{2}=0.3813(\text{g})$$

可见，只要准确称取 0.29～0.38g 范围内任一质量的硼砂即可达到题意要求。

【例 4-9】 $T_{NaOH/HCl}=0.004420g/mL$ 的 HCl 溶液，相当于物质的量浓度 $c(HCl)$ 为多少？换算成 $T_{Na_2CO_3/HCl}$ 应为多少？

解题思路 滴定度 $T_{B/A}$ 与物质的量浓度之间换算。注意公式中使用基本单元。

解 根据式（4-12）

$$c(HCl)=\frac{T_{NaOH/HCl}\times 1000}{M(NaOH)}=\frac{0.004420\times 1000}{40.00}=0.1105(mol/L)$$

$$T_{Na_2CO_3/HCl}=c(HCl)\times\frac{M\left(\frac{1}{2}Na_2CO_3\right)}{1000}=0.1105\times\frac{53.00}{1000}=0.005857(g/mL)$$

4.3.5 知识宝库

滴定管的操作技术

1. 滴定管

滴定管是滴定时用来准确测量流出的滴定剂体积的量器。常用滴定管容积为 50mL 和 25mL，最小分度值为 0.1mL，读数可估计到 0.01mL。

实验室最常用的滴定管有三种，适合盛装溶液见表 4-16。

表 4-16 三种滴定管适合盛装的溶液

滴定管类别	酸性溶液（例 HCl）	碱性溶液（例 NaOH）	氧化性溶液（例 $KMnO_4$、I_2 或 $AgNO_3$）
酸式滴定管	√		√
碱式滴定管		√	
聚四氟乙烯滴定管	√	√	√

一种是酸式滴定管，下部带有磨口玻璃活塞，也称具塞滴定管，如图 4-17（a）所示。

一种是碱式滴定管，也称无塞滴定管，它的下端连接一乳胶软管，内放一玻璃珠，乳胶管下端再连一尖嘴玻璃管，见图 4-17（b）所示。

还有一种是聚四氟乙烯滴定管，形状与酸式滴定管相同，聚四氟乙烯活塞，耐腐蚀性。

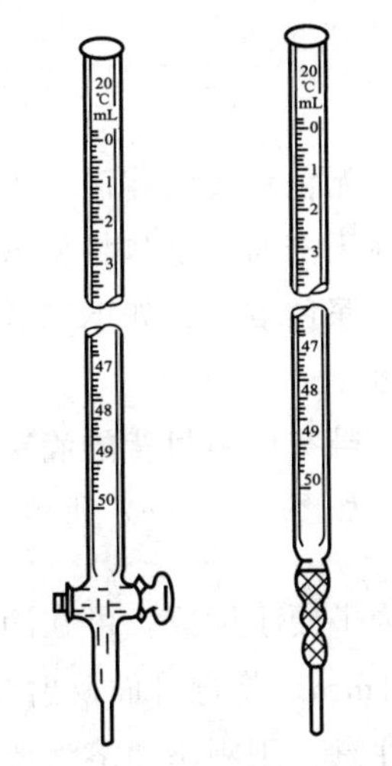

(a) 酸式滴定管 (b) 碱式滴定管

图 4-17 滴定管

2. 滴定管的操作

操作步骤：检查→试漏→涂油（不漏液就不涂油）→洗涤→润洗→装溶液→赶气泡→调零点→滴定→读数。

检查：如酸式滴定管活塞是否匹配、滴定管尖嘴和上口是否完好，碱式滴定管的乳胶管孔径与玻璃珠大小是否合适，乳胶管是否有孔洞、裂纹和老化等。

试漏：将滴定管充水至“0”刻度线附近，垂直夹在滴定管夹上静置 5min，检查管尖及活塞周围有无水渗出。之后酸式滴定管可将活塞转动 180°，静置 5min，再行检查。

漏液的滴定管必须重新涂凡士林油或更换玻璃珠。

涂油：取下活塞，用滤纸擦干活塞及活塞座内壁，手指蘸凡士林，涂在活塞两端圆周上，要求“少、薄、匀”，（注意：过多或过少都会导致漏液；以活塞孔为直径的中间圆周处不涂油；活塞座内壁不涂油!）。活塞平插入塞座内，向同一方向转动，直到凡士林均匀透明。用橡胶圈套在活塞小头的末端沟槽上，以防活塞脱落。

当凡士林堵塞管尖时，可将滴定管充满水，打开活塞，用洗耳球在滴定管上口挤压、鼓气，将凡士林冲出（注意不要将活塞冲出）。或将管尖浸入热水中，片刻打开活塞，使管内水流带走融化的油脂。或用细铜丝捅出凡士林。

注意，碱式滴定管和聚四氟乙烯滴定管，不需涂凡士林。

洗涤：无明显油污不太脏的滴定管，可直接用自来水冲洗，或用洗液或洗衣粉水泡洗，但不可用去污粉刷洗，以免划伤内壁，影响体积的准确测量。洗净的滴定管内壁应不挂水珠。

润洗与装溶液：为避免装入溶液的浓度变化，需先用待装溶液润洗滴定管。

润洗：待装液摇动混匀后，直接倒入 10～15mL 至滴定管中（不得用其他容器如烧杯、漏斗转移）。先从滴定管管尖放出少许，然后双手平托滴定管的两端并转动，使溶液浸润滴定管整个内壁。润洗 3 次后，可将待装液装入。

赶气泡：检查管尖端或胶管内不应有气泡，否则要赶气泡。

碱式滴定管赶气泡：如图 4-18 所示，轻轻捏挤玻璃珠处的胶管，使溶液从管口喷出，可排除气泡。

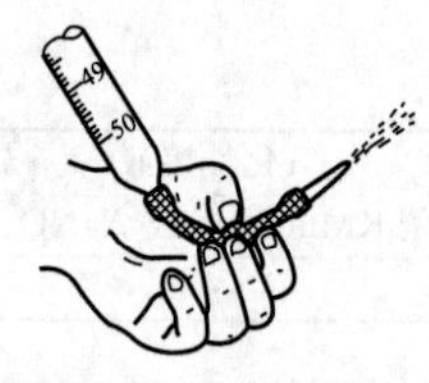

图 4-18 碱式滴定管赶气泡

酸式滴定管赶气泡：右手拿滴定管上部，倾斜 30°，左手迅速打开旋塞，反复数次使溶液冲出气泡，或可同时用左手振动右手。

调零点：装入溶液至“0”刻度以上 5mm 左右，放置 1min，右手手指夹紧滴定管零刻度线以上，使管身垂直，平视零刻度，左手控制旋塞（碱式滴定管则捏住玻璃珠旁胶管使放液），使液面慢慢下降，调节凹液面最低点与零刻度线相切。

读数：将滴定管从滴定管架上取下，用右手大拇指和食指捏住滴定管上部，使滴定管保持垂直，眼睛平视读数。

滴定管读数方法

无色和浅色溶液：视线与凹液面下缘最低点相切，如图 4-19（a）所示。注意：视线高于液面，读数将偏低；反之，读数偏高。

深色溶液：如 $KMnO_4$、I_2 等，凹液面很难看清楚，可读取液面两侧最高点，如图 4-19（b）所示。

带有蓝色衬背的滴定管，液面呈现三角交叉点，应读取交叉点与刻度相交之点的读数。如图 4-19（c）所示。

为了便于读数，可在滴定管后衬一读数卡（黑色长方形约 3cm×1.5cm），其在弯月面下约 1mm，将弯月面反射成为黑色，如图 4-19（d）所示，读此黑色弯月面下缘的最低点。

注意：刚刚添加溶液或刚刚滴定完毕，应等 0.5～1min，待管壁附着溶液充分流下再读数；滴定管读数要读至小数点后第二位，即估计到 0.01mL。

滴定：① 操作手势：如图 4-20 所示，左手控制活塞或胶管。使用酸式滴定管时，转动

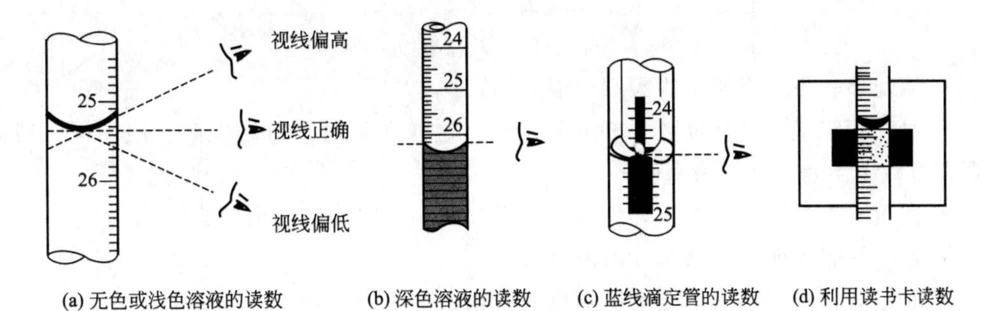

(a) 无色或浅色溶液的读数 (b) 深色溶液的读数 (c) 蓝线滴定管的读数 (d) 利用读书卡读数

图 4-19 滴定管的溶液体积读数

活塞时要稍有一点向手心的力，切勿向外用力，以免顶出活塞，造成漏液。使用碱式滴定管，拇指和食指捏住玻璃珠旁侧乳胶管，使其与玻璃珠之间形成缝隙，放出溶液。不要捏压使玻璃珠上下移动。

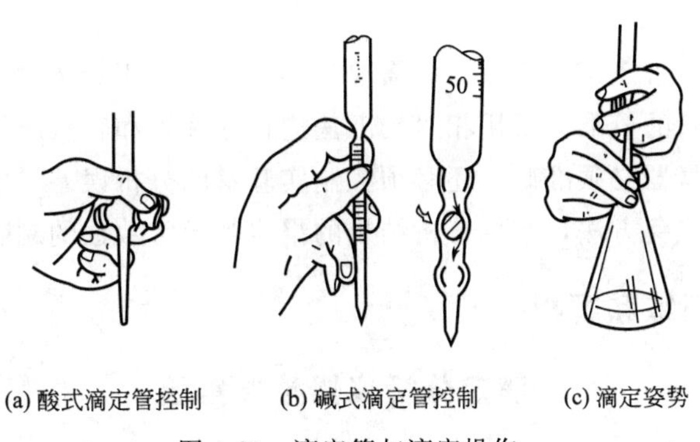

(a) 酸式滴定管控制 (b) 碱式滴定管控制 (c) 滴定姿势

图 4-20 滴定管与滴定操作

② 滴定高度：滴定通常在锥形瓶中进行，瓶底离台面 2～3cm，管尖伸入瓶口约 1cm。左手操作滴定管，边滴加溶液，右手边摇动锥形瓶，如图 4-20（c）所示。

③ 滴定速率：见表 4-17。

根据滴定阶段的不同，控制滴定速率的快慢。

表 4-17 滴定过程的速率控制解析

滴定阶段	现象	滴定速率
滴定开始	无明显可见的变化	见滴成线：6～8mL/min，即约 3 滴/s
距终点较远	滴落点周围出现暂时性的变色，随着摇动，颜色产生后立即消逝	逐滴加入，越近终点，速率越慢
距终点较近	颜色变化暂时地扩散到全部溶液，摇动 1～2 次后变色褪去	滴 1 滴，摇几下
临近终点	摇动 2～3 次，颜色变化才完全消逝	每次放出半滴溶液，悬而未落，用管尖靠在锥形瓶内壁使其流下
终点	一般 30s 内，溶液变色不再褪去，即达滴定终点	—

注：20℃下，20 滴相当于 1mL，1 滴约为 0.05mL。

滴定操作注意事项

- 滴前靠一下，将滴定管尖端残液去掉；
- 每次滴定最好都从读数 0.00mL 开始，这样在几次平行测定时，使用同一段滴定管，可减小误差，提高精密度；
- 摇瓶时，应微动腕关节，使溶液水平向同一方向旋转，出现旋涡；
- 左手一直不能离开活塞任溶液自流；
- 滴定时，要观察滴落点周围颜色的变化。不要去看滴定体积变化。

滴定结束后，滴定管内溶液应弃去，洗净滴定管，倒置于滴定管架上。

任务 4.4 分析质量保证和滴定误差控制

 4.4.1 任务书

某厂实验室购入一批滴定分析仪器，需要校准后才能使用。本次任务即采用绝对校准法进行 50mL 酸式滴定管的校准，采用相对校准法进行移液管和容量瓶的相对校准。

除了分析操作的量器必须准确，还必须控制实验室的分析误差。本节任务通过学习掌握误差的来源、计算及减免方法，掌握分析结果的报告和异常数据的剔除方法。

 4.4.2 技能训练和解析

滴定分析仪器校准实验

1. 任务原理

(1) 滴定管的校准

标示容量：用滴定管放出一定体积的纯水，按刻度准确读出体积。

实际体积：称量得到放出纯水的质量，由查表得到 t 温度下 1mL 纯水用黄铜砝码称得的质量 ρ_t，换算出此纯水的实际体积，$V_{20}=\dfrac{m_{水}}{\rho_t}$。

校准值：即实际体积 V_{20} 减去标示容量。

50mL 滴定管每隔 10mL 求得一个校准值，累加后可得总校准值，并作图得**校准曲线**。

(2) 移液管和容量瓶的相对校准

容量瓶与移液管常常配套使用，需要确定移液管与容量瓶的容积比，此时，可对移液管和容量瓶进行相对校准。如：校准使 250mL 容量瓶容积是 25mL 移液管的 10 倍，即用 25mL 移液管吸取 10 次蒸馏水，放入洗净干燥的 250mL 容量瓶中，标记刻度线即可。

2. 试剂材料

	仪器和试剂	准备情况
仪器	具塞锥形瓶(50mL,洗净晾干)、分析天平、50mL 酸式滴定管、容量瓶(250mL)、25mL 移液管	
试剂	95%乙醇	

3. 任务操作

（1）滴定管的校准（50mL）

校准的步骤为：滴定管调零→空瓶称重→放液+称重（每次放出10mL）→计算校准值→绘制校准曲线（详见知识宝库4.4.3）。

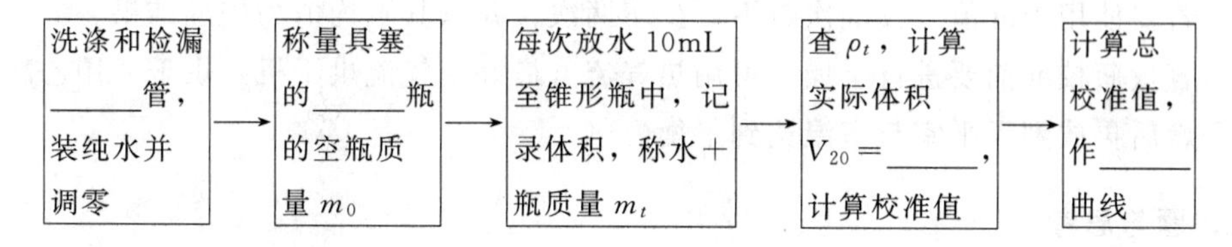

（2）移液管和容量瓶的相对校准

校准的步骤为：10次移取蒸馏水入容量瓶→观察（弯月面下缘是否与容量瓶标线相切）→确定容量瓶的标线刻度。

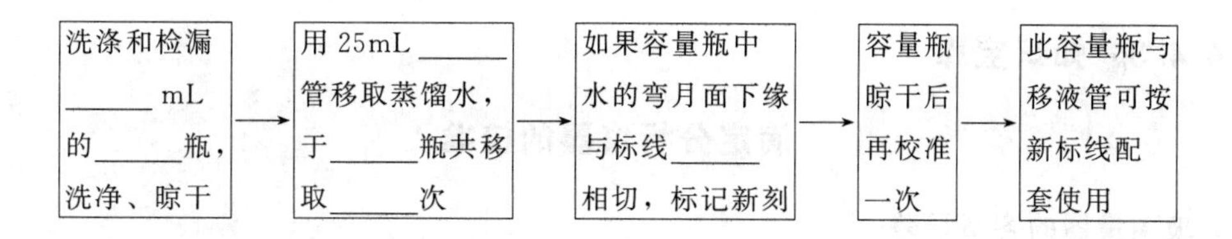

4. 结果计算

滴定管的校准（50mL）公式如下：

实际体积 $V_{20}=\dfrac{m_t-m_0}{\rho_t}$

校准值 ΔV=实际体积－标称容积

式中，m_t 为具塞锥形瓶+水的质量；m_0 为空瓶质量；ρ_t 为查表4-19得到的实验温度下1mL纯水用黄铜砝码称得的质量。

5. 记录与报告单（见表4-18）

表4-18 滴定管的校准记录（50mL）

水温____℃，ρ_t ______ g/mL

滴定管读数/mL	瓶+水的质量/g	标称容积/mL	纯水的质量/g	实际体积/mL	校准值/mL	总校准值/mL
0.00	m_0(空瓶)	0.00	0.0000			
V_1	m_1	V_1	m_1-m_0			
V_2	m_2	V_2-V_1	m_2-m_1			
V_3	m_3	V_3-V_2	m_3-m_2			
V_4	m_4	V_4-V_3	m_4-m_3			
V_5	m_5	V_5-V_4	m_5-m_4			

绘制校准曲线：以滴定管读数为横坐标，以总校准值为纵坐标，描点作折线图，即得。

移液管和容量瓶的相对校准

移液__________次，观察__________下缘是否与__________标线相切，判断结果__________。

6. 注意事项

（1）仪器的校准应连续、迅速地完成，以避免温度波动和水的蒸发所引起的误差。

（2）若要使用校准值，校准次数不可少于两次，并以其平均值为校准结果。

（3）容量瓶校准前要进行干燥，可用热气流（最好用气流烘干机）烘干或用乙醇涮洗后晾干。干燥后再放到天平室与室温达到平衡。

7. 问题与思考

在校准滴定管时，称量纯水所用锥形瓶应是具__________的磨口锥形瓶，且磨口瓶和瓶塞应配套。在放出纯水时，瓶塞应__________放置。锥形瓶的外壁必须干燥，否则__________。

4.4.3 知识宝库

滴定分析仪器的校准

1. 玻璃量器的容量误差

滴定分析量器上所标出的刻度和容量数值，叫做标称容积（20℃）。由于制造工艺的限制、温度的变化或试剂的侵蚀等原因，量器实际容积与标称容积之间客观存在一定的误差。按照误差等级，量器分为A级（较高级）和B级（较低级）两种。

2. 容量仪器的校准

在实际工作中容量仪器的校准，通常采用绝对校准和相对校准两种方法。

（1）绝对校准法（称量法）

① 原理　称量玻璃量器中放出或容纳的纯水的质量，并根据该温度下纯水的密度，换算出纯水的真实体积，以校准玻璃量器的容量刻度误差。

分析工作使用的容量仪器检定温度为20℃，因此，由t温度下称量的纯水的质量，需换算得到20℃的实际体积。表4-19中列出，容积（20℃）为1mL的纯水在不同温度下，于空气中用黄铜砝码称得的质量，记作ρ_t。利用此值可将不同温度下水的质量换算成20℃时的体积，其换算公式为：

$$V_{20}=\frac{m_t}{\rho_t} \tag{4-13}$$

式中，m_t为t℃时在空气中用砝码称得玻璃仪器中放出或装入的纯水的质量，g；ρ_t为1mL的纯水在t℃用黄铜砝码称得的质量，g；V_{20}为将m_t g纯水换算成20℃时的体积，mL。

表 4-19 玻璃容器中 1mL 水在空气中用黄铜砝码称得的质量

温度/℃	质量/g	温度/℃	质量/g	温度/℃	质量/g	温度/℃	质量/g
1	0.99824	11	0.99832	21	0.99700	31	0.99464
2	0.99832	12	0.99823	22	0.99680	32	0.99434
3	0.99839	13	0.99814	23	0.99660	33	0.99406
4	0.99844	14	0.99804	24	0.99638	34	0.99375
5	0.99848	15	0.99793	25	0.99617	35	0.99345
6	0.99851	16	0.99780	26	0.99593	36	0.99312
7	0.99850	17	0.99765	27	0.99569	37	0.99280
8	0.99848	18	0.99751	28	0.99544	38	0.99246
9	0.99844	19	0.99734	29	0.99518	39	0.99212
10	0.99839	20	0.99718	30	0.99491	40	0.99177

② 滴定管（50mL）的校准

调零：50mL 酸式滴定管中注入蒸馏水至标线以上约 5mm 处，垂直夹在滴定管架上，等待 30s 后调节液面至 0.00mL。

空瓶称重：取一只洗净晾干的 50mL 具塞锥形瓶，在天平上称准至 0.001g，记为 m_0。

放液＋称重：从滴定管向锥形瓶中按刻度值依次放出 10.00mL 蒸馏水，在被校分度线以上约 0.5mL 时，等待 15s，然后在 10s 内将液面调整至被校分度线。用锥形瓶内壁靠下挂在尖嘴下的液滴后，立即盖上瓶塞称量瓶＋水的质量 m_t。

计算校准值：从表 4-19 中查出该温度下的 ρ_t，利用 $V_{20}=\dfrac{m_t-m_0}{\rho_t}$ 计算实际体积，再计算 10mL 处的校准值 ΔV＝实际体积 V_{20}- 标称容积。

继续重复在瓶中放液 10mL 和称重，每隔 10mL 得到一个校准值。

绘制校准曲线：计算总校准值，即零刻度至对应体积的区段总校准值，包含几段体积的校准值之和。以滴定管读数为横坐标，总校准值为纵坐标，绘制校准曲线，以备使用滴定管时查取。

一般 50mL 滴定管每隔 10mL 测一个校准值，25mL 滴定管每隔 5mL 测一个校准值。

校准曲线的应用：当以后使用此滴定管进行滴定时，通过校准曲线查得滴定体积对应的校准值，则滴定消耗的实际体积＝标示容量＋校准值。

【例 4-10】 在 10℃时，滴定消耗某标准溶液 26.05mL，查得该滴定管的校准曲线，对应校准值为－0.03mL，则该滴定消耗溶液的体积经校准后的实际体积为多少？

解 由校准值 ΔV＝实际体积－标称容积＝－0.03（mL）

所以，实际体积＝标称容积＋校准值＝26.05－0.03＝26.02（mL）

③ 容量瓶的绝对校准　将容量瓶洗涤合格，并倒置沥干后，放在天平上称量。取蒸馏水充入已称重的容量瓶中至刻度线，称量含水容量瓶的总质量，并测定水温（准确至0.5℃）。根据该温度下的密度，计算蒸馏水的真实体积和体积校准值。

【例 4-11】 18℃时，称得250mL容量瓶中至刻度线时容纳纯水的质量为249.338g，计算该容量瓶在20℃时的校准值是多少？

解　查表4-19得，18℃时 $\rho_{18}=0.99751\mathrm{g/mL}$

$$V_{20}=\frac{249.338}{0.99751}=249.96\ (\mathrm{mL})$$

体积校准值 $\Delta V=249.96-250.00=-0.04\ (\mathrm{mL})$

④ 移液管的绝对校准　将移液管洗净至内壁不挂水珠，取具塞锥形瓶，擦干外壁、瓶口及瓶塞，称量。用移液管准确量取对应体积的蒸馏水，放入已称重的锥形瓶中，在分析天平上称量盛水的锥形瓶，计算在该温度下的真实体积，计算校准值。

（2）相对校准法

需要两种容器体积之间有一定比例关系时，采用相对校准法。例如，实际分析工作中，常要取出由样品所配制溶液的1/10，则可采用25mL移液管从250mL容量瓶中吸取样品溶液。此时，二者各自的绝对体积不需要准确，但需要容量瓶和移液管的相对体积比例10∶1是准确的。

移液：用洗净的25mL移液管吸取蒸馏水，放入洗净、干燥250mL容量瓶中，移取10次。

观察：容量瓶中水的弯月面下缘是否与标线相切，若正好相切，说明移液管与容量瓶的体积比例恰为1∶10。

标记刻度：若不相切，表示有误差，在弯月面下缘记下刻度位置。待容量瓶沥干后再校准一次。两次相符后，在纸条上刷蜡或贴一块透明胶布保护，作为标线使用。校准好的容量瓶与移液管要配套使用。

分析工作中，滴定管一般采用绝对校准法，对于配套使用的移液管和容量瓶，可采用相对校准法，但用作单独使用的取样的移液管，则必须采用绝对校准法。

3. 溶液体积的校准

滴定分析仪器都是以20℃为标准温度来标定和校准的，但实际使用时往往不是在20℃，温度差引起溶液体积的热胀冷缩变化不能忽略，需要对溶液体积进行校正。

校正方法：将使用温度下的标称体积加上相应的补正值，换算为20℃下的体积，保留小数点后两位。

补正值：表4-20列出了在不同温度下1000mL的水溶液或稀溶液，当换算到20℃时，其体积应增减的毫升数（即每1000mL溶液的补正值）。

【例 4-12】 在12℃时，滴定用去25.00mL 0.1mol/L的标准滴定溶液，计算在20℃时该溶液的体积应为多少？

解　查表4-20得，12℃时1000mL的0.1mol/L溶液的补正值为+1.3，则25.00mL溶液对应的补正值为 $\frac{1.3}{1000}\times25.00=0.03\ (\mathrm{mL})$

在20℃时该溶液的体积为：$25.00+0.03=25.03\ (\mathrm{mL})$

表 4-20 不同温度下标准滴定溶液的体积的补正值（GB/T 601—2002）

［1000mL 溶液由 t℃换算为 20℃时的补正值/（mL/L）］

温度/℃	水和 0.05 mol/L 以下的各种水溶液	0.1mol/L 和 0.2mol/L 各种水溶液	盐酸溶液 $c(HCl)$ =0.5mol/L	盐酸溶液 $c(HCl)$ =1mol/L	硫酸溶液 $c(\frac{1}{2}H_2SO_4)$ =0.5mol/L 氢氧化钠溶液 $c(NaOH)$ =0.5mol/L	硫酸溶液 $c(\frac{1}{2}H_2SO_4)$ =1mol/L 氢氧化钠溶液 $c(NaOH)$ =1mol/L	碳酸钠溶液 $c(\frac{1}{2}Na_2CO_3)$ =1mol/L	氢氧化钾-乙醇溶液 $c(KOH)$ =0.1 mol/L
5	+1.38	+1.7	+1.9	+2.3	+2.4	+3.6	+3.3	
6	+1.38	+1.7	+1.9	+2.2	+2.3	+3.4	+3.2	
7	+1.36	+1.6	+1.8	+2.2	+2.2	+3.2	+3.0	
8	+1.33	+1.6	+1.8	+2.1	+2.2	+3.0	+2.8	
9	+1.29	+1.5	+1.7	+2.0	+2.1	+2.7	+2.6	
10	+1.23	+1.5	+1.6	+1.9	+2.0	+2.5	+2.4	+10.8
11	+1.17	+1.4	+1.5	+1.8	+1.8	+2.3	+2.2	+9.6
12	+1.10	+1.3	+1.4	+1.6	+1.7	+2.0	+2.0	+8.5
13	+0.99	+1.1	+1.2	+1.4	+1.5	+1.8	+1.8	+7.4
14	+0.88	+1.0	+1.1	+1.2	+1.3	+1.6	+1.5	+6.5
15	+0.77	+0.9	+0.9	+1.0	+1.1	+1.3	+1.3	+5.2
16	+0.64	+0.7	+0.8	+0.8	+0.9	+1.1	+1.1	+4.2
17	+0.50	+0.6	+0.6	+0.6	+0.7	+0.8	+0.8	+3.1
18	+0.34	+0.4	+0.4	+0.4	+0.5	+0.6	+0.6	+2.1
19	+0.18	+0.2	+0.2	+0.2	+0.2	+0.3	+0.3	+1.0
20	0.00	0.00	0.00	0.0	0.0	0.0	0.0	0.0
21	−0.18	−0.2	−0.2	−0.2	−0.2	−0.3	−0.3	−1.1
22	−0.38	−0.4	−0.4	−0.5	−0.5	−0.6	−0.6	−2.2
23	−0.58	−0.6	−0.7	−0.7	−0.8	−0.9	−0.9	−3.3
24	−0.80	−0.9	−0.9	−1.0	−1.0	−1.2	−1.2	−4.2
25	−1.03	−1.1	−1.1	−1.2	−1.3	−1.5	−1.5	−5.3
26	−1.26	−1.4	−1.4	−1.4	−1.5	−1.8	−1.8	−6.4
27	−1.51	−1.7	−1.7	−1.7	−1.8	−2.1	−2.1	−7.5
28	−1.76	−2.0	−2.0	−2.0	−2.1	−2.4	−2.4	−8.5
29	−2.01	−2.3	−2.3	−2.3	−2.4	−2.8	−2.8	−9.6
30	−2.30	−2.5	−2.5	−2.6	−2.8	−3.2	−3.1	−10.6
31	−2.58	−2.7	−2.7	−2.9	−3.1	−3.5		−11.6
32	−2.86	−3.0	−3.0	−3.2	−3.4	−3.9		−12.6
33	−3.04	−3.2	−3.3	−3.5	−3.7	−4.2		−13.7
34	−3.47	−3.7	−3.6	−3.8	−4.1	−4.6		−14.8
35	−3.78	−4.0	−4.0	−4.1	−4.4	−5.0		−16.0
36	−4.10	−4.3	−4.3	−4.4	−4.7	−5.3		−17.0

注：1. 本表数值是以 20℃为标准温度，以实测法测出。

2. 表中带有“+”、“−”号的数值是以 20℃为分界。室温低于 20℃的补正值为“+”，高于 20℃的补正值为“−”。应用时，补正值的正负号必须写清楚。

4.4.4 知识宝库

定量分析中的误差及数据处理

1. 定量分析结果的表示

定量分析的结果，有多种表示方法。按照我国现行国家标准的规定，根据试样的存在状态，采用质量分数、体积分数或质量浓度等加以表示（见表 4-21）。

表 4-21　分析结果的表示和计算

试样状态	浓度表示形式	计算公式	常用单位或形式
液体试样	物质的量浓度 $c(\mathrm{B})$	$c(\mathrm{B})=\dfrac{n(\mathrm{B})}{V_{试样}}$	mol/L，mmol/L，μmol/L
	物质的质量浓度 $\rho(\mathrm{B})$	$\rho(\mathrm{B})=\dfrac{m(\mathrm{B})}{V_{试样}}$	g/L，mg/L，μg/L
	体积分数 $\varphi(\mathrm{B})$	$\varphi(\mathrm{B})=\dfrac{V(\mathrm{B})}{V_{试样}}$	%或小数形式
气体试样	质量浓度 $\rho(\mathrm{B})$	$\rho(\mathrm{B})=\dfrac{m(\mathrm{B})}{V_{试样}}$	mg/m^3，$\mu g/m^3$
	体积分数 $\varphi(\mathrm{B})$	$\varphi(\mathrm{B})=\dfrac{V(\mathrm{B})}{V_{试样}}$	%或小数形式
固体试样	质量分数 $w(\mathrm{B})$	$w(\mathrm{B})=\dfrac{m(\mathrm{B})}{m_{试样}}$	表示为%或小数形式；组分含量低时，表示为 μg/g（或 10^{-6}）、ng/g（或 10^{-9}）和 pg/g（或 10^{-12}）

表达形式的应用举例：

固体试样中，如某纯碱中碳酸钠的质量分数为 0.9820 或 98.20%；液体试样中，pH 计的复合电极中填充的饱和氯化钾溶液浓度为 3mol/L；乙酸溶液中乙酸的质量浓度为 360g/L，生活用水中铁含量一般＜0.3mg/L；工业乙醇中乙醇的体积分数为 95.0%；气体试样中，国家标准规定室内甲醛含量不超过 $0.1mg/m^3$；某天然气中甲烷的体积分数为 0.93 或 93%等。

2. 分析的准确度与精密度

（1）准确度与误差

分析结果的准确度是指测得值与真实值或标准值之间相符合的程度，二者的差距为误差，常用绝对误差和相对误差来表示：

绝对误差：

$$E_{\mathrm{a}}=\text{测得值 } x_i-\text{真实值 } x_{\mathrm{T}} \tag{4-14}$$

相对误差：

$$E_{\mathrm{r}}=\frac{E_{\mathrm{a}}}{x_{\mathrm{T}}}\times 100\% \tag{4-15}$$

测得值可能大于或小于真实值，所以绝对误差和相对误差都有正、负之分。显然，E_{a} 与 E_{r} 数值越小，测定结果越准确。其中相对误差能反映误差在真实值中所占的比例，使衡量各种情况的结果准确度更为方便，较为常用。

一般地，绝对误差决定于分析仪器的最小分度值，用绝对误差来说明仪器准确度，更为清楚。常用仪器的准确度见表 4-22。

表 4-22　常见分析仪器的准确度

分析仪器	绝对误差	分析仪器	绝对误差
万分之一分析天平	±0.0001g	50mL 滴定管	±0.01mL
托盘天平	±0.1g	50mL 量筒	±0.1mL

(2) 精密度与偏差

真实值一般是不知道的，因此常衡量多次测定值的重现性表现结果的可靠程度。精密度是指在相同条件下，多次重复测定（平行测定）所得值互相符合的程度，常用偏差来表示，偏差越小，说明测定精密度越高。精密度有如下几种表达方法。

① 绝对偏差和相对偏差　测定次数为 n，其各次测得值（x_1，x_2，…，x_n）的算术平均值为 $\overline{x}$，则某次测定结果的绝对偏差（d_i）为：

$$d_i = x_i - \overline{x} \tag{4-16}$$

相对偏差为：

$$d_r = \frac{d_i}{\overline{x}} \times 100\% \tag{4-17}$$

绝对偏差和相对偏差有正负之分，表示某次测定值与平均值之间的偏离程度。

② 平均偏差和相对平均偏差

平均偏差：

$$\overline{d} = \frac{\sum|x_i - \overline{x}|}{n} = \frac{|d_1| + |d_2| + |d_3| + \cdots + |d_n|}{n} \tag{4-18}$$

相对平均偏差：

$$\overline{d}_r = \frac{\overline{d}}{\overline{x}} \times 100\% \tag{4-19}$$

平均偏差和相对平均偏差是衡量多次测定结果与平均值间的平均偏离程度，取正值。滴定分析测定常量组分时，分析结果的相对平均偏差一般小于0.2%。

③ 标准偏差和相对标准偏差

标准偏差：

$$S = \sqrt{\frac{\sum(x_i - \overline{x})^2}{n-1}} = \sqrt{\frac{\sum d_i^2}{n-1}} \tag{4-20}$$

相对标准偏差（又称变异系数）：

$$S_r = \frac{S}{\overline{x}} \times 100\% \tag{4-21}$$

④ 极差和相对极差

极差：

$$R = x_{max} - x_{min} \tag{4-22}$$

测量结果的相对极差为：

$$相对极差 = \frac{R}{\overline{x}} \times 100\% \tag{4-23}$$

该法表示简单，适用于少数几次测定中的估计偏差，它的不足之处是没有利用全部测量数据。标准溶液的标定时，常用相对极差估计偏差，一般要求标定操作相对极差小于0.2%。

(3) 准确度和精密度的关系

准确度和精密度都是判断分析结果好坏的依据。

准确度：表示测定结果的正确性，以真实值为衡量标准。

精密度：表示测定结果的重现性，以平均值为衡量标准。

准确度高一定要求精密度高，但精密度高的测定结果不一定准确度也高。精密度高是测定结果准确性的前提条件。如测定结果精密度差，本身就失去了衡量准确度的意义。

例如，甲、乙、丙三人同时测定一铁矿石中 Fe_2O_3 的含量（真实含量以质量分数表示为50.36%），各分析4次，测定结果如下：

项目	1	2	3	4	平均值
甲	50.30%	50.30%	50.28%	50.29%	50.29%
乙	50.40%	50.30%	50.25%	50.23%	50.30%
丙	50.36%	50.35%	50.34%	50.33%	50.35%

从中可见，只有丙的分析结果的精密度和准确度都比较高，结果可靠。甲的分析结果精密度很好，但平均值与真实值相差较大，准确度低。乙的分析结果精密度不高，准确度也不高，结果当然不可靠。

3. 分析结果的报告

(1) 日常检测的报告

在日常检测和生产中间控制分析中，一个试样一般做2个平行测定。并用允许差（简称允差）判断两次测定结果是否合格。

允许差（公差）是指某分析方法所允许的平行测定之间的绝对偏差，它是对测定精密度的要求，根据实际情况和生产要求而确定。

当两次平行测定结果之差不超过允许差的2倍时，认为有效，取平均值上报分析结果；如果超过允许差的2倍，称为“超差”，则需重做分析，然后取两个差值小于允许差2倍的数据，以二者平均值上报检测结果。

【例4-13】某工厂进行铁矿开采生产，测定铁矿样品中的铁含量，两次平行测定结果为37.52%和38.41%。两次结果之差为：38.41%－37.82%＝0.59%

生产部门规定铁矿含铁量在30%～40%之间时，允差为±0.30%。

因为0.59%小于允差±0.30%的绝对值的2倍（即0.60%），所以两次测定结果有效。可用平均值作为分析结果。即铁矿中含铁量为：(38.41%＋37.82%) /2＝38.12%

(2) 多次测定结果的报告

在严格的商品检验中，对同一试样进行多次测定，经过数理统计方法剔除异常值后，以剩余测定结果的算术平均值或中位值报告数据，并报告平均偏差及相对平均偏差。

中位值（x_m）是指一组测定值按大小顺序排列时中间项的数值，当 n 为奇数时，正中间的数只有一个；当 n 为偶数时，正中间的数有两个，中位值是指这两个值的平均值。采用中位值的优点是，计算方法简单直观，但不能体现全部数据情况。

【例 4-14】 测定工业甲醛含量，测得的甲醛质量分数为：37.45%，37.20%，37.50%，37.30%，37.25%。处理这组数据并上报其算术平均值、中位值、平均偏差和相对平均偏差。

解 将测得数据按大小顺序列成下表，并计算。

顺序	$x/\%$	$d=x-\bar{x}(\%)$
1	37.20	−0.14
2	37.25	−0.09
3	37.30	−0.04
4	37.45	+0.11
5	37.50	+0.16
$n=5$	$\sum x=186.7\%$	$\sum \vert d \vert=0.54\%$

中位值 $x_m=37.30\%$

算术平均值 $\bar{x}=\frac{\sum x}{n}=\frac{186.7\%}{5}=37.34\%$

平均偏差 $\bar{d}=\frac{\sum |d|}{n}=\frac{0.54\%}{5}=0.11\%$

相对平均偏差 $\frac{\bar{d}}{\bar{x}}\times 100\%=\frac{0.11\%}{37.34\%}\times 100\%=0.29\%$

4. 误差的来源及减免方法

定量分析中的误差，按其来源和性质可分为系统误差和随机误差（或称偶然误差）两类（见表 4-23）。

表 4-23 系统误差和随机误差的特点和消除方法对比

<table>
<tr><th colspan="2">误差分类</th><th>误差来源</th><th>误差特点</th><th colspan="2">消除或减小方法</th></tr>
<tr><td rowspan="4">系统误差</td><td>方法误差</td><td>分析方法本身不完善</td><td rowspan="4">① 具单向性(大小、正负一定),可测量
② 可消除
③ 重复测定时重复出现</td><td>选择合适检测方法</td><td rowspan="4">做对照试验(可以对照方法、试剂、仪器、操作)</td></tr>
<tr><td>仪器误差</td><td>仪器精度不够或未校正</td><td>校正仪器设备</td></tr>
<tr><td>试剂误差</td><td>试剂不纯或引入杂质</td><td>采用合格的试剂；做空白试验</td></tr>
<tr><td>操作误差</td><td>操作者动作习惯误差</td><td>纠正不良动作习惯</td></tr>
<tr><td colspan="2">随机误差(偶然误差)</td><td>温度、压力、湿度、仪器等因素的随机波动造成</td><td>① 不具单向性(大小、正负不定),不可测量
② 不可消除,但可减小
③ 分布概率服从统计学规律(正态分布)</td><td colspan="2">多次平行测定,结果取平均值</td></tr>
</table>

还有一种误差，即“过失误差”，是由于工作中不认真操作或违反规程而引起的责任事故，不属于误差，如加错试剂、读错刻度、溶液溅失等。其产生的异常值，由技术检查或数理统计方法发现并剔除。

系统误差：决定了分析结果的准确度。

偶然误差：决定了分析结果的精密度。

只有校正了系统误差和偶然误差后，才能提高结果的准确性。

为了提高分析准确度，需要针对误差原因进行控制，主要有以下几种方法。

（1）选择合适的分析方法

为满足检测准确性要求，先要选择合适方法。例如：高含量组分的测定，宜采用化学分析法，对于低含量的样品，采用化学法无法测量，应采用仪器分析法。

（2）减小测量误差

分析测定准确度要求，相对误差 $E_r<0.1\%$，体现在称量质量和量取体积的操作中。

① 分析天平称量的绝对误差为±0.0001g，差减法的绝对误差为±0.0002g，则至少要求称量 0.2g 以上的物质，才满足 $E_r<0.1\%$。

② 常量滴定管的绝对误差为±0.01mL，滴定过程中包括调零点共读数两次，绝对误差为±0.02mL，则至少要求消耗滴定剂体积 20mL 以上，才满足 $E_r<0.1\%$。一般滴定设计消耗量为 30～40mL，也是为了减小相对误差。

（3）消除系统误差

① 对照试验　对照试验是检验系统误差的有效方法。常用已知准确结果的标准试样对照被测样品；也可用其他可靠方法进行方法对照；还可由不同人员、单位进行实验员和实验室之间对照。

② 空白试验　不加试样情况下，按照试样分析同样的操作和环境条件进行的试验，叫做空白试验。测得的结果称为空白值。从试样的测定结果中扣除空白值，就能消除试剂等带来的误差。空白值一般较小，如果很大时，要进行提纯试剂或改用其他器具材料等予以解决。

③ 校准仪器　允许相对误差大于 1%时，一般可不必校正仪器。对于准确度要求较高时，应对测量仪器进行校正，并利用校正值计算分析结果。例如，滴定管未加校正造成测定结果偏低，校正滴定管，以其补正值修正测定结果后，可提高准确度。

（4）增加平行测定次数，减小随机误差

取同一试样几份，在相同的操作条件下对它们进行测定，叫做平行测定。平行测定次数越多，其平均值越接近于真值。一般分析要求平行测定 4～6 份即可。

5. 分析数据异常值的判断和处理

在样品的一组平行测定结果中，有时出现显著偏大或偏小的可疑值。对于可疑值不应随意弃去不用，应该用科学方法判断其是否为异常值，再行取舍。此处介绍两种判断方法。

（1）$4\bar{d}$ 法

即“四倍平均偏差法”，可以判断 4～8 个平行数据的取舍问题。

① 先将一组数据中可疑值略去不计，求出其余数据的平均值 $\bar{x}$、平均偏差 $\bar{d}$ 及 $4\bar{d}$。

② 计算可疑值与平均值之差的绝对值 $|可疑值-\bar{x}|$。

③ 判断若 $|可疑值-\bar{x}|\geqslant 4\bar{d}$，可疑值应舍去；若 $|可疑值-\bar{x}|<4\bar{d}$，该可疑值应保留，并参与平均值计算。

$4\bar{d}$ 法统计处理不够严格，但比较简单，不用查表，故至今为人们所采用。

【例 4-15】　测定尿素中氮的质量分数，平行测定 5 次，数据为 46.65%、46.59%、46.64%、46.66%、46.61%，试用 $4\bar{d}$ 法判断 46.59%是否为异常值并舍弃，求出尿素中氮的质量分数。

解　将测得的数据排列后，计算出 $\bar{x}$、$\bar{d}$ 和 $4\bar{d}$，再判断可疑值是否舍去。按顺序列表

测定值/%	$\overline{x}$	$\lvert d\rvert$	$\overline{d}$	$4\overline{d}$	$\lvert$可疑值$-\overline{x}\rvert$
46.59(可疑值)					0.05
46.61	46.64	0.03	0.015	0.06	
46.64		0.00			
46.65		0.01			
46.66		0.02			

① 求可疑值以外其余数据的平均值

$$\overline{x}=\frac{46.61\%+46.64\%+46.65\%+46.66\%}{4}=46.64\%$$

② 求可疑值以外其余数据的平均偏差 $\overline{d}$ 及 $4\overline{d}$

$$\overline{d}=\frac{|d_1|+|d_2|+|d_3|+|d_4|}{4}=\frac{0.03\%+0.00\%+0.01\%+0.02\%}{4}=0.015\%$$

$$4\overline{d}=4\times0.015=0.06\%$$

③ $|$可疑值$-\overline{x}|=|46.59\%-46.64\%|=0.05\%$

④ 比较：$0.05<4\overline{d}$，故46.59%不应弃去，应参加计算。所以含氮量为：

$$w\text{(N)}/\%=\frac{46.59\%+46.61\%+46.64\%+46.65\%+46.66\%}{5}=46.63\%$$

(2) Q 检验法

适于判断3～10个平行数据的取舍，利用Q值表（见表4-24）检验异常值是否舍弃。步骤：

① 将数据从小到大排序 $x_1, x_2\cdots, x_n$。

② 求出最大值与最小值的差（极差）：x_n-x_1。

③ 求出异常值（x_n 或 x_1）与其最邻近值的差值 x_n-x_{n-1} 或 x_2-x_1。

④ 按下式计算 Q 值：$Q=\frac{x_n-x_{n-1}}{x_n-x_1}$ 或 $Q=\frac{x_2-x_1}{x_n-x_1}$

⑤ 根据测定次数（n）和要求的置信度，从表4-24中查出对应的 Q 值。

置信度又称置信水平，是指在某一 t 值时，测量值出现在 $\mu\pm ts$ 范围内的概率。置信度越高，置信区间越大，估计区间包含真值的可能性越大。如置信度为95%，说明以平均值为中心包括总体平均值落在该区间有95%的把握。

⑥ 将计算所得的 $Q_{计算}$ 与查表所得的 $Q_{查表}$ 进行比较。如果 $Q_{计算}<Q_{查表}$，异常值应保留；如果 $Q_{计算}>Q_{查表}$，异常值应予以舍弃。

表4-24 不同置信度下的 Q 值

测定次数(n)	置信度		
	90%($Q_{0.90}$)	95%($Q_{0.95}$)	99%($Q_{0.99}$)
3	0.94	1.53	0.99
4	0.76	1.05	0.93
5	0.64	0.86	0.82
6	0.56	0.76	0.74
7	0.51	0.69	0.68
8	0.47	0.64	0.63
9	0.44	0.60	0.60
10	0.41	0.58	0.57

Q 检验法的缺点是：没有充分利用测定数据，仅将可疑数据与其最邻近数据比较，可靠性差。误将可疑值判为正常值的可能性较大。Q 检验法可以重复检验至无其他可疑值为止。

【例 4-16】 某试验的 5 次平行测量结果分别为 6.63、6.50、6.65、6.63、6.65，试用 Q 检验法判断 6.50 是否应当舍弃？置信度要求为 95%。

解 计算 $$Q_{计}=\frac{x_2-x_1}{x_n-x_1}=\frac{6.63-6.50}{6.65-6.50}=0.867$$

查表，当 $n=5$，$Q_{0.95}=0.86$。$Q_{计}>Q_{0.95}$，故 6.50 应当舍弃。

知识要点

要点 1 试样的称量——电子分析天平操作

（1）一般程序：预热→检查和清扫→校正→称量→结束。

（2）称量方法：直接称量、差减称量、固定质量称量法，及电子天平去皮法称量技巧。

固定质量称量法：适合称量所需质量固定的样品。
差减称量法：适合称取质量要求固定在一定范围内的样品。

要点 2 样品的预处理

气体和液体试样可直接定量分析；固体试样一般经过前处理，包括分解、分离和富集。常用的固体样品分解法，是酸性溶解法制备样品溶液。分离法常用沉淀法或蒸馏法分离杂质。

要点 3 标准溶液的配制

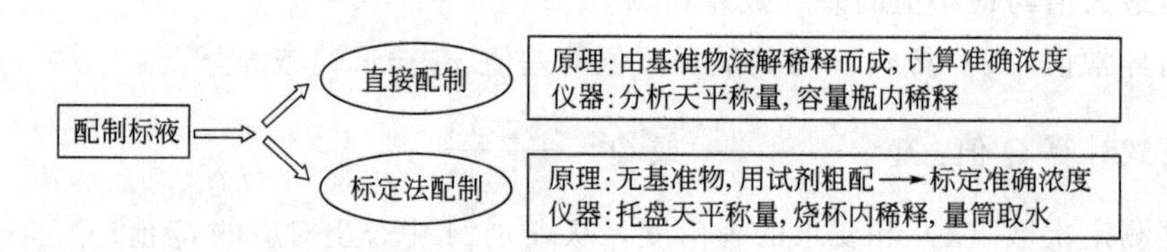

要点 4 滴定分析计算方法和数据处理方法

（1）滴定分析计算——三大类问题，两个公式，一个原则。

等物质的量原则：选取基本单元的前提下，当滴定达到化学计量点时，待测组分基本单元的物质的量 n（B）与滴定剂基本单元的物质的量 n（A）必然相等。由此推出下面两个公式。

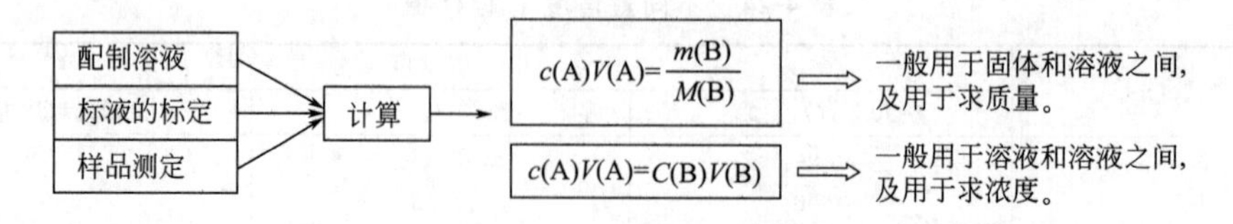

注意：公式应用于计算时，涉及 n、c、M 都要用括号标出基本单元，涉及 m、V 只用括号标出物质名称。

（2）定量分析中的误差

① 数据的准确性衡量

误差 ⇒ 衡量准确度。单次测定结果与真实值的符合程度。仪器的精度决定其绝对误差，万分之一分析天平：0.0001g，吸管、滴定管：0.01 mL。

偏差 ⇒ 衡量精密度。多次测定结果互相符合的程度。常用平均偏差、标准偏差、极差等。滴定分析法的相对偏差（相对平均偏差、相对极差）为0.1%～0.2%。

② 测定误差分类和控制

系统误差 ⇒ 固定可测误差。做空白试验能检查试剂误差，做对照试验能检查系统误差。

随机误差 ⇒ 随机不确定误差。符合正态分布。多次平行测定取平均值，降低随机误差。

（3）实验数据记录和数据处理

① 有效数字：指分析仪器实际能够测量到的数字。其中只有最末一位数字是可疑的，可能有±1的偏差。一般从第一个不是0的数字直到最末位，都是有效数字（pH为小数部分）。

相关应用：标准溶液取4位有效数字，表示误差取两位有效数字。

② 数据处理

异常值排除方法：一组平行测定值中，判断最大或最小值是否是偏差大的异常值，方法有 Q 检验法和 $4d$ 法等。判断确定为异常值的数字，要舍弃，剩余数据取平均值上报。

要点5 容量分析仪器的操作技术

滴定管操作 ⇒ 检查→试漏→涂油（酸式滴定管不漏液就不涂油）→洗涤→润洗→装溶液→赶气泡→调零点→滴定→读数

吸管的操作 ⇒ 检查→洗涤→润洗→吸液→擦管尖→调液面→放溶液

容量瓶操作 ⇒ 试漏→洗涤→定量转移→平摇→静置→定容→颠倒摇匀

要点6 滴定分析仪器的校准

绝对校准：由取用的纯水质量计算真实体积，与标示容积相比，其差为校正值。使用时，将读数（标示容积）加上校正值，即得校正后的真实体积。

相对校准：配套使用的移液管和容量瓶适用此法。校准后二者共同使用，标识刻度为准。

习 题

一、填空题

1. 滴定分析对化学反应的要求是：滴定反应必须按__________关系定量进行，滴定反应必须进行__________，滴定反应速率__________，具有确定__________的方法。

2. 标准溶液的配制有__________和__________两种方法。

3. 对基准物的要求有：纯度__________；组成与__________相符；性质__________；使用时易溶解；最好是摩尔质量较__________，使称样量大，可以减少称量误差。

4. 间接法配制标准溶液，先配制出近似浓度的溶液，再用__________测定得到它的准确浓度，这个操作称作________。

5. 正确选取基本单元的情况下，滴定达到化学计量点时，________基本单元的物质的量 n_B 与________基本单元的物质的量 n_A ________，这就是________规则。

6. 滴定度 $T_{被测组分/滴定剂}$ 是指每毫升标准溶液相当的________。

二、选择题

1. 要配制 0.1000mol/L $K_2Cr_2O_7$ 溶液，适用的玻璃量器是（　　）。

A. 容量瓶　　B. 量筒　　C. 刻度烧杯　　D. 酸式滴定管

2. 欲配制 0.2mol/L 的 H_2SO_4 溶液和 0.2mol/L 的 HCl 溶液，应选用（　　）量取浓酸。

A. 量筒　　B. 容量瓶　　C. 酸式滴定管　　D. 移液管

3. 下面不宜加热的仪器是（　　）。

A. 试管　　B. 坩埚　　C. 蒸发皿　　D. 移液管

4. 滴定管中有油污时，可用（　　）洗涤后，依次用自来水冲洗、蒸馏水洗涤三遍备用。

A. 去污粉　　B. 铬酸洗液　　C. 强碱溶液　　D. 都不对

5. 实验室中常用的铬酸洗液是由（　　）两种物质配制的。

A. K_2CrO_4 和浓 H_2SO_4　　B. K_2CrO_4 和浓 HCl

C. $K_2Cr_2O_7$ 和浓 HCl　　D. $K_2Cr_2O_7$ 和浓 H_2SO_4

6. 优级纯试剂的标签颜色是（　　）。

A. 红色　　B. 蓝色　　C. 玫瑰红色　　D. 深绿色

7. 滴定分析对所用基准试剂的要求不是（　　）。

A. 在一般条件下性质稳定　　B. 主体成分含量为 99.95%～100.05%

C. 实际组成与化学式相符　　D. 杂质含量≤0.5%

8. 下列物质能用来做基准试剂的是（　　）。

A. NaOH　　B. H_2SO_4　　C. Na_2CO_3　　D. HCl

三、判断题

1. 滴定分析相对误差一般小于 0.1%，滴定消耗的标准溶液体积应控制在 10～15mL。

2. 滴定管属于量出式容量仪器。

3. 锥形瓶使用前需要用将注入的溶液润洗。

4. 滴定管、容量瓶、移液管在使用之前都需要用试剂溶液进行润洗。

5. 用移液管移取溶液经过转移后，残留于移液管管尖处的溶液应该用洗耳球吹入容器中。

四、计算题

1. 称取 6.00g NaOH 试剂，配制为 0.200L 溶液，求 NaOH 溶液的物质的量浓度。

2. 下列物质参加酸碱反应（假定反应完全）时，它们的基本单元是什么？(1) H_2SO_4；(2) $Fe(OH)_3$；(3) ZnO；(4) CH_3COOH；(5) H_3PO_4；(6) $(NH_4)_2SO_4$；(7) $CaCO_3$；(8) $Na_2B_4O_7·10H_2O$；(9) $H_2C_2O_4$；(10) Na_2CO_3。

3. 欲配制 1000mL 0.1mol/L HCl 溶液，应取浓盐酸（12mol/L HCl）多少毫升？

4. 某 HCl 溶液，密度为 1.06g/mL，w(HCl)＝12.0%，计算 c(HCl)，结果保留 2 位

有效数字。

5. 配制 500mL 0.5000 mol/L 的 Na_2CO_3 溶液，需称取 Na_2CO_3 基准试剂多少克？

6. 有 0.150mol/L HCl 溶液，计算每毫升该溶液分别对 CaO、$Ca(OH)_2$、Na_2O 和 NaOH 的滴定度，以 g/mL 表示。

7. 称取优级纯无水 Na_2CO_3 0.1500g 溶于水后，加甲基橙指示剂，用待标定 HCl 滴定至溶液由黄色变为橙色，消耗 28.00mL，求 HCl 溶液物质的量浓度？

8. 滴定 25.00mL 氢氧化钠溶液，用去 0.1050mol/L HCl 标准溶液 26.50mL，求该氢氧化钠溶液物质的量浓度和质量浓度。

9. 用基准无水 Na_2CO_3 标定某 HCl 溶液时，要使近似浓度为 0.1mol/L 的 HCl 溶液消耗体积约为 30mL，应称取无水 Na_2CO_3 约多少克？

10. 称取工业硫酸 1.740g，以水定容于 250.0mL 容量瓶中，摇匀。移取 25.00mL，用 $c(NaOH)=0.1044mol/L$ 的氢氧化钠溶液滴定，消耗 32.41mL，求试样中 H_2SO_4 的质量分数。

项目5

酸碱反应与酸碱滴定法

项目引入

酸碱反应在日常生产和生活中应用很多，涉及食品加工、医药卫生、日化用品、发酵工业、废水处理等多个行业，如利用面碱来中和发酵产生的酸，从而制作松软可口的面食，又如胃酸过多的人服用苏打片或吃苏打饼干，利用其中含有的碳酸氢钠（$NaHCO_3$）中和胃酸（主要成分是盐酸 HCl）。

面食制作(用小苏打中和发酵产酸)

服用苏打片治疗胃酸

向酸性土壤中播洒熟石灰

在分析检验工作中，常利用物质的酸碱反应进行滴定分析，即酸碱滴定。它是以待测物与滴定剂所具有的酸、碱性，产生酸碱反应为基础进行的滴定分析方法，可用于测定酸、碱及两性物质。其基本反应为 $H^+ + OH^- \rightleftharpoons H_2O$。也称中和法，用酸作滴定剂可以测定碱，用碱作滴定剂可以测定酸。用途极为广泛。

本项目通过技能操作训练任务，掌握操作技能要点，理解酸碱平衡和酸碱滴定的基本知识、弱酸解离度的测定、酸碱缓冲溶液的配制、酸碱标准滴定溶液的配制、酸或碱含量的测定、混合碱的测定等知识。会进行相关的操作和计算，控制实验误差，并出具检验报告。

任务	技能训练和解析	知识宝库
5.1　认识酸碱反应与解离平衡	5.1.2　醋酸解离常数和解离度测定实验	5.1.3　酸碱反应
5.2　配制酸碱缓冲溶液	5.2.2　醋酸-醋酸钠缓冲溶液配制实验	5.2.3　酸碱溶液 pH 的计算
5.3　配制酸碱标准滴定溶液	5.3.2　NaOH 标准溶液的配制实验	5.3.4　酸碱指示剂
	5.3.3　HCl 标准溶液的配制实验	5.3.5　酸碱滴定曲线
5.4　测定食醋中总酸量	5.4.2　食醋中总酸量的测定实验	5.4.3　酸碱滴定方式和应用
5.5　测定混合碱含量	5.5.2　混合碱含量测定实验	5.5.3　多元酸、碱和混合酸、碱的滴定

任务 5.1　认识酸碱反应与解离平衡

5.1.1　任务书

等浓度的稀盐酸的酸度强于稀醋酸的酸度，因为稀盐酸溶液里的 HCl 能完全解离，而稀醋酸溶液里的 HAc 不能完全解离。本次任务通过醋酸解离常数和解离度的测定实验操作，理解酸碱强度判断，及酸碱反应和酸碱解离平衡原理和应用。

5.1.2　技能训练和解析

醋酸解离常数和解离度测定实验

1. 任务原理

醋酸在水溶液中仅能部分解离，其解离平衡是可逆过程，当正、逆两个过程速率相等时，分子和离子之间就达到了动态平衡，这种平衡称为解离平衡，一般只要设法测定出平衡时各物质的浓度便可求得平衡常数。测定平衡常数的方法有目测法、pH 法、电导率法、电化学法和分光光度法等，本实验通过 pH 法测定醋酸的解离常数。

2. 试剂材料

	仪器和试剂	准备情况
仪器	容量瓶、移液管、碱式滴定管、锥形瓶、酸度计	
试剂	氢氧化钠(0.1mol/L)、醋酸(0.1mol/L)、酚酞指示剂、校准 pH 计用的标准溶液	

3. 任务操作

（1）HAc 溶液浓度的标定

用移液管准确移取 25.00mL 0.1mol/L 的 HAc 溶液，置于 250mL 锥形瓶中，加 2～3 滴酚酞作指示剂，用 NaOH 标准溶液滴定至溶液呈粉红色，30s 内不褪色，记下所消耗的 NaOH 标准溶液的体积。重复滴定 3 次取平均值。

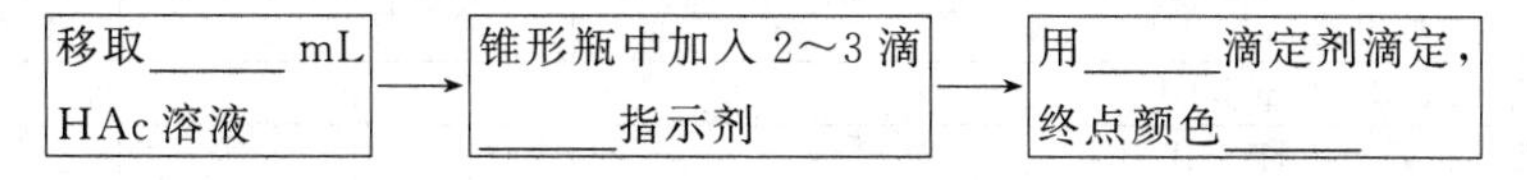

（2）配制和计算各溶液的准确浓度

分别吸取 2.50mL、5.00mL 和 25.00mL 上述 HAc 溶液于 3 个 50mL 容量瓶中，用蒸馏水稀释至刻度，摇匀，并分别计算出各溶液的准确浓度。

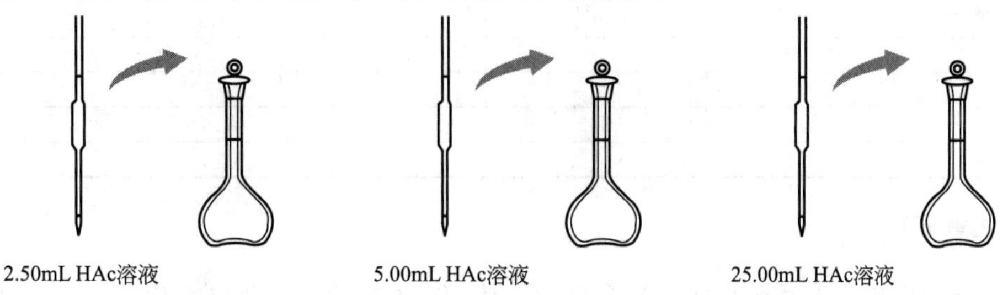

（3）测定 pH

用 4 个干燥的 50mL 烧杯，分别取约 30mL 上述三种浓度的 HAc 溶液及未经稀释的 HAc 溶液，由稀到浓分别用 pH 计测定它们的 pH。

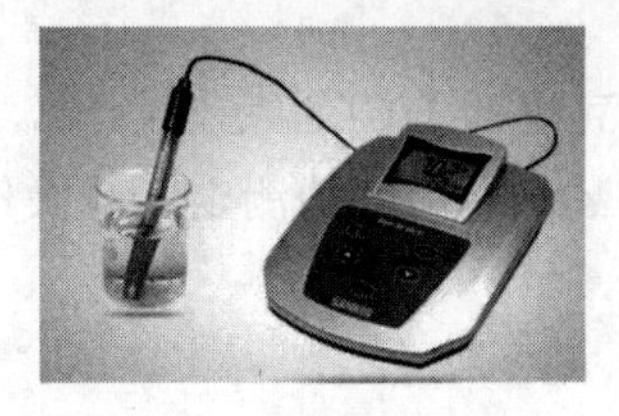

4. 结果计算

醋酸（CH_3COOH）简写成 HAc，在溶液中存在如下解离平衡，即

$$HAc \rightleftharpoons H^+ + Ac^-$$

$$K_a = \frac{[H^+][Ac^-]}{[HAc]} \tag{5-1}$$

式中，$[H^+]$、$[Ac^-]$、$[HAc]$ 分别是 H^+、Ac^-、HAc 的平衡浓度；K 为解离常数。

HAc 溶液的总浓度 $c(HAc)$ 可以用 NaOH 标准溶液滴定测定，计算公式为：

$$c(HAc) = \frac{c(NaOH)V(NaOH)}{V(HAc)} \tag{5-2}$$

H^+ 浓度，可以在一定温度下，通过用 pH 计测定 HAc 溶液的 pH，再根据 $pH = -\lg c(H^+)$ 关系式计算出来。

另外，根据各物质之间的浓度关系，$[H^+] = [Ac^-]$ 和 $c(HAc) = [HAc] + [Ac^-]$，求出 $[Ac^-]$、$[HAc]$ 后代入式(5-1)，便可计算出该温度下的 K_a 值，即推出公式为：

$$K_a = \frac{[H^+]^2}{c(HAc) - [H^+]} \tag{5-3}$$

可以求出醋酸的解离度：

$$\alpha = \frac{[H^+]}{c(HAc)} \times 100\% \tag{5-4}$$

5. 记录与报告单（见表 5-1 和表 5-2）

表 5-1 醋酸浓度的标定

测定项目	1	2	3
HAc 溶液的取用量/mL			
NaOH 浓度 $c(NaOH)/(mol/L)$			
NaOH 溶液用量 $V(NaOH)/mL$			
HAc 浓度 $c(HAc)/(mol/L)$			
平均值			

表 5-2 醋酸解离度和解离常数测定

HAc 溶液编号	c	pH	$[H^+]$	K_a	α
1					
2					
3					
4					

6. 注意事项

酸度计的电极头要妥善保护，轻拿轻放。使用前在纯水中浸泡 24h 以上，进行活化。

7. 问题与思考

（1）测定稀醋酸浓度，滴定时用______滴定管。

（2）测定多个溶液 pH 时，顺序是从______至______测定。（填稀或浓）

5.1.3 知识宝库

酸碱反应

1. 水溶液中的酸碱平衡

（1）酸碱质子理论

根据酸碱质子理论：凡是能给出质子的物质是**酸**，凡是能接受质子的物质是**碱**。在酸碱质子理论中，酸 HA 失去质子 H^+ 后变成 A^-，而碱 A^- 接受质子 H^+ 后变成酸 HA，可表示为：

$$HA \rightleftharpoons A^- + H^+$$

酸　　碱　　质子

该反应称为酸碱半反应，HA 与 A^- 具有互相依存又相互转化的共轭性，HA 给出 H^+ 后，剩余部分称为该酸的共轭碱；A^- 碱接受 H^+ 后，形成该碱的共轭酸，HA 和 A^- 称为**共轭酸碱对**，例如见表 5-3。

表 5-3　共轭酸碱对举例

反应	共轭酸碱对
$HCl \rightleftharpoons H^+ + Cl^-$	$HCl\text{-}Cl^-$
$HAc \rightleftharpoons H^+ + Ac^-$	$HAc\text{-}Ac^-$
$NH_4^+ \rightleftharpoons H^+ + NH_3$	$NH_4^+\text{-}NH_3$
酸$\rightleftharpoons$质子＋碱	共轭酸-共轭碱

上述各酸碱半反应显示，酸碱质子理论中的酸和碱可以是中性分子，也可以是阴、阳离子。

在酸碱质子理论中，有些物质既能给出 H^+ 又能接受 H^+，则称为**两性物质**，如 NH_4Ac、HCO_3^-、$H_2PO_4^-$ 及 H_2O 等。

（2）水溶液中酸碱反应的实质

事实上，酸碱半反应不能独立存在，酸在给出 H^+ 的同时，必须有另一种能够接受 H^+ 的物质。酸碱反应实际上是两个共轭酸碱对共同作用的结果，是 H^+ 的转移过程。

① 酸碱解离的实质　由于 H^+ 的半径很小，电荷密度很高，游离的 H^+ 不能在溶液中单独存在，易与极性溶剂结合成溶剂合质子，在水溶液中 H^+ 则与溶剂中 H_2O 形成水合质子 H_3O^+。

例如，醋酸 HAc 在 H_2O 中的解离，HAc 解离出的 H^+ 与 H_2O 形成 H_3O^+，　H^+ 从 HAc 转移给 H_2O。

由此可见，酸在水溶液中的解离是两个共轭酸碱对共同作用的结果，其实质是 H^+ 的转移，H_2O 在酸的解离过程中起碱的作用。

同理，H_2O 在碱解离过程中也参与反应。例如，氨 NH_3 在 H_2O 中的解离，NH_3 接受 H_2O 给出的 H^+，形成其共轭酸 NH_4^+，此时 H_2O 起酸的作用，H^+ 从 H_2O 转移给 NH_3。

由此可见，碱的解离实质也是质子的转移过程，H_2O 在碱的解离过程中起酸的作用。

② 酸碱中和反应的实质　酸碱质子理论认为，酸碱中和反应的实质是通过溶剂合质子实现的质子转移过程。例如，盐酸 HCl 与氨 NH_3 在水溶液中解离的两个半反应为：

$$HCl + H_2O \rightleftharpoons H_3O^+ + Cl^- \quad 反应（1）$$

$$NH_3 + H_3O^+ \rightleftharpoons H_2O + NH_4^+ \quad 反应（2）$$

反应（1）＋反应（2），得到总反应：

$$\underset{酸1}{HCl} + \underset{碱2}{NH_3} \rightleftharpoons \underset{酸2}{NH_4^+} + \underset{碱1}{Cl^-}$$

由此可见，中和反应通过水合质子，实现了从 HCl 转移到 NH_3。

酸碱反应实质：质子转移，由一种酸和碱分别生成了对应的共轭酸和共轭碱。

③ 盐水解的实质　酸碱质子理论认为，盐水解的实质也是酸碱质子的转移过程。例如，氯化铵 NH_4Cl 和碳酸钠 Na_2CO_3 的水解。

$$NH_4Cl 的水解\ NH_4^+ + H_2O \rightleftharpoons H_3O^+ + NH_3$$

$$Na_2CO_3 的水解\ CO_3^{2-} + H_2O \rightleftharpoons OH^- + HCO_3^-$$

综上所述，在酸碱质子理论中，水溶液中酸碱的解离、酸碱的中和反应及盐的水解，其实质均为由溶剂水参与的**质子转移过程**，因而将酸、碱、盐归结为酸、碱或两性物质，它们之间的**质子转移**反应即为酸碱反应。

2. 酸和碱的强弱

（1）水的离子积常数

水是一种极弱的电解质，它能解离出 H^+ 和 OH^-，H^+ 又被另一水分子结合成 H_3O^+，写成：一个水分子从另一个水分子中夺取质子而生成 H_3O^+ 和 OH^-，即：

$$H_2O（碱_1）+ H_2O（酸_2）\rightleftharpoons H_3O^+（酸_1）+ OH^-（碱_2）$$

因而，水的解离作用也称**水的质子自递作用**。H_3O^+ 常简写为 H^+，上式简写为解离方程：

$$H_2O \rightleftharpoons H^+ + OH^-$$

由纯水的导电实验测得，25℃时 1L 纯水（55.55mol）中仅有 10^{-7} mol 水分子解离，这时水中的 $[H^+] = [OH^-] = 1\times10^{-7}$ mol/L，二者的乘积 K_w 为常数：

$$K_w = [H^+][OH^-] = 1\times10^{-7}\times1\times10^{-7} = 1\times10^{-14} \tag{5-5}$$

式中，K_w 为水的质子自递常数，也称水的离子积，纯水及任何稀溶液中，常数 K_w 只随温度而改变。

（2）酸碱解离常数

酸碱的强度可以用酸、碱的解离反应常数来衡量。

酸的解离常数：对于酸 HA，有：$HA + H_2O \rightleftharpoons H_3O^+ + A^-$

$$K_a=\frac{[H^+][A^-]}{[HA]} \tag{5-6}$$

K_a 为酸的解离常数，它是衡量酯强弱的参数。K_a 越大，则表明该酸的酸性越强。

思考：查阅书后附录三弱酸在水中的解离常数，判断甲酸和乙酸的酸性强弱。

碱的解离常数：对于碱 A^-，有：$A^- + H_2O \rightleftharpoons HA + OH^-$

$$K_b=\frac{[HA][OH^-]}{[A^-]} \tag{5-7}$$

K_b 为碱的解离常数，它是衡量碱强弱的参数。K_b 越大，则表明该碱的碱性越强。

思考：查阅书后附录四弱碱在水中的解离常数，判断甲胺和乙胺的碱性强弱。

共轭酸碱对的解离常数：K_a 和 K_b 为常数，它仅随温度的变化而变化。根据式（5-6）和式（5-7），共轭酸碱对 HA 和 A^- 的 K_a、K_b 值之间满足：

$$K_aK_b=\frac{[H^+][A^-]}{[HA]}\times\frac{[HA][OH^-]}{[A^-]}=[H^+][OH^-]=K_w \tag{5-8}$$

或

$$pK_a+pK_b=pK_w \tag{5-9}$$

共轭酸碱对的 K_a 和 K_b；

如果酸的酸性越强（即 K_a越大），则其对应共轭碱的碱性越弱（即 K_b 越小）；

反之，酸的酸性越弱（即 K_a 越小），则其对应共轭碱的碱性越强（即 K_b 越大）。

思考：如何计算甲酸根和乙酸根两种碱的 K_b，比较甲酸根和乙酸根的碱性强弱。

（3）酸碱反应

酸碱反应是由一种酸和碱分别生成了对应的共轭酸和共轭碱，另外也是酸、碱解离反应或水的质子自递反应的逆反应，其反应的平衡常数用 K_t 表示。

对于强酸与强碱的反应来说，其反应实质上为 $H^+ + OH^- = H_2O$

$$K_t=\frac{1}{[H^+][OH^-]}=\frac{1}{K_w}=10^{14} \tag{5-10}$$

强碱与弱酸的反应实质为：$HA + OH^- = A^- + H_2O$

$$K_t=\frac{[A^-]}{[HA][OH^-]}=\frac{1}{K_{b(A^-)}}=\frac{K_{a(HA)}}{K_w}<10^{14} \tag{5-11}$$

强酸与弱碱的反应实质为：$A^- + H^+ = HA$

$$K_t=\frac{[HA]}{[H^+][A^-]}=\frac{1}{K_{a(HA)}}=\frac{K_{b(A^-)}}{K_w}<10^{14} \tag{5-12}$$

由式（5-10）、式（5-11）、式（5-12）可见，强酸与强碱之间反应的平衡常数 K_t 越大，反应越完全；而其他类型的酸碱反应，平衡常数 K_t 值则取决于相应的 K_a 与 K_b 值。K_a 或 K_b 值越大，反应越完全。

3. 溶液的 pH

研究酸碱反应，常需要衡量溶液的酸碱性。

（1）溶液的酸碱性与 pH 的关系

习惯上用 $[H^+]$ 来表示溶液的酸碱性或称酸碱度。当溶液中的 $[H^+]$ 很小时，用

[H^+] 表示不方便。所以，常用氢离子浓度的负对数，即 pH 来表示溶液的酸碱性。

$$pH = -\lg [H^+]$$

例如：若 [H^+] $=1\times10^{-3}$mol/L，则 $pH=-\lg(1\times10^{-3})=3$

若 [OH^-] $=1\times10^{-3}$mol/L，则 $[H^+]=\dfrac{K_w}{[OH^-]}=\dfrac{10^{-14}}{10^{-3}}=10^{-11}$ (mol/L)，pH=11

溶液的 [H^+] 越大，pH 越小，酸性越强；溶液的 [H^+] 越小，pH 越大，碱性越强。用 pH 可以表示溶液酸碱性的强弱。[H^+] 和 pH 的对应关系可用表 5-4 表示。

可以看出，[H^+] 越大，pH 越小。但应注意，当溶液的 [H^+] 或 [OH^-] 大于 1mol/L 时，一般不用 pH，而直接用 [H^+] 来表示溶液的酸碱性。

表 5-4　溶液的酸碱性与 [H^+]、[OH^-] 和 pH 的对应关系

[H^+]	1	10^{-1}	10^{-2}	10^{-3}	10^{-4}	10^{-5}	10^{-6}	10^{-7}	10^{-8}	10^{-9}	10^{-10}	10^{-11}	10^{-12}	10^{-13}	10^{-14}
[OH^-]	10^{-14}	10^{-13}	10^{-12}	10^{-11}	10^{-10}	10^{-9}	10^{-8}	10^{-7}	10^{-5}	10^{-3}	10^{-4}	10^{-3}	10^{-2}	10^{-1}	1
pH	0	1	2	3	4	5	6	7	8	9	10	11	12	13	14

←酸性增强——中性——碱性增强→

(2) 溶液 pH 的测定

① 用酸碱指示剂测定　利用酸碱指示剂可以粗略地测出溶液的 pH。例如在某溶液中加入石蕊指示剂，如呈红色，可知溶液的 pH 小于 5.0；如呈蓝色，其 pH 大于 8.0；如呈紫色，则 pH 介于 5.0～8.0。酸碱指示剂是在不同 pH 溶液中能显示不同颜色的化合物（见图 5-1)。常用的酸碱指示剂见表 5-5。

图 5-1　pH 指示剂

图 5-2　pH 试纸对照卡

表 5-5　常用的酸碱指示剂

名称	变色范围(pH)	颜色变化	配制方法
酚酞	8.0～10.0	无色～红色	0.1%的 90%乙醇溶液
石蕊	5.0～8.0	红色～蓝色	一般做试纸，不做试液
甲基橙	3.1～4.4	红色～黄色	0.05%的水溶液

② 用 pH 试纸测定　在实际工作中，往往用几种指示剂的混合液配成混合指示剂，它在各种不同的 pH 溶液中能呈现不同的颜色。也可把干净中性的滤纸浸入指示剂溶液中，然后取出晾干，就可制成 pH 试纸。测定时，用 pH 试纸一片，加一滴被测液于试纸上，将呈现的颜色和标准比色卡对照，即能测出溶液的 pH（见图 5-2)。

③ pH 计（酸度计）测定　若要准确测定溶液的 pH，则要使用酸度计或称 pH 计测定。酸度计的使用方法见 5.1.2 节。

另外，对于配制好的酸碱溶液，还可根据配制试剂的含量和浓度，估算出溶液的 pH，具体计算方法见任务 5.2 内容。

任务 5.2 配制酸碱缓冲溶液

5.2.1 任务书

某药检所的检验员对一种药物中铅含量是否超过限量进行测定。在测定中为保证实验的成功，需要使溶液的 pH 稳定在 3.5 左右，请为其配制醋酸盐缓冲溶液，满足使用要求。本次任务通过醋酸-醋酸钠缓冲溶液的配制，理解缓冲溶液的作用原理，并能进行其 pH 计算。

5.2.2 技能训练和解析

醋酸-醋酸钠缓冲溶液配制实验

1. 任务原理

缓冲溶液中具有抗酸成分和抗碱成分，所以加少量强酸或少量强碱于缓冲溶液中，其 pH 不易改变。

缓冲溶液一般是由弱酸和弱酸盐，或者弱碱和弱碱盐组成。假如缓冲溶液由弱酸和它的盐组成，则它的 pH 可用下式表示：

$$pH = pK_a + \lg \frac{c_{盐}}{c_{酸}} \tag{5-13}$$

因此，缓冲溶液的 pH 除主要决定于 pK_a 外，还随盐和酸的浓度比值而变。若配制缓冲溶液所用的盐和酸溶液的原始浓度相同，则配制时所取盐和酸溶液体积（V）的比值就等于它们平衡浓度的比值，所以上式可改写为：

$$pH = pK_a + \lg \frac{V_{盐}}{V_{酸}} \tag{5-14}$$

这时只要按盐和酸溶液体积的不同比例配制溶液，就可得到不同 pH 的缓冲溶液。

稀释缓冲溶液时，溶液中的盐和酸浓度都是以相等比例降低，盐和酸浓度比值不改变，因此适当稀释不影响缓冲溶液的 pH。

2. 试剂材料

仪器和试剂		准备情况
仪器	10mL 吸量管、烧杯、试管等	
试剂	NaAc(0.1mol/L)、HAc(0.1mol/L)、NaH_2PO_4(0.1mol/L)、Na_2HPO_4(0.1mol/L)、NH_4Cl(0.1mol/L)、氨水(0.1mol/L)、NaOH 溶液(0.1mol/L)、NaOH 溶液(pH=10)、HCl 溶液(0.1mol /L)、HCl 溶液(pH=4)、甲基红指示剂、pH 试纸	

3. 任务操作和记录

（1）缓冲溶液的配制

通过计算，把配制 3 种缓冲溶液所需各组分的体积填入表 5-6（配制总体积为 30mL）。

表 5-6 不同温度下标准缓冲液的 pH

缓冲溶液	pH	各组分的体积/mL		试纸测定的 pH
甲	4	0.1mol/L HAc		
		0.1mol/L NaAc		
乙	7	0.1mol/L Na_2HPO_4		
		0.1mol/L NaH_2PO_4		
丙	10	0.1mol/L 氨水		
		0.1mol/L NH_4Cl		

按照表中用量，用量筒量取溶液配制甲、乙、丙三种缓冲溶液，于已标号的 3 只小烧杯中。然后，用广泛 pH 试纸测定它们的 pH，填入表中。试比较实验值与计算值是否相符。

（2）缓冲溶液的性质

① 取 2 支试管，在其中一支管中加入 5mL pH＝4 的缓冲溶液，另一支管中加入 5mL pH＝4 的 HCl 溶液。然后，在两管中各加 10 滴 HCl 溶液，用 pH 试纸测量各管 pH 的变化。用相同的实验方法，试验 10 滴 NaOH 对两溶液 pH 的影响。记录实验结果见表 5-7。

表 5-7 不同温度下标准缓冲溶液的 pH

试管号	溶液	加入酸或碱的量	pH
1	pH＝4 的缓冲溶液	10 滴 0.1mol/L HCl	
2	pH＝4 的 HCl 溶液	10 滴 0.1mol/L HCl	
3	pH＝4 的缓冲溶液	10 滴 0.1mol/L NaOH	
4	pH＝4 的 HCl 溶液	10 滴 0.1mol/L NaOH	

通过上面两个实验说明缓冲溶液具有什么性质？________

② 在 4 支试管中，依次加入 pH＝4 的缓冲溶液、pH＝4 的 HCl 溶液、pH＝10 的缓冲溶液、pH＝10 的 NaOH 溶液各 1mL，然后在各管中加入 10mL 水，混匀后测量它们的 pH，结果记入表 5-8。

表 5-8 不同温度下标准缓冲溶液的 pH

试管号	溶液	加水后的 pH
1	pH＝4 的缓冲溶液	
2	pH＝4 的 HCl 溶液	
3	pH＝10 的缓冲溶液	
4	pH＝10 的 NaOH 溶液	

通过实验说明缓冲溶液还具有什么性质？________

4. 注意事项

缓冲溶液、HCl 溶液或 NaOH 溶液中加入其他溶液后要充分搅拌后再测定 pH。

5. 问题与思考

（1）缓冲溶液的 pH 由哪些因素决定？

（2）为什么缓冲溶液具有缓冲能力？

5.2.3 知识宝库

酸碱溶液 pH 的计算

1. 溶液的分析浓度和平衡浓度

溶液的分析浓度，是指溶液的总浓度，包括此物质的已解离和未解离的全部形态的浓度。

分析浓度：溶液中所含溶质的物质的量浓度，以 c 表示，单位 mol/L。

平衡浓度：指在平衡状态时，溶液中存在的各种型体的物质的量浓度，以［×××］表示，单位 mol/L。

如 HAc 溶液在水中解离为 Ac^- 和 H^+，其总浓度记作分析浓度 c（HAc），通过滴定实验可测得。而各种型体的平衡浓度记作[HAc]、$[Ac^-]$、$[H^+]$等。则：$c(HAc)=[HAc]+[Ac^-]$。

所以，酸的浓度和酸度是不同的概念。

酸的浓度：指酸的分析浓度，它包括溶液中已解离的和未解离酸的总浓度。

酸度：溶液中已解离的酸的浓度，即［H^+］，其大小与酸的性质和浓度有关。酸度较小时，常用 pH 表示。

同样，碱的浓度和碱度也是不同的概念，碱度常用 OH^- 表示，有时也用 pOH（氢氧根离子浓度的负对数）表示。pH＋pOH＝14。

2. 溶液酸度的计算公式

水溶液中含有的酸、碱、盐等物质发生不同程度解离，引起溶液中 H^+ 和 OH^- 浓度不同的平衡状态，产生不同的酸碱性效应。根据酸碱的解离常数，可以推导出溶液的酸碱性计算公式，表 5-9 归纳出常见的不同类型溶液酸碱度的简化计算公式。推导过程略。

表 5-9 一般溶液酸碱度的计算

溶液类型	解离程度	简化计算公式
n 元强酸	完全解离	$[H^+]=nc_a$
n 元强碱	完全解离	$[OH^-]=nc_b$
一元弱酸	部分解离，存在解离平衡	$[H^+]=\sqrt{K_a c_a}$
一元弱碱	部分解离，存在解离平衡	$[OH^-]=\sqrt{K_b c_b}$
强酸弱碱盐	盐完全解离后，产生的弱碱离子发生水解，存在水解解离平衡	$[H^+]=\sqrt{\frac{K_w}{K_b}c_s}$
强碱弱酸盐	盐完全解离后，产生的弱酸离子发生水解，存在水解解离平衡	$[OH^-]=\sqrt{\frac{K_w}{K_a}c_s}$

其中，溶液中酸、碱和盐的分析浓度分别以 c_a、c_b 和 c_s 表示，解离常数分别为 K_a 和 K_b，水的离子积常数为 K_w。

应用表 5-9 的公式不仅能计算某种类型酸碱水溶液的酸度，而且可以应用于计算酸碱滴定过程中不同阶段溶液的酸度变化，从而在后续讲解的酸碱滴定中，绘制滴定曲线，确定化学计量点，选择指示剂。

另外，有时还遇到两性物质溶液，常见的有酸式盐溶液、弱酸弱碱盐溶液，其酸度计算简化公式见表 5-10。

表 5-10 两性物质溶液计算简化公式

溶液类型	解离程度	简化计算公式
酸式盐	盐完全解离，产生的酸根部分为两性物质，存在水解和解离双向反应	$[H^+]=\sqrt{K_{a_1}K_{a_2}}$
弱酸弱碱盐	盐完全解离，产生的弱酸和弱碱分别水解，各自存在水解解离平衡	$[H^+]=\sqrt{K_a K'_a}$

其中，K_{a_1} 与 K_{a_2} 为弱酸的一级与二级解离常数；K'_a为弱碱的共轭酸的解离常数；K_a为弱酸的解离常数。

3. 缓冲溶液

缓冲溶液具有控制溶液中酸度的能力，当溶液中加入少量酸或碱，或进行稀释时，溶液酸度变化很小。缓冲溶液有表 5-11 所示几种类型。

表 5-11　缓冲溶液类型和举例

<table>
<tr><th>缓冲溶液类型</th><th>溶液构成</th><th>控制 pH 区间</th><th>常用缓冲溶液举例</th></tr>
<tr><td>强酸性</td><td>强酸</td><td>pH<2</td><td>HCl 溶液(c>0.01mol/L)</td></tr>
<tr><td rowspan="3">一般类型</td><td>弱酸+弱酸盐</td><td rowspan="3">pH=2～12(根据具体试剂和用量配制具体某 pH 的缓冲溶液)</td><td>醋酸-醋酸钠溶液</td></tr>
<tr><td>弱碱+弱碱盐</td><td>氨水-氯化铵溶液</td></tr>
<tr><td>多种酸式盐混合液</td><td>磷酸二氢钾、磷酸氢二钠混合液</td></tr>
<tr><td>强碱性</td><td>强碱</td><td>pH>12</td><td>NaOH 溶液(c>0.01mol/L)</td></tr>
</table>

表 5-11 中，常用的一般类型缓冲溶液，各组分的浓度一般为 0.1～1.0mol/L。缓冲组分的浓度比一般为$\frac{1}{10}$～10，此时缓冲容量最大。缓冲溶液的 pH 计算如表 5-12 所示（推导过程略）。

表 5-12　缓冲溶液的酸碱度计算

溶液类型	解离程度	简化计算公式
弱酸+弱酸盐(酸性缓冲溶液)	盐完全解离，弱酸部分解离，存在水解和解离平衡	$[H^+]=K_a\frac{c_a}{c_s}$
弱碱+弱碱盐(碱性缓冲溶液)	盐完全解离，弱碱部分解离，存在水解和解离平衡	$[OH^-]=K_b\frac{c_b}{c_s}$

当缓冲组分的浓度比为$\frac{1}{10}$～10 时，计算缓冲范围，见式（5-16）及式（5-18）。

（1）弱酸+弱酸盐-酸性缓冲溶液

酸度：

$$pH=pK_a-\lg\frac{c_a}{c_s} \tag{5-15}$$

缓冲范围：

$$pH\approx pK_a\pm 1 \tag{5-16}$$

（2）弱碱+弱碱盐-碱性缓冲溶液

碱度：

$$pOH=pK_b-\lg\frac{c_b}{c_s} \tag{5-17}$$

缓冲范围：

$$pOH\approx pK_b\pm 1 \tag{5-18}$$

当分析实验中需要控制溶液为稳定的酸碱度时，可配制相应酸碱度的缓冲溶液，加到反应溶液中。

任务 5.3 配制酸碱标准滴定溶液

 5.3.1 任务书

某工厂购入一批酸性和一批碱性的化工生产原料，化验室欲采用酸碱滴定法检测二者的酸碱度。按照化验任务需要，请你准确配制所需的氢氧化钠和盐酸标准滴定溶液，供给后续分析测定时使用。

本次任务通过标准溶液的配制实验操作，探讨酸碱标准溶液的配制和标定方法，探讨酸碱指示剂的变色原理和变色范围及一元酸碱的滴定曲线及其应用。

 5.3.2 技能训练和解析

NaOH 标准溶液的配制实验

1. 任务原理

NaOH 易吸收空气中的 CO_2 而生成 Na_2CO_3，其反应式为：

$$2NaOH + CO_2 \longrightarrow Na_2CO_3 + H_2O$$

由于在 NaOH 饱和溶液中不溶解，因此将 NaOH 制成饱和溶液，其含量约为 52%（质量分数），相对密度约为 1.56。待 Na_2CO_3 沉淀后，量取一定量的上清液，稀释至一定体积即可。用来配制 NaOH 的纯水，应加热煮沸放冷，除去水中 CO_2。

标定 NaOH 滴定液的基准物质有草酸（$H_2C_2O_4 \cdot H_2O$）等，通常用邻苯二甲酸氢钾（$KHC_8H_4O_4$，可缩写为 KHP）标定 NaOH 滴定液，标定反应如下：

$$C_6H_4(COOH)(COOK) + NaOH \longrightarrow C_6H_4(COONa)(COOK) + H_2O$$

反应物基本单元是：NaOH、KHP。指示剂是酚酞溶液。

2. 试剂材料

	仪器和试剂	准备情况
仪器	托盘天平、分析天平、滴定管、移液管、烧杯、锥形瓶、试剂瓶等	
试剂	NaOH(固体)、基准邻苯二甲酸氢钾、酚酞指示剂(10g/L)等	

3. 任务操作

（1）NaOH 标准溶液的配制（0.1mol/L）

称取 100g 氢氧化钠，溶于 100mL 水中，摇匀，注入聚乙烯容器中，密闭放置至溶液清亮，用塑料管虹吸 5mL 的上清液，注入 1000mL 无 CO_2 的水中，摇匀。

（2）标定 NaOH 溶液：称取 0.6g 于 105～110℃烘至恒重的基准邻苯二甲酸氢钾，准确至 0.0001g，溶于 50mL 的无 CO_2 水中，加 2 滴酚酞指示剂，用配制好的氢氧化钠溶液滴定

至溶液呈粉红色，同时作空白试验。

4. 结果计算

$$c(NaOH)=\frac{m(KHC_8H_4O_4)}{V(NaOH)\times10^{-3}M(KHC_8H_4O_4)}$$

式中，$c(NaOH)$为 NaOH 标准溶液的浓度，mol/L；$m(KHC_8H_4O_4)$ 为邻苯二甲酸氢钾的质量，g；M（$KHC_8H_4O_4$）为邻苯二甲酸氢钾的摩尔质量，g/mol；V（NaOH）为滴定时消耗 NaOH 标准溶液的体积，mL。

5. 记录与报告单

氢氧化钠滴定液的浓度标定见表 5-13。

表 5-13 氢氧化钠滴定液的浓度标定

测定项目	1	2	3	4
$m(KHC_8H_4O_4)$/g				
NaOH 终读数/mL				
NaOH 初读数/mL				
$V(NaOH)$/mL				
V(空白)/mL				
$c(NaOH)$/(mol/L)				
平均值 $c(NaOH)$/(mol/L)				
相对极差/%				

6. 注意事项

配制 NaOH 溶液后，倒入试剂瓶中，摇匀后，从试剂瓶中取用 NaOH 溶液，进行标定；标定溶液后，在试剂瓶上贴好标签，标签上写明溶液的名称、浓度、配制日期、配制者等。

7. 问题与思考

（1）配制不含 Na_2CO_3 的 NaOH 溶液有几种方法？__________。

（2）将蒸馏水__________处理后，可得到不含 CO_2 的蒸馏水。

5.3.3 技能训练和解析

HCl 标准溶液的配制实验

1. 任务原理

盐酸是挥发性液体，常采用间接法配制。标定盐酸滴定液的基准物，可采用无水碳酸钠或硼砂。用碳酸钠作基准物标定盐酸的反应式为：

$$2HCl+Na_2CO_3 \xlongequal{} 2NaCl+CO_2\uparrow+H_2O$$

反应物基本单元是：$\frac{1}{2}Na_2CO_3$、HCl。指示剂是甲基红-溴甲酚绿指示剂。

2. 试剂材料

	仪器和试剂	准备情况
仪器	托盘天平、分析天平、滴定管、移液管、烧杯、锥形瓶、试剂瓶等	
试剂	NaOH(固体)、浓 HCl、无水 Na_2CO_3(AR)、甲基红-溴甲酚绿指示剂、酚酞指示剂等	

3. 任务操作

(1) 盐酸滴定液（0.1mol/L）的配制

用量筒量取浓盐酸 5mL，置于已盛有约 300mL 水的 500mL 烧杯中，加蒸馏水至刻度线，充分混匀，转移至试剂瓶中，密塞，摇匀，贴上标签备用。

(2) 盐酸滴定液（0.1mol/L）的标定

精密称取在 270～300℃干燥至恒重的基准碳酸钠 0.15～0.2g，置于 250mL 锥形瓶中，加约 50mL 蒸馏水溶解，加甲基红-溴甲酚绿指示剂 10 滴，用待标定的盐酸滴定液滴定至溶液由绿色转变为紫红色时，煮沸 2min，冷却至室温，继续滴定至溶液由绿色变为暗红色即为终点。根据消耗盐酸滴定液的体积与无水碳酸钠的质量，计算盐酸滴定液的浓度。

4. 结果计算

$$c(\mathrm{HCl})=\frac{m(\mathrm{Na_2CO_3})}{V(\mathrm{HCl})\times10^{-3}\times M\left(\frac{1}{2}\mathrm{Na_2CO_3}\right)}$$

式中，$c(\mathrm{HCl})$为盐酸滴定液的浓度，mol/L；$m(\mathrm{Na_2CO_3})$为基准碳酸钠的质量，g；$V(\mathrm{HCl})$为盐酸滴定液的体积，mL；$M\left(\frac{1}{2}\mathrm{Na_2CO_3}\right)$为碳酸钠基本单元的摩尔质量，g/mol。

5. 记录与报告单

0.1mol/L HCl 标准滴定溶液的标定数据记录见表 5-14。

表 5-14 0.1mol/L HCl 标准滴定溶液的标定数据记录

测定项目	1	2	3	4
称量瓶＋碳酸钠质量(倾样前)/g				
称量瓶＋碳酸钠质量(倾样后)/g				
碳酸钠质量/g				
盐酸溶液终读数/mL				
盐酸溶液初读数/mL				
盐酸溶液体积/mL				
$c(\mathrm{HCl})$/(mol/L)				
$\bar{c}(\mathrm{HCl})$/(mol/L)				
相对极差/%				

6. 注意事项

（1）滴定前应仔细检查滴定管是否洗净，是否漏液，活塞转动是否灵活。

（2）滴定管在装液前应用待装溶液润洗。

（3）滴定前滴定管中应无气泡，若有气泡应排出，再调节初读数。

7. 问题与思考

（1）盐酸和氢氧化钠滴定液能否用直接法来配制？__________。因为__________。

（2）在用无水碳酸钠标定盐酸时，近终点时加热煮沸 2min 的目的是__________。

5.3.4 知识宝库

酸碱指示剂

1. 指示剂的变色原理

常用酸碱指示剂一般为有机弱酸或有机弱碱，在溶液中部分解离。其特点是解离产生的离子和解离前的指示剂分子，呈现不同的颜色。

例如一种有机弱酸，用 HIn 表示，称为指示剂的酸式结构，In^- 代表指示剂解离产生的碱式结构，二者分别为 A 色和 B 色，则指示剂的解离可用下式表示：

$$HIn \rightleftharpoons H^+ + In^-$$

酸式　　　碱式

A 色　　　B 色

溶液中加入酸时，平衡向左移动，酸式结构是 A 色的，所以酸溶液中显 A 色，但在溶液中加入碱时，平衡向右移动，当溶液中碱式结构 In^- 增加到一定浓度时，溶液即显 B 色。因此，通过酸碱指示剂的变色能够指示溶液 pH 的变化。

2. 指示剂的变色范围

指示剂会在酸、碱性溶液中变色，但它们在怎样的 pH 条件下变色，就必须讨论指示剂的变色与溶液 pH 的数量关系。

下面以弱酸型指示剂为例来说明指示剂的变色与溶液 pH 的数量关系。弱酸型指示剂在溶液中的解离平衡可用下式表示：

$$HIn \rightleftharpoons H^+ + In^-$$

平衡时：

$$K_{HIn} = \frac{[H^+][In^-]}{[HIn]} \tag{5-19}$$

则：

$$[H^+] = K_{HIn}\frac{[HIn]}{[In^-]} \tag{5-20}$$

pH 为：

$$pH = pK_{HIn} - \lg\frac{[HIn]}{[In^-]} \tag{5-21}$$

式中，[HIn]、[In^-]为指示剂酸式色和碱式色的浓度；K_{HIn}为指示剂的解离平衡常数。在一定的pH条件下，[HIn]/[In^-]的比值是一定的，溶液的颜色也必然一定；当溶液pH改变时，溶液的颜色也就相应地发生改变。

由于人的视觉分辨能力有限，pH的微小变化引起的颜色微小变化通常不能用肉眼观察到，只有当两种颜色的浓度在相差10倍以上时，才能看出浓度较大的那种颜色。即：

当$\frac{[HIn]}{[In^-]}\geqslant 10$，即$pH\leqslant pK_{HIn}-1$，看到酸式色；当$\frac{[HIn]}{[In^-]}\leqslant 10$，$pH\geqslant pK_{HIn}+1$，看到碱式色。

因此，当溶液的pH由$pK_{HIn}-1$变化到$pK_{HIn}+1$或反之时，人眼才能明显地观察出指示剂颜色的变化。故引起指示剂**变色的范围**为：$pH=pK_{HIn}\pm 1$。

当[HIn]＝[In^-]，$pH=pK_{HIn}$，观察到的是指示剂的中间色，为混合色，此时是指示剂变色最灵敏的一点，这时的pH叫做指示剂的**理论变色点**。

根据理论推算，指示剂的变色范围应该是两个pH单位。但实际测得的各种指示剂的变色范围略有不同，如表5-15所示。这主要是人的眼睛对混合色中两种颜色的敏感程度不同。

例如，甲基橙的$pK_{HIn}=3.4$，理论变色范围应为2.4～4.4，而实际测定的变色范围是3.1～4.4（红～黄）。这是由于人的眼睛对红色比黄色更为敏感的缘故。

指示剂的变色范围越窄越好，这样pH稍有改变，就可立即由一种颜色变为另一种颜色，使变色更敏锐，有利于观察，提高分析结果的准确度。实际工作中，常将某几种指示剂混合使用，利用其颜色互补，产生敏锐的颜色，缩小变色范围。常用的有溴甲酚绿-甲基红等，酸式色为红色，碱式色为绿色，中间混合颜色为浅灰色。

表5-15 常用的酸碱指示剂

指示剂	变色范围pH	颜色		pK_{HIn}	浓度	使用量/（滴/10mL溶液）
		酸色	碱色			
百里酚蓝	1.2～2.8	红色	黄色	1.65	0.1%的20%乙醇溶液	1～2
甲基黄	2.9～4.0	红色	黄色	3.25	0.1%的90%乙醇溶液	1
甲基橙	3.1～4.4	红色	黄色	3.45	0.05%的水溶液	1
溴酚蓝	3.0～4.6	黄色	紫色	4.10	0.1%的20%乙醇溶液或其钠盐的水溶液	1
溴甲酚绿	3.8～5.4	黄色	蓝色	4.90	0.1%的乙醇溶液	1～3
甲基红	4.4～6.2	红色	黄色	5.00	0.1%的60%乙醇溶液或其钠盐的水溶液	1
溴百里酚蓝	6.2～7.6	黄色	蓝色	7.30	0.1%的20%乙醇溶液或其钠盐的水溶液	1
中性红	6.8～8.0	红色	黄橙色	7.40	0.1%的60%乙醇溶液	1
酚红	6.7～8.4	黄色	红色	8.00	0.1%的20%乙醇溶液或其钠盐的水溶液	1
酚酞	8.0～10.0	无色	红色	9.10	0.5%的90%乙醇溶液	1～3
百里酚酞	9.4～10.6	无色	蓝色	10.00	0.1%的90%乙醇溶液	1～2

3. 影响指示剂变色范围的因素

影响指示剂变色范围的主要因素如下。

（1）温度

指示剂变色范围与 K_{HIn} 有关，而 K_{HIn} 与温度有关，因此，温度改变，指示剂的变色范围也随之改变。一般要求滴定以在室温下进行为宜。

(2) 溶剂

指示剂在不同溶剂中 K_{HIn} 不同，故变色范围不同。

(3) 指示剂的用量

指示剂用量不宜过多，浓度大时变色不敏锐。同时，指示剂本身又是弱酸或弱碱，会消耗一部分滴定液，带来一定误差。指示剂用量也不能太少，因为颜色太浅，不易观察到颜色的变化。

(4) 滴定程序

颜色变化从浅色到深色较明显，容易辨认。例如，用 NaOH 滴定 HCl，可选用酚酞，也可选用甲基橙作指示剂。如果用酚酞，溶液颜色由无色变成红色，颜色变化明显，易于辨认；若用甲基橙作指示剂，溶液颜色由红色变成黄色，颜色变化反差较小，难以辨认，易滴过量。因此用 NaOH 滴定时 HCl 宜选用酚酞作指示剂，而用 HCl 滴定 NaOH 时宜选用甲基橙作指示剂。

5.3.5 知识宝库

酸碱滴定曲线

为了研究滴定过程中溶液的 pH 变化规律，常用实验或计算方法记录并绘制，滴定过程中溶液的 pH 随滴定液加入量变化的图形——滴定曲线。

滴定曲线不仅可以体现滴定过程中溶液 pH 的变化规律，还为指示剂的选择提供依据。下面介绍几类不同类型的酸碱滴定曲线及指示剂的选择方法。

1. 强碱滴定强酸

(1) 滴定曲线绘制

强碱滴定强酸的基本反应为： $H^+ + OH^- \rightleftharpoons H_2O$

现以 0.1000mol/L 的 NaOH 溶液滴定 20.00mL 0.1000mol/L HCl 溶液为例，讨论滴定过程中溶液 pH 的变化情况。

① 滴定前 $c(H^+) = 0.1000$mol/L，则 pH=1.00

② 滴定开始至化学计量点前

例如，滴入 NaOH 溶液 19.98mL 时，$c(H^+) = \frac{0.1000 \times 0.02}{20.00 + 19.98} = 5 \times 10^{-5}$ (mol/L)，则 pH=4.30

③ 化学计量点时溶液呈中性，其 pH 由水的解离决定。$c(H^+) = c(OH^-) = 10^{-7}$ mol/L，则 pH=7.00

④ 化学计量点后

例如，滴入 NaOH 溶液 20.02mL 时，$c(OH^-) = \frac{0.1000 \times 0.02}{20.00 + 20.02} = 5 \times 10^{-5}$ (mol/L)，得 pH=9.70

用类似方法可逐一计算出滴定过程中溶液 pH 的变化 (25℃)，其值列于表 5-16 中。

以 NaOH 加入量为横坐标，溶液的 pH 为纵坐标绘图得到强碱滴定强酸的滴定曲线。如图 5-3 所示。

（2）滴定曲线的特点

从表 5-16 的数据和滴定曲线可看出：

表 5-16 NaOH(0.1000mol/L) 滴定 20.00mL HCl (0.1000mol/L) 溶液的 pH 变化

加入的NaOH/		剩余的HCl/		$c(H^+)/(mol/L)$	pH
%	mL	%	mL		
0	0	100	20.0	1.0×10^{-1}	1.00
90.0	18.0	10.0	2.00	5.0×10^{-3}	2.30
99.0	19.80	1.00	0.20	5.0×10^{-4}	3.30
99.9	19.98	0.10	0.02	5.0×10^{-5}	4.30 突跃范围
100.0	20.00	0	0	1.0×10^{-7}	7.00
		(过量的NaOH)		([OH⁻])	
100.1	20.02	0.1	0.02	5.0×10^{-5}	9.70
101	20.20	1.0	0.20	5.0×10^{-4}	10.70

① 滴定开始至加入 NaOH 溶液 19.98mL，溶液 ΔpH＝3.30，即 pH 变化缓慢，曲线平坦。

② 从 19.98mL 至加入 NaOH 溶液 20.02mL（在化学计量点前半滴～后半滴），共加入 NaOH 0.04mL（约 1 滴）时，pH 由 4.30 → 9.70，ΔpH＝9.70－4.30＝5.40，pH 发生了急剧变化，曲线呈近似垂直的一段。这种在化学计量点附近，由一滴酸碱引起溶液 pH 突变的现象称为**滴定突跃**，突跃所在的 pH 范围称为**滴定突跃范围**（pH＝4.30～9.70）。

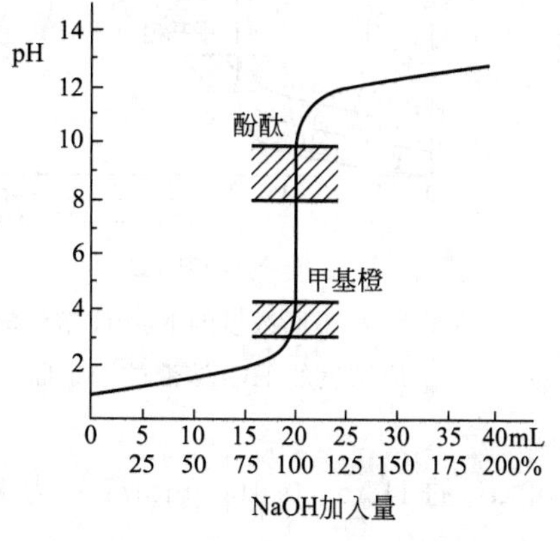

图 5-3 0.1000mol/L NaOH 滴定 0.1000mol/L HCl 的滴定曲线

③ 突跃范围后再继续滴加 NaOH 溶液，溶液的 pH 变化又很缓慢，曲线的变化又比较平坦。

滴定分析工作中，如果滴定终点终止在滴定突跃范围内时，距离化学计量点的相对误差小于 0.02/20＝0.1%，符合分析准确度要求。即滴定时控制滴定终点，只要落在突跃范围内。

（3）指示剂的选择

酸碱滴定的终点常依靠指示剂变色来指示。能在 pH 突跃范围内发生颜色变化的指示剂，所指示的终点，距离化学计量点的误差，符合滴定分析误差的要求。

因而选择指示剂的原则是：一是指示剂的变色范围全部或部分地落入滴定突跃范围内；二是指示剂的变色点尽量靠近化学计量点。

绘制滴定曲线的作用，不仅能观察到滴定过程中溶液酸度的变化规律，而且能确定滴定突跃范围和化学计量点，为选择指示剂提供依据。

以上滴定实例中，可选甲基橙、甲基红、酚酞等作指示剂。若以甲基橙为指示剂，溶液的颜色由红色变为橙色时，溶液的 pH 为 4.4，滴定误差不大于 0.1%。

思考：如果用 HCl（0.1000mol/L）滴定 NaOH（0.1000mol/L）时，滴定曲线恰好与

图对称，但 pH 变化方向相反，滴定突跃范围为 9.70～4.30，也可选用甲基红、甲基橙等作指示剂。

（4）滴定突跃范围与浓度的关系

分析工作中，滴定突跃范围越大越好，可选择的指示剂越多，但突跃范围受哪些因素影响呢？图 5-4 是 3 种不同浓度的 NaOH 溶液滴定相对应浓度的 HCl 溶液的滴定曲线，体现了一定的规律。

滴定突跃的大小与溶液的浓度有关：

浓度越大，滴定突跃范围越大，可供选用的指示剂越多；浓度越小，滴定突跃范围越小，则可供选用的指示剂越少。

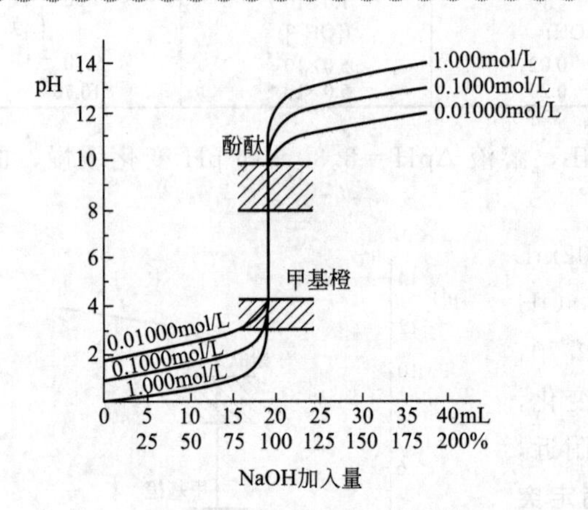

图 5-4　3 种不同浓度的 NaOH 溶液滴定相对应浓度的 HCl 溶液的滴定曲线

例如：NaOH 溶液（0.01mol/L）滴定 HCl 溶液（0.01mol/L），滴定突跃范围的 pH 为 5.30～8.70，可选甲基红、酚酞作指示剂，但却不能选甲基橙作指示剂，否则会超过突跃范围，滴定分析的误差增大。需要强调的是，滴定液的浓度不能太小，否则滴定突跃范围太窄；一般滴定液浓度控制在 0.1～0.5mol/L 较适宜。

2. 强碱滴定弱酸

（1）滴定曲线绘制

现以 NaOH（0.1000mol/L）滴定 20.00mL 的 HAc（0.1000mol/L）为例。

基本反应：

$$OH^- + HAc \rightleftharpoons Ac^- + H_2O$$

滴定过程中溶液 pH 变化如图 5-5 所示。

（2）滴定曲线的特点

① 由于 HAc 是弱酸，滴定前溶液中 H^+ 浓度较低，即 pH 较高，因此，曲线的起点从 pH2.87 开始，比滴定 HCl 的曲线高。

② 滴定的突跃范围为 7.70～9.70。

③ 化学计量点：溶液呈碱性，pH＝8.70。

（3）指示剂的选择

由于滴定的突跃范围为 7.70～9.70，故只能选用在碱性区域变色的指示剂，如酚酞、百里酚蓝等。不能使用甲基橙、甲基红等在酸性区域变色的指示剂。

（4）滴定突跃范围的影响因素

用 NaOH（0.1000mol/L）滴定不同强度一元弱酸（0.1000mol/L）的滴定曲线，如图 5-6 所示。可见，弱酸的酸性越强，突跃范围越大。

从图 5-5 和图 5-6 可见，影响滴定突跃的主要因素如下：

① 酸（碱）的强弱，当酸的浓度一定时，被滴定的酸越弱（K_a 越小），突越范围越小；当 $K_a \leqslant 10^{-9}$ 时，已无时显突跃，难以选择指示剂；
② 酸的浓度，酸的浓度越大，突跃范围越大。

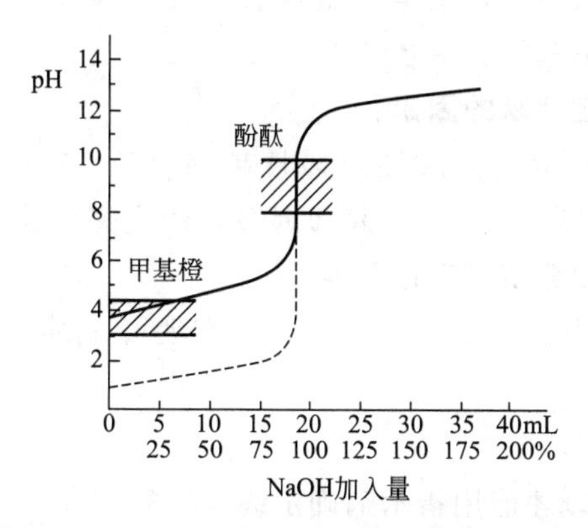

图 5-5 NaOH（0.1000mol/L）滴定 20.00mL HAc（0.1000mol/L）的滴定曲线

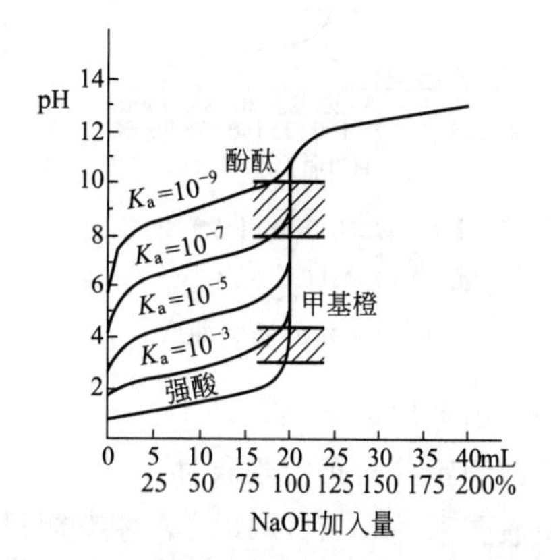

图 5-6 NaOH（0.1000mol/L）滴定不同强度一元弱酸的滴定曲线

弱酸滴定分析可行性条件：如果弱酸的 K_a 很小或酸的浓度很低，则突跃范围不能准确滴定。因此对于弱酸的滴定，一般要求弱酸的 $c_aK_a \geqslant 10^{-8}$，且 $c_a \geqslant 10^{-3}$这样才有明显的滴定突跃，才能用指示剂确定终点。

3. 强酸滴定弱碱

以 HCl（0.1000mol/L）滴定 20.00mL $NH_3 \cdot H_2O$（0.1000mol/L）为例，滴定过程中溶液 pH 变化情况绘制成滴定曲线，如图 5-7 所示。

由图可知：此类型的滴定曲线和强碱滴定弱酸的曲线相似，所不同的是溶液 pH 由大到小，曲线形状相反，突跃范围的 pH 为 6.34～4.30，即酸性范围内，需选择在酸性区域变色的指示剂，如甲基橙、甲基红等。但不能选用酚酞等在碱性区域内变色的指示剂。

同理可得，用酸滴定碱时，影响滴定突跃的主要因素为：

① 碱的强弱　碱性越强，突跃范围越大；

② 碱的浓度　浓度越大，突跃范围越大。

弱碱滴定分析可行性条件：如果弱碱的 K_b 很小或碱的浓度很低，则不能准确滴定。因此对于弱碱的滴定，一般要求弱碱的 $c_bK_b \geqslant 10^{-8}$，且 $c_b \geqslant 10^{-3}$，这样才有明显的滴定突跃，才能用指示剂确定终点。

必须指出，弱酸和弱碱之间不能滴定，因无明显的滴定突跃，无法用一般的指示剂指示滴定终点。故在酸碱滴定中，一般都以强碱和强酸作滴定液。

4. 总结滴定突跃与可行性分析条件

总结以上强酸强碱滴定、强酸弱碱滴定、强碱弱酸滴定，可得出如下结论。

滴定突跃与指示剂选择：

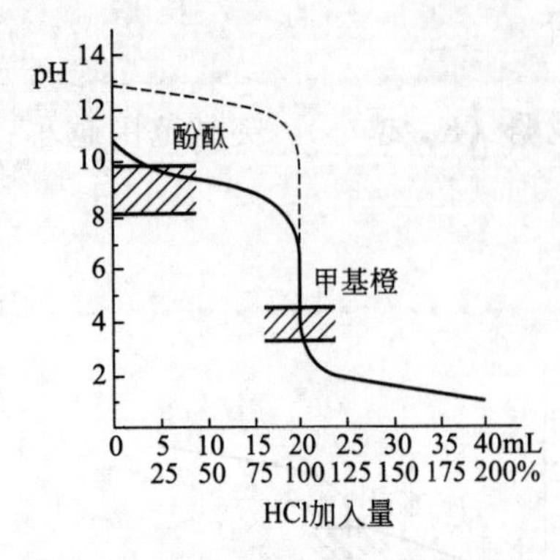

图 5-7 HCl（0.1000mol/L）滴定 20.00mL $NH_3 \cdot H_2O$（0.1000mol/L）的滴定曲线

滴定突跃越大，选择的指示剂越多，要求所选择指示剂的变色范围全部或部分落在突跃范围内；或者指示剂的变色点越靠近化学计量点越好。

产物显碱性的，化学计量点为碱性，选碱性变色指示剂，如酚酞、百里酚酞等；

产物显酸性的，化学计量点为酸性，选酸性变色指示剂，如甲基橙、甲基红等。

影响滴定突跃的因素：

滴定剂和待测液酸性或碱性越强（K_a 或 K_b 越大），滴定突跃越大；二者浓度越高，滴定突跃越大。

弱碱滴定分析可行性条件：

一般要求的 $c_b K_b \geqslant 10^{-8}$，才有明显滴定突跃，才能用指示剂确定终点。

弱酸滴定分析可行性条件：

一般要求的 $c_a K_a \geqslant 10^{-8}$，才有明显滴定突跃，才能用指示剂确定终点。

任务 5.4 测定食醋中总酸量

 5.4.1 任务书

某化工厂新进了一批醋酸原料，要进行含量分析。请你利用酸碱滴定测定其含量，出具检验结果报告单。

 5.4.2 技能训练和解析

食醋中总酸量的测定实验

1. 任务原理

食醋是混合酸，其主要成分是 HAc（有机弱酸，$K_a = 1.8 \times 10^{-5}$），与 NaOH 反应产物为弱酸强碱盐 NaAc。

$$HAc + NaOH \rightleftharpoons NaAc + H_2O$$

反应产物为弱酸强碱盐 NaAc，化学计量点时 pH≈8.7，滴定突跃在碱性范围内，选择在碱性范围内变色的指示剂酚酞（8.0～9.6）。

2. 试剂材料

	仪器和试剂	准备情况
仪器	分析天平、滴定管、10.00 mL 移液管、锥形瓶、250mL 容量瓶等	
试剂	食醋试样、酚酞指示剂(10g/L 乙醇溶液)	

3. 任务操作

准确移取 10.00mL 食醋试样于 250mL 容量瓶（瓶中预先装有约 150mL 无 CO_2 蒸馏

水）中，以蒸馏水稀释至标线，摇匀。

用移液管吸取上述试液 25.00mL 于锥形瓶中，加入 2 滴酚酞指示剂，摇匀，用已标定的 NaOH 标准溶液滴定至溶液呈微红色，30s 内不褪色，即为终点。平行测定三份，同时做空白试验。记录 NaOH 标准溶液的用量，计算食醋中醋酸含量（g/100mL）。

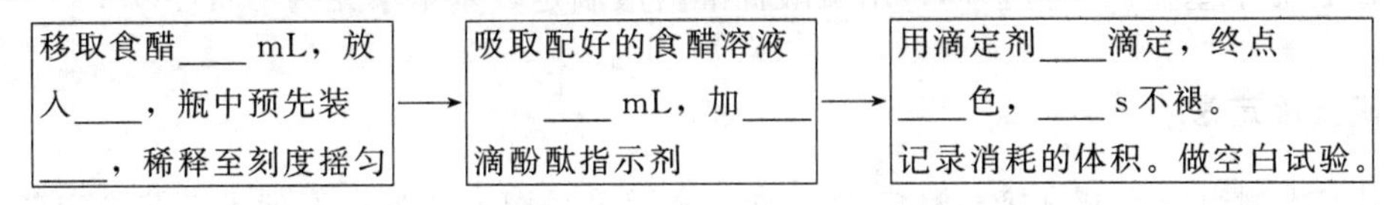

4. 结果计算

$$\rho(\mathrm{HAc})=\frac{c(\mathrm{NaOH})[V(\mathrm{NaOH})-V_{空白}]M(\mathrm{HAc})\times 100}{V_{样}\times\frac{25}{250}\times 10^{3}}$$

式中，$\rho(\mathrm{HAc})$ 为醋酸含量，g/100mL；$c(\mathrm{NaOH})$ 为氢氧化钠溶液的浓度，mol/L；$V(\mathrm{NaOH})$ 为氢氧化钠溶液的消耗量，mL；$M(\mathrm{HAc})$ 为醋酸的摩尔质量，60.06g/mol；$V_{样}$ 为移取食醋试样的体积，mL。

5. 记录与报告单

食醋中总酸量测定数据记录见表 5-17。

表 5-17 食醋中总酸量测定数据记录

测定项目	1	2	3
食醋试样体积 V/mL			
NaOH 终读数/mL			
NaOH 初读数/mL			
$V(\mathrm{NaOH})$/mL			
$V_{空白}$/mL			
$\rho(\mathrm{HAc})$/(g/100mL)			
平均值 $\bar{\rho}(\mathrm{HAc})$/(g/100mL)			
相对平均偏差/%			

6. 注意事项

（1）醋酸含量一般为 3%～5%，如果浓度很高，则还要加大稀释倍数。

（2）注意食醋取后应立即将试剂瓶瓶盖盖好，防止挥发。

（3）数据处理时应注意最终结果的表示方式为 g/100mL。

7. 问题与思考

（1）稀释醋酸试样时，容量瓶预先加入 150mL 蒸馏水的作用是__________。

（2）选择酚酞作指示剂，是因为__________。

5.4.3 知识宝库

酸碱滴定方式和应用

1. 直接滴定法

凡 $cK_a \geqslant 10^{-8}$ 的酸性物质和 $cK_b \geqslant 10^{-8}$ 的碱性物质，且浓度 c 不小于 10^{-3} mol/L，都

可用碱和酸标准滴定液直接滴定。

例如：工业硫酸纯度的测定，硫酸是强酸，取样稀释后可用 NaOH 标准溶液直接滴定。化学计量点 pH 为 7，突跃范围大，可选用甲基橙、甲基红等指示剂，GB 11198.1—89 中规定以甲基红-亚甲基蓝混合指示剂，用硫酸标准溶液滴定，基本单元为$\frac{1}{2}H_2SO_4$。

2. 间接滴定法

适用于待测组分不能直接与滴定剂反应，或无合适指示剂等，不满足直接滴定条件。

需要一种或几种反应试剂、一种标准滴定溶液。

原理：将反应试剂与待测组分反应，将其转化为一种产物（有时经历几步转化），其可以用一种标准滴定溶液滴定，再推算待测组分浓度。

计算：n（待测物基本单元）$=n$（产物基本单元）$=n$（标准滴定液物质基本单元）。

例如，硼酸的测定：H_3BO_3 为极弱酸（$K_a=7.3\times10^{-10}$），不能用 NaOH 直接滴定，但若与甘露醇或甘油等多元醇生成一元配位酸（$pK_a=4.26$）后，强度增加，可用 NaOH 标准滴定液直接滴定。

可推算 H_3BO_3 含量：$n(H_3BO_3)=n$(配位酸)$=n(NaOH)$。

3. 返滴定

适用于：滴定反应速率慢或无合适的指示剂的滴定反应。

操作需要：两种标准滴定溶液。

原理：首先，定量、过量地加入一种标准溶液 A，与待测组分 B 反应，A 剩。

第二步，用一种标准溶液 C，测定剩余的 A 的量。

计算：$$n(B)=n(B)_{反应量}=n(A)_{总}-n(A)_{剩}=n(A)_{总}-n(C)$$

注意：其中各物质需要代入其基本单元。

例如，阿司匹林肠溶片的含量测定：片剂生产中加入了稳定剂酒石酸或枸橼酸，制剂工艺过程中又可能有水解产物（水杨酸、醋酸）产生，因此不能采用直接滴定法，而采用预中和共存酸后，在碱性条件下水解，用返滴定法测定阿司匹林肠溶片的含量。

① 用 NaOH 标准溶液滴定，中和消除共存物水杨酸、醋酸及稳定剂枸橼酸、酒石酸；

② 定量加入过量的 NaOH 标准溶液，利用乙酰水杨酸的羟基酯结构在碱性溶液中易水解性质，加热使酯水解，NaOH 有剩余；

③ 剩余碱液（NaOH）以 H_2SO_4 标准溶液返滴定。

$$C_6H_4(COOH)(OCOCH_3)+2NaOH \xrightarrow{加热} C_6H_4(COONa)(OH)+CH_3COONa+H_2O$$

$$2NaOH+H_2SO_4 = Na_2SO_4+2H_2O$$

任务 5.5 测定混合碱含量

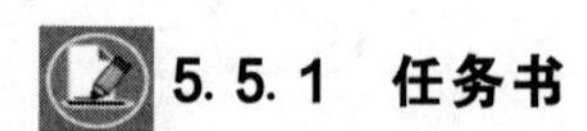

5.5.1 任务书

某药厂实验室的一瓶氢氧化钠因密封保存不当，吸收了空气中的水分和二氧化碳，为了下一步的使用，要测定瓶中的物质组成及含量。请采用双指示剂法测定。

本次任务进行混合碱含量的测定（双指示剂法），探讨混合碱和多元碱的测定。

5.5.2 技能训练和解析

混合碱含量测定实验

1. 任务原理

双指示剂法是利用两种指示剂进行连续测定，根据两个终点所消耗酸标准溶液的体积，判断混合碱的组成，计算各组分的含量。

在混合碱试液中，先以酚酞为指示剂，用 HCl 标准滴定溶液滴定至近于无色，这是第一化学计量点（pH=8.31），消耗 HCl 标准滴定溶液 V_1。此时，溶液中 Na_2CO_3 被中和至 $NaHCO_3$。

再加入甲基橙指示剂，继续用 HCl 标准溶液滴定至溶液由黄色变为橙色，这是第二化学计量点（pH=3.89），消耗 HCl 标准滴定溶液 V_2，此时，溶液中 $NaHCO_3$ 被完全中和。

2. 试剂材料

	仪器和试剂	准备情况
仪器	托盘天平、分析天平、滴定管、移液管、烧杯、锥形瓶、试剂瓶	
试剂	混合碱试样、HCl 标准滴定溶液(0.1mol/L)、酚酞指示剂，10g/L 乙醇溶液、甲基橙指示剂、甲酚红-百里酚蓝混合指示液、甲酚红-百里酚蓝	

3. 任务操作

双指示剂法

操作步骤如图 5-8 所示。首先，在分析天平上准确称取混合碱试样 1.5～2.0g 于 200mL 烧杯中，加水溶解后，定量转入 250mL 容量瓶中，稀释至刻度，摇匀。

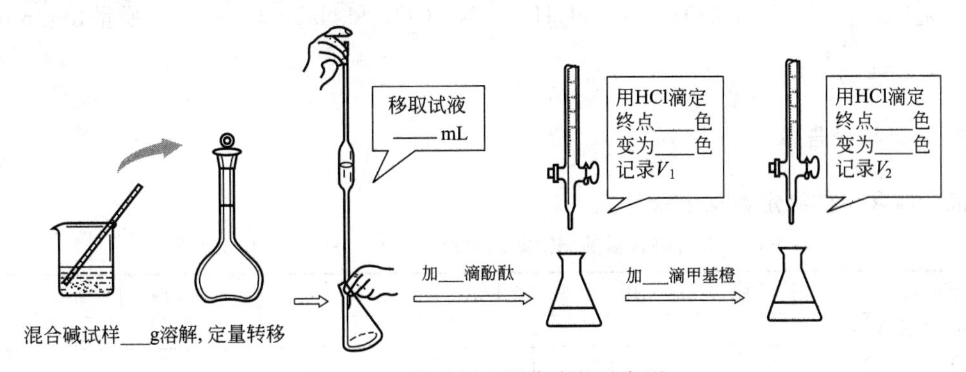

图 5-8 双指示剂法操作步骤示意图

移取试液 25.00mL 于 250mL 锥形瓶中，加入 2 滴酚酞指示液，用 c（HCl）=0.1mol / L HCl 标准溶液滴定，边滴加边充分摇动（避免局部 Na_2CO_3 直接被滴至 H_2CO_3），滴定至溶液由红色恰好褪至近乎无色为止，此时即为终点，记录消耗 HCl 标准滴定溶液的体积 V_1。

在瓶内继续加入1滴甲基橙指示液，用上述盐酸标准溶液滴定，至溶液由黄色恰好变为橙色，即为终点，记录消耗 HCl 标准滴定溶液的体积 V_2。计算试样中各组分的含量。

4. 结果计算

根据 V_1 和 V_2 数值判定混合碱组成。若 $V_1>V_2>0$，判断由 NaOH 和 Na_2CO_3 组成，含量：

$$w(\mathrm{NaOH})=\frac{c(\mathrm{HCl})(V_1-V_2)\times10^{-3}\times M(\mathrm{NaOH})}{m\times\frac{25}{250}}\times100\%$$

$$w(\mathrm{Na_2CO_3})=\frac{c(\mathrm{HCl})2V_2\times10^{-3}\times M\left(\frac{1}{2}\mathrm{Na_2CO_3}\right)}{m\times\frac{25}{250}}\times100\%$$

若 $V_2>V_1>0$，则判断混合碱由 $NaHCO_3$ 和 Na_2CO_3 组成，含量计算：

$$w(\mathrm{NaHCO_3})=\frac{c(\mathrm{HCl})(V_2-V_1)\times10^{-3}\times M(\mathrm{NaHCO_3})}{m\times\frac{25}{250}}\times100\%$$

$$w(\mathrm{Na_2CO_3})=\frac{c(\mathrm{HCl})\times2V_1\times10^{-3}\times M\left(\frac{1}{2}\mathrm{Na_2CO_3}\right)}{m\times\frac{25}{250}}\times100\%$$

式中，$w(\mathrm{NaOH})$、$w(\mathrm{Na_2CO_3})$、$w(\mathrm{NaHCO_3})$为 NaOH、Na_2CO_3 和 $NaHCO_3$ 质量分数，%；$c(\mathrm{HCl})$为 HCl 标准滴定溶液的浓度，mol/L；V_1 为酚酞终点消耗 HCl 标准滴定溶液的体积，mL；V_2 为甲基橙终点又消耗 HCl 标准滴定溶液的体积，mL；$M(\mathrm{NaOH})$、$M\left(\frac{1}{2}\mathrm{Na_2CO_3}\right)$、$M(\mathrm{NaHCO_3})$ 为 NaOH、$\frac{1}{2}Na_2CO_3$ 和 $NaHCO_3$ 的摩尔质量，g/mol；m 为混合碱试样的质量，g。

5. 记录与报告单

混合碱含量的测定数据记录见表 5-18。

表 5-18　混合碱含量的测定数据记录（以 $V_1>V_2>0$ 情况为例）

测定项目	1	2	3	4
混合碱试样质量 m/g				
V_1/mL				
V_2/mL				
$w(\mathrm{NaOH})$/%				
平均 $\overline{w}(\mathrm{NaOH})$/%				
相对平均偏差/%				
$w(\mathrm{Na_2CO_3})$/%				
平均 $\overline{w}(\mathrm{Na_2CO_3})$/%				
相对平均偏差/%				

6. 注意事项

（1）混合碱具有腐蚀性，使用时注意安全。

（2）滴定接近第一终点时，要充分摇动锥形瓶，滴定速率不能太快，防止滴定剂 HCl 局部过浓，否则 Na_2CO_3 会直接被滴定成 CO_2。

7. 问题与思考

（1）只测定混合碱的总碱度，应选用__________作指示剂。

（2）采用双指示剂法测定混合碱，在同一份溶液中滴定，结果如下，判断各混合碱的组成。

① $V_1=0$，$V_2>0$，组成____________________；

② $V_2=0$，$V_1>0$，组成____________________；

③ $V_1=V_2>0$，组成____________________；

④ $V_1>V_2>0$，组成____________________；

⑤ $V_2>V_1>0$，组成____________________。

5.5.3 知识宝库

多元酸、碱和混合酸、碱的滴定

多元酸或多元碱分级解离，滴定过程比一元酸碱的滴定复杂。要考虑两大问题：一是能否滴定酸或碱的总量；二是能否分级滴定（对多元酸碱而言）或分别滴定（对混合酸碱而言）。

1. 强碱滴定多元酸

（1）滴定可行性判断和滴定突跃

可根据表 5-19 进行判断。

表 5-19 多元酸滴定的一般判定条件

判定条件	结论	现象
$c_aK_{a_1}\geqslant10^{-8}$，$c_aK_{a_2}\geqslant10^{-8}$且 $K_{a_1}/K_{a_2}\geqslant10^5$	可分步滴定	产生两个滴定突跃，有两个滴定终点
$c_aK_{a_1}\geqslant10^{-8}$，$c_aK_{a_2}<10^{-8}$且 $K_{a_1}/K_{a_2}\geqslant10^5$	不能分步滴定	第一级解离的 H^+ 可被滴定，第二级解离的 H^+ 不能被滴定，只有一级滴定突跃和终点
$c_aK_{a_1}\geqslant10^{-8}$，$c_aK_{a_2}\geqslant10^{-8}$且 $K_{a_1}/K_{a_2}<10^5$	不能分步滴定	两级解离的 H^+ 均被滴定，滴定时两个滴定突跃将混在一起，即一次滴定为正盐，产生一个滴定突跃和终点

（2）H_3PO_4 的滴定实例

H_3PO_4 是弱酸，在水溶液中分步解离：

$$H_3PO_4 \rightleftharpoons H^+ + H_2PO_4^- \quad pK_{a_1}=2.16$$

$$H_2PO_4^- \rightleftharpoons H^+ + H_2PO_4^{2-} \quad pK_{a_2}=7.21$$

$$HPO_4^{2-} \rightleftharpoons H^+ + PO_4^{3-} \quad pK_{a_3}=12.32$$

如果用 NaOH 滴定 H_3PO_4，$pK_{a_2}-pK_{a_1}=5.05$，$pK_{a_3}-pK_{a_2}=5.11$，即 $K_{a_1}/K_{a_2}>10^5$，$K_{a_2}/K_{a_3}>10^5$，判断 H_3PO_4 是能够分步滴定的。

可以测定得到第一化学计量点时，溶液的 pH=4.68；第二化学计量点时，溶液的pH=9.76。但其第三化学计量点因 $pK_{a_3}=12.32$，则 $cK_{a_3}<10^{-8}$说明 HPO_4^{2-} 已太弱，故无法用 NaOH 直接滴定。滴定只能观察到前面两个终点。

2. 强酸滴定多元碱

（1）滴定可行性判断和滴定突跃

可根据表 5-20 进行判断。

表 5-20　多元碱滴定的一般判定条件

判定条件	结论	现象
$c_bK_{b1}\geqslant10^{-8}$，$c_bK_{b2}\geqslant10^{-8}$且 $K_{b1}/K_{b2}\geqslant10^5$	可分步滴定	产生两个滴定突跃，有两个滴定终点
$c_bK_{b1}\geqslant10^{-8}$，$c_bK_{b2}<10^{-8}$且 $K_{b1}/K_{b2}\geqslant10^5$	不能分步滴定	第一级解离的 OH^- 可被滴定，第二级解离的 OH^- 不能被滴定，只有一级滴定突跃和终点
$c_bK_{b1}\geqslant10^{-8}$，$c_bK_{b2}\geqslant10^{-8}$且 $K_{b1}/K_{b2}<10^5$	不能分步滴定	两级解离的 OH^- 均被滴定，滴定时两个滴定突跃将混在一起，即一次滴定为正盐，产生一个滴定突跃和终点

（2）Na_2CO_3 的滴定

Na_2CO_3 是二元碱，在水溶液中存在如下解离平衡：

$$CO_3^{2-}+H_2O \rightleftharpoons HCO_3^- + OH^- \quad pK_{b1}=3.75$$

$$HCO_3^- + H_2O \rightleftharpoons H_2CO_3 + OH^- \quad pK_{b2}=7.62$$

判断，$pK_{b2}-pK_{b1}=3.87$，两个滴定终点将存在交叉。由于对多元酸碱的滴定准确度要求不太高（通常分步滴定允许误差为±0.5%），因此，在满足一般分析的要求下，Na_2CO_3 能够进行分步滴定，只是滴定突跃较小。滴定曲线一般也采用仪器法（电位滴定法）来绘制。

除了上述多元酸碱的滴定，实际工作中还常遇到混合酸碱分析的情况。

3. 混合酸（碱）的滴定

混合酸（碱）的滴定主要包括两种情况：一是强酸（碱）-弱酸（碱）混合液的滴定；二是两种弱酸（碱）混合液的滴定。此处介绍前者的滴定情况。

（1）弱酸 HA 与强酸如 HCl 混合，滴定的不同情况见表 5-21。

弱酸的 pK_a 值越大（即 K_a 越小），则越有利于强酸的滴定，但却越不利于混合酸总量的测定。一般当弱酸的 $c_aK_a\leqslant10^{-8}$时，就无法测得混合酸的总量；而弱酸（HA）的 $pK_a\leqslant5$ 时，也就对强酸产生干扰，不能直接准确滴定混合液中的强酸了。

表 5-21　混合酸滴定的一般判定条件

判定条件	结论	现象
$K_{a(HA)}<10^{-7}$	HCl 能被准确滴定，HA 不能被准确滴定，不影响测 HCl	能滴定 HCl，但无法滴定混合酸的总量
$K_{a(HA)}>10^{-5}$	HA 干扰 HCl 的滴定，准确滴定混合酸总量，但无法单独滴定 HCl 组分	HCl 与 HA 同时被滴定
$10^{-7}<K_{a(HA)}<10^{-5}$	既能滴定 HCl，也能滴定 HA	可分别滴定 HCl 和 HA 组分

当然，在实际分析过程中，若强酸的浓度增大，则分别滴定强酸与弱酸的可能性也就增大。所以对混合酸的直接准确滴定进行判断时，除了要考虑弱酸（HA）的强度之外，还需比较强酸（HCl）与弱酸（HA）浓度比值的大小。

混合碱滴定的情况与混合酸的情况相似，不再赘述。

（2）混合碱测定实例（双指示剂法）

无机工业碱的成分一般有 NaOH、Na_2CO_3、$NaHCO_3$，碱的组成存在 5 种可能。

三种组分中任一种单独存在，或者是 NaOH 和 Na_2CO_3 或 Na_2CO_3 和 $NaHCO_3$ 的混合物（NaOH 和 $NaHCO_3$ 不可能共存）。采用双指示剂法分析，能较为便捷地判断和测定出碱的组分及含量。

双指示剂法主要步骤：

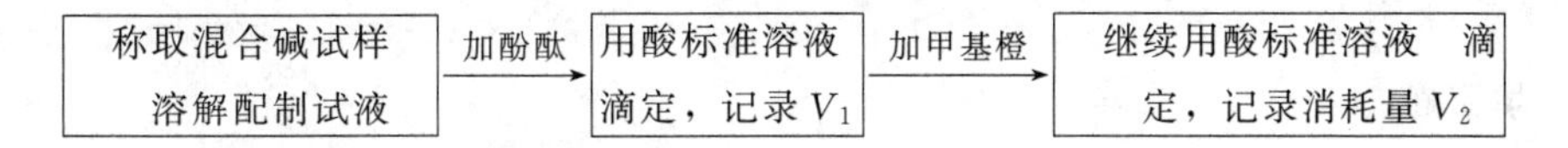

① 将混合碱试样溶解，制备成试液；

② 取一定量试液，滴入酚酞指示剂，用酸标准溶液滴定，终点浅红色，记录体积 V_1；

③ 滴定后的溶液，继续加甲基橙，用酸标准溶液滴定，终点黄色变橙色，记录体积 V_2。

双指示剂法的原理分析：以线段表示消耗酸溶液的体积，判断混合碱的构成和含量，见表 5-22。

表 5-22　双指示剂法分析混合碱含量实验结果及判定条件

碱的成分	第 1 步（酚酞）	第 2 步（甲基橙）	判定条件
① 只含 NaOH	V_1		$V_1>0,V_2=0$
② 只含 Na_2CO_3	V_1　$NaHCO_3$	V_2	$V_1=V_2>0$
③ 只含 $NaHCO_3$		V_2	$V_1=0,V_2>0$

④根据上面的分析，显然，当含有 NaOH 和 Na_2CO_3 时，得出下面判定条件：

④ 含 NaOH 和 Na_2CO_3	NaOH V_1 Na_2CO_3 V_1	V_2	$V_1>V_2>0$
说时：滴定时，由 NaOH 和 Na_2CO_3 所消耗的 V_1 结合一起被滴定，表现出 $V_1>V_2>0$			

⑤ 当含有 NaOH 和 Na_2CO_3 时，得出下面的判定条件：

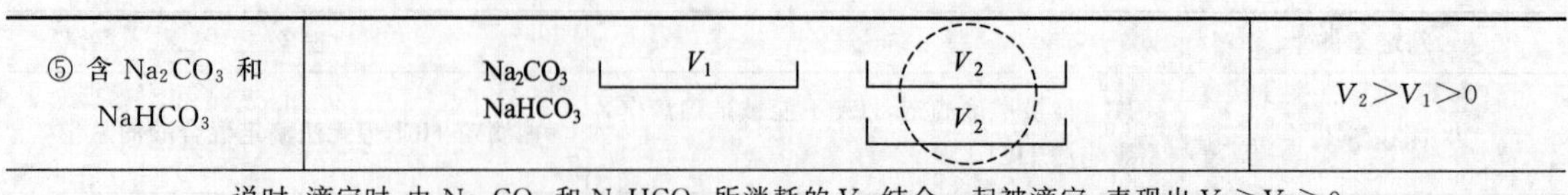

⑤ 含 Na_2CO_3 和 $NaHCO_3$	Na_2CO_3 $NaHCO_3$ V_1 V_2 V_2	$V_2>V_1>0$
说时：滴定时，由 Na_2CO_3 和 $NaHCO_3$ 所消耗的 V_2 结合一起被滴定，表现出 $V_2>V_1>0$		

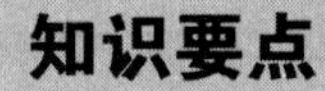

知识要点

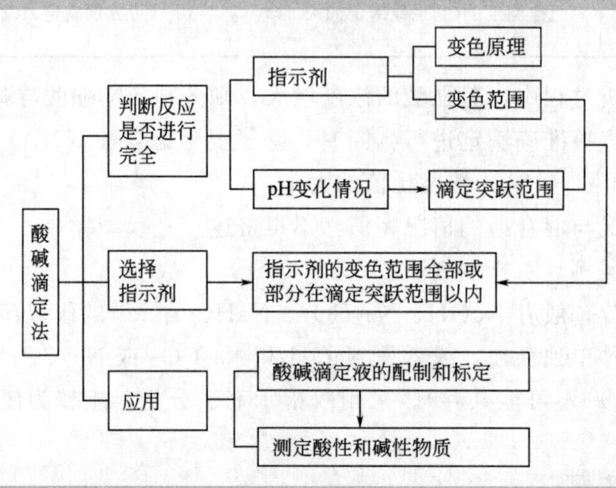

习　题

一、填空题

1. 某指示剂 HIn 的 $pK_{HIn}=5.8$，其变色范围的 pH 为__________。

2. 指示剂的选择原则是__________。

3. 准确滴定一元弱酸的依据是__________。

4. 混合指示剂的优点是__________。

5. 测定食醋中醋酸含量时，常用__________作滴定液进行滴定，用__________作指示剂，其终点颜色是__________。

6. 标定盐酸时常用__________作基准物质，标定氢氧化钠时常用__________作基准物质。

7. 影响指示剂变色范围的主要因素是__________、__________、__________、__________。

二、选择题

1. NaOH 滴定 HAc 时，应选用（　　）作指示剂。

A. 甲基橙　　B. 甲基红　　C. 酚酞　　D. 百里酚蓝

2. 下列（　　）不能用 NaOH 滴定液直接滴定。

A. HCOOH($K_a=1.77\times10^{-4}$)　　B. H_3BO_3($K_a=7.3\times10^{-10}$)

C. HAc($K_a=1.76\times10^{-5}$)　　D. $H_2C_4H_4O_6$($K_{a_1}=6.4\times10^{-5}$; $K_{a_2}=2.7\times10^{-6}$)

3. 有一未知溶液加甲基红指示剂显黄色，加酚酞显无色，该未知溶液的 pH 约为（　　）。

A. 6.2　　B. 6.2～8.0　　C. 8.0　　D. 8.0～10.0

4. 下列关于指示剂的叙述错误的是（　　）。

A. 指示剂的变色范围越窄越好　　B. 指示剂的用量应适当

C. 只能用混合指示剂　　D. 指示剂的变色范围应部分落在突跃范围内

5. 为了减小指示剂变色范围，使变色敏锐，可采用（　　）。

A. 酚酞为指示剂　　B. 甲基红为指示剂　　C. 加温　　D. 混合指示剂

6. 某强碱滴定某弱酸的突跃范围为 pH＝7.75～9.70，可选用（　　）指示剂确定终点。

A. 甲基橙（pH＝3.2～4.4）　　B. 甲基红（pH＝4.2～6.3）

C. 麝香草酚酞（pH＝9.3～10.5）　D. 酚酞（pH＝8.3～10.0）

三、计算题

1. 为标定 HCl 滴定液的浓度，称取基准物质 Na_2CO_3 0.1520g，用甲基橙作指示剂，用去 HCl 溶液 25.20mL，求 HCl 溶液的浓度。

2. 取食醋 5mL，加水稀释后以酚酞为指示剂，用 NaOH 滴定液（0.1080mol/L）滴定至淡红色，计消耗体积 24.60mL，求食醋中醋酸的含量。

3. 用基准无水 Na_2CO_3，标定近似浓度为 0.1mol/L 的 HCl 溶液时，计算：

（1）若消耗 HCl 溶液 20～25mL，基准无水 Na_2CO_3 的取样量范围。

（2）若称取无水 Na_2CO_3 0.1350g，消耗 HCl 24.74mL，求 HCl 物质的量浓度。

（3）计算 T_{HCl/Na_2CO_3}。

（4）若用此 HCl 滴定药用硼砂（$Na_2B_4O_7 \cdot 10H_2O$）0.5324g，消耗 HCl 的体积为 21.38mL，求硼砂含量。

4. 在 0.2815g 含 $CaCO_3$ 及中性杂质的石灰石里加入 20.00mL HCl 溶液（0.1175mol /L），滴定过量的酸用了 5.60mL 的 NaOH 溶液，1mL NaOH 溶液相当于 0.9750mL 的 HCl，计算石灰石的纯度。

5. 标定 0.1mol/L NaOH 溶液的浓度，问应称取基准邻苯二甲酸氢钾多少克？

6. 称取含有 Na_2CO_3 和 K_2CO_3 的混合试样 0.3000g，溶于水后以甲基橙作指示剂，用 0.2500mol/L HCl 滴定至终点，用去 HCl 滴定液 20.00mL，计算试样中 Na_2CO_3 和 K_2CO_3 的含量。

项目6

配位反应与配位滴定法

项目引入

配位反应是以配位键结合生成配位化合物的反应。成键双方，一方提供电子对，而另一方提供空轨道而构成的共价键即配位键。提供空轨道的，一般多为带正电荷的阳离子，如Cu^{2+}、Fe^{2+}、Fe^{3+}、Ag^{+}等；提供电子对的，为配位离子或中性分子，如NH_3、CN^-、CO等。二者结合形成配位单元，如$[Cu(NH_3)_4]^{2+}$、$[Ag(NH_3)_2]^+$等，这样的物质称作配位化合物。

配位化合物即称配合物，在自然和生物界广泛存在。例如，自然界中存在的多数溶解性铁都是以配位形式存在，而金属离子在生物体系中几乎都是以配位键形式结合，涉及多个领域。

电镀原件使用配位剂

化工催化生产使用配位剂

化学配位分析

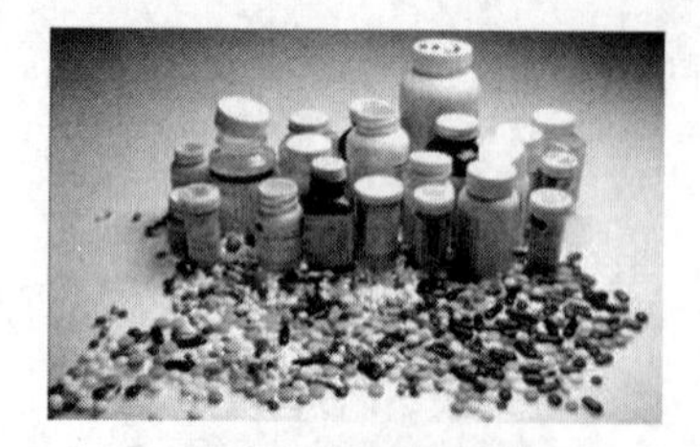

金属中毒的解毒剂药品

水产业配位净水剂

在分析检验工作中，利用金属离子能与配位剂发生配位反应，而对试样中金属含量进行滴定分析，称为配位滴定法，这是配位反应在分析化学领域的重要应用。最常用的配位滴定剂为乙二胺四乙酸二钠，缩写为EDTA。EDTA滴定法应用广泛，可以测定牛奶中钙、化工生产中金属催化剂、工业废水中金属、葡萄糖酸锌口服液中锌、保险丝中的铅、水泥中金属（钙、铁、镁、铝等）的含量。

本项目通过技能操作训练任务，使学生掌握操作技能要点，理解配合物的基本知识，了解配合物的化学键理论，掌握解离平衡、配位滴定法原理、滴定方式、酸度的控制、干扰的消除、金属指示剂等知识；会进行相关的操作和计算，控制实验误差，并出具检验报告。

任务	技能训练和解析	知识宝库
6.1 认识配位反应与配位平衡	6.1.2 配位化合物的生成和性质实验	6.1.3 配位反应
6.2 自来水硬度的测定	6.2.2 EDTA标准溶液的配制实验 6.2.3 自来水硬度的测定实验	6.2.4 金属指示剂 6.2.5 配位滴定曲线 6.2.6 配位滴定的酸度条件
6.3 结晶氯化铝含量的测定	6.3.2 结晶氯化铝含量的测定实验	6.3.3 单组分配位滴定
6.4 Pb^{2+}、Bi^{3+}的含量分析	6.4.2 Pb^{2+}、Bi^{3+}的连续滴定实验	6.4.3 多组分配位滴定

任务6.1 认识配位反应与配位平衡

6.1.1 任务书

配位化合物（简称配合物）由中心离子（或原子）与围绕着它们并与它们键合的一定数量的离子或分子（配位体）所组成。配位反应试剂组成和条件改变，则形成配位化合物的结构形式改变，其性质和特点都不同。本次任务，进行配位化合物的生成和性质实验，了解几种类型配离子的形成、稳定性，探讨酸碱反应、沉淀反应、氧化还原反应对配位平衡的影响，了解螯合物的形成和特性。

6.1.2 技能训练和解析

配位化合物的生成和性质实验

1. 任务原理

由中心离子（正离子或中性原子）和一定数目的配位体（中性分子或负离子）以配位键结合（配位体按一定几何位置排布在中心离子周围）而形成的复杂离子称为配离子。配离子在晶体和溶液中都能稳定存在，它和弱电解质一样，在溶液中会有一定的解离，形成解离与配位的平衡状态，如 $[Cu(NH_3)_4]^{2+}$ 配离子在溶液中存在下列平衡。

$$[Cu(NH_3)_4]^{2+} \rightleftharpoons Cu^{2+} + 4NH_3$$

$$\frac{[Cu^{2+}][NH_3]^4}{[Cu(NH_3)_4^{2+}]} = K_d \qquad \frac{[Cu(NH_3)_4^{2+}]}{[Cu^{2+}][NH_3]^4} = K_f$$

平衡常数 K_d($K_{不稳}$)与 K_f($K_{稳}$)互为倒数，K_d($K_{不稳}$)越大，K_f($K_{稳}$)越小，表示该配离子的稳定程度越小，配离子易解离，反之亦然。

因此，$K_{不稳}$越大→越不稳定→解离

配离子的解离平衡是一种动态平衡，改变溶液的酸碱度，外加能与中心离子或配位体发生反应的试剂均可使平衡发生移动，同样也存在同离子效应。

一个配位体中有两个或多个原子（多基配体）同时与一个中心离子进行配位，所形成的环状结构化合物叫做螯合物。多基配位体多为有机化合物。螯合物中以五元环、六元环最稳定，且形成的环越多越稳定，螯合物大多具有特征的颜色。

配位反应应用广泛，如利用金属离子生成配离子后的颜色、溶解度、氧化还原性等一系列性质的改变，进行离子鉴定、干扰离子的掩蔽反应等。

2. 试剂材料

	仪器和试剂	准备情况
仪器	试管、玻璃棒、白瓷点滴板等	
试剂	H_2SO_4(1mol/L)、HCl(6mol/L)、$NH_3 \cdot H_2O$(2mol/L)、NaOH(2mol/L 与 6mol/L)、$CuSO_4$(0.2mol/L)、$HgCl_2$(0.1mol/L)、KI(0.1mol/L)、$K_3Fe(CN)_6$(0.5mol/L)、$FeCl_3$(0.2mol/L)、NH_4SCN(0.1mol/L)、$(NH_4)_2C_2O_4$(饱和)、$AgNO_3$(0.1mol/L)、NaF(饱和)、NaCl(0.1mol/L)、NaClO(1∶1)、KBr(0.1mol/L)、$Na_2S_2O_3$(2mol/L)、$FeSO_4$(0.1mol/L)、Ni^{2+}试剂(0.1mol/L)、Co^{2+}试剂(0.1mol/L)、$SnCl_2$(0.5mol/L)、EDTA(0.1mol/L)、$Na_3[Co(NO_2)_6]$(6%)、邻菲罗啉(0.25%)、丁二酮肟(1%)、丙酮(或异戊醇)；NH_4SCN(固体)	

3. 任务操作

(1) 正负配离子的形成

① 在 5 滴 0.1mol/L $AgNO_3$ 溶液中，逐滴滴加 2mol/L $NH_3 \cdot H_2O$，溶液保留以备后面试验用。

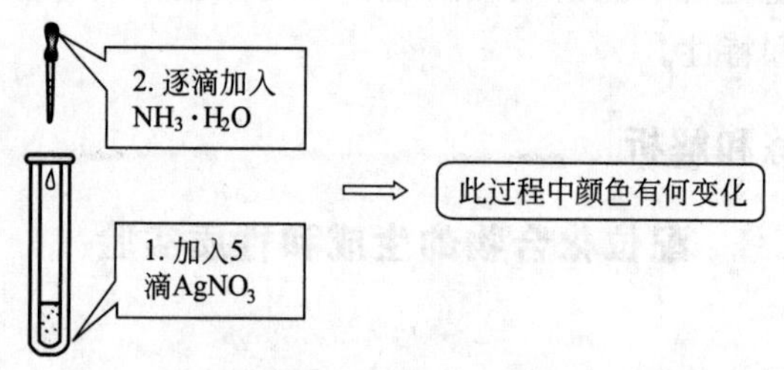

② 在 15 滴 0.2mol/L $CuSO_4$ 溶液中加入 1 滴 2mol/L $NH_3 \cdot H_2O$，观察有无沉淀产生，小心滴加 2mol/L $NH_3 \cdot H_2O$，直至沉淀刚好消失，生成深蓝色的溶液。将溶液分装 3 支试管，保留以备后面试验用。

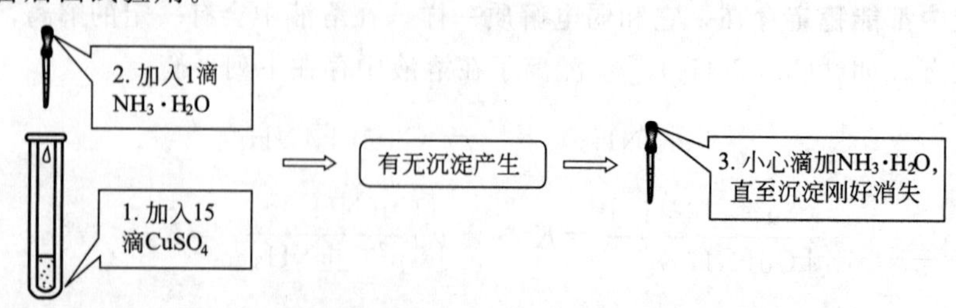

③ 在 2 滴 0.1mol/L $HgCl_2$（剧毒）溶液中，滴加 1 滴 0.1mol/L KI，观察有何现象，再加入过量的 KI 溶液有无变化？试管中溶液立即倒回汞盐回收瓶中。$HgCl_2$ 是剧毒的，切

勿沾染手上，如沾染，须立即洗净。

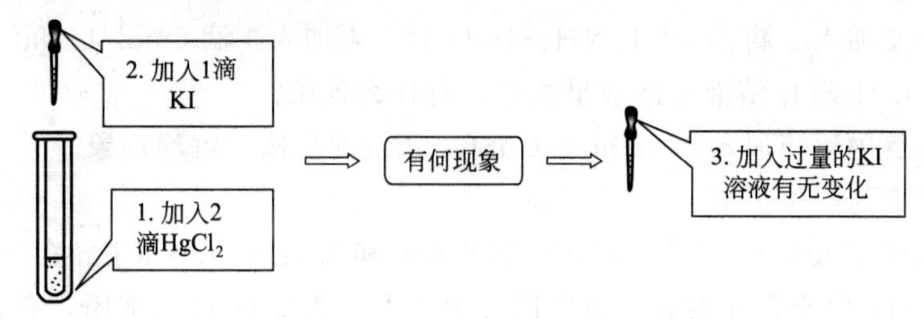

④ 往试管中加 5 滴 Co^{2+} 试液，米粒大小的 NH_4SCN 固体，再加入 5～6 滴丙酮（或异戊醇），振荡后观察溶液颜色。蓝色的$[Co(SCN)_4]^{2-}$配离子在水中不稳定，发生下列反应：

$$\underset{\text{蓝色}}{[Co(SCN)_4]^{2-}} + 6H_2O \rightleftharpoons \underset{\text{粉红色}}{[Co(H_2O)_6]^{2+}} + 4SCN^-$$

（2）简单离子与配离子的区别

① 取 5 滴 0.2mol/L $FeCl_3$，加入 2 滴 0.1mol/L NH_4SCN 溶液，观察有无血红色的 $Fe(SCN)_3$产生。

② 用 0.5mol/L $K_3Fe(CN)_6$ 代替 $FeCl_3$ 做同样试验，观察有无血红色产生。

根据两次试验结果，说明配离子与简单离子有何区别。

（3）配离子的解离

① 在两支试管中各加入 10 滴 0.1mol/L $AgNO_3$，再分别滴入 2 滴 2mol/L NaOH 和 0.1mol/L KI，观察各有什么现象发生？

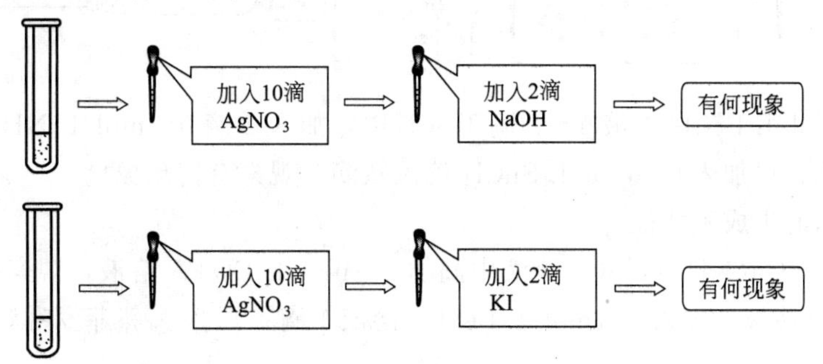

② 将（1）① 中制得的 $[Ag(NH_3)_2]^+$ 溶液分别装入两支试管中，分别加入数滴 2mol/L NaOH 和 0.1mol/L KI 溶液，观察现象，并写出配离子解离的方程式。

（4）配离子稳定性的比较

往试管中加入 0.2mol/L $FeCl_3$ 溶液 5 滴，然后加入 1 滴 0.1mol/L NH_4SCN 溶液，观察溶液颜色有何变化。再往溶液中加入数滴 NaF 饱和溶液，颜色是否褪去？最后往溶液中加入几滴 $(NH_4)_2C_2O_4$ 饱和溶液，溶液颜色又有何变化？如冬天可用水浴加热。

从溶液颜色变化比较 3 种 Fe(Ⅲ)配离子的稳定性，并说明这些配离子之间的转化条件。

（5）酸碱平衡与配位平衡

① 取 5 滴 6%$Na_3[Co(NO_2)_6]$溶液于试管中，逐滴加入 6mol/L NaOH 溶液，振荡试管，观察$[Co(NO_2)_6]^{3-}$被破坏和 $Co(OH)_3$ 沉淀的生成。

取 0.2mol/L $FeCl_3$ 溶液 2 滴于试管中，加入 1 滴 NH_4SCN 溶液，得到血红色的 $Fe(SCN)_3$溶液，逐滴加入 6mol/L NaOH 溶液，观察颜色变化。

② 在（1）② 所得的$[Cu(NH_3)_4]^{2+}$溶液中，其中的一支试管加入 1 滴 6mol/L NaOH，有何现象？另一支加入 5 滴 2mol/L $NH_3 \cdot H_2O$ 后，再加入 1 滴 6mol/L NaOH，有何现象？继续加入 1mol/L H_2SO_4 溶液至溶液呈酸性，有什么现象？

在第三支试管中逐滴加入 0.2mol/L $CuSO_4$ 至沉淀生成。解释现象。

（6）沉淀平衡与配位平衡

在一支试管中加入 0.1mol/L $AgNO_3$ 溶液 5 滴和 0.1mol/L NaCl 溶液 1～2 滴，然后加入 2mol/L $NH_3 \cdot H_2O$ 至沉淀溶解。再向试管中加入 1 滴 0.1mol/L KBr，有无 AgBr 沉淀生成？若有沉淀生成，沉淀是什么颜色？再向试管中加入 2mol/L $Na_2S_2O_3$ 溶液直到沉淀刚好溶解为止。最后向试管中加 1 滴 0.1mol/L KI 溶液，是否有 AgI 沉淀生成？

根据以上实验现象，讨论沉淀平衡与配位平衡的相互影响，并比较 AgCl、AgBr、AgI 的 K_{sp}的大小及$[Ag(NH_3)_2]^+$和$[Ag(S_2O_3)_2]^{3-}$的 K_f 大小。

（7）氧化还原平衡与配位平衡

① 取两支试管各加入 0.1mol/L KI 溶液 3 滴和 0.2mol/L $FeCl_3$ 溶液 1 滴，振荡试管。其中一支试管逐滴加入 NaF 饱和溶液至溶液的颜色褪去（约 20～30 滴），解释现象。

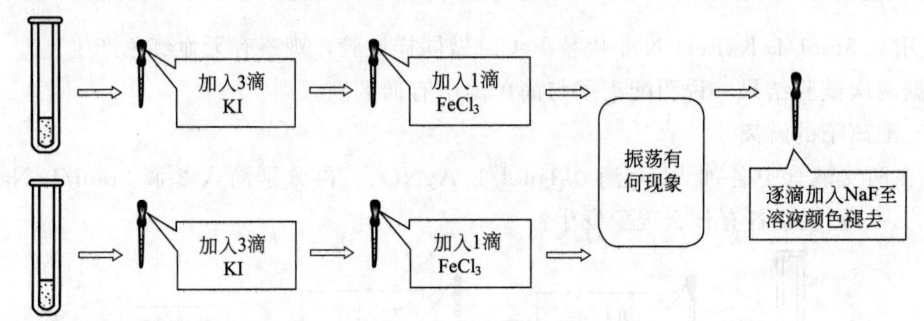

② 取 0.2mol/L $FeCl_3$ 溶液 1～2 滴于试管中，加入 2 滴 0.1mol/L NH_4SCN 溶液，观察溶液有何变化，再加入 0.5mol/L $SnCl_2$ 溶液数滴，观察有何现象。

（8）螯合物的生成和特征

① 在自配的$[Cu(NH_3)_4]SO_4$ 溶液中滴加 0.1mol/L EDTA 溶液，观察产生的现象。

② 在白瓷点滴板上加入 0.1mol/L $FeSO_4$ 溶液 1 滴和 0.25%邻菲罗啉溶液 2～3 滴，观察产生的现象。

③ 在白瓷点滴板上加入 0.1mol/L $NiSO_4$ 溶液 1 滴和 2mol/L $NH_3 \cdot H_2O$ 溶液 2 滴，再加 1%丁二酮肟，观察产生的现象。

4. 记录与报告单

配位化合物的生成和性质记录见表 6-1。

表 6-1 配位化合物的生成和性质记录

实验操作		实验现象	实验解释(反应方程式)
正负配离子的形成	①		
	②		
	③		
	④		

续表

实验操作		实验现象	实验解释(反应方程式)
简单离子与配离子的区别	①		
	②		
配离子的解离	①		
	②		
配离子稳定性比较			
酸碱平衡与配位平衡	①		
	②		
沉淀平衡与配位平衡			
氧化还原平衡与配位平衡	①		
	②		
螯合物的生成和特征	①		
	②		
	③		

5. 注意事项

(1) $HgCl_2$ 是剧毒的，必须注意安全，切勿沾染于手。如沾染，须立即洗净。

(2) 向试管中加溶液时要逐滴加入。

6. 问题与思考

(1) 哪些因素影响配离子的解离平衡?

(2) 已知稳定性$[Ag(S_2O_3)_2]^{3-}>[Ag(NH_3)_2]^+$，如果把 $Na_2S_2O_3$ 溶液加入$[Ag(NH_3)_2]^+$溶液中会发生的变化为________。

6.1.3 知识宝库

配位反应

1. 配位化合物

(1) 配合物的组成

配位化合物在组成上一般包括内界和外界两部分，书写时内界用方括号括起来，内界是配合物的特征部分，外界在方括号外，通常是一些简单离子。如$[Ag(NH_3)_2]NO_3$，内界与外界以离子键结合。以$[Ag(NH_3)_2]NO_3$为例，说明配位化合物的组成和结构，如下图：

① 中心离子　中心离子位于配合物的中心，它是配合物的核心，一般是金属离子或原子，具有空轨道，能接受电子，通常是过渡金属的离子和原子，如 Fe^{3+}、Cu^{2+}、Pb^{2+}、Ag^+、Co^{2+}、Ni^{2+}、Zn^{2+} 等，也有带中性的原子，如 Ni、Fe、Co 等。

$[Ag(NH_3)_2]NO_3$

中心离子　配位原子　配体　配位数　外界离子

内界　外界

配合物

② 配位体　在配合物中与中心离子结合的阴离子或中性分子称为配位体，简称配体，如 Cl^-、Br^-、I^-、F^-、CN^-、NH_3、H_2O 等。其中直接与中心离子结合的原子称为配位原子，如 NH_3 中的 N 原子，CN^- 中的 C 原子都是配位原子。作为配位原子，必须具有孤电子对，它

们大多是位于元素周期表右上方ⅣA、ⅤA、ⅥA、ⅦA族电负性较强的非金属离子。

③ 配位数　与中心离子直接结合的配位原子的总数，称为该中心离子的配位数。对于单基配体，配位数等于配位体的数目，如$[Ag(NH_3)_2]^+$中配位数等于2，$[Cu(NH_3)_4]^{2+}$中配位数等于4；对于多基配体，如$[Cu(en)_2]^{2+}$配离子中，由于en是双基配体，每个en提供两对电子，Cu^{2+}的配位数是4而不是2。

一般情况下，中心离子的配位数为2～9，常见的是2、4、6。

(2) 配合物的命名

配合物的命名服从一般无机化合物的命名原则。阴离子在前，阳离子在后。如果配合物的酸根是一个简单的阴离子，则称某化某。如$[Co(NH_3)_4Cl_2]Cl$，则称一氯化二氯·四氨合钴（Ⅲ）。如果酸根是一个复杂阴离子，则称为某酸某。如$[Cu(NH_3)_4]SO_4$，则称为硫酸四氨合铜（Ⅱ）。若外界为氢离子，配阴离子的名称之后用酸字结尾。如$H[PtCl_3(NH_3)]$，称为三氯·一氨合铂（Ⅱ）酸。它的盐如$K[PtCl_3(NH_3)]$则称三氯·一氨合铂（Ⅱ）酸钾。

配合物的命名比一般无机化合物命名更复杂的地方在于配合物的内界，内界的命名一般遵从如下原则。

① 每种配体的数目用数字一、二、三、……写在该种配体名称的前面；当配体不止一种时，不同配体之间用圆点（·）分开，配体顺序为：阴离子配体在前，中性分子配体在后；中心离子（中心离子的氧化数要用罗马数字表示出来）与配体之间加一合字连起来。如$H_2[SiF_6]$为六氟合硅（Ⅳ）酸；$[Cr(OH)(H_2O)_5](OH)_2$为氢氧化一羟基·五水合铬（Ⅲ）。

② 同种类配体名称按配位原子元素符号的英文字母顺序排列。如$[Co(NH_3)_5(H_2O)]Cl_3$为三氯化五氨·一水合钴（Ⅲ）。

③ 配体中既有无机配体又有有机配体，则无机配体排在前，有机配体排在后。

④ 较复杂的配体名称，配体要加括号以免混淆。如$[PtCl_2(Ph_3P)_2]$为二氯·二（三苯基膦）合铂（Ⅱ）。

⑤ 配位原子相同，配体中原子个数少的在前。如$[Pt(NO_2)(NH_3)(NH_2OH)(Py)]Cl$为一氯化一硝基·一氨·一羟氨·一吡啶合铂（Ⅱ）。

⑥ 配体中原子个数相同，则按和配位原子直接相连的其他原子的元素符号的英文字母顺序排列，如$[Pt(NH_3)(NO_2)(NH_3)_2]$为一氨基·一硝基·二氨合铂（Ⅱ）。

(3) 配合物的化学键理论

配合物的化学键通常指的是中心原子（或离子）与配位体间的结合力。配合物的化学键理论处理中心原子（或离子）与配体之间的键合本质问题，用于阐明中心原子的配位数、配位化合物的立体结构以及配合物的热力学性质、动力学性质、光谱性质和磁性质等。

配合物的化学键理论主要包括：价键理论、晶体场理论、分子轨道理论。现就价键理论、晶体场理论基本要点作简要介绍如下。

① 价键理论　配合物价键理论认为：形成配合物时，形成体（M）在配体（L）的作用下进行杂化，用空的杂化轨道接受配体提供的孤电子对，以σ配位键（M←：L）的方式结合，即形成体的杂化轨道与配位原子的某个孤电子对的原子轨道相互重叠形成配位键。其基本要点如下：

a. 中心离子（或原子）的价层上有空轨道，配体有可提供孤电子对的配位原子；

b. 中心离子（或原子）价层上的空轨道首先杂化，杂化类型决定于中心离子的价层电子构型和配体的数目及配位能力的强弱；

c. 中心离子（或原子）的杂化轨道与配位原子中的孤电子对的原子轨道重叠成键，形成配合物；

d. 配合物的空间构型取决于中心离子（或原子）的杂化轨道类型。

该理论较好地解释了配合物的空间构型、磁性和稳定性。但是，由于价键理论未考虑配体对中心离子的影响，因而也具有一定的局限性：无法解释配离子的稳定性与中心离子电子构型之间的关系；无法解释过渡金属配离子具有特征颜色的现象。

② 晶体场理论　晶体场理论的基本要点如下：

a. 中心离子和配体阴离子（或极性分子）之间的相互作用，类似于离子晶体中阳、阴离子之间（或离子与偶极分子之间）的静电排斥和吸引，而不形成共价键；

b. 中心离子的 5 个能量相同的 d 轨道由于受周围配体负电场不同程度的排斥作用，能级发生分裂，有些轨道能量升高，有些轨道能量降低；

c. 由于 d 轨道能级的分裂，d 轨道上的电子将重新分布，使体系能量降低，变得比未分裂时稳定，即给配合物带来了额外的稳定化能。

晶体场理论能较好地解释配合物的构型、稳定性、磁性、颜色等。但是它假设配体是点电荷或偶极子，只考虑中心离子与配体间的静电作用。因此，对$[Ni(CO_4)]$电中性原子配合物无法说明。另外晶体场理论也不能满意地解释光谱化学序列，如为什么 NH_3 分子的场强比卤素阴离子强等。

2. 配位平衡

（1）配位滴定法

配位滴定法是以生成配位化合物的反应（配位反应）为基础的滴定分析方法。配位滴定中最常用的配位剂是 EDTA，所以配位滴定法常指以 EDTA 为标准滴定溶液的 EDTA 配位滴定法。

用于配位滴定的配位反应必须具备一定的条件：

① 反应按化学计量关系定量进行，即金属离子与配位剂的比例（即配位比）要恒定；

② 配位反应必须完全，即生成配合物的稳定常数足够大；

③ 反应速率快；

④ 有适当的方法确定终点。

配位剂分为无机配位剂和有机配位剂，多数的无机配位剂只有一个配位原子（通常称此类配位剂为单基配位体，如 F^-、Cl^-、CN^-、NH_3 等），与金属离子形成配合物的稳定性较差，目前应用最广泛的是有机配位剂，特别是含有二乙酸氨基$[—N(CH_2COOH)_2]$的氨羧配位剂应用最广泛。常见的氨羧配位剂有：EDTA（乙二胺四乙酸）；CyDTA（或 DCTA，环己烷二氨基四乙酸）；EDTP（乙二胺四丙酸）；TTHA（三乙基四胺六乙酸）。其中 EDTA 是目前应用最广泛的一种。

乙二胺四乙酸是一种四元酸，习惯上用 H_4Y 表示。其结构式如下：

$$\begin{array}{l}HOOCCH_2 \\ \quad\quad\quad\ \ \backslash \\ \quad\quad\quad\quad N—CH_2—CH_2—N \\ \quad\quad\quad\ \ / \\ HOOCCH_2\end{array}\begin{array}{l}CH_2COOH \\ / \\ \\ \backslash \\ CH_2COOH\end{array}$$

乙二胺四乙酸是一种无毒、无臭、具有酸味的白色无水结晶粉末，微溶于水，22℃时溶解度仅为0.02g/100mL H_2O，难溶于酸和有机溶剂，易溶于氨水、NaOH等碱性溶液，形成相应的盐。由于乙二胺四乙酸溶解度小，因而不适于用作滴定剂，而常用其二钠盐作滴定剂。

乙二胺四乙酸二钠用 $Na_2H_2Y \cdot 2H_2O$ 表示，也简称为EDTA，相对分子质量为372.26，白色结晶粉末，室温下可吸附水分0.3%，80℃时可烘干除去。在配位滴定中，通常配制成0.01～0.1mol/L的标准溶液使用。

EDTA溶解于酸度很高的溶液中时，它的两个羧酸根可再接受两个 H^+ 形成 H_6Y^{2+}，这样，它就相当于一个六元酸，有六级解离常数，即：EDTA在水溶液中总是以 H_6Y^{2+}、H_5Y^+、H_4Y、H_3Y^-、H_2Y^{2-}、HY^{3-} 和 Y^{4-} 七种型体存在。

EDTA配位反应具有以下特点：① 能与大多数金属离子形成稳定性强的配合物；② EDTA与大多数金属离子以1∶1的配位比反应，化学计量关系简单；③ 配位反应速率快；④ 滴定终点易于判断。

(2) 主反应与绝对稳定常数

金属离子能与EDTA形成1：1的多元环状螯合物，若以M代表金属离子，Y代表EDTA，配位反应通常可表示为

$$M+Y \longrightarrow MY$$

反应达到平衡时配合物的稳定常数为：

$$K_{MY}=\frac{[MY]}{[M][Y]} \tag{6-1}$$

式中，K_{MY} 即为金属-EDTA配合物的绝对稳定常数（或称形成常数），也可用 $K_{稳}$ 表示。对于具有相同配位数的配合物或配位离子，此值越大，配合物越稳定。它的倒数即为配合物的不稳定常数（或解离常数）。

$$K_{稳}=\frac{1}{K_{不稳}} \text{或} \lg K_{稳}=pK_{不稳}$$

与EDTA发生配位反应的金属离子电荷数越高，离子半径越大，电子层结构越复杂，形成配合物的稳定常数越大，越有利于滴定反应的进行。常见金属离子与EDTA形成的配合物MY的绝对稳定常数 $\lg K_{稳}$ 详见表6-2。需要指出的是：绝对稳定常数是指无副反应情况下的数据，它不能反映实际滴定过程中真实配合物的稳定状况。

(3) 副反应与条件稳定常数

在实际测定过程中，被测金属离子M与EDTA配位，生成配合物MY，这是主反应。与此同时，反应物M、Y及反应产物MY也可能与溶液中其他组分发生副反应，从而使MY配合物的稳定性受到影响，常存在如下副反应：

表 6-2　常见金属离子-EDTA 配位化合物的 $\lg K_{稳}$

阳离子	$\lg K_{MY}$	阳离子	$\lg K_{MY}$	阳离子	$\lg K_{MY}$
Na^{+}	1.66	Ce^{4+}	15.98	Cu^{2+}	18.80
Li^{+}	2.79	Al^{3+}	16.3	Ga^{2+}	20.3
Ag^{+}	7.32	Co^{2+}	16.31	Ti^{3+}	21.3
Ba^{2+}	7.86	Pt^{2+}	16.31	Hg^{2+}	21.8
Mg^{2+}	8.69	Cd^{2+}	16.49	Sn^{2+}	22.1
Sr^{2+}	8.73	Zn^{2+}	16.50	Th^{4+}	23.2
Be^{2+}	9.20	Pb^{2+}	18.04	Cr^{3+}	23.4
Ca^{2+}	10.69	Y^{3+}	18.09	Fe^{3+}	25.1
Mn^{2+}	13.87	VO^{+}	18.1	U^{4+}	25.8
Fe^{2+}	14.33	Ni^{2+}	18.60	Bi^{3+}	27.94
La^{3+}	15.50	VO^{2+}	18.8	Co^{3+}	36.0

M + Y ⇌ MY
OH^-: M(OH) … $M(OH)_n$　羟基配位效应
A: MA … MA_n　辅助配位效应
H^+: HY … H_6Y　酸效应
N: NY　干扰离子副反应
H^+: MHY；OH^-: M(OH)Y　混合配位效应

式中，A 为辅助配位剂；N 为共存离子。副反应影响主反应的现象称为“效应”。

显然，反应物（M、Y）发生副反应不利于主反应的进行，而生成物（MY）的各种副反应则有利于主反应的进行，但所生成的这些混合配合物大多数不稳定，可以忽略不计。

为了定量各种处理因素对配位平衡的影响，引入副反应系数的概念。副反应系数是描述副反应对主反应影响程度的量度，以 α 表示。下面主要讨论酸效应副反应及酸效应系数。

① 酸效应及酸效应系数　因 H^+ 的存在使配位体参加主反应能力降低（H^+ 与 Y^{4-} 之间发生副反应）的现象称为酸效应。酸效应的程度用酸效应系数来衡量，EDTA 的酸效应系数用符号 $\alpha_{Y(H)}$ 表示。所谓酸效应系数是指在一定酸度下，未与 M 配位的 EDTA 各级质子化型体的总浓度$[Y']$与游离 EDTA 酸根浓度$[Y^{4-}]$的比值。即

$$\alpha_{Y(H)}=\frac{[Y']}{[Y^{4-}]}$$

$$=\frac{[Y^{4-}]+[HY^{3-}]+[H_2Y^{2-}]+[H_3Y^{-}]+[H_4Y]+[H_5Y^{+}]+[H_6Y^{2+}]}{[Y^{4-}]}$$

表 6-3 列出不同 pH 的溶液中 EDTA 酸效应系数 $\lg\alpha_{Y(H)}$ 值。

表 6-3　不同 pH 时的 $\lg\alpha_{Y(H)}$

pH	$\lg\alpha_{Y(H)}$	pH	$\lg\alpha_{Y(H)}$	pH	$\lg\alpha_{Y(H)}$
0.0	23.64	3.8	8.85	8.0	2.27

续表

pH	$\lg\alpha_{Y(H)}$	pH	$\lg\alpha_{Y(H)}$	pH	$\lg\alpha_{Y(H)}$
0.4	21.32	4.0	8.44	8.4	1.87
0.8	19.08	4.4	7.64	8.8	1.48
1.0	18.01	4.8	6.84	9.0	1.28
1.4	16.02	5.0	6.45	9.5	0.83
1.8	14.27	5.8	4.98	10.0	0.45
2.0	13.51	6.0	4.65	11.0	0.07
2.4	12.19	7.4	2.88	12.0	0.00

表 6-3 说明，酸效应系数随溶液酸度的增加而增大。$[H^+]$ 越大，$\alpha_{Y(H)}$ 越大，表示 $[Y^{4-}]$ 的平衡浓度就越小，EDTA 的副反应越严重，仅当 pH≥12 时，$\alpha_{Y(H)}=1$，即此时 Y 才不与 H^+ 发生副反应，此时 EDTA 的配位能力最强。

② 条件稳定常数　用绝对稳定常数描述配合物的稳定性是不符合实际情况的，要考虑各种副反应对主反应的影响，由此推导的稳定常数称之为条件稳定常数或表观稳定常数，用 K'_{MY} 表示。它表示在一定条件下，MY 的实际稳定常数。如果只有酸效应，简化成：

$$\lg K'_{MY}=\lg K_{MY}-\lg\alpha_{Y(H)} \tag{6-2}$$

条件稳定常数 K'_{MY} 是利用副反应系数进行校正后的实际稳定常数，在选择配位滴定的 pH 条件时有着重要意义。

【例 6-1】 计算　pH=2.00、pH=5.00 时的 $\lg K'_{ZnY}$。

解　查表 6-2 得 $\lg K'_{ZnY}=16.5$；查表 6-3 得 pH=2.00 时，$\lg\alpha_{Y(H)}=13.51$；

按题意，溶液中只存在酸效应，根据式（6-2）

$$\lg K'_{ZnY}=\lg K'_{ZnY}-\lg\alpha_{Y(H)}$$

因此　$\lg K'_{ZnY}=16.5-13.51=2.99$

同样，查表 6-3 得 pH=5.00 时，$\lg\alpha_{Y(H)}=6.45$；

因此　$\lg K'_{ZnY}=16.5-6.45=10.05$

答：pH=2.00 时，$\lg K'_{ZnY}$ 为 2.99；pH=5.00 时，$\lg K'_{ZnY}$ 为 10.05。

由上例可看出，尽管 $\lg K_{ZnY}=16.5$，但 pH=2.00 时，$\lg K'_{ZnY}$ 仅为 2.99，此时 ZnY^{2-} 极不稳定，在此条件下 Zn^{2+} 不能被准确滴定；而在 pH=5.00 时，$\lg K'_{ZnY}$ 则为 10.05，ZnY^{2-} 已稳定，配位滴定可以进行。

3. 配位平衡的移动

配位平衡是一定条件下的动态平衡，当平衡体系的条件（如浓度、酸度等）发生改变时，都会使配位平衡发生移动，在新的条件下建立新的平衡。

① 配位平衡与酸碱平衡　由于很多配体本身是弱酸阴离子或弱碱，如 $[FeF_6]^{3-}$、$[Ag(NH_3)_2]^+$，因此，溶液酸度的改变有可能使配位平衡移动。当溶液中 H^+ 浓度增加时，使配位平衡向解离方向移动。H^+ 浓度降低到一定程度时，金属离子便发生水解，OH^- 浓

度达到一定数值时，会生成氢氧化物沉淀，也使配位平衡向解离方向移动。此时溶液中配位平衡与酸碱平衡同时存在。

② 配位平衡与沉淀平衡　加入沉淀剂可与配离子的中心离子生成难溶物质。例如在含有$[Cu(NH_3)_4]^{2+}$的溶液中，加入Na_2S溶液，配位剂NH_3和沉淀剂S^{2-}均要争夺Cu^{2+}，S^{2-}争夺Cu^{2+}的能力更强，因而有CuS沉淀生成，$[Cu(NH_3)_4]^{2+}$解离，是配位平衡与沉淀溶解平衡之间的竞争反应。生成的沉淀的溶度积K_{sp}值越小，配离子易解离，沉淀易生成。反之，配离子的$K_{稳}$值越大，则配离子越稳定，沉淀越易溶解。

③ 配位平衡与氧化还原平衡　在配离子的溶液中，氧化还原反应的发生可改变金属离子的浓度，配位平衡发生移动；在氧化还原反应中，配位反应的发生也改变金属离子的浓度，氧化还原平衡也发生变化。

例如，在$Fe(SCN)_3$溶液中加入还原剂$SnCl_2$，Sn^{2+}与Fe^{3+}发生氧化还原反应生成Fe^{2+}，降低了Fe^{3+}的浓度。配位平衡右移，$Fe(SCN)_3$解离。

④ 配位平衡之间的转化　在配位反应中，一种配离子可以转化成更稳定的配离子，即平衡向生成更难解离的配离子方向移动。两种配离子的稳定常数相差越大，则转化反应越容易发生。

通过以上讨论可以知道，形成配合物后，物质的溶解性、酸碱性、氧化还原性、颜色等都会发生改变。在溶液中，配位解离平衡常与沉淀溶解平衡、酸碱平衡、氧化还原平衡等发生相互竞争。利用这些关系，使各平衡相互转化，可以实现配合物的生成或破坏，以达到科学实验或生产实践的需要。

任务 6.2　自来水硬度的测定

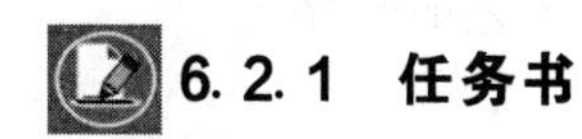

6.2.1　任务书

水的硬度最初是指水中钙、镁离子使肥皂水化液产生沉淀的能力，从而将水中的钙盐、镁盐的总含量称为“硬度”，钙盐和镁盐含量高的水即硬水。生活中长期饮用高硬度水，会引起人体心血管、神经、泌尿造血等系统病变；生产中使用硬度高的水易引起锅炉结垢、水管堵塞等问题，所以锅炉用水需提前经过软化处理，降低水的硬度后使用。

某化工厂，安装了一台自然循环蒸汽锅炉为生产供热，因遭遇资金短缺，未能购买软化水处理设备，欲使用自来水作为锅炉补给水。根据工业锅炉水质（GB/T 1576—2008）规定，额定蒸汽压力在2.5MPa以下的工业锅炉，软化补给水的水质硬度要求小于0.030mmol/L（即30mg/L）。本次任务，采用配位滴定法检测自来水的硬度，确定未经软化处理的自来水，其硬度是否符合锅炉软化补给水的要求。

本任务分为两个部分：EDTA标准滴定溶液的配制与标定、自来水硬度的测定。

6.2.2　技能训练和解析

EDTA标准溶液的配制实验

1. 任务原理

乙二胺四乙酸（简称EDTA，常用H_4Y表示）难溶于水，在分析中不适用，通常使用其二钠盐乙二胺四乙酸二钠配制标准溶液，它易溶于水，因含有杂质，一般采用间接法配制。

标定 EDTA 溶液常用的基准物有铜片、铅、氧化锌、碳酸钙等。通常选用其中与被测组分相同的物质作基准物，这样滴定条件较一致。

本次任务，以适当方法溶解 ZnO 基准物，得到 Zn^{2+} 标准溶液，在 pH＝10 的 NH_3-NH_4Cl 缓冲溶液中，以铬黑 T（EBT）为指示剂，用 EDTA 滴定至由红色变为纯蓝色为终点。

① 滴定未开始，加入指示剂后：$Zn^{2+}+HIn^{2} \rightleftharpoons ZnIn^{-}+H^{+}$，溶液显红色，

蓝色　　　红色

② 进行滴定时：$Zn^{2+}+H_2Y^{2-} \rightleftharpoons ZnY^{2-}+2H^{+}$

③ 滴定到达终点：$ZnIn^{-}+H_2Y^{2-} \rightleftharpoons ZnY^{2-}+HIn^{2-}+H^{+}$，溶液显蓝色。

红色　　　　　　蓝色

2. 试剂材料

	仪器和试剂	准备情况
仪器	分析天平、托盘天平、小烧杯、移液管、容量瓶、锥形瓶、滴定管等	
试剂	EDTA 二钠盐（$Na_2H_2Y \cdot 2H_2O$）、HCl 溶液（1＋1）、氨水（1＋1）、NH_3-NH_4Cl 缓冲溶液（pH＝10）、铬黑 T、基准试剂氧化锌（ZnO）（800～900℃灼烧至恒重）	

附溶液配制方法：

① NH_3-NH_4Cl 缓冲溶液（pH＝10），称取固体 NH_4Cl 5.4g，加水 20mL，加浓氨水 35mL，溶解后，以水稀释成 100mL，摇匀；

② 铬黑 T，称取 0.25g 固体铬黑 T，2.5g 盐酸羟胺，以 50mL 无水乙醇溶解。

3. 任务操作

（1）配制 c(EDTA)＝0.02mol/L EDTA 溶液 500mL

称取分析纯 $Na_2H_2Y \cdot 2H_2O$ 3.7g，溶于 300mL 蒸馏水中，加热溶解，冷却后转移至试剂瓶中，稀释至 500mL，充分摇匀，待标定。

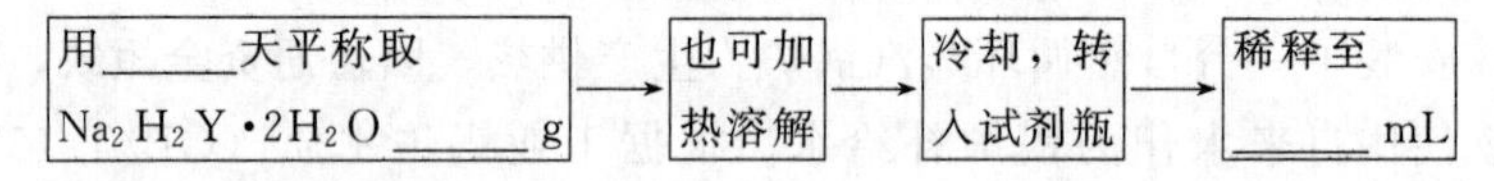

（2）用 Zn^{2+} 标准溶液标定 EDTA

① 用 ZnO 配制 Zn^{2+} 标准溶液　准确称取基准物质 ZnO 0.4g，置于小烧杯中，加 1～2 滴水润湿，加 3～5mL HCl 溶液（1＋1），摇动使之溶解（一定完全溶解，必要时可稍加热），加入 25mL 水，摇匀。定量转入 250mL 容量瓶中，稀释至刻度，摇匀。

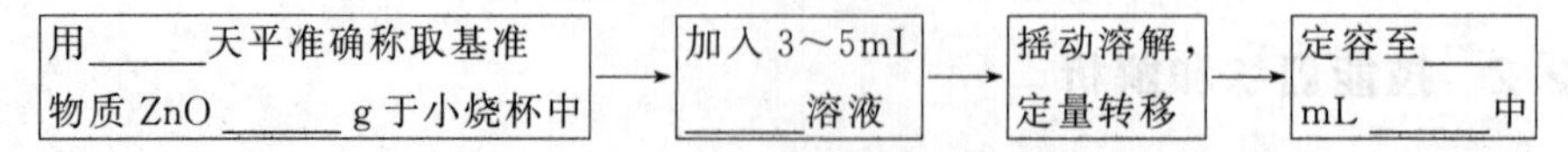

② 用铬黑 T 指示剂进行 EDTA 标定　用移液管移取 25.00mL Zn^{2+} 标准溶液于 250mL 锥形瓶中，加 20mL 水，滴加氨水（1＋1）至刚出现浑浊，此时 pH 约为 8，然后加入 10mL NH_3-NH_4Cl 缓冲溶液（pH＝10），滴加 4 滴铬黑 T 指示剂，用 EDTA 溶液滴定至溶液由酒红色变为纯蓝色即为终点。记录消耗 EDTA 溶液的体积。

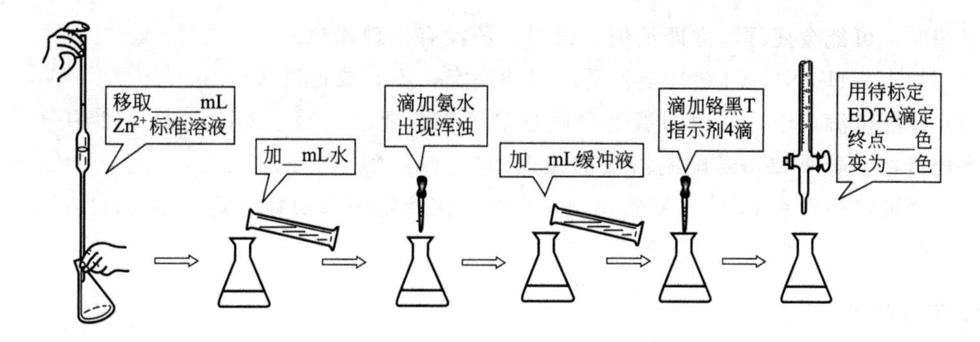

4. 结果计算

$$c(Zn^{2+})=\frac{m(ZnO)}{M(ZnO)\times 250\times 10^{-3}}$$

式中，$c(Zn^{2+})$ 为 Zn^{2+} 标准溶液的浓度，mol/L；$m(ZnO)$ 为基准物质 ZnO 的质量，g；$M(ZnO)$ 为基准物质 ZnO 的摩尔质量，g/mol。

$$c(EDTA)=\frac{c(Zn^{2+})V(Zn^{2+})}{V(EDTA)}$$

式中，$c(EDTA)$ 为 EDTA 标准溶液的浓度，mol/L；$c(Zn^{2+})$ 为 Zn^{2+} 标准溶液的浓度，mol/L；$V(Zn^{2+})$ 为 Zn^{2+} 标准溶液的体积，mL；$V(EDTA)$ 为滴定时消耗 EDTA 标准溶液的体积，mL。

5. 记录与报告单（见表 6-4）

表 6-4 EDTA 标准滴定溶液配制与标定记录

测定项目	1	2	3	4
称量瓶+ZnO 质量(倾样前)/g				
称量瓶+ZnO 质量(倾样后)/g				
$m(ZnO)$/g				
氧化锌浓度/(mol/L)				
$V(EDTA)$/mL				
$V_{空白}(EDTA)$/mL				
体积修正/mL				
温度修正/mL				
$V_{校正}(EDTA)$/mL				
$c(EDTA)$/(mol/L)				
EDTA 平均浓度/(mol/L)				
相对极差/%				

实验结论：EDTA 标准滴定溶液的浓度为__________ mol/L，相对极差为__________。

6. 注意事项

(1) 滴加（1+1）氨水调整溶液酸度时要逐滴加入，防止滴加过量，以出现浑浊为限。

滴加过快时，可能会使浑浊立即消失，误以为还没有出现浑浊。

(2) 加入 NH_3-NH_4Cl 缓冲溶液后应尽快滴定，不宜放置过久。

(3) 在配位滴定中，使用的蒸馏水质量是否符合要求（符合 GB 6682—92 中分析实验室用水规格）十分重要。若配制溶液的蒸馏水中含有 Al^{3+}、Fe^{3+}、Cu^{2+} 等，会影响终点观察。若蒸馏水中含有 Ca^{2+}、Mg^{2+}、Pb^{2+} 等，在滴定中会消耗一定量的 EDTA，将对结果产生影响。

7. 问题与思考

(1) 用 Zn^{2+} 标定 EDTA 时，为何先用氨水调节 pH＝7～8 后，再加入 NH_3-NH_4Cl 溶液？

(2) 滴加铬黑 T 指示剂后，用 EDTA 溶液滴定至溶液由________色变为________色即为终点，终点显示纯蓝色的物质是________。

6.2.3 技能训练和解析

自来水硬度的测定实验

1. 任务原理

总硬度测定，用 NH_3-NH_4Cl 缓冲溶液控制 pH＝10，以铬黑 T 为指示剂，用三乙醇胺掩蔽 Fe^{2+}、Al^{3+} 等可能共存的离子，用 Na_2S 消除 Cu^{2+}、Pb^{2+} 等可能共存离子的影响，用 EDTA 标准溶液直接滴定 Ca^{2+} 和 Mg^{2+}，终点时溶液由红色变为纯蓝色。

加入指示剂：
$$\underset{\text{蓝色}}{Mg^{2+} + HIn^{2-}} \rightleftharpoons \underset{\text{红色}}{MgIn^{-}} + H^{+}$$

EDTA 滴定：
$$Ca^{2+} + H_2Y^{2-} \rightleftharpoons CaY^{2-} + 2H^{+}$$
$$Mg^{2+} + H_2Y^{2-} \rightleftharpoons MgY^{2-} + 2H^{+}$$

终点时：
$$\underset{\text{红色}}{MgIn^{-}} + H_2Y^{2-} \rightleftharpoons MgY^{2-} + \underset{\text{蓝色}}{HIn^{2-}} + H^{+}$$

钙硬度测定，用 NaOH 调节水样使 pH＝12，Mg^{2+} 形成 $Mg(OH)_2$ 沉淀，以钙指示剂指示终点，用 EDTA 标准溶液滴定，终点时溶液由红色变为蓝色（变色原理同总硬度测定原理）。

镁硬度可由总硬度与钙硬度之差求得。

2. 试剂材料

仪器和试剂		准备情况
仪器	移液管、锥形瓶、滴定管等	
试剂	水试样(自来水或天然水)、EDTA 标准溶液(0.02mol/L)、NH_3-NH_4Cl 缓冲溶液(pH＝10)、铬黑T、刚果红试纸、钙指示剂(与固体 NaCl 以 1＋100 混合研细)、NaOH 溶液(4mol/L)、HCl 溶液(1＋1)、三乙醇胺(200g/L)、Na_2S 溶液(20g/L)	

3. 任务操作

（1）总硬度的测定

用 50mL 移液管移取水试样 50.00mL 于 250mL 锥形瓶中，加 1～2 滴 HCl 酸化（用刚果红试纸检验变蓝紫色），煮沸 2～3min，赶除 CO_2。冷却，加入 3mL 三乙醇胺溶液、5mL NH_3-NH_4Cl 缓冲溶液、1mL Na_2S 溶液。加 3 滴铬黑 T 指示剂，立即用 c（EDTA）＝0.02mol/L 的 EDTA 标准溶液滴定至溶液由酒红色变为纯蓝色即为终点。记录消耗 EDTA 溶液的体积 V_1。

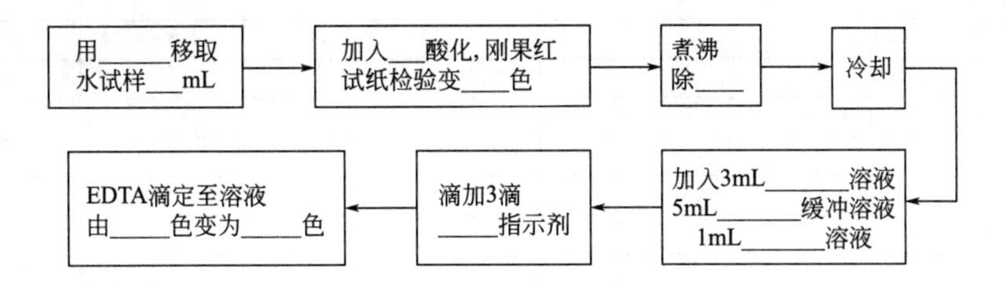

（2）钙硬度的测定

用移液管移取水试样 100.00mL 于 250mL 锥形瓶中，加入刚果红试纸（pH3～5，颜色由蓝变红）一小块。加入 1～2 滴 HCl 酸化，至试纸变蓝紫色为止。煮沸 2～3min，冷却至 40～50℃，加入 c(NaOH）＝4mol/L NaOH 溶液 4mL，再加少量钙指示剂，以 c(EDTA）＝0.02mol/L 的 EDTA 标准溶液滴定至溶液由红色变为蓝色即为终点。记录消耗 EDTA 溶液的体积 V_2。

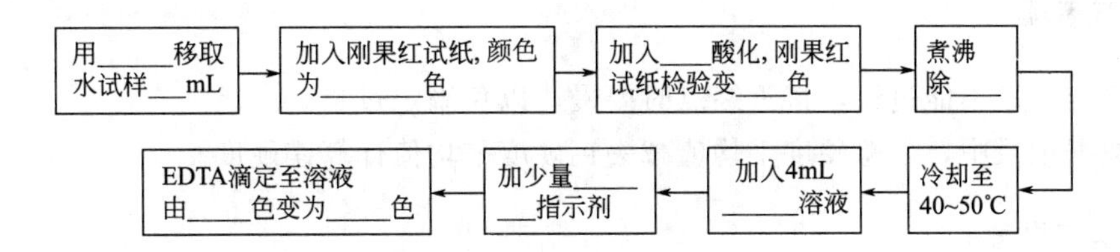

（3）镁硬度的确定：由总硬度减去钙硬度即为镁硬度。

4. 结果计算

（1）总硬度

$$\rho_{总}(CaCO_3)=\frac{c(EDTA)V_1M(CaCO_3)}{V}\times10^3$$

（2）钙硬度

$$\rho_{钙}(CaCO_3)=\frac{c(EDTA)V_2M(CaCO_3)}{V}\times10^3$$

式中，$\rho_{总}(CaCO_3)$ 为水样的总硬度，mg/L；$\rho_{钙}(CaCO_3)$ 为水样的钙硬度，mg/L；c(EDTA) 为 EDTA 标准溶液的浓度，mol/L；V_1 为测定总硬度时消耗 EDTA 标准溶液的体积，mL；V_2 为测定钙硬度时消耗 EDTA 标准溶液的体积，mL；V 为水样的体积，mL；$M(CaCO_3)$ 为 $CaCO_3$ 摩尔质量，g/mol。

（3）镁硬度：镁硬度＝总硬度平均值—钙硬度平均值

5. 记录与报告单（见表 6-5）

表 6-5　自来水硬度的测定记录

$M(CaCO_3)/(g/mol)$			温度/℃		
$c(EDTA)/(mol/L)$					
测定项目		1	2	3	4
总硬度测定	$V_{水样}/mL$				
	$V(EDTA)/mL$				
	体积校正/mL				
	温度校正/mL				
	校正后 $V(EDTA)/mL$				
	$\rho_{总}(CaCO_3)/(mg/L)$				
	平均 $\rho_{总}(CaCO_3)/(mg/L)$				
钙硬度测定	$V_{水样}/mL$				
	$V(EDTA)/mL$				
	体积校正/mL				
	温度校正/mL				
	校正后 $V(EDTA)/mL$				
	$\rho_{Ca}(CaCO_3)/(mg/L)$				
	平均 $\rho_{Ca}(CaCO_3)/(mg/L)$				
$\rho_{Mg}(CaCO_3)/(mg/L)$					

实验结论：

该工厂所使用未经软化处理的自来水，其钙硬度为________，镁硬度为________，总硬度为________，________（符合/不符合）锅炉用水的要求。

6. 注意事项

（1）滴定速率不能过快，接近终点时要慢，以免滴定过量。

（2）数据记录中，以总硬度平均值减去钙硬度平均值计算镁硬度。

7. 问题与思考

（1）若水中含有铜、锌、锰等离子，则会影响测定结果，可加入 1%________溶液 1mL，使 Cu^{2+}、Zn^{2+} 等成________沉淀，过滤。锰的干扰可加入________消除。

（2）测定钙、镁硬度时，水样中 HCO_3^-、H_2CO_3 含量高时，会影响终点颜色观察，需要加入________后加热煮沸。

6.2.4 知识宝库

金属指示剂

配位滴定法与酸碱滴定法一样，判断终点的方法很多，其中最常用的是用金属指示剂判断终点的方法。金属指示剂指示的是溶液中金属离子浓度的变化。

1. 金属指示剂的作用原理

金属指示剂是一种能与金属离子配位的配合剂，一般为有机染料。金属指示剂与被滴定金属离子反应，形成一种与金属指示剂自身颜色不同的配合物，利用金属指示剂自身颜色与形成的配合物颜色不同来指示终点。例如铬黑 T（EBT）在 pH 为 8～11 时呈蓝色，它与 Ca^{2+}、Mg^{2+}、Zn^{2+}等金属离子形成酒红色的配合物。当用 EDTA 滴定这些金属离子时，加入数滴铬黑 T 指示剂，滴定前它与少量金属离子配位，使溶液显酒红色；随着 EDTA 的滴入，在化学计量点附近，大量游离的金属离子与 EDTA 配位完毕，这时由于 EDTA 与金属离子配合物的稳定性大于铬黑 T 与金属离子配合物的稳定性，因此继续滴入的 EDTA 将夺取指示剂配合物中的金属离子，使指示剂游离出来，原来的酒红色消失，溶液即变为蓝色。终点到达，停止滴定。到达终点时的反应如下：

$$\underset{\text{酒红色}}{\text{M-铬黑 T}}+\text{EDTA} \rightleftharpoons \text{M-EDTA}+\underset{\text{蓝色}}{\text{铬黑 T}}$$

2. 金属指示剂应具备的条件

金属指示剂必须具备以下条件。

① 颜色的差异性　在滴定 pH 范围内，金属指示剂与金属离子生成配合物的颜色应与金属指示剂本身颜色有显著的差别。这样在滴定终点时颜色变化明显，便于判断终点的到达。

② 适当的稳定性　金属指示剂与金属离子生成配合物 MIn 的稳定性要适当。一方面，MIn 要有足够大的稳定性，通常要求 $K_{MIn} \geqslant 10^4$。如果稳定性过低，则未到达化学计量点时 MIn 就会分解，变色不敏锐，影响滴定的准确度。另一方面，MIn 的稳定性要比 EDTA 与金属离子生成配合物的稳定性略小一些，通常要求 $K_{MY}/K_{MIn} \geqslant 10^2$。如果 MIn 稳定性过高（$K_{MIn}$太大），则在化学计量点附近，Y 不易与 MIn 中的 M 结合，终点推迟，甚至不变色，得不到终点。

③ 良好的可逆性　金属指示剂与金属离子之间的反应要迅速，变色可逆，便于滴定。

④ 实用性　金属指示剂应易溶于水，不易变质，便于使用和保存。指示剂与金属离子形成的配合物也应易溶于水。

3. 常用金属指示剂

分析工作中常用的金属指示剂情况详见表 6-6。

表 6-6　常用的金属指示剂

指示剂	pH 范围	颜色变化		直接滴定的离子	指示剂配制	封闭离子
		In	MIn			
铬黑 T (EBT)	8～10	蓝色	红色	Zn^{2+}、Cd^{2+}、Pb^{2+}、Mg^{2+}、Hg^{2+}、Mn^{2+}、稀土	1∶100 NaCl（研磨）	Al^{3+}、Fe^{3+}、Cu^{2+}、Ni^{2+}等可封闭 EBT
二甲酚橙 (XO)	<6	亮黄色	红色	pH<1，ZrO^{2+} pH1～3，Th^{4+}、Bi^{2+} pH5～6，Hg^{2+}、Zn^{2+}、Cd^{2+}、Pb^{2+}、稀土	0.5% 水溶液（5g/L）	Al^{3+}、Fe^{3+}、Ni^{2+}等可封闭 XO
钙指示剂 (NN)	12～13	蓝色	红色	pH12～13，Ca^{2+}	1∶100 NaCl（研磨）	Al^{3+}、Fe^{3+}、Ni^{2+}、Cu^{2+}、Mn^{2+}、Co^{2+}等可封闭 NN
PAN	2～12	黄色	紫红色	pH2～3，Th^{4+}、Bi^{2+} pH4～5，Cu^{2+}、Zn^{2+}、Mn^{2+}、Cd^{2+}、Pb^{2+}、Fe^{2+}、Ni^{2+}	0.1%乙醇溶液（1g/L）	MIn 在水中溶解度小，为防止 PAN 僵化，滴定时需加热

续表

指示剂	pH 范围	颜色变化		直接滴定的离子	指示剂配制	封闭离子
		In	MIn			
磺基水杨酸(Ssal)	1.5～2.5	无色	紫红色	pH1.5～2.5，Fe^{3+}	5%水溶液(50g/L)	Ssal 本身无色，FeY^-呈黄色
酸性铬蓝 K	8～13	蓝色	红色	pH=10，Mg^{2+}、Mn^{2+}、Zn^{2+} pH=13，Ca^{2+}	1∶100 NaCl(研磨)	

4. 使用金属指示剂中存在的问题

指示剂在配位滴定使用过程中，有时出现僵化、封闭、变质失效等现象，需及时处理。

指示剂封闭现象

1. 实验情况——在化学计量点附近没有颜色变化

2. 问题原因——金属指示剂与金属离子的配合物 MIn，其稳定性超过 EDTA 与金属离子的配合物 MY，即 $\lg K_{MIn} > \lg K_{MY}$。化学计量点时，EDTA 不能夺取 MIn 中的 M，指示剂游离不出来。

3. 处理办法——（1）如果指示剂本身与金属离子结合太牢固，EDTA 无法置换出指示剂，需更换指示剂或改变滴定方式；

（2）如果是干扰离子与指示剂结合牢固，造成化学计量点时指示剂不游离，可加入掩蔽剂，与干扰离子生成更稳定的配合物，而不再与指示剂作用。

指示剂僵化现象

1. 实验情况——在化学计量点附近颜色变化缓慢。

2. 问题原因——指示剂或金属指示剂配合物在水中的溶解度太小，形成胶体溶液或沉淀，滴定终点时 MIn 中指示剂被 EDTA 置换的作用缓慢，使终点拖长。

3. 处理办法——加入有机溶剂或加热，以增大其溶解度。

指示剂氧化变质

1. 实验情况——在化学计量点附近颜色变化不正确或颜色不纯。

2. 问题原因——金属指示剂大多为含双键的有色化合物，易被日光、氧化剂、空气所分解，在水溶液中多不稳定，日久会变质。

3. 处理办法——配成固体混合物则较稳定，保存时间较长。

在配制和使用指示剂溶液的过程中，铬黑 T 指示剂有时不易溶解，应先以少量乙醇溶剂加入，不断搅拌下，溶解大部分铬黑 T，再逐渐增加溶剂进行溶解。

配制铬黑 T 指示剂溶液可以采取以下方法。

配制铬黑 T 指示剂溶液的方法

称取铬黑 T 和盐酸羟胺后，先加入少量的乙醇将其溶解，然后再加乙醇到 50mL，接着加入 50mL 三乙醇胺。这样配制的铬黑 T 指示剂溶液不易褪色。

注：铬黑 T 和盐酸羟胺用量与 EDTA 浓度有关，如 EDTA 浓度为 0.02mol/L，则称取铬黑 T 和盐酸羟胺分别为 0.25g；如 EDTA 浓度为 0.05mol/L，则称取铬黑 T 和盐酸羟胺分别为 0.50g。

6.2.5 知识宝库

配位滴定曲线

在一定 pH 条件下，随着配位滴定剂的加入，金属离子不断与配位剂反应生成配合物，其浓度不断减少。当滴定到达化学计量点时，金属离子浓度（pM）发生突变。若将滴定过程各点 pM 与对应的配位剂的加入体积绘成曲线，即可得到配位滴定曲线。配位滴定曲线反映了滴定过程中，配位滴定剂的加入量与待测金属离子浓度之间的变化关系。

1. 曲线绘制

pH＝12 时，用 0.01000mol/L 的 EDTA 溶液滴定 20.00 mL0.01000 mol/L 的 Ca^{2+} 溶液。

由于 Ca^{2+} 不易水解，也不与其他配位剂反应，因此在处理此配位平衡时只需考虑 EDTA 的酸效应。即在 pH 为 12.00 的条件下，CaY^{2-} 的条件稳定常数为：

$$pCa = \lg K'_{CaY} = \lg K_{CoY} - \lg\alpha_{Y(H)} = 10.69 - 0 = 10.69$$

计算滴定过程中 pCa 数值，利用所得数据，以 pCa 值为纵坐标，加入 EDTA 的体积为横坐标作图，绘制如图 6-1 所示的滴定曲线。由图 6-1 可以看出，化学计量点时的 pCa 为 6.5，滴定突跃的 pCa 为 5.3～7.7。可见滴定突跃较大，可准确滴定。

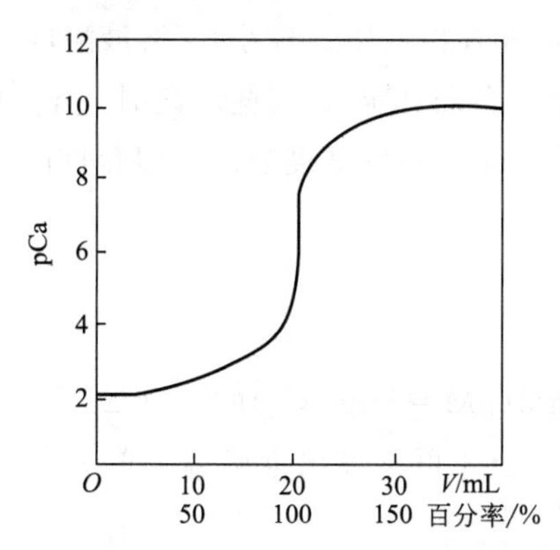

图 6-1 pH＝12 时，用 0.01000mol/L 的 EDTA 滴定 20.00 mL 0.01000 mol/L 的 Ca^{2+} 溶液的滴定曲线

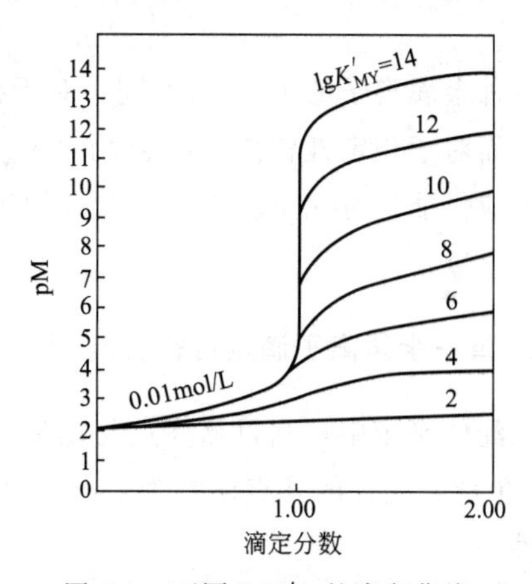

图 6-2 不同 $\lg K'_{MY}$ 的滴定曲线

2. 滴定突跃范围

配合物的条件稳定常数和被滴定金属离子的浓度是影响突跃范围的主要因素。

(1) 配合物的条件稳定常数 $\lg K'_{MY}$ 对滴定突跃的影响

图 6-2 是金属离子浓度一定的情况下，不同 $\lg K'_{MY}$ 时的滴定曲线。由图可看出配合物的条件稳定常数 $\lg K'_{MY}$ 越大，滴定突跃（ΔpM）越大。条件稳定常数的大小主要取决于配合物的绝对稳定常数，其次取决于溶液的酸度和其他配位剂的影响。

① 酸度　酸度高时，$\lg\alpha_{Y(H)}$ 大，$\lg K'_{MY}$ 变小。因此滴定突跃就减小。

② 其他配位剂的配位作用　滴定过程中加入掩蔽剂、缓冲溶液等辅助配位剂的作用会增大 $\lg\alpha_{M(L)}$ 值，使 $\lg K'_{MY}$ 变小，因而滴定突跃就减小。

(2) 浓度对滴定突跃的影响

若条件稳定常数一定，金属离子浓度越大，滴定曲线起点越低，因此滴定突跃越大。反之则相反。

6.2.6 知识宝库

配位滴定的酸度条件

乙二胺四乙酸是多元弱酸，在水溶液中分级解离：

$$H_4Y \underset{+H^+}{\overset{-H^+}{\rightleftharpoons}} H_3Y^- \underset{+H^+}{\overset{-H^+}{\rightleftharpoons}} H_2Y^{2-} \underset{+H^+}{\overset{-H^+}{\rightleftharpoons}} HY^{3-} \underset{+H^+}{\overset{-H^+}{\rightleftharpoons}} Y^{4-}$$

像其他多元弱酸一样，EDTA 的分析浓度等于各种存在形式浓度之和。但是，在 EDTA 的各种存在形式中，只有阴离子 Y^{4-} 才能与金属离子直接配位，因此 Y^{4-} 的浓度 [Y] 称为 EDTA 的有效浓度。[Y] 越大，EDTA 配位能力越强；而 [Y] 的大小又与溶液的酸度有关。溶液酸度越高，上述解离平衡向左移动，Y^{4-} 与 H^+ 结合成 HY^{3-}、H_2Y^{2-}、H_3Y^- 等形式的可能性越大，MY 越不稳定。酸度降低时，[Y] 增大有利于配位反应，但金属离子与 OH^- 结合成氢氧化物沉淀的可能性增强，故 EDTA 滴定中选择合适的酸度十分重要。

各种金属离子的 K_{MY} 值不同，对于稳定性较低的配合物（K_{MY} 较小），溶液酸度必须低一些；而对于稳定性较高的配合物（K_{MY} 较大），溶液的酸度可调高些，此时 [Y] 虽小，配位反应仍能进行完全。因此，配合物越稳定，配位滴定允许的酸度越高（即允许的 pH 越低）。

1. 单一金属离子滴定可行性判断

在配位滴定中，当目测终点与化学计量点二者 pM(pM＝－lg[M])的差值 ΔpM 为±0.2 pM 单位，允许的终点误差为±0.1%时，根据有关公式可推导出准确滴定单一金属离子的条件是：

$$\lg c(M)\ K'_{MY} \geqslant 6 \tag{6-3}$$

在实际工作中，$c(M)$ 常为 10^{-2} mol/L 左右，此时准确滴定的条件为：

$$\lg K'_{MY} \geqslant 8 \tag{6-4}$$

2. 滴定适宜酸度范围

(1) 最低 pH(最高酸度)

若滴定反应中只考虑 EDTA 酸效应，则根据单一离子准确滴定的判别式：$\lg c(M) K'_{MY} \geqslant 8$

$$\lg K'_{MY} = \lg K'_{MY} - \lg \alpha_{Y(H)} \geqslant 8$$

即

$$\lg \alpha_{Y(H)} \leqslant \lg K_{MY} - 8 \tag{6-5}$$

式(6-5)中 $\lg \alpha_{Y(H)}$ 对应的 pH 为准确滴定金属离子 M 的最低 pH，即最高酸度。

将金属离子的 $\lg K_{MY}$ 值与用 EDTA 滴定时最低允许 pH 绘制成关系曲线，就得到 EDTA 的酸效应曲线（或称 Ringboim 曲线），如图 6-3 所示。利用酸效应曲线，可以选择滴定金属离子的酸度条件，还可判断共存的其他金属离子是否有干扰。

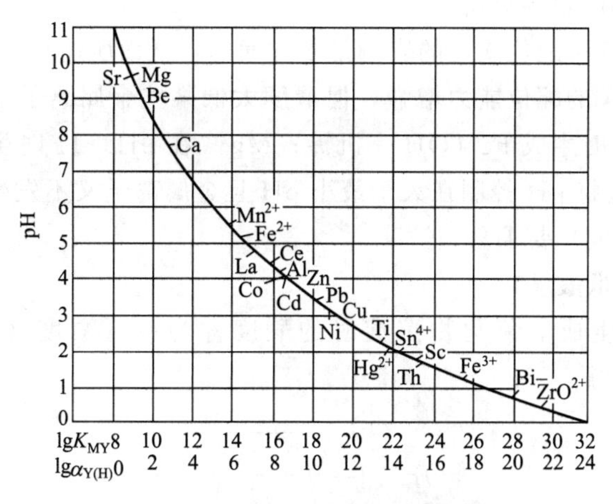

图 6-3 EDTA 酸效应曲线

① 选择滴定的酸度条件 在酸效应曲线上找出被测离子的位置，由此作水平线，所得 pH 就是单独滴定该金属离子的最低允许 pH。如果曲线上没有直接标明被测离子，可由被测离子的 $\lg K_{MY}$ 值处作垂线，与曲线的交点即为被测离子的位置，然后按上述方法便可找出滴定的最低允许 pH。

【例 6-2】 试求用 EDTA 分别滴定 0.01mol/L Fe^{3+}、Al^{3+}、Zn^{2+}、Ca^{2+} 和 Mn^{2+} 的最高允许酸度（最低允许 pH）。

解 在图 6-3 上找出指定金属离子的图形点，对应的纵坐标即为单独滴定该金属离子的最低允许 pH。结果为：

Fe^{3+} pH＝1.0　　Ca^{2+} pH＝7.5　　Al^{3+} pH＝4.0

Mn^{2+} pH＝9.7　　Zn^{2+} pH＝3.8

② 判断干扰情况 在酸效应曲线上，位于被测离子下方的其他离子显然干扰被测离子的滴定，因为它们也符合被定量滴定的酸度条件。位于被测离子上方的其他离子是否干扰？这要看它们与 EDTA 形成配合物的稳定常数相差多少，以及所选的酸度是否适宜来确定。

经验表明，在酸效应曲线上，一种离子由开始部分被配位到全部定量配位的过渡，大约相当于 5 个 $\lg K_{MY}$ 单位。当两种离子浓度相近，若其配合物的 $\lg K_{MY}$ 之差小于 5，即 $\lg K_{MY}-\lg K_{NY}<5$，位于上方的离子由于部分被配位而干扰被测离子的滴定。

【例 6-3】 在 pH＝4 的条件下，用 EDTA 滴定 Zn^{2+} 时，试液中共存的 Cu^{2+}、Mn^{2+}、Ca^{2+} 是否有干扰？

解 由图 6-3，Cu^{2+} 位于 Zn^{2+} 的下方，明显干扰；Mn^{2+}、Ca^{2+} 位于 Zn^{2+} 的上方，则

$$\lg K_{ZnY}-\lg K_{MnY}=16.5-14.0=2.5<5，Mn^{2+}有干扰；$$

$$\lg K_{ZnY}-\lg K_{CaY}=16.5-10.7=5.8>5，Ca^{2+}不干扰。$$

③ 酸效应曲线作为 $\lg\alpha_{Y(H)}$-pH 曲线使用　必须注意，使用酸效应曲线查单独滴定某种金属离子的最低 pH 的前提是：金属离子浓度为 0.01mol/L；允许测定的相对误差为±0.1%；溶液中除 EDTA 酸效应外，金属离子未发生其他副反应。如果前提变化，曲线将发生变化，因此要求的 pH 也会有所不同。

实际上酸度对 EDTA 配位滴定的影响是多方面的，上面所述只是酸度影响的主要方面。酸度低些，固然 EDTA 的配位能力增强，但酸度太低某些金属离子会水解生成氢氧化物沉淀，如 Fe^{3+} 在 pH＞3 时生成 $Fe(OH)_3$ 沉淀；Mg^{2+} 在 pH＞11 时生成 $Mg(OH)_2$ 沉淀。那么在实际测定时，应将 pH 控制在大于最小 pH 且金属离子又不发生水解的范围内，即还要有最高 pH（最低酸度）要求。

（2）最高 pH（最低酸度）

把金属离子开始生成氢氧化物沉淀时的酸度称为最低酸度（最高 pH）。通常可由 $M(OH)_n$ 的溶度积求得。

$$[OH^-]=\sqrt[n]{\frac{K_{sp[M(OH)_n]}}{[M]}} \tag{6-6}$$

金属离子的浓度［M］一般取 0.01mol/L。

【例 6-4】 计算 0.020mol/L EDTA 滴定 0.020mol/L Cu^{2+} 的适宜酸度范围。

解 能准确滴定 Cu^{2+} 的条件是 $\lg c(M)K'_{MY}\geqslant 6$，考虑滴定至化学计量点时体积增加至一倍，故 $c(Cu^{2+})=0.010$mol/L。

$$\lg K_{CuY}-\lg\alpha_{Y(H)}\geqslant 8$$

即

$$\lg\alpha_{Y(H)}\leqslant 18.80-8.0=10.80$$

查图，当 $\lg\alpha_{Y(H)}=10.80$ 时，pH＝2.9，此为滴定允许的最高酸度。

滴定 Cu^{2+} 时，允许最低酸度为 Cu^{2+} 不产生水解时的 pH

因为

$$[Cu^{2+}][OH^-]^2=K_{sp}[Cu(OH)_2]=10^{-19.66}$$

所以

$$[OH^-]=\sqrt{\frac{10^{-19.66}}{0.02}}=10^{-8.98}$$

即 $$pH=5.0$$

所以，用 0.020mol/L EDTA 滴定 0.020mol/L Cu^{2+} 的适宜酸度范围 pH 为 2.9～5.0。

另一方面，还应考虑金属指示剂的变色、掩蔽剂掩蔽干扰离子等也要求一定的酸度。因此，必须全面考虑酸度的影响，使指定金属离子的配位滴定控制在一定的酸度范围内进行。由于配位反应本身还会释放出 H^+，使溶液酸度增高，通常需要加入一定 pH 的酸碱缓冲溶液，以保持滴定过程中溶液酸度基本不变。

3. 配位滴定剂中缓冲剂的作用

配位滴定过程中会不断释放出 H^+，即

$$M^{n+}+H_2Y^{2-}=\!=\!=MY^{(4-n)-}+2H^+$$

使溶液酸度增高而降低 K'_{MY} 值，影响到反应的完全程度，同时还会减小 K'_{MIn} 值，使指示剂灵敏度降低。因此配位滴定中常加入缓冲剂控制溶液的酸度。

在弱酸性溶液（pH5～6）中滴定，常使用醋酸缓冲溶液或六亚甲基四胺缓冲溶液；在弱碱性溶液（pH8～10）中滴定，常采用氨性缓冲溶液。在强酸中滴定（如 pH＝1 时滴定 Bi^{3+}）或强碱中滴定（如 pH＝13 时滴定时 Ca^{2+}），强酸或强碱本身就是缓冲溶液，具有一定的缓冲作用。在选择缓冲剂时，不仅要考虑缓冲剂所能缓冲的 pH 范围，还要考虑缓冲剂是否会引起金属离子的副反应而影响反应的完全程度。例如，在 pH＝5 时用 EDTA 滴定 Pb^{2+}，通常不用醋酸缓冲溶液，因为 Ac^- 会与 Pb^{2+} 配位，降低 PbY 的条件形成常数。此外，所选的缓冲溶液还必须有足够的缓冲容量才能控制溶液 pH 基本不变。

任务 6.3 结晶氯化铝含量的测定

6.3.1 任务书

结晶氯化铝又称结晶三氯化铝、六水氯化铝，相对分子质量为 241.43，易潮解，不燃烧，无毒，易溶于水、无水乙醇、乙醚和甘油中，其水溶液呈酸性。

结晶氯化铝主要用于生活饮用水、工业水的处理及含油污水的净化。此外，在印染、医药、皮革、油田、造纸、精密铸造等方面有广泛用途。

某工厂欲从某净水剂材料公司处购买大量结晶氯化铝作净水剂。如结晶氯化铝产品的含量等级符合 $\omega\geqslant92\%$ 即可购买。本次任务，采用配位滴定法对某批次产品做含量检验，通过数据说明，其含量是否符合要求。

6.3.2 技能训练和解析

结晶氯化铝含量的测定实验

1. 任务原理

因为 Al^{3+} 与 EDTA 的配合作用进行得比较慢，不能直接滴定，通常采用以二甲酚橙为指示剂的返滴定法测定。在样品溶液中先加入过量的 EDTA 溶液，并加热煮沸，使 Al^{3+} 与 EDTA 充分配合，在 pH 为 5～6 的条件下，以二甲酚橙为指示剂，用氯化锌标准溶液回滴过量

的 EDTA，溶液由黄色变为橙红色即为终点。滴定过程中的主要反应如下：

$$Al^{3+} + H_2Y^{2-} \rightleftharpoons AlY^- + 2H^+$$

无色

$$Zn^{2+} + H_2Y^{2-} \rightleftharpoons ZnY^{2-} + 2H^+$$

无色

$$Zn^{2+} + XO \rightleftharpoons Cu\text{-}XO$$

黄色　橙红色

2. 任务材料

	仪器和试剂	准备情况
仪器	双盘部分机械加码电光天平、小烧杯、移液管、容量瓶、锥形瓶、滴定管等	
试剂	0.05mol/L EDTA 标准溶液、272g/L 乙酸钠溶液、2g/L 二甲酚橙指示剂、0.02mol/L 氯化锌标准溶液	

3. 任务操作

称取约 3g 试样，精确至 0.0002g，置于 100mL 烧杯中，加水溶解后，全部转移到 250mL 容量瓶中，用水稀释至刻度，摇匀。

用移液管准确移取 25mL 此试验溶液，置于 250mL 锥形瓶中。用移液管加入 20.00mL EDTA 标准滴定溶液（0.05mol/L），煮沸 1min。冷却至室温后，加入 5mL 乙酸钠溶液和 2 滴二甲酚橙指示剂，用 0.02mol/L 氯化锌标准溶液滴定，溶液由黄色变为橙红色即为终点。记下消耗氯化锌标准溶液的体积。平行测定 3 次。

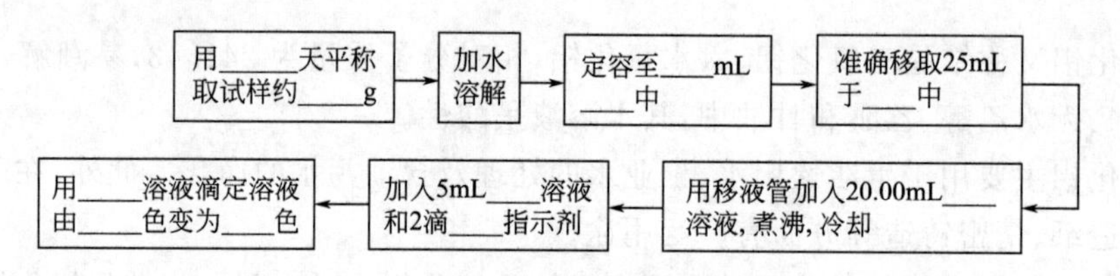

4. 结果计算

以质量分数表示结晶氯化铝（$AlCl_3 \cdot 6H_2O$）的含量：

$$w(AlCl_3 \cdot 6H_2O) = \frac{(c_1V_1 - c_2V_2) \times 0.2414}{\frac{m \times 25}{250}} \times 100\%$$

式中，c_1 为 EDTA 标准溶液的浓度，mol/L；V_1 为用移液管移取 EDTA 的体积，mL；c_2 为 $ZnCl_2$ 标准溶液的浓度，mol/L；V_2 为实际消耗 $ZnCl_2$ 标准溶液的体积，mL；m 为试样的质量，g；0.2414 为与 1.00mL EDTA 标准溶液[c(EDTA)=1.000mol/L]相当的结晶氯化铝的质量（以 g 表示）。

5. 记录与报告单（见表 6-7）

表 6-7 结晶氯化铝含量的测定记录

测定项目	1	2	3
倾样前质量/g			
倾样后质量/g			
试样的质量/g			
EDTA 标准溶液的浓度 c_1/(mol/L)			
移取 EDTA 标准溶液的体积 V_1/mL			
$ZnCl_2$ 标准溶液的浓度 c_2/(mol/L)			
滴定消耗 $ZnCl_2$ 标准溶液的体积 V 读数/mL			
滴定管校正值 V^*/mL			
溶液温度补正值/(mL/L)			
实际消耗 $ZnCl_2$ 标准溶液的体积 V_2/mL			
试样中被测组分含量 ω/%			
平均值/%			
极差/%			

实验结论：

结晶氯化铝含量的质量分数为________，其含量________（符合/不符合）该工厂要求。

6. 注意事项

（1）滴定速率和滴定操作符合要求。

（2）注意接近滴定终点时的颜色判断，每次加入半滴氯化锌标准溶液。

7. 问题与思考

（1）本测定方法中如何控制溶液 pH 为 5～6？

（2）把回滴用的氯化锌标准溶液换成氧化锌标准溶液可以吗？为什么？

6.3.3 知识宝库

单组分配位滴定

当溶液中只有一种待测金属离子，或需要测出几种离子的总量时，常用以下几种滴定方式。

1. 直接滴定

适用条件：

① $\lg c(M)\ K'_{MY}>6$；

② 配位反应速率快；

③ 有变色敏锐的指示剂（无封闭现象）。

这种方法是用 EDTA 标准溶液直接滴定待测金属离子的。

能够用 EDTA 标准滴定溶液直接滴定的一些金属离子及所用指示剂参见表 6-8。

表 6-8 直接滴定法示例

金属离子	pH	指示剂	其他主要滴定条件	终点颜色变化
Bi^{3+}	1	二甲酚橙	介质	紫红色→黄色
Ca^{2+}	12～13	钙指示剂		酒红色→蓝色
Cd^{2+}、Fe^{2+}、Pb^{2+}、Zn^{2+}	5～6	二甲酚橙	六亚甲基四胺	红紫色→黄色
Co^{2+}	5～6	二甲酚橙	六亚甲基四胺，加热至 80℃	红紫色→黄色
Cd^{2+}、Mg^{2+}、Zn^{2+}	9～10	铬黑 T	氨性缓冲溶液	红色→蓝色
Cu^{2+}	2.5～10	PAN	加热或加乙醇	红色→黄绿色
Fe^{3+}	1.5～2.5	磺基水杨酸	加热	红紫色→黄色
Mn^{2+}	9～10	铬黑 T	氨性缓冲溶液，抗坏血酸或 $NH_2OH \cdot HCl$ 或酒石酸	红色→蓝色
Ni^{2+}	9～10	紫脲酸胺	加热至 50～60℃	黄绿色→紫红色
Pb^{2+}	9～10	铬黑 T	氨性缓冲溶液，加酒石酸，并加热至 40～70℃	红蓝色
Th^{2+}	1.7～3.5	二甲酚橙	介质	紫红色→黄色

应用实例：水中钙镁含量的测定。

水中钙镁含量俗称水的“硬度”，是水质分析的重要指标。无论生活用水还是生产用水，对钙镁含量都有一定要求，尤其是锅炉用水对这一指标要求十分严格。测定水中钙镁含量，可在 pH＝10 的 NH_3-NH_4Cl 缓冲溶液中，用 EDTA 标准滴定溶液直接滴定。由于 $K_{CaY} > K_{MgY}$，EDTA 首先和溶液中的 Ca^{2+} 配位，然后再与 Mg^{2+} 配位，故可选用对 Mg^{2+} 灵敏的指示剂铬黑 T 来指示终点。

2. 返滴定

适用条件：

① 采用直接滴定法无合适指示剂，有封闭现象。

② 被测离子与 EDTA 的配位速率较慢。

③ 被测离子发生水解等副反应，影响滴定。

返滴定法是在试液中先加入已知过量的 EDTA 标准溶液，用另一种金属盐类的标准溶液滴定过量的 EDTA，根据两种标准溶液的用量和浓度，即可求得被测物质的含量。

应用实例：氢氧化铝凝胶的测定。

先加入过量且定量的 EDTA 标准溶液，加热煮沸，待反应完全后，再用 Zn^{2+} 标准溶液回滴剩余量的 EDTA。

3. 置换滴定

适用条件：金属离子 M 与 EDTA 的配合物不稳定。

置换滴定法是利用置换反应，置换出等物质的量的另一金属离子或 EDTA，然后滴定。

(1) 置换出金属离子

在试液中加入一种金属的EDTA配合物，利用该配合物与被测离子之间发生的置换反应，置换出符合化学计量关系的这种金属离子，然后用EDTA标准溶液进行滴定。

（2）置换出EDTA

用另一种配位剂置换待测金属离子与EDTA配合物中的EDTA，释放出来的EDTA再用其他金属离子标准溶液进行滴定。

应用实例：锡合金中Sn的测定。

于含有Bi^{3+}、Pb^{2+}、Zn^{2+}、Cd^{2+}和Sn^{4+}的溶液中加入过量的EDTA将Sn^{4+}一起配位，用Zn^{2+}标准溶液滴定过量的EDTA。然后，加入NH_4F选择性地把Sn^{4+}从SnY中释放出来，再用EDTA标准溶液滴定释放出来的Sn^{4+}，即可求得Sn的含量。

4. 间接滴定

适用条件：金属离子M与EDTA的配合物不稳定或难以生成。

间接滴定法是加入过量的、能与EDTA形成稳定配合物的金属离子作为沉淀剂，以沉淀待测离子，过量沉淀剂再用EDTA滴定。或者将沉淀分离、溶解后，再用EDTA滴定其中的金属离子。

例如，测定SO_4^{2-}时，可在试液中加入已知量的$BaCl_2$标准溶液，使其生成$BaSO_4$沉淀，过量的Ba^{2+}再用EDTA滴定。加入$BaCl_2$物质的量与滴定所用EDTA物质的量之差，即为试液中SO_4^{2-}物质的量。

间接滴定手续较繁，引入误差的机会也较多，故不是一种理想的方法。

任务6.4 Pb^{2+}、Bi^{3+}的含量分析

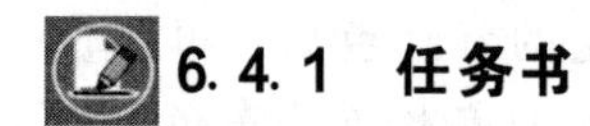

6.4.1 任务书

某工作人员欲分析某分析试液中Pb^{2+}、Bi^{3+}的含量。本次任务，通过采用配位滴定法对水样中的Pb^{2+}、Bi^{3+}含量进行测定，掌握控制溶液酸度对铅、铋含量连续滴定的原理；能正确调节并控制溶液pH；通过对铅、铋的连续滴定，掌握配位滴定的操作方法。

6.4.2 技能训练和解析

Pb^{2+}、Bi^{3+}的连续滴定实验

1. 任务原理

在Bi^{3+}、Pb^{2+}混合溶液中，首先调节溶液的pH=1，以二甲酚橙为指示剂，Bi^{3+}与指示剂形成紫红色配合物（Pb^{2+}在此条件下不会与二甲酚橙形成有色配合物），用EDTA标准溶液滴定Bi^{3+}，当溶液由紫红色恰变为黄色，即为滴定Bi^{3+}的终点。

在滴定Bi^{3+}后的溶液中，加入六亚甲基四胺溶液，调节溶液pH=5～6，此时Pb^{2+}与二甲酚橙形成紫红色配合物，溶液再次呈现紫红色，然后用EDTA标准溶液继续滴定，溶液由紫红色恰变为黄色，即为滴定Pb^{2+}的终点。

$$Bi^{3+} + H_2Y^{2-} \rightleftharpoons BiY^- + 2H^+$$

$$Pb^{2+} + H_2Y^{2-} \rightleftharpoons PbY^{2-} + 2H^+$$

2. 试剂材料

	仪器和试剂	准备情况
仪器	小烧杯、移液管、容量瓶、锥形瓶、滴定管等	
试剂	0.02mol/L EDTA标准溶液、2g/L二甲酚橙指示剂、200g/L六亚甲基四胺缓冲溶液、2mol/L和0.1mol/L硝酸溶液、2mol/L NaOH溶液、H_2O_2试剂、精密pH试纸、Bi^{3+}、Pb^{2+}混合液（各约0.02mol/L）	

3. 任务操作

（1）Bi^{3+}的测定

用移液管移取25.00mLBi^{3+}、Pb^{2+}混合液于250mL锥形瓶中，用c(NaOH)＝2mol/L NaOH溶液或c(HNO_3)＝2mol/L HNO_3溶液调节试液的酸度至pH＝1，然后加入10mL HNO_3溶液[c(HNO_3)＝0.1mol/L]，加1～2滴二甲酚橙指示剂，这时溶液呈紫红色，用EDTA标准溶液滴定至溶液由紫红色恰变为黄色。记录消耗EDTA溶液的体积V_1。

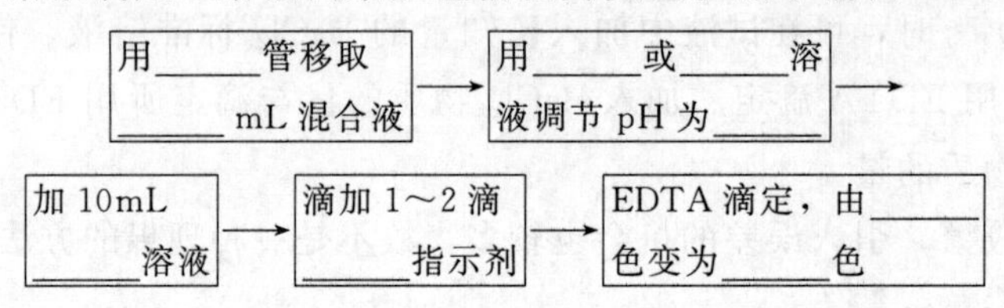

（2）Pb^{2+}的测定

在滴定Bi^{3+}后的溶液中，滴加六亚甲基四胺溶液，至呈现稳定的紫红色后，再过量5mL，此时溶液的pH约为5～6。用EDTA标准溶液滴定至溶液由紫红色恰变为黄色。记录消耗EDTA溶液的体积V_2。

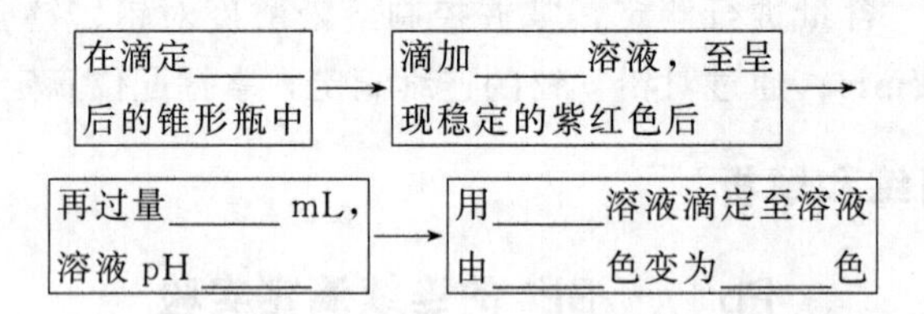

4. 结果计算

根据消耗EDTA标准溶液的体积和浓度，求出铅、铋含量。

$$\rho(Bi^{3+}) = \frac{c(EDTA)V_1M(Bi)}{V}$$

$$\rho(Pb^{2+}) = \frac{c(EDTA)V_2M(Pb)}{V}$$

式中，$\rho(Bi^{3+})$为混合液中Bi^{3+}的含量，g/L；$\rho(Pb^{2+})$为混合液中Pb^{2+}的含量，g/L；c(EDTA)为EDTA标准溶液的浓度，mol/L；V_1为滴定Bi^{3+}时消耗

EDTA 标准溶液的体积，mL；V_2 为滴定 Pb^{2+} 时消耗 EDTA 标准溶液的体积，mL；V 为所取试液的体积，mL；$M(Bi)$ 为 Bi 的摩尔质量，g/mol；$M(Pb)$ 为 Pb 的摩尔质量，g/mol；

5. 记录与报告单（见表 6-9）

表 6-9 Pb^{2+}、Bi^{3+} 的连续滴定记录

c(EDTA)/(mol/L)			温度/℃	
M(Bi)/(g/mol)			M(Pb)/(g/mol)	
测定项目		1	2	3
$V_{试液}$/mL				
Bi^{3+}含量测定	V_1(EDTA)/mL			
	体积校正/mL			
	温度校正/mL			
	校正后 V_1(EDTA)/mL			
	$\rho(Bi^{3+})$			
	平均 $\rho(Bi^{3+})$			
	相对平均偏差/%			
Pb^{2+}含量测定	V_2(EDTA)/mL			
	体积校正/mL			
	温度校正/mL			
	校正后 V_2(EDTA)/mL			
	$\rho(Pb^{2+})$			
	平均 $\rho(Pb^{2+})$			
	相对平均偏差/%			

实验结论：铋、铅的含量分别为________和________，相对平均偏差分别为________和________。

6. 注意事项

（1）调节试液的酸度至 pH=1 时，可用精密 pH 试纸检验，但是，为了避免检验时试液被带出而引起损失，可先用一份试液作调节试验，再按加入的 NaOH 量或 HNO_3 量调节溶液的 pH，进行滴定。

（2）滴定速率不宜过快，终点控制要恰当。

7. 问题与思考

（1）EDTA 测定 Bi^{3+}、Pb^{2+} 混合液时，为什么要在 pH=1 时滴定 Bi^{3+}？酸度过高或过低对滴定结果有何影响？

（2）二甲酚橙指示剂使用的 pH 范围是多少？本实验如何控制溶液的 pH？

（3）说明连续滴定 Bi^{3+}、Pb^{2+} 过程中，二甲酚橙指示剂颜色变化以及颜色变化原理。

6.4.3 知识宝库

多组分配位滴定

EDTA 能和多数金属离子形成稳定的配合物，所以可能与被滴定试液中同时存在的金属离子杂质反应，从而干扰了滴定。在实际滴定中，减少或消除共存离子的干扰方法如下。

1. 控制酸度分步滴定

若溶液中含有能与EDTA形成配合物的金属离子M和N，且$K_{MY}>K_{NY}$，则用EDTA滴定时，首先被滴定的是M。若K_{MY}与K_{NY}相差足够大，此时可准确滴定M离子（若有合适的指示剂），而N离子不干扰。滴定M离子后，若N离子满足单一离子准确滴定的条件，则又可继续滴定N离子，此时称EDTA可分别滴定M和N。

当溶液中只有M、N两种离子，如果$\Delta pM=\pm0.2$（目测终点一般有$\pm0.2\sim0.5\Delta pM$的出入），$E_t\leqslant\pm0.1\%$时，要准确滴定M离子，而N离子不干扰，必须$\lg(c_M K'_{MY})\geqslant 6$，即：

$$\Delta\lg K+\lg[c(M)/c(N)]\geqslant 6 \qquad (6\text{-}7)$$

式（6-7）是判断能否用控制酸度的办法准确滴定M离子，而N离子不干扰的判别式。滴定M离子后，若$\lg c(N)\ K'_{NY}\geqslant 6$，则可继续准确滴定N离子。

如果$\Delta pM=\pm0.2$，$E_t\leqslant\pm0.5\%$（混合离子滴定通常允许误差$\leqslant\pm0.5\%$）时，则可用式（6-8）来判别控制酸度分别滴定的可能性。

$$\Delta\lg K+\lg[c(M)/c(N)]\geqslant 5 \qquad (6\text{-}8)$$

例如，当溶液中Bi^{3+}、Pb^{2+}两种离子的浓度相等$c(M)=c(N)=10^{-2}$ mol/L时，要选择滴定Bi^{3+}。从表6-2常见金属离子-EDTA配合物的$\lg K_{稳}$，可知$\lg K_{BiY}=27.94$，$\lg K_{PbY}=18.04$，$\Delta\lg K=9.90$，故可选择滴定Bi^{3+}，而Pb^{2+}不干扰。然后进一步根据$\lg\alpha_{Y(H)}\leqslant\lg K_{MY}-8$，可确定滴定允许的最小pH。此例中$c(Bi^{3+})=10^{-2}$ mol/L，则可由EDTA酸效应曲线直接查到滴定Bi^{3+}允许的最小pH约为0.7，即要求pH≥0.7时滴定Bi^{3+}。但滴定pH也不能过大，在pH约为2时Bi^{3+}开始水解析出沉淀，因此滴定Bi^{3+}、Pb^{2+}溶液中Bi^{3+}时，适宜酸度范围为pH=0.7～2。此时Pb^{2+}不与EDTA配位。

2. 掩蔽法

如果试液中待测金属离子M和N与EDTA配合物的稳定常数相差不大，即$\lg K_{MY}-\lg K_{NY}<5$，就不能利用控制酸度的方法分步滴定，而需要采用掩蔽的方法，提高配位滴定的选择性。常用的掩蔽方法详见表6-10。

表6-10 掩蔽法

方法	原理	举例
配位掩蔽法	加入能与干扰离子形成更稳定配合物的配位剂（通称掩蔽剂）掩蔽干扰离子，从而能够更准确地滴定待测离子	测定Al^{3+}和Zn^{2+}共存溶液中的Zn^{2+}时，可加入NH_4F与干扰离子Al^{3+}形成十分稳定的AlF_6^{3-}，因而消除了Al^{3+}的干扰
沉淀掩蔽法	加入选择性沉淀剂与干扰离子形成沉淀，从而降低干扰离子的浓度，以消除干扰	在由Ca^{2+}、Mg^{2+}共存溶液中，加入NaOH使pH>12，因而生成$Mg(OH)_2$沉淀，这时EDTA就可直接滴定Ca^{2+}
氧化还原掩蔽法	利用氧化还原反应改变干扰离子的价态，可消除对被测离子的干扰	用EDTA滴定Bi^{3+}、Zr^{4+}、Th^{4+}等时，溶液中如存在Fe^{3+}，则Fe^{3+}干扰测定，此时可加入抗坏血酸或盐酸羟胺，将Fe^{3+}还原为Fe^{2+}，由于Fe^{2+}与EDTA的配合物稳定性比Fe^{3+}与EDTA配合物稳定性小得多，因而能消除Fe^{3+}的干扰

常用的掩蔽方法——配位掩蔽法、氧化还原掩蔽法和沉淀掩蔽法中，以配位掩蔽法用得最多，实际工作中常用的配位掩蔽剂见表6-11。常用的沉淀掩蔽剂见表6-12。

表6-11　部分常用的配位掩蔽剂

掩蔽剂	被掩蔽的金属离子	pH
三乙醇胺	Al^{3+}、Fe^{3+}、Sn^{4+}、TiO_2^{2+}	10
氟化物	Al^{3+}、Sn^{4+}、TiO_2^{2+}、Zr^{4+}	>4
乙酰丙酮	Al^{3+}、Fe^{2+}	5～6
邻菲罗啉	Cu^{2+}、Co^{2+}、Ni^{2+}、Cd^{2+}、Hg^{2+}	5～6
氰化物	Cu^{2+}、Co^{2+}、Ni^{2+}、Cd^{2+}、Hg^{2+}、Fe^{2+}	10
2,3-二巯基丙醇	Zn^{2+}、Pb^{2+}、Bi^{3+}、Sb^{2+}、Sn^{4+}、Cd^{2+}、Cu^{2+}	
硫脲	Hg^{2+}、Cu^{2+}	
碘化物	Hg^{2+}	

表6-12　部分常用的沉淀掩蔽剂

掩蔽剂	被掩蔽离子	被测离子	pH	指示剂
氢氧化物	Mg^{2+}	Ca^{2+}	12	钙指示剂
KI	Cu^{2+}	Zn^{2+}	5～6	PAN
氟化物	Ba^{2+}、Sr^{2+}、Ca^{2+}、Mg^{2+}	Zn^{2+}、Cd^{2+}、Mn^{2+}	10	EBT
硫酸盐	Ba^{2+}、Sr^{2+}	Ca^{2+}、Mg^{2+}	10	EBT
铜试剂	Bi^{3+}、Cu^{2+}、Cd^{2+}	Ca^{2+}、Mg^{2+}	10	EBT

知识要点

要点1　配位反应

（1）理解配合物的基本知识，了解配合物的化学键理论。

（2）掌握解离平衡相关知识。

① 配位反应达到平衡时配合物的绝对稳定常数 K_{MY}（或 $K_{稳}$）为 $K_{MY}=\frac{MY}{[M][Y]}$。

绝对稳定常数是指无副反应情况下的数据，它不能反映实际滴定过程中真实配合物的稳定状况。

② 酸效应系数

$$\alpha_{Y(H)}=\frac{[Y']}{[Y^{4-}]}$$

$$=\frac{[Y^{4-}]+[HY^{3-}]+[H_2Y^{2-}]+[H_3Y^{-}]+[H_4Y]+[H_5Y^{+}]+[H_6Y^{2+}]}{[Y^{4-}]}$$

③ 条件稳定常数

考虑各种副反应对主反应的影响，引入条件稳定常数。它表示在一定条件下，MY的实际稳定常数。如果只有酸效应，简化成：

$$\lg K'_{MY}=\lg K_{MY}-\lg\alpha_{Y(H)}$$

④ 掌握配位平衡的解离移动（配位平衡与酸碱平衡、沉淀平衡、氧化还原平衡的关系及配位平衡之间的转化）

要点 2　金属指示剂

（1）掌握金属指示剂的作用原理。

$$\underset{\text{A色}}{M+In} \rightleftharpoons \underset{\text{B色}}{MIn}$$

$$\underset{\text{B色}}{MIn}+Y \rightleftharpoons MY+\underset{\text{A色}}{In}$$

（2）掌握使用金属指示剂中存在的问题、解决方法等知识点。

指示剂封闭现象——更换指示剂或改变滴定方式、加入掩蔽剂；

指示剂僵化现象——加入有机溶剂或加热；

指示剂氧化变质——配成固体混合物。

要点 3　配位滴定基本原理

（1）影响滴定突跃范围的因素：

① 条件稳定常数；② 金属离子浓度。

（2）直接准确滴定单一金属离子：

ΔpM 为±0.2pM 单位，允许的终点误差为±0.1%时，$\lg c(M)\,K'_{MY}\geqslant 6$。

（3）酸效应曲线的应用

① 选择滴定的酸度条件；②判断干扰情况；③作为 $\lg\alpha_{Y(H)}$-pH 曲线使用。

（4）滴定中要使用缓冲溶液，以控制溶液的 pH 基本维持不变。

要点 4　单组分配位滴定的方式

直接滴定、返滴定、置换滴定和间接滴定。

要点 5　多组分配位滴定的干扰消除方法

（1）控制酸度分步滴定

滴定可行性判断：

$$\Delta pM=\pm0.2,\ E_t\leqslant\pm0.1\%,\ \Delta\lg K+\lg\left[c(M)/c(N)\right]\geqslant 6;$$
$$\Delta pM=\pm0.2,\ E_t\leqslant\pm0.5\%,\ \Delta\lg K+\lg\left[c(M)/c(N)\right]\geqslant 5。$$

（2）利用掩蔽进行选择滴定（$\Delta\lg K<5$ 时）

掩蔽方法包括配位掩蔽、沉淀掩蔽、氧化还原掩蔽。

习　题

一、选择题

1. 因溶液中氢离子的存在，使配位体参加主反应能力降低的现象称为（　　）。

A. 同离子效应　　B. 盐效应　　C. 酸效应　　D. 共存离子效应

2. EDTA 与大多数金属离子是以（　　）的化学计量关系生成配位化合物。

A. 1∶5　　B. 1∶4　　C. 1∶2　　D. 1∶1

3. 在配位滴定中，用 EDTA 直接滴定被测离子的条件包括（　　）。

A. $\lg cK_{MY} \leqslant 8$　　B. 溶液中无干扰离子

C. 有变色敏锐无封闭作用的指示剂　D. 反应在酸性溶液中进行

4. EDTA 的有效浓度［Y^{4-}］与酸度有关，它随着溶液 pH 的增大而（　　）。

A. 增大　　B. 减小　　C. 不变　　D. 先增大后减小

5. 金属指示剂产生僵化现象是因为（　　）。

A. 指示剂不稳定　B. MIn 溶解度小　C. $K_{MIn} < K_{MY}$　D. $K_{MIn} > K_{MY}$

6. 金属指示剂产生封闭现象是因为（　　）。

A. 指示剂不稳定　B. MIn 溶解度小　C. $K_{MIn} < K_{MY}$　D. $K_{MIn} > K_{MY}$

7. 配位滴定所用的金属指示剂同时也是一种（　　）。

A. 掩蔽剂　　B. 显色剂　　C. 配位剂　　D. 弱酸弱碱

8. 在直接配位滴定法中，到达滴定终点时，一般情况下溶液显示的颜色为（　　）。

A. 被测金属离子与 EDTA 配合物的颜色

B. 被测金属离子与指示剂配合物的颜色

C. 游离指示剂的颜色

D. 金属离子与指示剂配合物和金属离子与 EDTA 配合物的混合色

9. EDTA 滴定法测定水的总硬度是在 pH＝（　　）的缓冲溶液中进行的。

A. 7　　B. 8　　C. 10　　D. 12

10. 用 EDTA 测定 SO_4^{2-} 时，应采用的方法是（　　）。

A. 直接滴定　　B. 间接滴定　　C. 返滴定　　D. 连续滴定

二、计算题

1. 配制浓度约 0.02mol/L EDTA 标准溶液 2000mL，需称取 EDTA 约多少克？如何配制？

2. 用纯 $CaCO_3$ 标定 EDTA 溶液。称取 0.1005g 纯 $CaCO_3$，溶解后定容到 100.00mL。吸取 25.00mL，在 pH＝12.00 时，用钙指示剂指示终点，用待标定的 EDTA 溶液滴定，用去 24.50mL。计算：(1) EDTA 溶液的物质的量浓度；(2) 该 EDTA 溶液对 ZnO 和 Fe_2O_3 的滴定度。

3. 测定氯化镍含量，准确称取试样 0.4035g，溶于 70mL 水中，加 $NH_3 \cdot H_2O$-NH_4Cl 缓冲溶液 10mL（pH＝10）及 0.2g 紫脲酸铵混合指示剂，摇匀，用 0.05016mol/L EDTA 标准溶液滴定至溶液由红色变为蓝紫色，消耗 33.18mL。问试样中氯化镍（$NiCl_2 \cdot 6H_2O$）的质量分数是多少？

4. 测定某装置冷却用水中钙镁总量时，吸取水样 100mL，以铬黑 T 为指示剂，在 pH＝10，用 c(EDTA)＝0.02005mol/L 标准滴定溶液滴定，终点消耗了 7.20mL。求以 $CaCO_3$ mg/L 表示的钙镁总量？

5. 有一含 Ni^{2+} 的试液，吸取 10.00mL 用蒸馏水稀释，加入氨性缓冲溶液调节 pH 为 10，准确加入 15.00mL 0.01000mol/L EDTA 标准溶液，过量的 EDTA 用 0.01500mol/L 的 $MgCl_2$ 溶液进行滴定，用去 4.37mL。计算原试液中 Ni^{2+} 的物质的量浓度。

项目7

氧化还原反应与氧化还原滴定

氧化还原反应是在反应前后元素的化合价具有升降变化的化学反应。其本质是电子转移引起的，遵守电荷守恒。这种反应可以理解成由两个半反应，即氧化反应和还原反应构成的。

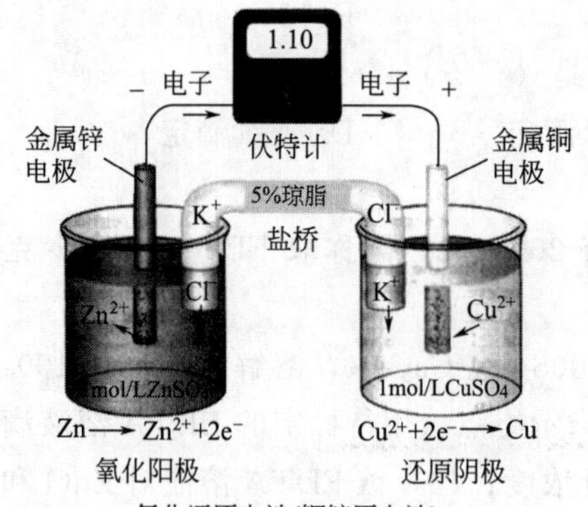

氧化还原电池(铜锌原电池)

含还原剂维生素的食品和药物

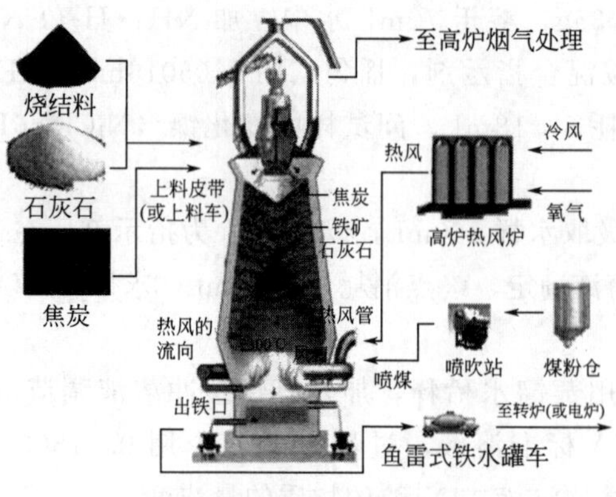

高炉炼铁氧化过程

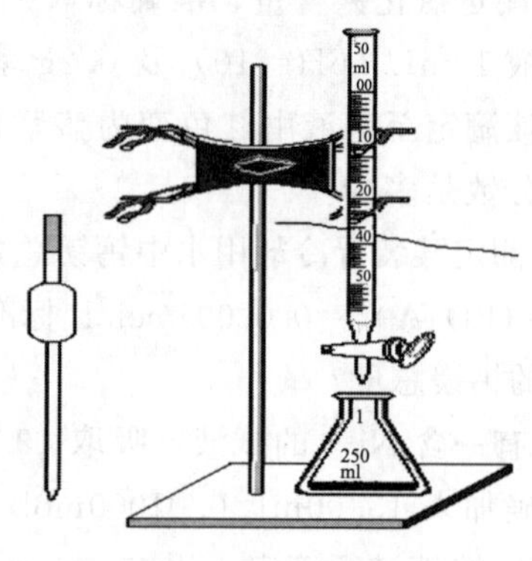

氧化还原滴定分析

氧化反应，物质失去电子，化合价升高；还原反应，物质得到电子，化合价降低。

能发生氧化还原反应的物质是氧化剂和还原剂，氧化还原反应广泛地存在于我们的生产和生活中，如煤气炉燃烧和工业高炉炼铁等过程存在强烈的氧化还原作用，工业上利用氧化还原反应进行电镀和电化学防腐等。医药行业还广泛应用氧化性或还原性药物治疗疾病，例如，用于消毒防腐的药物苯酚、抗菌类药物磺胺嘧啶、抗贫血药物硫酸亚铁、抗氧化作用的维生素C和维生素E等。

利用物质所具备的氧化性或还原性，与待测物质发生氧化还原反应，从而进行滴定分析的方法，称为氧化还原滴定法。

目前，习惯上按氧化剂的名称命名氧化还原滴定法，包括碘量法、高锰酸钾法、重铬酸钾法、亚硝酸钠法、溴量法、铈量法等。

氧化还原滴定法不仅能直接测定具有氧化性或还原性的物质，而且还能间接地测定本身虽无氧化还原性质、但能与某种氧化剂或还原剂发生化学反应的物质。

与酸碱滴定法和配位滴定法相比较，氧化还原滴定法应用非常广泛，它不仅可用于无机分析，而且可以广泛用于有机分析，不仅能测定无机物，也能测定有机物。

本项目通过技能操作训练任务，理解电极电位的应用，理解氧化还原滴定法的原理、氧化还原指示剂的应用和选择、氧化还原反应速率的影响因素、滴定方式等知识，会进行相关的操作和计算，控制实验误差，并出具检验报告。

任务	技能训练和解析	知识宝库
7.1 认识氧化还原反应与电极电位	7.1.2 氧化还原反应及原电池电动势的关系实验	7.1.3 氧化还原反应
7.2 $KMnO_4$ 法测定过氧化氢含量	7.2.2 $KMnO_4$ 标准溶液的配制实验 7.2.3 过氧化氢含量的测定实验	7.2.4 氧化还原指示剂 7.2.5 $KMnO_4$ 滴定法
7.3 $K_2Cr_2O_7$ 法测定铁矿石中铁含量	7.3.2 $K_2Cr_2O_7$ 标准溶液的配制实验 7.3.3 铁矿石中铁含量的测定实验	7.3.4 $K_2Cr_2O_7$ 滴定法 7.3.5 样品的氧化还原预处理方法
7.4 间接碘量法测定胆矾中 $CuSO_4 \cdot 5H_2O$ 含量	7.4.2 硫代硫酸钠标准溶液的配制实验 7.4.3 胆矾中 $CuSO_4 \cdot 5H_2O$ 含量的测定实验	7.4.4 碘量法的原理和分类
7.5 直接碘量法测定维生素C片中抗坏血酸含量	7.5.2 碘标准溶液的配制实验 7.5.3 维生素C片中抗坏血酸含量的测定实验	7.5.4 碘量法常用标准溶液及其应用实例

任务7.1 认识氧化还原反应与电极电位

7.1.1 任务书

氧化还原反应广泛存在于日常生活及生产活动中，且物质的氧化性或还原性强弱不同。测定电极电位的大小可以反映出物质氧化性和还原性的强弱。

本次任务就是通过一系列实验操作，充分理解氧化还原反应与原电池电动势的关系，理解某些常见物质的氧化还原性质强弱及其判定方法。

7.1.2 技能训练和解析

氧化还原反应与原电池电动势的关系实验

1. 任务原理

推动氧化还原反应发生的动力是氧化还原电对的电极电位差 $\Delta\varphi$，如果将两个氧化还原电对的反应分别表现在原电池的两极，则 $\Delta\varphi$ 即电动势 E，即：

$$E=\varphi_+-\varphi_-$$

式中，φ_+ 和 φ_- 分别为正负极电对的电极电位。若 $E>0$，那么氧化还原反应能够发生；反之不能发生。在常温下，电对的电极电位由能斯特方程计算：

$$\varphi=\varphi^{\ominus}+\frac{0.0592\text{V}}{n}\lg[\text{氧化态}]/[\text{还原态}]$$

式中，$\varphi^{\ominus}$ 为该电对的标准电极电位；n 为电极反应中转移的电子数；[氧化态]/[还原态] 表示参与电极反应的反应物浓度的幂乘积与产物浓度幂乘积之比。

(1) φ 值大的电对的氧化态物质为强氧化剂，其还原态物质为弱还原剂。φ 值小的电对的还原态物质为强还原剂，氧化态物质为弱氧化剂。

φ 值中等的物质（如 H_2O_2、I_2 等），是中等强度的氧化剂或还原剂。

(2) φ 值受物质浓度影响，当浓度发生改变时，φ 值发生变化，E 值也随之发生改变。

(3) 介质条件对 φ 值影响也很大，如介质酸碱性对 $KMnO_4$ 的电极电位和氧化性的影响，酸性介质中，φ 值较大，表现氧化性，但在中性或碱性介质中，φ 值小，氧化性变弱。

2. 试剂材料

	仪器和试剂	准备情况
仪器	试管若干、烧杯两个、盐桥、伏特计、胶头滴管、表面皿	
试剂	$CuSO_4$(1mol/L)、$ZnSO_4$(1mol/L)、饱和 KCl、KI(0.1mol/L)、$FeCl_3$(0.1mol/L)、KBr(0.1mol/L)、$FeSO_4$(0.1mol/L)、H_2SO_4(1mol/L 及 3mol/L)、HNO_3(2mol/L)、浓硝酸、$KMnO_4$(0.1mol/L)、NaOH(6mol/L)、KIO_3(0.1mol/L)、Na_2SO_3(0.1mol/L)、浓 $NH_3\cdot H_2O$、饱和氯水、I_2 水、Br_2 水、CCl_4、浓氨水、KSCN 溶液、3% H_2O_2、锌粒	

3. 任务操作

(1) 原电池电动势的测定

在 50mL 小烧杯中加入 15mL $CuSO_4$ 溶液，在素烧瓷筒中加入 6mL $ZnSO_4$ 溶液，并将其放入盛有 $CuSO_4$ 溶液的小烧杯中。在 $CuSO_4$ 溶液中插入 Cu 棒，在 $ZnSO_4$ 溶液中插入 Zn 棒，两极各连一导线，Cu 极导线与伏特计正极相接，Zn 极与伏特计的负极相接。测量电动势。

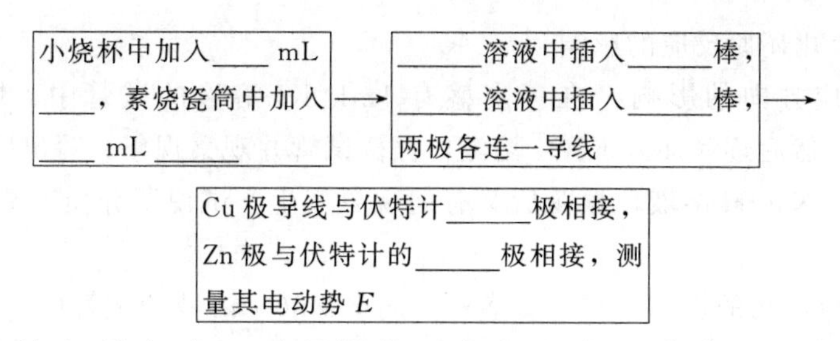

在小烧杯中滴加浓氨水，不断搅拌，直至生成沉淀完全溶解变成深蓝色的 $[Cu(NH_3)_4]^{2+}$ 配离子为止。测量电动势，写出反应式。

再在素烧瓷筒中滴加浓氨水，使沉淀完全溶解变成 $[Zn(NH_3)_4]^{2+}$ 配离子为止。再测量其电动势，写出反应式。

小烧杯中滴加______，直至沉淀完全溶解变成深蓝色的______配离子为止，测量其电动势 E → 素烧瓷筒中滴加______，使沉淀完全溶解变成______配离子为止，再测量其电动势 E

根据上述实验所得的电动势值，利用能斯特方程式说明浓度对原电池电动势的影响。

（2）比较电极电位的大小

① 在一支试管中加入 1mL KI 溶液和 5 滴 $FeCl_3$ 溶液，振荡后有何现象？再加入 0.5mL CCl_4，充分振荡，CCl_4 层呈何色？反应的产物是什么？

② 在另一支试管中加入 1mL KBr 溶液和 5 滴 $FeCl_3$ 溶液，振荡后有何现象？再加入 0.5mL CCl_4，充分振荡，CCl_4 层呈何色？

③ 在一支试管中加入 1mL $FeSO_4$ 溶液，滴加 KSCN 溶液，溶液颜色有无变化？

在另一支试管中加入 1mL $FeSO_4$ 溶液，加数滴溴水，振荡后再滴加 KSCN 溶液，溶液呈何色？与上一支试管对照，说明试管中发生什么反应？

①试管中加 KI 和 $FeCl_3$，现象：______再加入 CCl_4，充分振荡，现象：______

②试管中加 KBr 和 $FeCl_3$，现象：______加入 CCl_4，充分振荡，现象：______

③试管中加 $FeSO_4$ 和 KSCN，现象：______试管中加 $FeSO_4$、溴水、KSCN，现象：______

上述反应说明了，电对的电极电位的大小顺序如何？查阅书后附录电极电位表对照。

（3）常见氧化剂和还原剂的反应

① H_2O_2 的氧化性　在小试管中加入 0.5mL KI 溶液，再加 2～3 滴 H_2SO_4（1mol/L）酸化，然后逐滴加入 3%H_2O_2 溶液，振荡试管并观察现象。写出反应式。

② $KMnO_4$ 的氧化性　在小试管中加入 0.5mL $KMnO_4$ 溶液，再加入少量 H_2SO_4（3mol/L）酸化，然后逐滴加入 3%H_2O_2 溶液，振荡试管并观察现象。写出反应式。

③ KI 的还原性　在小试管中加入 0.5mL KI 溶液，逐滴加入 Cl_2 水，边加边振荡，注意溶液颜色的变化。继续滴入 Cl_2 水，观察溶液的颜色变化。写出反应式。

①小试管中加入 KI 溶液，再加 H_2SO_4 酸化，然后逐滴加入 3%的______溶液，现象：______

②小试管中加入______溶液，再加入少量 H_2SO_4 酸化，然后逐滴加入 3%H_2O_2 溶液，现象：______

③小试管中加入______溶液，逐滴加入______，边加边振荡，现象：______

（4）介质对氧化还原反应的影响

① 介质对反应方向的影响　在一支盛有1mL KI溶液的试管中，加入数滴H_2SO_4（1mol/L）酸化，然后逐滴加入KIO_3溶液，振荡试管并观察现象，写出反应式。然后在该试管中再逐滴加入NaOH溶液，振荡后又有何现象产生？试说明介质对氧化还原反应方向的影响。

② 介质对反应产物的影响　在3支盛有5滴$KMnO_4$溶液的试管中，分别加入H_2SO_4（3mol/L）溶液、蒸馏水和NaOH溶液各0.5mL，混合后再逐滴加入Na_2SO_3溶液。观察溶液的颜色变化。写出反应式。

①试管中加1mL，______溶液，加数滴H_2SO_4（1mol/L）酸化，逐滴加入______溶液，振荡观察，现象______。滴加__________溶液，现象______。	②3支试管，各加5滴______，1试管再加0.5mL______，2试管再加0.5mL______，3试管再加0.5mL______，三试管分别再滴加Na_2SO_3溶液。现象：______。

4. 记录与报告单（见表7-1和表7-2）

表7-1　原电池电动势的测定记录

实验步骤	记录
铜锌原电池	$E=$
小烧杯滴加浓氨水全转化$[Cu(NH_3)_4]^{2+}$	$E=$
素烧瓷筒加浓氨水全转化$[Zn(NH_3)_4]^{2+}$	$E=$
备注	1. $CuSO_4$+少量氨水⟶碱式硫酸铜沉淀，氨水继续加⟶沉淀溶解，形成$[Cu(NH_3)_4]^{2+}$ （总反应式：$Cu^{2+}+4NH_3\cdot H_2O═[Cu(NH_3)_4]^{2+}+4H_2O$） 对于铜电极电位的计算式，$\varphi(Cu^{2+}/Cu)=\varphi^{\ominus}+\frac{0.0592V}{n}\lg\{[Cu^{2+}]/c^{\ominus}\}$ 当加入氨水后，因形成配离子使Cu^{2+}减少，$\varphi(Cu^{2+}/Cu)$减小， $E=\varphi(Cu^{2+}/Cu)-\varphi(Zn^{2+}/Zn)$，$E$也减小 2. $ZnSO_4$+少量氨水⟶氢氧化锌沉淀，氨水继续过量⟶沉淀溶解，形成$[Zn(NH_3)_4]^{2+}$ （总反应式：$Zn^{2+}+4NH_3\cdot H_2O═[Zn(NH_3)_4]^{2+}+4H_2O$） 对于锌电极$\varphi(Zn^{2+}/Zn)=\varphi^{\ominus}+\frac{0.0592V}{n}\lg\{[Zn^{2+}]/c^{\ominus}\}$因$Zn^{2+}$减少，$\varphi(Zn^{2+}/Zn)$减少，$E$增大

表7-2　比较电极电位的大小实验记录

	CCl_4层颜色	溶于CCl_4层物质	实验反应
① $KI+FeCl_3$			
② $KBr+FeCl_3$			
③ $FeSO_4$+溴水，再加KSCN	反应式：$FeSO_4$加入溴水： 滴加KSCN：		

根据以上实验，定性比较Br_2/Br^-、I_2/I^-和Fe^{3+}/Fe^{2+}三个电对的电极电位的高低，

__________的电极电位最高，__________的电极电位最低。__________为强氧化剂，__________为强还原剂（见表 7-3 和表 7-4）。

表 7-3 常见氧化剂和还原剂的反应记录

	现象	反应方程式
① H_2O_2 的氧化性		
② $KMnO_4$ 的氧化性		
③ KI 的还原性		

表 7-4 介质对氧化还原反应的影响实验记录

	介质	现象	反应方程式
① 介质对反应方向的影响 $KI+KIO_3$	先加介质 H_2SO_4		
	产物再加 NaOH		
② 介质对反应产物的影响 $KMnO_4+Na_2SO_3$	介质：		
	介质：		
	介质：		

5. 注意事项

注意伏特计的偏向及数值。

6. 问题与思考

（1）在电动势的测定实验中，如果导线与电极或伏特计间的接触不良，将对电动势测量产生什么影响？为什么？

（2）H_2O_2 为什么既可作氧化剂又可作还原剂？写出有关电极反应，说明 H_2O_2 在什么情况下可作氧化剂，在什么情况下可作还原剂？

 7.1.3 知识宝库

氧化还原反应

1. 氧化还原反应

反应过程中有元素化合价变化的，叫做氧化还原反应。例如 $Zn+2HCl \rightleftharpoons H_2+ZnCl_2$ 反应中，Zn 由 0 价→+2 价，H 由+1 价→0 价。这种特殊类型的反应的实质是：反应中发生了电子的得失或共用电子对的偏移，一般统称为反应中发生了电子的转移。

其中，物质失去电子的反应是氧化反应，物质得到电子的反应是还原反应。在化学反应中，若有物质失去电子，就必然有物质得到电子。因此氧化反应和还原反应是同时发生的，而且物质间得失电子的总数必定相等。

2. 氧化剂和还原剂

在氧化还原反应中，通过电子转移，发生两个物质的变化：

{化合价升高，失电子，发生**氧化**反应的物质，称**还原剂**；
{化合价**降**低，**得**电子，发生**还原**反应的物质，称**氧化剂**。

口诀：
“升，失，氧化，还原剂”
“降，得，还原，氧化剂”

也可以说，氧化还原反应是氧化剂与还原剂之间，通过电子转移产生的互动。氧化剂使对方氧化，而自身被还原；还原剂使对方还原，而自身被氧化。

氧化剂、还原剂在反应中的变化规律如图 7-1 所示。

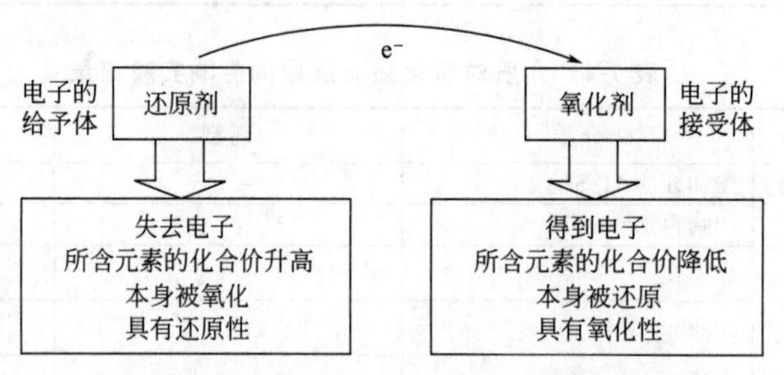

图 7-1 氧化剂和还原剂表现的相反的性质

综上所述，在氧化还原反应中，氧化剂和还原剂是同时存在的，是指参加反应的两种物质。但需要指出的是，有时在同一反应中，氧化剂和还原剂也可能是同一种物质（自身歧化），甚至是同一种物质内的同一种元素。

另外氧化剂和还原剂也是相对的，并不是一成不变的。对于同一种物质，在某一反应中作氧化剂，但在另一反应中可能作还原剂。

当一种元素有多种化合态时，通常化合价处于最高价的化合物只能作氧化剂，化合价处于最低价的化合物只能作还原剂，处于中间价态的化合质既可作氧化剂，又可作还原剂。

3. 电极电位的含义

(1) 基本概念

氧化还原反应是电子转移的反应，电子由还原剂转移至氧化剂。对于氧化剂或还原剂，可用半反应表示其氧化态与还原态之间的转化：

$$\mathrm{Ox} + ne^- \rightleftharpoons \mathrm{Red}$$

式中，Red 为物质的还原态；Ox 为物质的氧化态。

氧化还原（共轭）电对：同一物质的 Ox 与 Red 两种形态，是因为得失电子而形成的对应（共轭）关系的，常写作符号“氧化态/还原态”，称为氧化还原（共轭）电对，例如 Zn^{2+}/Zn、Fe^{3+}/Fe^{2+} 都是氧化还原电对。

氧化剂和还原剂的两个半反应构成一个氧化还原总反应，例如：

总反应	$Sn^{4+} + 2Ce^{3+} \longrightarrow Sn^{2+} + 2Ce^{4+}$	
物质的性质	Sn^{4+} 得电子，作氧化剂	Ce^{3+} 失电子，作还原剂
电对	氧化剂的电对 Sn^{4+}/Sn^{2+}	还原剂的电对 Ce^{4+}/Ce^{3+}
电极的半反应	$Sn^{4+} + 2e^- \longrightarrow Sn^{2+}$	$Ce^{3+} - e^- \longrightarrow Ce^{4+}$

一般的氧化还原反应可以表示为： $n_2Ox_1+n_1Red_2 \rightleftharpoons n_2Red_1+n_1Ox_2$

氧化还原反应的实质是电子在两个电对 Ox_1/Red_1 和 Ox_2/Red_2 之间转移过程。转移结果是两个电对各自产生转化，Ox_1 得到电子还原为 Red_1，Red_2 失去电子氧化为 Ox_2。

（2）电对的电极电位

当氧化还原反应的两个电对所对应的半反应（氧化反应和还原反应），分别发生在置于溶液中的两个电极上时，外电路闭合线路中就有电流通过，构成原电池。每个电极上因反应而产生的电位，称电极电位，表示为"φ（Ox/Red）"。两个电对电极电位之差即是原电池的电动势，氧化还原反应即是原电池总反应。

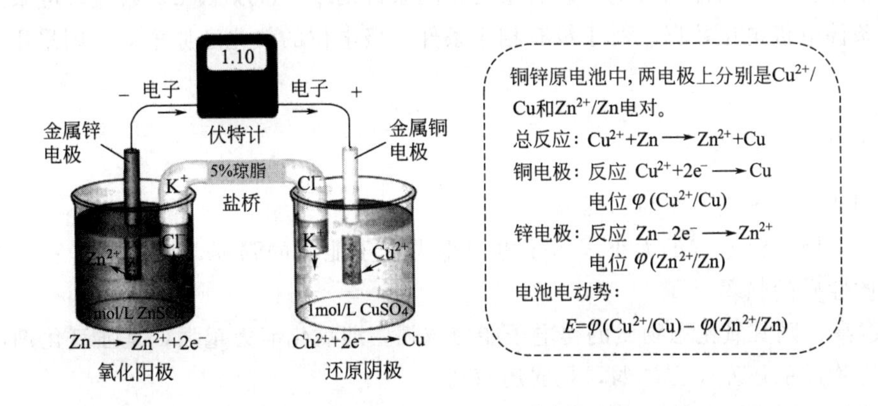

理论上，每个氧化还原反应都可以构成一个原电池，氧化电对和还原电对分别表现在原电池的两极，其电位差 $\Delta\varphi$，是推动氧化还原反应发生的动力，也是原电池的电动势 E。

（3）标准电极电位

对于任何一个可逆氧化还原电对反应：Ox（氧化态）$+ne^- \longrightarrow$ Red（还原态）

当达到平衡时，其电对的电极电位遵循能斯特方程。

$$\varphi(\mathrm{Ox/Red})=\varphi^{\ominus}(\mathrm{Ox/Red})+\frac{RT}{nF}\ln[\text{氧化态}]/[\text{还原态}] \tag{7-1}$$

式中，$\varphi^{\ominus}$（Ox/Red）为电对 Ox/Red 的标准电极电位；R 为气体常数，8.314J/(K·mol)；T 为热力学温度，K；F 为法拉第常数，96485C/mol；n 为电极反应中转移的电子数。

标准电极电位 $\varphi^{\ominus}$（Ox/Red）是在一定温度下（通常为 298K），有关离子浓度为 1mol/L 或气体压力为 1.000×10^5 Pa 时所测得的电极电位。

将常数代入式（7-1），并取常用对数，于 25℃时得：

$$\varphi(\mathrm{Ox/Red})=\varphi^{\ominus}(\mathrm{Ox/Red})+\frac{0.0592\mathrm{V}}{n}\lg[\text{氧化态}]/[\text{还原态}] \tag{7-2}$$

可见，当［Ox］＝［Red］＝1mol/L 时，φ（Ox/Red）＝$\varphi^{\ominus}$（Ox/Red）。

（4）条件电极电位

在标准电极电位表中所列的数值是指电对中的氧化态和还原态物质的活度均为 1mol/L，但实际应用中，考虑到离子活度受离子强度和各种副反应的影响，将氧化还原电对的标准电

极电位 $\varphi^{\ominus}$（Ox/Red）在客观条件下进行修正，称为条件电极电位 $\varphi^{\ominus'}$(Ox/Red)，它是在一定的介质条件下，氧化态和还原态的总浓度均为 1mol/L 时的电极电位。因而，实际计算 φ 时应用式：

$$\varphi(\mathrm{Ox/Red})=\varphi^{\ominus'}(\mathrm{Ox/Red})+\frac{0.0592\mathrm{V}}{n}\lg\frac{a(\mathrm{Ox})}{a(\mathrm{Red})} \tag{7-3}$$

条件电极电位反映了离子强度和各种副反应影响的总结果，是氧化还原电对在客观条件下的实际氧化还原能力。它在一定条件下为一常数。在进行氧化还原平衡计算时，应采用与给定介质条件相同的条件电极电位。若缺乏相同条件的 $\varphi^{\ominus'}$(Ox/Red) 数值，可采用介质条件相近的条件电极电位数据。对于没有相应条件电极电位的氧化还原电对，则采用标准电极电位如式（7-2）计算。

4. 电极电位的应用

（1）判断氧化剂或还原剂的强弱

电对的电极电位值 φ 的大小表示了电对得失电子能力的强弱，反映了其氧化态物质或还原态物质性质的强弱。

φ 值越高，则其氧化态物质的得电子能力越强，即氧化能力越强，是强氧化剂，而其相应的还原态物质的还原能力越弱，是弱还原剂。

φ 值越低，则此电对的还原态物质的失电子能力越强，即还原能力越强，是强还原剂，而其相应的氧化态物质的氧化能力越弱，是弱氧化剂。

例：电极电位表中，最强的氧化剂是 F_2，最强的还原剂是 Li（见图 7-2）。

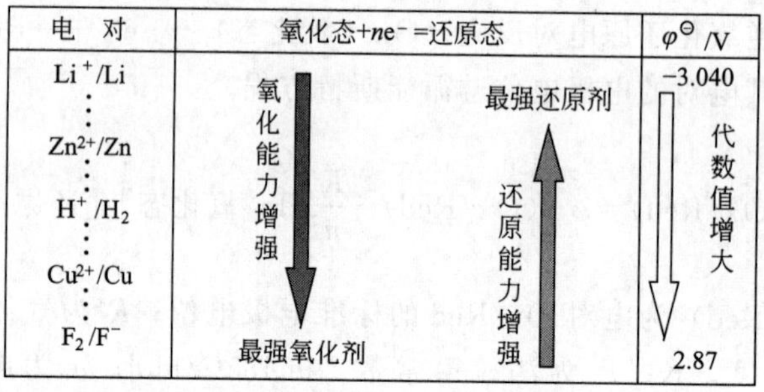

电 对	氧化态+ne^-=还原态	$\varphi^{\ominus}$/V
Li^+/Li	氧化能力增强 ↓　　最强还原剂	−3.040
Zn^{2+}/Zn		代数值增大 ↓
H^+/H_2	还原能力增强 ↑	
Cu^{2+}/Cu		
F_2/F^-	最强氧化剂	2.87

图 7-2　比较氧化剂和还原剂的相对强弱

又如：$\varphi^{\ominus}(Fe^{2+}/Fe)=-0.440\mathrm{V}$，$\varphi^{\ominus}(Al^{3+}/Al)=-1.66\mathrm{V}$，所以 Al 比 Fe 还原性更强，而 Al^{3+} 比 Fe^{2+} 氧化性更强。至于金属单质活动性顺序 K>Ca>Na>Mg>Al>Zn>Fe>Sn>Pb>H>Cu>Hg>Ag>Pt>Au 等，即由 φ 值的大小可比较得出。

（2）判断反应自发的方向和次序

在一般状况下，标准电位较高的氧化态能够与标准电位较低的还原态自发反应。比较标准电极电位的大小，可以初步判断反应发生的可能性。在所有可能发生的氧化还原反应中，电极电位相差最大的电对间首先发生反应，顺次可以确定氧化还原反应的次序。

【例 7-1】试判断在 HCl 的酸性条件下，反应的自发方向：

$$Fe^{3+}+Ti^{3+}\rightleftharpoons Fe^{2+}+Ti^{4+}$$

解 由附录五查得 $\varphi^{\ominus}(Fe^{3+}/Fe^{2+})=0.771V$，$\varphi^{\ominus}(Ti^{4+}/Ti^{3+})=0.10V$（3mol/L HCl 中）

由于 $\varphi^{\ominus}(Fe^{3+}/Fe^{2+})>\varphi^{\ominus}(Ti^{4+}/Ti^{3+})$，故 Fe^{3+} 能够氧化 Ti^{3+}，反应自发向右进行。

由于反应受到溶液浓度、酸度、生成沉淀和形成配合物等因素的影响，有时导致氧化态或还原态存在形式发生变化，以致有可能会改变反应的方向。

(3)判断反应进行程度

氧化还原反应的平衡常数可由两个半反应的标准电位求得：

$$\lg K=\frac{n_1n_2(\varphi_1^{\ominus}-\varphi_2^{\ominus})}{0.0592} \tag{7-4}$$

式中，K 为反应平衡常数；n_1 和 n_2 分别为两个半反应的转移电子数。$(\varphi_1^{\ominus}-\varphi_2^{\ominus})$为两个半反应的标准电极电位之差，这个差值越大，反应的平衡常数也就越大，反应进行得越完全。

在滴定分析中，为使反应完全程度达到 99.9%以上，要求 $K>10^6$。此时，对于 $n_1=n_2=1$ 的反应，得出 $\Delta\varphi^{\ominus}$ 约为 0.4V。即：两个半反应的标准电极电位的差值大于 0.4V 的氧化还原反应，才能彻底进行，才可以用于滴定分析。

【例 7-2】 计算[例 7-1]中反应的平衡常数。

解

$$\lg K=\frac{n_1n_2(\varphi_1^{\ominus}-\varphi_2^{\ominus})}{0.0592}=\frac{1\times1\times(0.771-0.10)}{0.0592}=11$$

所以 $K=10^{11}$，说明反应进行得很彻底。

5. 常用的氧化还原滴定方法

氧化还原反应是电子转移反应，机理复杂，常伴有副反应发生，一些氧化还原反应的速率很慢。因此氧化还原滴定法还需要解决以下问题：

① 选择适当的反应条件，减少副反应发生，反应物之间计量关系确定；

② 提高反应速率；

③ 具有合适的指示剂。

为了使氧化还原滴定反应按所需方向定量迅速地进行完全，严格控制反应条件是获得准确结果的关键。常用氧化还原滴定法如下：

（1）高锰酸钾法 $MnO_4^-+8H^++5e^-\rightleftharpoons Mn^{2+}+4H_2O$

（2）重铬酸钾法 $Cr_2O_7^{2-}+14H^++6e^-\rightleftharpoons 2Cr^{3+}+7H_2O$

（3）碘量法 直接碘量法：$I_2+2e^-\rightleftharpoons 2I^-$

间接碘量法：$2I^--2e^-\rightleftharpoons I_2$ $2S_2O_3^{2-}+I_2\rightleftharpoons S_4O_6^{2-}+2I^-$

氧化还原滴定的计算中，选择基本单元方法，以物质得失 1 个电子为一个基本单元如 $\frac{1}{2}Na_2C_2O_4$、$\frac{1}{5}KMnO_4$。

6. 提高氧化还原反应速率的方法

① 浓度对反应速率的影响 一般而言，增加反应物的浓度能加快反应速率。

② 温度对反应速率的影响 一般而言，升高温度可以提高反应速率。通常温度每升高

10℃，反应速率提高 2～4 倍。

③ 催化剂对反应速率的影响　催化剂可从根本上改变反应机制和反应速率，使用催化剂是改变反应速率的有效方法。能加快反应速率的催化剂称为正催化剂；能减慢反应速率的催化剂称为负催化剂。在滴定分析中主要利用正催化剂加快反应速率。

任务 7.2　$KMnO_4$ 法测定过氧化氢含量

7.2.1　任务书

过氧化氢俗称双氧水，可分为医用、军用和工业用三大类。日常消毒一般用含量为 3%或 3%以下的水溶液，主要用于体表伤口杀菌消毒或物体表面消毒；工业用含量一般为 30%～35%，主要用作氧化剂、漂白剂等；军用 99%以上的双氧水作为火箭等燃料，提供氧。

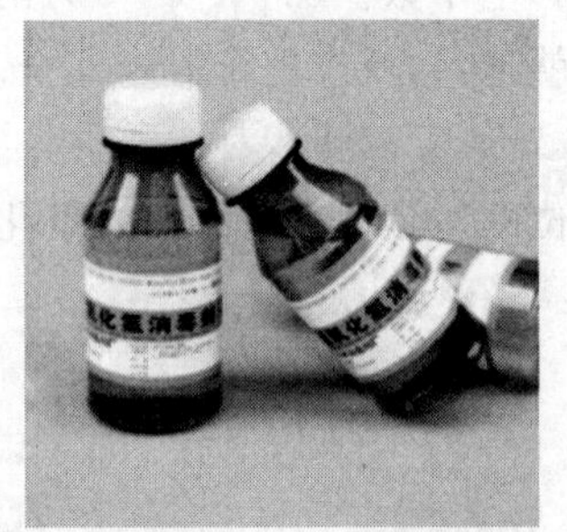

本次任务是通过 $KMnO_4$ 法滴定分析，对一瓶没有了标签的双氧水样品，测定 H_2O_2 含量，标示样品，以备实际使用需要。任务分为两个部分：

(1) $KMnO_4$ 标准滴定溶液（0.02mol/L）的配制及标定；

(2) H_2O_2 含量的测定。

7.2.2　技能训练和解析

$KMnO_4$ 标准溶液的配制实验

1. 任务原理

高锰酸钾标准溶液的配制采用标定法。标定 $KMnO_4$ 的基准物质有很多，其中最常用的是 $Na_2C_2O_4$。因为 $Na_2C_2O_4$ 不含结晶水，性质稳定，容易精制。在酸度为 0.5～1mol/L 的 H_2SO_4 酸性溶液中，其标定反应如下：

$$2MnO_4^- + 5C_2O_4^{2-} + 16H^+ \rightleftharpoons 2Mn^{2+} + 10CO_2\uparrow + 8H_2O$$

此反应速率较慢，一般加热到 65～75℃，以 $KMnO_4$ 自身为指示剂，用待标定的 $KMnO_4$ 滴定液滴定，至溶液出现浅红色即为终点。基本单元：$\frac{1}{5}KMnO_4$ 和 $\frac{1}{2}Na_2C_2O_4$。

2. 试剂材料

	仪器和试剂	准备情况
仪器	恒温水浴锅、分析天平、酸式滴定管、锥形瓶	
试剂	$KMnO_4$（固体）、$Na_2C_2O_4$（G.R）、H_2SO_4（3mol/L）	

3. 任务操作

(1) $KMnO_4$ 标准溶液 [$c(\frac{1}{5}KMnO_4)$ = 0.1mol/L] 的配制

在托盘天平上称取 $KMnO_4$ 1.6g 于小烧杯中，加蒸馏水 500mL，缓缓煮沸 15min，冷却后置于棕色试剂瓶中，暗处静置 2 日以上，用 P16 号玻璃砂芯漏斗过滤，摇匀。

（2）$KMnO_4$ 标准溶液的标定

精密称取在 105℃干燥至恒重的基准草酸钠约 0.2g（准确至 0.0001g），置于 250mL 锥形瓶中，加入 30mL 水溶解，加 10mL 3mol/L 的 H_2SO_4 溶液，使其溶解，加热至 75～85℃（开始冒蒸汽），趁热用待标定的 $KMnO_4$ 溶液滴定。注意：刚开始滴定速率不宜过快，应在加入的一滴 $KMnO_4$ 溶液褪色后，才滴入下一滴，滴定速率逐渐加快。终点是滴定至溶液显微红色且 30s 不褪色。同时做空白试验。

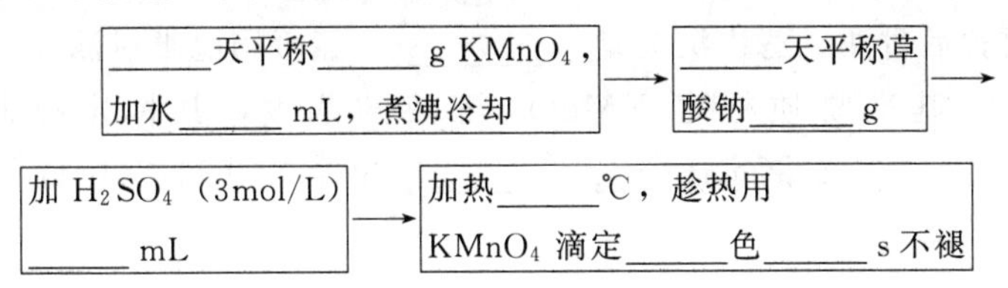

4. 结果计算

$KMnO_4$ 标准溶液浓度的计算：

$$c\left(\frac{1}{5}KMnO_4\right)=\frac{m(Na_2C_2O_4)}{M\left(\frac{1}{2}Na_2C_2O_4\right)(V-V_0)\times10^{-3}}$$

式中，$c\left(\frac{1}{5}KMnO_4\right)$ 为基本单元 $\frac{1}{5}KMnO_4$ 溶液的物质的量浓度，mol/L；$m(Na_2C_2O_4)$ 为称取基准 $Na_2C_2O_4$ 的质量，g；$M\left(\frac{1}{2}Na_2C_2O_4\right)$ 为 $\frac{1}{2}Na_2C_2O_4$ 基本单元的摩尔质量，g/mol；V 为标定消耗的 $KMnO_4$ 溶液的体积，mL；V_0 为空白试验消耗的 $KMnO_4$ 溶液的体积，mL。

5. 记录与报告单（见表 7-5）

表 7-5 高锰酸钾标准溶液的标定

测定项目	1	2	3
$m(Na_2C_2O_4)$/g			
$V(KMnO_4)$/mL			
$V_0(KMnO_4)$/mL			
$c(\frac{1}{5}KMnO_4)$/(mol/L)			
平均浓度 $\bar{c}(\frac{1}{5}KMnO_4)$/(mol/L)			
相对极差/%			

6. 注意事项

（1）为使配制的高锰酸钾溶液浓度达到欲配制的浓度，取用量可稍多于理论用量。

（2）$KMnO_4$ 溶液为深色溶液，凹液面不易读准，应读水平面。

（3）实验结束后，应立即用自来水冲洗滴定管，避免 MnO_2 沉淀堵塞滴定管管尖。

（4）标定好的 $KMnO_4$ 溶液在放置一段时间后，若发现有沉淀析出，应重新过滤并标定。

7. 思考与练习

（1）$KMnO_4$ 溶液能否装在碱式滴定管中？________，因为________。

（2）用 $Na_2C_2O_4$ 标定 $KMnO_4$ 滴定液时，加热是为了________。是否温度越高越好？________，因为________。

（3）配制 $KMnO_4$ 溶液时，要将 $KMnO_4$ 溶液煮沸一定时间及放置数天，为了________。冷却放置后过滤，滤出沉淀是________，能否用滤纸过滤？________。

（4）用 $Na_2C_2O_4$ 基准物质标定 $KMnO_4$ 溶液的浓度，其标定控制项目有温度________、酸度________、滴定速率________。为什么用 H_2SO_4 调节酸度？可否用 HCl 或 HNO_3？

7.2.3 技能训练和解析

过氧化氢含量的测定实验

1. 任务原理

在稀硫酸溶液中，室温条件下，H_2O_2 能被 $KMnO_4$ 定量地氧化成 O_2 和 H_2O，因此，可以用 $KMnO_4$ 法直接测定 H_2O_2 的含量。以 $KMnO_4$ 自身为指示剂。

$$5H_2O_2+2MnO_4^-+6H^+ \rightleftharpoons 2Mn^{2+}+5O_2\uparrow+8H_2O$$

滴定开始时，滴入第一滴溶液褪色后，才能加入第二滴，产物 Mn^{2+} 催化自身反应，滴定速率才可适当加快。至终点产生微红色，30s 内不褪色。基本单元：$\frac{1}{5}KMnO_4$、$\frac{1}{2}H_2O_2$。

2. 试剂材料

	仪器和试剂	准备情况
仪器	刻度吸管、容量瓶、酸式滴定管、锥形管	
试剂	样品 H_2O_2（约 30%）、H_2SO_4（3mol/L）、$KMnO_4$（0.1mol/L）滴定溶液	

3. 任务操作

（1）稀释 H_2O_2 样品

用刻度吸管吸取市售的 H_2O_2 样品 2.00mL，置于盛有约 200mL 蒸馏水的 250mL 容量瓶中，加水稀释至标线，摇匀。

（2）测定 H_2O_2 含量

用移液管量取稀释后的 H_2O_2 样品试液 25.00mL，置于锥形瓶中，加 3mol/L H_2SO_4 溶液 20mL，用 $c(\frac{1}{5}KMnO_4)$ 为 0.1mol/L 的 $KMnO_4$ 溶液滴定至呈现淡红色（30s 内不褪色）。

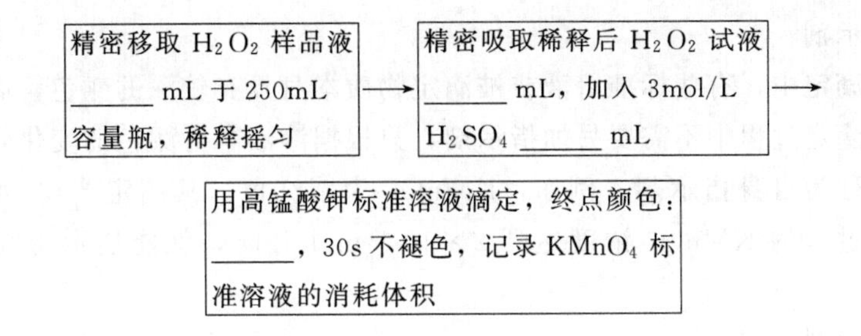

4. 结果计算

H_2O_2 含量按下式计算：

$$\rho(H_2O_2)=\frac{c(\frac{1}{5}KMnO_4)V(KMnO_4)M(\frac{1}{2}H_2O_2)\times10^{-3}}{V_{样}\times\frac{25}{250}}\times1000$$

式中，ρ（H_2O_2）为过氧化氢的质量浓度，g/L；$c\left(\frac{1}{5}KMnO_4\right)$为高锰酸钾溶液的物质的量浓度，mol/L；$V$（$KMnO_4$）为滴定消耗的 $KMnO_4$ 滴定液的体积，mL；$M\left(\frac{1}{2}H_2O_2\right)$为$\frac{1}{2}H_2O_2$ 的摩尔质量，g/mol；$V_{样}$ 为量取 H_2O_2 的体积，mL。

5. 记录与报告单（见表 7-6）

表 7-6　过氧化氢含量测定

测定项目	1	2	3
H_2O_2 样品体积 $V_{样}$/mL			
消耗 $KMnO_4$ 溶液 $V(KMnO_4)$/mL			
$\rho(H_2O_2)$/(g/L)			
平均含量 $\bar{\rho}(H_2O_2)$/(g/L)			
相对平均偏差($\bar{R}_d$)/%			

6. 注意事项

为了减少 H_2O_2 因挥发、分解所带来的误差，每份 H_2O_2 样品应在测定前量取。

7. 问题与思考

（1）若取样量不准确，实际体积小于 2.00mL，对测定结果产生的影响是__________。

（2）H_2O_2 与 $KMnO_4$ 反应较慢，能否通过加热溶液来加快反应速率？为什么？

7.2.4　知识宝库

氧化还原指示剂

在氧化还原滴定中，常用指示剂有以下三类。

(1) 自身指示剂

在氧化还原滴定中，有些标准溶液或被滴定物质本身具有较深的颜色，而滴定产物则无色或颜色很浅，滴定过程中不需要另加指示剂，只根据溶液本身颜色的变化就可以确定滴定终点。这种物质称为自身指示剂。例如，$KMnO_4$ 为紫红色，其滴定产物 Mn^{2+} 几乎无色，滴定时，只要稍过量的 $KMnO_4$ 浓度达到 2×10^{-6} mol/L 时，就能显示粉红色，指示终点到达。

(2) 特殊指示剂

某些物质本身无氧化还原性，但能与氧化剂或还原剂作用，产生变色以指示终点，称为特殊指示剂。例如，淀粉溶液能与 I_2 生成深蓝色吸附化合物，故可根据其蓝色的出现或消失来指示滴定终点。

(3) 氧化还原指示剂

有些氧化还原剂，其氧化型和还原型具有不同颜色，能随着氧化还原作用的发生产生颜色变化以指示终点，称为氧化还原指示剂。例如，二苯胺磺酸钠，氧化型呈红紫色，还原型是无色的。用 $KMnO_4$ 溶液滴定 Fe^{2+} 至化学计量点时，稍过量的 $KMnO_4$ 将二苯胺磺酸钠由无色的还原型氧化成红紫色的氧化型，指示终点的到达。

选择此类指示剂，应使其条件电位处在滴定突跃区间内，尽量与化学计量点的电位一致，以减小终点误差。常用氧化还原指示剂见表 7-7。

表 7-7 常用氧化还原指示剂

指示剂型	氧化态的颜色	还原态的颜色	φ'_{In}/V
亚甲基蓝	蓝色	无色	0.53
二苯胺	紫色	无色	0.76
二苯胺磺酸钠	紫红色	无色	0.84
邻苯氨基苯甲酸	紫红色	无色	0.89
邻菲罗啉亚铁	浅蓝色	红色	1.06
硝基邻菲罗啉亚铁	浅蓝色	紫红色	1.25

由于氧化还原指示剂本身具有氧化还原作用，也要消耗一定量的滴定液。当滴定液浓度较大时，其影响可以忽略不计。但在较精确测定或滴定液浓度小于 0.01mol/L 时，则需要做空白试验，以校正指示剂误差。

7.2.5 知识宝库

$KMnO_4$ 滴定法

1. 反应原理和滴定法特点

高锰酸钾法是利用 $KMnO_4$ 作氧化剂进行滴定分析的方法。$KMnO_4$ 是一种强氧化剂，在不同介质中氧化能力和还原产物有所不同，见表 7-8。高锰酸钾滴定法的特点如下。

(1) 硫酸的强酸性溶液中进行

高锰酸钾法常用于强酸性溶液中，发挥强氧化性，若酸度不足，滴定过程中会产生 MnO_2 沉淀。调节酸度以硫酸为宜，因为硝酸有氧化性，盐酸有还原性，都容易发生副反应。

(2) 自身催化现象

高锰酸钾法开始滴定时反应较慢，但反应生成的 Mn^{2+} 可做催化剂，催化自身反应，因而可逐渐加快滴定速率。

（3）自身指示剂

高锰酸钾滴定液本身紫红色，化学计量点后，过量半滴 $KMnO_4$ 使整个溶液变成淡红色，为自身指示法。

表 7-8 不同介质中 $KMnO_4$ 的氧化性强弱

介质条件	电对反应	转移电子	基本单元	$\varphi^{\ominus}$/V	应用和要求
强酸性	$MnO_4^- + 8H^+ + 5e^- \rightleftharpoons Mn^{2+} + 4H_2O$	5 个	$\frac{1}{5}KMnO_4$	1.51	介质 0.5～1mol/L H_2SO_4，不宜用 HCl、HNO_3(副反应)
中性弱碱	$MnO_4^- + 2H_2O + 3e^- \rightleftharpoons MnO_2 + 4OH^-$	3 个	$\frac{1}{3}KMnO_4$	0.59	很少使用。产物 MnO_2 为沉淀，妨碍观察
强碱性	$MnO_4^- + e^- \rightleftharpoons MnO_4^{2-}$	1 个	$KMnO_4$	0.56	pH>12，常用于氧化有机物

2. 滴定溶液的配制和标定

（1）高锰酸钾滴定溶液的配制

采用标定法配制。因为：① 市售 $KMnO_4$ 中常含有少量杂质，如 MnO_2、硝酸盐、硫酸盐、氯化物等；② $KMnO_4$ 的氧化能力强，容易和水中的还原性杂质、空气中的尘埃和氨等还原性物质作用，配制初期的浓度容易发生改变。长期放置缓慢自行分解，见光分解更快。

因此，一般要提前将溶液配制好，储存于棕色瓶中，密闭保存，2～3 天后才能标定。

（2）高锰酸钾滴定溶液的标定

标定高锰酸钾溶液的基准物质很多。最常用的是 $Na_2C_2O_4$。因为它不含结晶水、不吸水、易精制和保存。用 $Na_2C_2O_4$ 标定 $KMnO_4$ 溶液在 H_2SO_4 酸性条件下的反应式为：

$$2MnO_4^- + 5C_2O_4^{2-} + 16H^+ = 2Mn^{2+} + 10CO_2 + 8H_2O$$

标定时应注意：

① 温度 为加速反应将 $Na_2C_2O_4$ 水浴加热到约 75℃，但不宜过高，否则 $Na_2C_2O_4$ 会分解。

$$H_2C_2O_4 \xrightarrow{>90℃} H_2O + CO_2\uparrow + CO\uparrow$$

② 酸度 标定时加入 3mol/L H_2SO_4 10mL，使溶液保持一定的酸度。酸度过高促使 $Na_2C_2O_4$ 分解，酸度过低使部分 $KMnO_4$ 还原为 MnO_2。

③ 滴定速率 标定开始时即使加热反应速率仍很慢，第一滴 $KMnO_4$ 溶液滴入后红色褪去。这时需待红色消失后再滴加第二滴。随后由于自动催化现象反应速率逐渐加快，可适当加快滴定速率。

④ 终点判断 滴定至化学计量点时，稍过量的 $KMnO_4$ 可使溶液显淡红色，并保持 30s 内不褪色，表示到达滴定终点。

3. 高锰酸钾法的测定方法

根据被测物质的性质，高锰酸钾法可采取不同的测定方法。

（1）直接滴定法

测定：还原性物质，如Fe、H_2O_2、$C_2O_4^{2-}$、NO_2^-，可用高锰酸钾直接滴定测其含量。

① 测定 H_2O_2　过氧化氢具有氧化性，但当遇到更强的氧化剂时，它显示还原性。

$$H_2O_2\text{样品}\xrightarrow{H_2SO_4\text{介质、室温}}KMnO_4\text{滴定}$$

② 测定硫酸亚铁　硫酸亚铁中铁元素的化合价为+2价，具有还原性，可直接滴定。

$$\text{硫酸亚铁样品}\xrightarrow{H_2SO_4\text{介质、室温}}KMnO_4\text{滴定}$$

（2）返滴定法

测定：氧化性物质，不能用 $KMnO_4$ 直接滴定的氧化物，可定量加入过量的草酸钠标准溶液，加热使反应完全后，再用高锰酸钾滴定剩余的草酸钠溶液，从而求出被测物质的含量。

氧化物样品+定量、过量草酸钠 ⟶ 加热彻底反应

↓

剩余草酸钠 $\xrightarrow{H_2SO_4\text{介质、75℃}}$ $KMnO_4$ 滴定

计算 $n(\text{氧化物})=n(\frac{1}{2}Na_2C_2O_4)_{\text{反应}}=n(\frac{1}{2}Na_2C_2O_4)_{\text{总}}-n(\frac{1}{2}Na_2C_2O_4)_{\text{剩}}=n(\frac{1}{2}Na_2C_2O_4)_{\text{总}}-n(\frac{1}{5}KMnO_4)$

注意：上式中的物质形式都取基本单元。

例如，测定软锰矿中 MnO_2 含量。加入一定量过量的 $Na_2C_2O_4$ 于磨细的矿样中，加 H_2SO_4 并加热分解完全，至样品中无棕黑色颗粒存在。用 $KMnO_4$ 标准溶液趁热返滴定剩余的草酸。

（3）间接滴定法

测定：非氧化还原性物质。其经过某种反应，其产物能由 $KMnO_4$ 法滴定。如测定 Ca^{2+} 含量时，首先将 Ca^{2+} 沉淀成 CaC_2O_4，过滤后再溶于稀硫酸，然后用 $KMnO_4$ 滴定溶液中的 $C_2O_4^{2-}$，间接求 Ca^{2+} 的含量。

样品中 Ca^{2+} $\xrightarrow{\text{加草酸}}$ $CaC_2O_4\downarrow$

$\xrightarrow{H_2SO_4\text{溶解沉淀}}$ $H_2C_2O_4$ ⟶ $KMnO_4$ 滴定

计算 $n(\frac{1}{2}Ca^{2+})=n(\frac{1}{2}H_2C_2O_4)=n(\frac{1}{5}KMnO_4)$

任务 7.3　$K_2Cr_2O_7$ 法测定铁矿石中铁含量

7.3.1　任务书

铁矿石是钢铁工业的基础原料，在地质勘探和矿石的选冶上，都需了解其主要组分铁的含量，以确定其品位。不同品位的铁矿石的冶炼技术和经济成本不一样，冶炼的经济价值更不一样。本次任务是采用“无汞法”检测某批铁矿石样品中的含铁量。和有汞检测法相比，此法可以避免对环境的污染，是非常实用的铁含量分析法。本任务可分为两个部分：

（1）$K_2Cr_2O_7$ 标准滴定溶液的配制与标定；

（2）铁矿石中铁含量测定（无汞法）。

7.3.2 技能训练和解析

$K_2Cr_2O_7$ 标准溶液的配制实验

1. 任务原理

$K_2Cr_2O_7$ 标准溶液可以用基准试剂 $K_2Cr_2O_7$ 直接配制。当采用非基准试剂 $K_2Cr_2O_7$ 配制时，必须用间接法配制。在一定量 $K_2Cr_2O_7$ 溶液中加入过量KI溶液及硫酸溶液，生成的 I_2 用 $Na_2S_2O_3$ 标准溶液滴定。以淀粉指示剂确定终点。反应式为：

$$Cr_2O_7^{2-}+6I^-+14H^+ \rightleftharpoons 2Cr^{3+}+3I_2+7H_2O$$

$$I_2+2S_2O_3^{2-} \rightleftharpoons 2I^-+S_4O_6^{2-}$$

2. 试剂材料

	仪器和试剂	准备情况
仪器	酸式滴定管、锥形瓶、小烧杯、容量瓶、分析天平	
试剂	基准物质 $K_2Cr_2O_7$、$K_2Cr_2O_7$ 固体、KI试剂、20%的 H_2SO_4 溶液、$Na_2S_2O_3$ 标准溶液(0.1mol/L)、淀粉指示液(5g/L)	

3. 任务操作

（1）直接法配制 $c(\frac{1}{6}K_2Cr_2O_7)$ =0.1mol/L 的 $K_2Cr_2O_7$ 标准滴定溶液

称取基准物质 $K_2Cr_2O_7$ 1.2～1.4g（准确至0.001g），放于小烧杯中，加入少量水溶解，定量转入250mL容量瓶中，稀释至刻度，摇匀，计算其准确浓度。

精密称取 $K_2Cr_2O_7$ 基准试剂 ______g，置于______中	→	定量转移至______瓶，稀释至刻度，摇匀，计算 $c(\frac{1}{6}K_2Cr_2O_7)$

（2）间接法配制 $c(\frac{1}{6}K_2Cr_2O_7)$=0.1mol/L 的 $K_2Cr_2O_7$ 标准滴定溶液

① 配制　称取2.5g重铬酸钾于烧杯中，加200mL水溶解，转入500mL试剂瓶。每次用少量水冲洗烧杯多次，转入试剂瓶，稀释至500mL。

② 标定　用滴定管准确量取30.00～35.00mL重铬酸钾溶液于碘量瓶中，加KI 2g及 H_2SO_4 溶液20mL，立即盖好瓶塞，摇匀，用水封好瓶口，于暗处放置10min。打开瓶塞，冲洗瓶塞及瓶颈，加水150mL，用 $Na_2S_2O_3$ 标准溶液（0.1mol/L）滴定至浅黄色，加3mL淀粉指示液，继续滴定至溶液由蓝色变为亮绿色。记录消耗的体积。

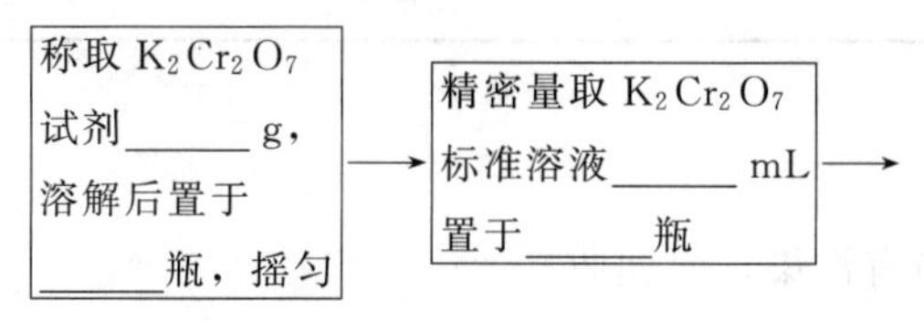

加入KI____g，H_2SO_4 溶液____mL，水封，暗处放置____min，加水____mL	→	滴定液：____，滴定至____色时，加指示剂：____3mL，继续滴至____色

4. 结果计算

（1）直接法配制 $K_2Cr_2O_7$ 溶液，浓度计算：

$$c(\frac{1}{6}K_2Cr_2O_7)=\frac{m(K_2Cr_2O_7)}{M(\frac{1}{6}K_2Cr_2O_7)V(K_2Cr_2O_7)\times10^{-3}}$$

式中，$m(K_2Cr_2O_7)$为称取基准 $K_2Cr_2O_7$ 的质量，g；$M(\frac{1}{6}K_2Cr_2O_7)$为$(\frac{1}{6}K_2Cr_2O_7)$基本单元的摩尔质量，g/mol；$V(K_2Cr_2O_7)$为配制 $K_2Cr_2O_7$ 的体积，mL。

（2）间接法配制 $K_2Cr_2O_7$ 溶液，浓度计算：

$$c(\frac{1}{6}K_2Cr_2O_7)=\frac{c(Na_2S_2O_3)V(Na_2S_2O_3)}{V(K_2Cr_2O_7)}$$

式中，$c(Na_2S_2O_3)$为 $Na_2S_2O_3$ 滴定液的物质的量浓度，mol/L；$V(Na_2S_2O_3)$为滴定消耗 $Na_2S_2O_3$ 滴定液的体积，mL；$V(K_2Cr_2O_7)$为精密量取 $K_2Cr_2O_7$ 滴定液的体积，mL。

5. 记录与报告单（见表 7-9 和表 7-10）

表 7-9　重铬酸钾标准溶液的配制（直接法）

测定项目	数据记录
基准试剂 $K_2Cr_2O_7$ 的质量 m/g	
$K_2Cr_2O_7$ 标准溶液的浓度 $c(\frac{1}{6}K_2Cr_2O_7)$/(mol/L)	

表 7-10　重铬酸钾标准溶液的标定（间接法）

测定项目	1	2	3
量取 $V(K_2Cr_2O_7)$/mL			
滴定量 $V(Na_2S_2O_3)$/mL			
$c(Na_2S_2O_3)$/(mol/L)			
$c(\frac{1}{6}K_2Cr_2O_7)$/(mol/L)			
平均浓度 $\bar{c}(\frac{1}{6}K_2Cr_2O_7)$/(mol/L)			
相对极差/%			

6. 注意事项

重铬酸钾溶液对环境有污染，要回收。

7. 问题与思考

(1) 间接法配制 $K_2Cr_2O_7$ 标准滴定溶液，用水封碘量瓶口的目的是__________。于暗处放置 10min 的目的是__________。

(2) 用间接法配制和标定 $K_2Cr_2O_7$ 溶液的原理是__________。标定时，淀粉指示剂何时加入？__________。如果加入过早，影响是__________，加入过迟的影响是__________。

7.3.3 技能训练和解析

铁矿石中铁含量的测定实验

1. 任务原理

铁矿石的种类主要有磁铁矿（Fe_3O_4）、赤铁矿（Fe_2O_3）和菱铁矿（$FeCO_3$）等。铁含量测定包括试样的溶解、还原预处理和滴定分析。

(1) 试样用盐酸加热溶解

$$Fe_2O_3 + 6HCl \rightleftharpoons 2FeCl_3 + 3H_2O$$

(2) Fe^{3+} 的还原

在热溶液中，用 $SnCl_2$ 还原大部分 Fe^{3+}，然后以钨酸钠为指示剂，用 $TiCl_3$ 溶液定量还原剩余部分 Fe^{3+}，直至过量的一滴 $TiCl_3$ 溶液使钨酸钠还原，生成蓝色的五价钨化合物（俗称“钨蓝”），使溶液呈蓝色，再滴加 $K_2Cr_2O_7$ 溶液使钨蓝刚好褪色。

$$2Fe^{3+} + Sn^{2+} \rightleftharpoons 2Fe^{2+} + Sn^{4+}$$

$$Fe^{3+} + Ti^{3+} \rightleftharpoons Fe^{2+} + Ti^{4+}$$

(3) 试样溶液的滴定

溶液中的 Fe^{2+}，在硫、磷混酸介质中，以二苯胺磺酸钠为指示剂，用 $K_2Cr_2O_7$ 标准溶液滴定至紫色为终点。

$$6Fe^{2+} + Cr_2O_7^{2-} + 14H^+ \rightleftharpoons 6Fe^{3+} + 2Cr^{3+} + 7H_2O$$

2. 试剂材料

	仪器和试剂	准备情况
仪器	分析天平、酸式滴定管、锥形瓶、电热板或电炉	
试剂	铁矿石试样、$K_2Cr_2O_7$ 标准滴定溶液（0.1mol/L）、H_2SO_4-H_3PO_4-H_2O 混酸（2∶5∶3）、HCl（1+1）、$SnCl_2$ 溶液 10%、$TiCl_3$ 溶液 1.5%、Na_2WO_4 溶液 10%、二苯胺磺酸钠指示液 2g/L、$CuSO_4$ 0.4%	

3. 任务操作

(1) 试样溶解

取预先在 120℃烘箱中烘 1～2h 并冷却的铁矿石试样，准确称量 0.2～0.3g 于 250mL 锥形瓶中，加几滴蒸馏水润湿，加 10mL 浓 HCl，盖上表面皿，缓缓加热使试样溶解（残渣

为白色或近于白色 SiO_2），溶液为橙黄色，用少量水冲洗表面皿，加热近沸。

（2）铁的还原

趁热滴加 $SnCl_2$ 溶液至溶液呈浅黄色（$SnCl_2$ 不宜过量），冲洗瓶内壁，加 10mL 水、1mL Na_2WO_4 溶液，滴加 $TiCl_3$ 溶液至刚好出现“钨蓝”。再加水约 60mL，放置 10～20s，用 $K_2Cr_2O_7$ 标准溶液滴至恰呈无色（不计读数）。

（3）用 $K_2Cr_2O_7$ 滴定分析

加入 10mL 硫、磷混酸溶液和 4～5 滴二苯胺磺酸钠指示液，立即用 $K_2Cr_2O_7$ 标准溶液滴定，至溶液呈稳定的紫色为终点。记录消耗的体积。平行测定两次。

注：平行试样可以同时溶解，但溶解完全后，应每还原一份试样，立即滴定，以免 Fe^{2+} 被空气中的氧氧化。

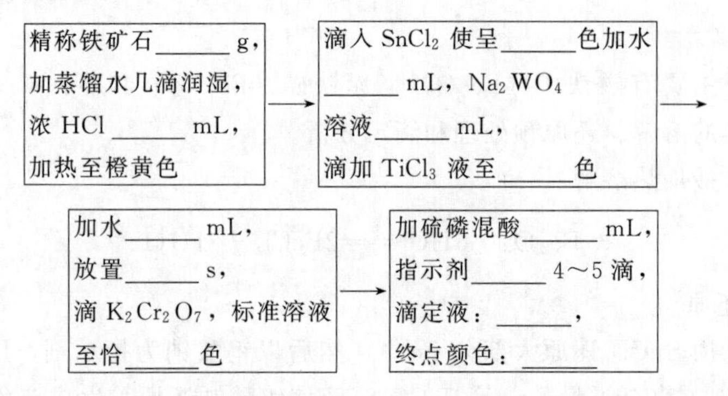

4. 结果计算

铁矿石中含铁的质量分数为：

$$w(\mathrm{Fe})=\frac{c(\frac{1}{6}\mathrm{K_2Cr_2O_7})V(\mathrm{K_2Cr_2O_7})\times10^{-3}M(\mathrm{Fe})}{m_{样}}\times100\%$$

式中，$c(\frac{1}{6}K_2Cr_2O_7)$ 为重铬酸钾滴定液的物质的量浓度，mol/L；$V(K_2Cr_2O_7)$为滴定消耗 $K_2Cr_2O_7$ 滴定液的体积，mL；$M(Fe)$为 Fe 的摩尔质量，g/mol；$m_{样}$ 为称取铁矿石样品的质量，g。

5. 记录与报告单（见表 7-11）

表 7-11 铁矿石中铁的含量测定

测定项目	1	2	3
铁矿石的质量 m/g			
滴定量 $V(K_2Cr_2O_7)$/mL			
$w(Fe)$/%			
$\overline{w}(Fe)$/%			
相对平均偏差($\overline{R}_d$)/%			

6. 注意事项

(1) 滴定前预处理，目的是将试液中的铁全部还原为 Fe^{2+}，再用 $K_2Cr_2O_7$ 标准溶液测定总铁量。

(2) 加入 $SnCl_2$ 不能过量，否则使测定结果偏高。如不慎过量，可滴加 2%$KMnO_4$ 溶液使试液呈浅黄色。

(3) Fe^{2+} 在磷酸介质中易被氧化，必须“钨蓝”褪色后 1min 内立即滴定，否则结果偏低。

7. 问题与思考

(1) 加入 H_2SO_4-H_3PO_4 混合酸的目的是__________。加入 H_2SO_4-H_3PO_4 后，立即进行滴定的原因__________。

(2) 趁热逐滴加入 $SnCl_2$ 的原因是__________。

(3) 滴加 $SnCl_2$ 还原 Fe^{3+} 为 Fe^{2+}，如果加得不足或过量太多，将造成后果__________。

(4) 用 $SnCl_2$ 还原溶液中的 Fe^{3+} 时，$SnCl_2$ 过量，溶液的颜色是__________。

7.3.4 知识宝库

$K_2Cr_2O_7$ 滴定法

1. 原理

重铬酸钾法是以重铬酸钾作氧化剂进行氧化还原滴定的方法。$K_2Cr_2O_7$ 的标准电位比 $KMnO_4$ 的标准电位低些，但仍是较强的氧化剂，与 $KMnO_4$ 法相比，具有的特点见表 7-12。

表 7-12 $K_2Cr_2O_7$ 滴定法的原理和应用

介质条件	电对反应	转移电子	基本单元	$\varphi^{\ominus}$/V	应用和要求
强酸性	$Cr_2O_7^{2-}+14H^++6e^- \rightleftharpoons 2Cr^{3+}+7H_2O$	6 个	$\frac{1}{6}K_2Cr_2O_7$	1.33	介质:HCl 溶液

① $K_2Cr_2O_7$ 易提纯，在 120℃干燥 3～4h 后，可作为基准物质用直接法配制标准滴定溶液，$K_2Cr_2O_7$ 溶液稳定，易于长期保存。

② 室温下，当 HCl 溶液浓度低于 3mol/L 时，$Cr_2O_7^{2-}$ 不会与 Cl^- 反应，因此 $K_2Cr_2O_7$ 法可在盐酸介质中进行滴定。

③ 指示剂：常用二苯胺磺酸钠或邻苯氨基苯甲酸指示剂。$Cr_2O_7^{2-}$ 的滴定还原产物是 Cr^{3+}，呈绿色，滴定时需用指示剂变色确定滴定终点。

2. 配制 $K_2Cr_2O_7$ 标准溶液

(1) 直接配制法

将 $K_2Cr_2O_7$ 基准试剂在 130～150℃温度下烘至恒重后，可直接法配制标准溶液。

(2) 间接配制法

若使用分析纯 $K_2Cr_2O_7$ 试剂配制标准溶液，需进行标定，其标定原理是：移取一定体积的 $K_2Cr_2O_7$ 溶液，加入过量的 KI 和 H_2SO_4，用已知浓度的 $Na_2S_2O_3$ 标准滴定溶液进行滴定，以淀粉指示液指示滴定终点，其反应式为：

$$Cr_2O_7^{2-} + 6I^- + 14H^+ \rightleftharpoons 2Cr^{3+} + 3I_2 + 7H_2O$$

$$I_2 + 2S_2O_3^{2-} \rightleftharpoons S_4O_6^{2-} + 2I^-$$

3. 重铬酸钾法的应用

（1）直接滴定还原剂

铁矿石中全铁量的测定——重铬酸钾法。此法还用于铁合金和含铁盐类中铁的测定。一般采用“无汞法”测定（不使用 $HgCl_2$ 还原剂），见技能操作训练任务。

样品用酸溶解后，以 $SnCl_2$ 趁热将大部分 Fe^{3+} 还原为 Fe^{2+}，再以钨酸钠为指示剂，用 $TiCl_3$ 还原剩余的 Fe^{3+}，最后以二苯胺磺酸钠为指示剂，用重铬酸钾标准滴定溶液滴定溶液中的 Fe^{2+}，即可求出全铁含量。

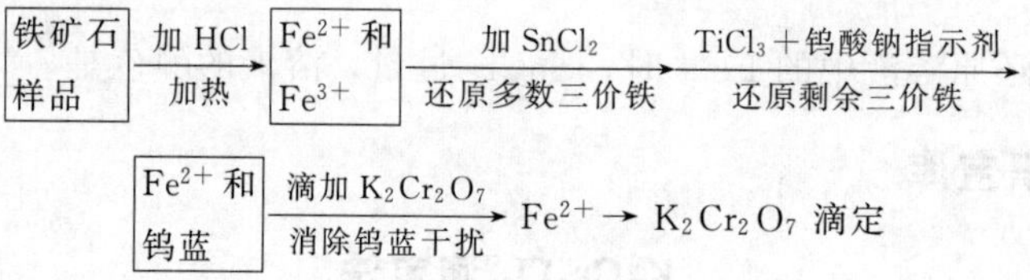

铁矿石样品 —加 HCl / 加热→ Fe^{2+} 和 Fe^{3+} —加 $SnCl_2$ / 还原多数三价铁→ —$TiCl_3$＋钨酸钠指示剂 / 还原剩余三价铁→

Fe^{2+} 和钨蓝 —滴加 $K_2Cr_2O_7$ / 消除钨蓝干扰→ Fe^{2+} → $K_2Cr_2O_7$ 滴定

（2）返滴定法测定氧化剂

NO_3^-（或 ClO_3^-）等氧化剂直接进行还原反应速率较慢，可采用返滴定的方法测定。

① 定量加入过量的 Fe^{2+}，有：$3Fe^{2+} + NO_3^- + 4H^+ \rightleftharpoons 3Fe^{3+} + NO + 2H_2O$

② 剩余的 Fe^{2+} 用 $K_2Cr_2O_7$ 滴定

计算 $n(NO_3^-) = n(Fe^{2+})_{反应} = n(Fe^{2+})_{总} - n(K_2Cr_2O_7)$

7.3.5 知识宝库

样品的氧化还原预处理方法

在利用氧化还原滴定法分析某些具体试样时，往往需要将欲测组分，预先处理成特定的价态。例如，测定铁矿中总铁量时，将 Fe^{3+} 预先还原为 Fe^{2+}，然后用氧化剂 $K_2Cr_2O_7$ 滴定。这种测定前的氧化还原步骤，称为氧化还原预处理。

1. 预氧化剂和预还原剂的条件

所用的氧化剂或还原剂必须满足如下条件：

① 能够将欲测组分定量地氧化（或还原）成一定的价态；

② 过剩的氧化剂或还原剂必须易于完全除去，除去的方法有加热分解、过滤或利用其他化学反应除去等；

③ 选择性要好，避免试样中其他组分干扰；

④ 反应速率要快。

2. 常用的预氧化剂和预还原剂

预处理是氧化还原滴定法中关键性步骤之一，熟练掌握各种氧化剂、还原剂的特点，选择合理的预处理步骤，可以提高方法的选择性。表 7-13 中介绍了几种常用的预氧化和预还原时采用的试剂。

表 7-13 常用的预氧化剂和预还原剂

	预处理剂	反应条件	主要应用	过量试剂除去方法
氧化剂	$(NH_4)_2S_2O_8$	酸性	$Mn^{2+} \longrightarrow MnO_4^-$ $Cr^{3+} \longrightarrow Cr_2O_7^{2-}$ $VO^{2+} \longrightarrow VO_3^-$	煮沸分解
	$NaBiO_3$	HNO_3 介质	$VO^{2+} \longrightarrow VO_3^-$	过滤
	$KMnO_4$	酸性	$Cr^{3+} \longrightarrow Cr_2O_7^{2-}$ $VO^{2+} \longrightarrow VO_3^-$	用 NO_2^- 反应，而多余的亚硝酸盐用尿素反应去掉
	H_2O_2	碱性	$Cr^{3+} \longrightarrow CrO_4^{2-}$	煮沸分解
	Cl_2 或 Br_2	酸性或碱性	$I^- \longrightarrow IO_3^-$	煮沸或通空气
	$HClO_4$	酸性	$Cr^{3+} \longrightarrow Cr_2O_7^{2-}$	稀释
	KIO_4	热酸性介质	$Mn^{2+} \longrightarrow MnO_4^-$	
还原剂	$SnCl_2$	酸性加热	$Fe^{3+} \longrightarrow Fe^{2+}$ As(Ⅴ)⟶As(Ⅲ) Mo(Ⅵ)⟶Mo(Ⅴ)	加 $HgCl_2$ 氧化
	$TiCl_3$	酸性	$Fe^{3+} \longrightarrow Fe^{2+}$	稀释，Cu^{2+} 催化空气氧化
	SO_2	中性或弱酸性	$Fe^{3+} \longrightarrow Fe^{2+}$	煮沸或通 CO_2
	联氨		As(Ⅴ)⟶As(Ⅲ)	加浓 H_2SO_4 煮沸
	金属还原剂	酸性	还原其他金属离子，如 $Fe^{3+} \longrightarrow Fe^{2+}$ Sn(Ⅵ)⟶Sn(Ⅱ) Ti(Ⅳ)⟶Ti(Ⅲ)	过量金属易于过滤除去

任务 7.4 间接碘量法测定胆矾中 $CuSO_4 \cdot 5H_2O$ 含量

7.4.1 任务书

五水硫酸铜，俗称胆矾、蓝矾、孔雀石，为含 5 分子结晶水的硫酸铜蓝色晶体。该矿石在干燥环境或加热时失水，258℃时失去全部结晶水成为白色粉末状无水硫酸铜。硫酸铜作为高效杀菌剂，用于农业上，与生石灰加水配成无机农药，称为波尔多液。广泛用于医疗催吐、解毒等，也是颜料、电池、杀虫剂、木材防腐等方面的化工原料。

本次任务，采用间接碘量法，对某工厂生产的胆矾产品中的硫酸铜含量进行测定，包括两个方面的内容：

(1) 硫代硫酸钠标准滴定液的配制与标定；

(2) 胆矾中 $CuSO_4 \cdot 5H_2O$ 含量的测定。

7.4.2 技能训练和解析

硫代硫酸钠标准溶液的配制实验

1. 任务原理

固体 $Na_2S_2O_3 \cdot 5H_2O$ 试剂一般都含有少量杂质，易风化，要采用间接法配制标准滴定溶液。标定：用 $K_2Cr_2O_7$ 作基准物，采用间接碘量法标定 $Na_2S_2O_3$ 溶液的浓度，反应如下：

$$Cr_2O_7^{2-} + 6I^- + 14H^+ \rightleftharpoons 2Cr^{3+} + 3I_2 + 7H_2O$$

析出的碘，用待标定 $Na_2S_2O_3$ 溶液滴定：

$$2S_2O_3^{2-} + I_2 \rightleftharpoons S_4O_6^{2-} + 2I^-$$

其中基本单元：$\frac{1}{6}K_2Cr_2O_7$、$Na_2S_2O_3$。

溶液应储存于棕色瓶中，放置于暗处。

2. 试剂材料

	仪器和试剂	准备情况
仪器	分析天平、碘量瓶、酸式滴定管、小烧杯	
试剂	$Na_2S_2O_3 \cdot 5H_2O$（固体）、Na_2CO_3（固体）、$K_2Cr_2O_7$（G. R）、KI（固体）、淀粉指示剂（5g/L）、H_2SO_4 溶液（20%）	

3. 任务操作

(1) 硫代硫酸钠（0.1mol/L）滴定液的配制

在托盘天平上称取 $Na_2S_2O_3 \cdot 5H_2O$ 约 26g（或 16g 无水硫代硫酸钠），加 0.2g 无水 Na_2CO_3，用新煮沸冷却的蒸馏水溶解，稀释至 1000mL，摇匀，暗处放置 7～10 天稳定后，标定。

(2) 硫代硫酸钠（0.1mol/L）滴定液的标定

精密称取 120℃干燥至恒重的基准重铬酸钾 0.12g，置于碘量瓶中，溶于 25mL 蒸馏水，加 2g 碘化钾和 20%硫酸溶液 20mL，摇匀，密塞，瓶口加少许蒸馏水密封；置暗处放置 5min 后，冲洗磨口塞与瓶内壁，加蒸馏水 150mL（15～20℃），用配制好的 $Na_2S_2O_3$ 溶液滴定，至近终点（浅黄绿色）时，加入淀粉指示剂 3mL，继续滴定至溶液由蓝色变为亮绿色。同时做空白试验。平行测定 3 份。

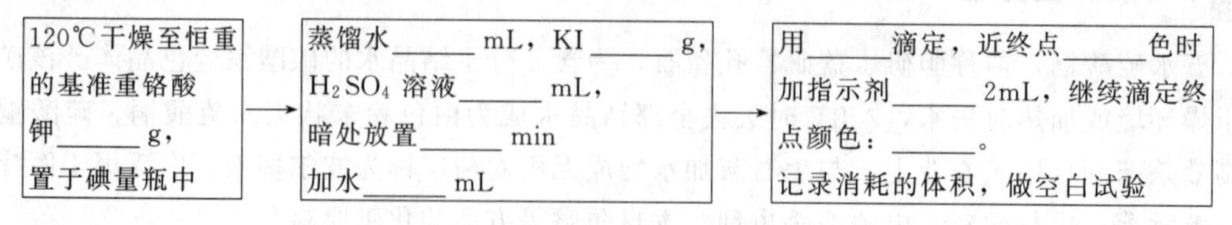

4. 结果计算

$$c(Na_2S_2O_3) = \frac{m(K_2Cr_2O_7)}{M(\frac{1}{6}K_2Cr_2O_7)(V-V_0)\times 10^{-3}}$$

式中，$m(K_2Cr_2O_7)$ 为称取基准 $K_2Cr_2O_7$ 的质量，g；$M(\frac{1}{6}K_2Cr_2O_7)$ 为基本单元 $(\frac{1}{6}K_2Cr_2O_7)$ 的摩尔质量，g/mol；V 为标定消耗 $Na_2S_2O_3$ 滴定液的体积，mL；V_0 为空白试验消耗 $Na_2S_2O_3$ 滴定液的体积，mL。

5. 记录与报告单（见表 7-14）

表 7-14 硫代硫酸钠滴定液的标定

测定项目	1	2	3
$m(K_2Cr_2O_7)$/g			
$V(Na_2S_2O_3)$/mL			
$V_0(Na_2S_2O_3)$/mL			
$c(Na_2S_2O_3)$/(mol/L)			
$\bar{c}(Na_2S_2O_3)$/(mol/L)			
相对极差($\bar{R}_d$)/%			

6. 注意事项

（1）因为 I_2 容易挥发损失，在反应过程中要及时盖好碘量瓶瓶盖，并放置暗处。第一份滴定完后，再取出下一份。

（2）淀粉指示剂不能加入过早。

（3）滴定结束，溶液放置 5min 后，因为空气氧化 I^- 产生 I_2，又出现“返蓝”，属正常现象，对结果没有影响。若滴定后很快返蓝，说明酸度不足或重铬酸钾与 KI 作用不完全，应重做。

7. 问题与思考

（1）本实验采用的是__________碘量法（直接或间接）。

（2）配制 $Na_2S_2O_3$ 溶液时加入 Na_2CO_3 的原因是__________。用新煮沸冷却的纯化水的原因是__________。

（3）间接碘量法中，加入过量 KI 的目的是__________。在碘量法中使用碘量瓶而不使用普通锥形瓶的原因是__________。

（4）标定 $Na_2S_2O_3$ 溶液时，滴定到终点时，溶液放置一会儿又重新变蓝的原因是__________。

7.4.3 技能训练和解析

胆矾中 $CuSO_4\cdot5H_2O$ 含量的测定实验

1. 任务原理

采用间接碘量法测定，将胆矾试样溶解后，加入过量 KI，反应析出的 I_2 用 $Na_2S_2O_3$ 标准溶液滴定，以淀粉指示剂确定终点。反应为：

$$2Cu^{2+} + 4I^- \rightleftharpoons 2CuI\downarrow + I_2$$

$$2S_2O_3^{2-} + I_2 \rightleftharpoons S_4O_6^{2-} + 2I^-$$

计算关系为：$n(CuSO_4 \cdot 5H_2O) = n(\frac{1}{2}I_2) = n(Na_2S_2O_3)$。

为了防止铜盐水解，反应必须在酸性溶液中进行。由于 CuI 沉淀表面吸附 I_3^-，使结果偏低。为了减少吸附，可在临近终点时加入 KSCN，使 CuI 沉淀转化为溶解度更小的 CuSCN 沉淀，使吸附的碘释放出来。

$$CuI + KSCN \rightleftharpoons CuSCN\downarrow + KI$$

2. 试剂材料

	仪器和试剂	准备情况
仪器	酸式滴定管、锥形瓶、移液管	
试剂	胆矾、$Na_2S_2O_3$ 滴定液(0.1mol/L)、KI 溶液(100g/L)、HAc 溶液(6mol/L)、H_2SO_4 溶液(1mol/L)、NH_4HF_2 溶液(200g/L)、KSCN 溶液(100g/L)、淀粉指示剂(5g/L)	

3. 任务操作

准确称取胆矾试样 0.5～0.6g，置于碘量瓶中，加 1mol/L H_2SO_4 溶液 5mL，蒸馏水 100mL 使其溶解，加 200g/L 的 NH_4HF_2 溶液 10mL，100g/L 的 KI 溶液 10mL，迅速盖上瓶塞，摇匀。放置 3min。此时出现 CuI 白色沉淀。

打开碘量瓶塞，用少量水冲洗瓶塞及瓶内壁，立即用 $Na_2S_2O_3$ 标准滴定液（0.1mol/L）滴定至呈浅黄色，加 3mL 淀粉指示液，继续滴定至浅蓝色，再加 100g/L 的 KSCN 溶液 10mL，继续用 $Na_2S_2O_3$ 标准滴定溶液滴定至蓝色刚好消失为终点。此时溶液为米色的 CuSCN 悬浮液。记录消耗 $Na_2S_2O_3$ 标准滴定溶液的体积。

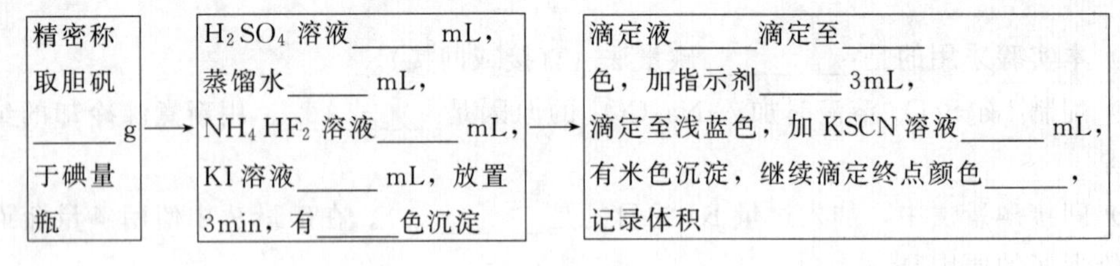

4. 结果计算

胆矾中 $CuSO_4 \cdot 5H_2O$ 含量按下式计算：

$$w(CuSO_4 \cdot 5H_2O) = \frac{c(Na_2S_2O_3)V(Na_2S_2O_3) \times 10^{-3} M(CuSO_4 \cdot 5H_2O)}{m_s} \times 100\%$$

式中，$c(Na_2S_2O_3)$ 为 $Na_2S_2O_3$ 滴定液的物质的量浓度，mol/L；$V(Na_2S_2O_3)$ 为滴定消耗 $Na_2S_2O_3$ 滴定液的体积，mL；$M(CuSO_4 \cdot 5H_2O)$ 为 $CuSO_4 \cdot 5H_2O$ 的摩尔质量，g/mol；m_s 为称取胆矾样品的质量，g。

5. 记录与报告单（见表 7-15）

表 7-15 胆矾中 $CuSO_4 \cdot 5H_2O$ 的含量测定

测定项目	1	2	3
胆矾的质量 m/g			
$V(Na_2S_2O_3)$/mL			
$w(CuSO_4 \cdot 5H_2O)$/%			
$\overline{w}(CuSO_4 \cdot 5H_2O)$/%			
相对平均偏差($\overline{R}_d$)/%			

6. 注意事项

（1）SCN^- 只在临近终点时加入，否则 SCN^- 有可能直接将 Cu^{2+} 还原成 Cu^+，使结果偏低。

（2）Fe^{3+} 对测定有干扰，因 Fe^{3+} 能将 I^- 氧化成 I_2，使结果偏高。可加入 NH_4HF_2 与 Fe^{3+} 形成稳定的$[FeF_6]^{3-}$配离子，消除 Fe^{3+} 的干扰。

7. 问题与思考

（1）测定时不能过早加入淀粉溶液的原因是__________。加入 KI 要过量是因为__________。加入 NH_4HF_2 的作用是__________。

（2）本实验中加入 KSCN 的作用是__________，应在__________时加入，因为__________。

7.4.4 知识宝库

碘量法的原理和分类

1. 原理和方法特点

碘量法是以碘为氧化剂或以碘化钾为还原剂进行的氧化还原滴定法（见表 7-16）。

表 7-16 碘量法的原理和应用

介质条件	电对反应和电位	转移电子	基本单元	方法	测定对象
中性或弱酸性	$I_2+2e^- \rightleftharpoons 2I^-$ $\varphi^{\ominus}=+0.535V$ 因 I_2 在水中溶解度小，所以常将其溶于 KI 溶液，以配离子 I_3^- 存在：$I_3^-+2e^- \rightleftharpoons 3I^-$ $\varphi^{\ominus}=+0.545V$	2个	$\frac{1}{2}I_2$	直接碘量法	还原物质
				间接碘量法	氧化物质及有机物

由 $\varphi^{\ominus}$ 可知，I_2 是一种较弱的氧化剂，能与较强的还原剂作用，因此它可测定较强还原剂的含量。而 I^- 是一种中等强度的还原剂，能与许多氧化剂作用析出定量的碘，再由滴定析出碘的量，间接计算出氧化性物质的含量。因此，碘量法又分为直接碘量法和间接碘量法。

2. 直接碘量法（碘滴定法）

直接碘量法是利用 I_2 的氧化性，直接测定电位比 $\varphi^{\ominus}_{I_3^-/I^-}$ 小的还原性物质的含量。如 S^{2-}、SO_3^{2-}、Sn^{2+}、$S_2O_3^{2-}$、As_2O_3、维生素 C 等。

方法：用 I_2 标准滴定溶液，直接滴定还原性物质。$I_2+2e^- \longrightarrow 2I^-$（滴定反应）。

介质：直接碘量法只能在酸性、中性或弱碱性溶液中进行。pH≥9 时，部分 I_2 要发生副反应：

$$3I_2+6OH^- = IO_3^- +5I^- +3H_2O$$

指示剂：淀粉溶液，开始滴定时即可加入。

终点：产生蓝色。

3. 间接碘量法（滴定碘法）

间接碘量法是利用 I^- 的还原性，测定电位比 $\varphi^{\ominus}_{I_3^-/I^-}$ 大的氧化性物质含量的方法。如 Cu^{2+}、$Cr_2O_7^{2-}$、IO_3^-、BrO_3^-、ClO^-、NO_2^-、H_2O_2、MnO_4^-、Fe^{3+} 等。

方法：先将氧化性物质与过量的 KI 反应生成定量的碘，然后用 $Na_2S_2O_3$ 标准溶液滴定析出的碘，从而计算出氧化性物质的含量。反应如下：

$$2I^- -2e^- \longrightarrow I_2 \text{（氧化物与 KI 作用产生碘）}$$

$$2Na_2S_2O_3+I_2 \longrightarrow Na_2S_4O_6+2NaI \text{（滴定反应）}$$

计算：n（氧化物）$=n$（$\frac{1}{2}I_2$）$=n$（$Na_2S_2O_3$），根据硫代硫酸钠滴定液的浓度和消耗体积就可算出氧化物的含量。

测定条件：

① 溶液的酸度　在 I^- 与含氧氧化剂作用时，需消耗 H^+，必须保持足够的酸度，促使 I^- 尽快氧化成 I_2。

② 碘化钾的用量　在析出碘的反应中加入 5 倍于计算量的 KI，加快定量反应速率。并能更好地和生成的 I_2 结合成 I_3^-，增大 I_2 的溶解度，防止 I_2 挥发。

③ 其他　升高温度会增大 I_2 的挥发性，故应在室温下进行滴定。光线照射能加速 I^- 被氧化，所以滴定应避光；碘离子和氧化剂反应析出碘的过程较慢，一般应塞上碘量瓶瓶盖，在暗处放置 5～10min 后再滴定。为防止碘的挥发损失，使用碘量瓶测定，瓶口可用水封。

指示剂：淀粉溶液，滴定近终点时（溶液为浅黄色）才能加入。

终点：蓝色消失。

4. 碘量法的指示剂

碘量法通常用淀粉作指示剂。碘和淀粉在有 I^- 存在时，生成蓝色可溶性的吸附化合物。吸附作用随温度上升而下降。温度越高，颜色变化越不明显。

直接碘量法可根据蓝色的出现确定滴定终点；间接碘量法则根据蓝色的消失确定滴定终

点。但要注意，用间接碘量法测定氧化性物质时，淀粉指示剂应在临近终点时加入，否则因碘和淀粉吸附太牢，终点时蓝色不易褪去，造成误差。

淀粉指示剂应使用新配制溶液，淀粉溶液能慢慢水解，不新鲜的淀粉溶液不与碘反应。

任务 7.5 直接碘量法测定维生素 C 片中抗坏血酸含量

7.5.1 任务书

维生素 C 又称丙种维生素，是还原剂，有预防和治疗坏血病，促进身体健康的作用，所以又称抗坏血酸，用于预防坏血病，也可用于各种急慢性传染疾病、紫癜等的辅助治疗。本次任务，测定从药品生产企业抽检的样品维生素 C 片中抗坏血酸的含量，确认产品含量符合要求。任务包括两部分：

(1) 碘标准溶液的配制；

(2) 维生素 C 片中抗坏血酸含量的测定。

7.5.2 技能训练和解析

碘标准溶液的配制实验

1. 任务原理

采用市售的碘进行间接法配制。I_2 难溶于水，要将 I_2、KI 与少量水研磨溶解后再用水稀释，保存于棕色试剂瓶中。标定有两种方法选用。指示剂：淀粉溶液，终点由无色到蓝色。

(1) 基准物法标定

可用 As_2O_3 基准物质标定。As_2O_3（砒霜，剧毒物）难溶于水，可溶于碱溶液中，与 NaOH 反应生成亚砷酸钠，用 I_2 溶液进行滴定。反应式为：

$$As_2O_3 + 6NaOH = 2Na_3AsO_3 + 3H_2O$$

$$Na_3AsO_3 + I_2 + H_2O = Na_3AsO_4 + 2HI$$

反应在中性或微碱性条件下，可加固体 $NaHCO_3$ 以中和反应生成的 H^+，保持 pH=8 左右。

(2) 比较法标定

常用已知浓度的 $Na_2S_2O_3$ 标准溶液标定碘溶液，即“比较法”标定 I_2 溶液。操作方法：用配制好的 I_2 溶液滴定一定体积的 $Na_2S_2O_3$ 标准溶液。反应为：

$$2Na_2S_2O_3 + I_2 \rightleftharpoons 2NaI + Na_2S_4O_6$$

2. 试剂材料

	仪器和试剂	准备情况
仪器	分析天平、碘量瓶、酸式滴定管、小烧杯	
试剂	I_2(固体)，KI(固体)，$NaHCO_3$(固体)，基准物 As_2O_3，NaOH 溶液(1mol/L)，H_2SO_4 溶液[$c(\frac{1}{2}H_2SO_4)$=1mol/L]，酚酞指示液(10g/L)、$Na_2S_2O_3$ 滴定液(0.1mol/L)，淀粉指示液(5g/L)	

3. 任务操作

(1) $c(\frac{1}{2}I_2)$ =0.1mol/L 的 I_2 标准溶液的配制

称取 3.3g 碘放于小烧杯中，再称取 8.5g KI，准备蒸馏水 250mL，将 KI 分 4～5 次放入装有 I_2 的小烧杯中，每次加水 5～10mL，用玻璃棒轻轻研磨，使碘逐渐溶解，溶解部分转入棕色试剂瓶中，如此反复直至碘片全部溶解为止。用水多次清洗烧杯并转入试剂瓶中，剩余的水全部加入试剂瓶中，盖好瓶盖，摇匀，待标定。

(2) $c(\frac{1}{2}I_2)$ =0.1mol/L 的 I_2 标准溶液的标定

① 用 As_2O_3 标定 I_2 溶液　准确称取约 0.15g 预先在硫酸干燥器中干燥至恒重的基准物质 As_2O_3（称准至 0.0001g），放入碘量瓶中，加入 4mL NaOH 溶液溶解，加 50mL 水，2 滴酚酞指示液，用硫酸溶液中和至恰好无色。加 3g $NaHCO_3$ 及 2mL 淀粉指示液。用配好的碘溶液滴定至溶液呈浅蓝色。记录消耗 I_2 溶液的体积 V_1。同时做空白试验。

② 比较法标定 I_2 溶液　量取已知浓度的 $Na_2S_2O_3$ 标准溶液 30.00～35.00mL 于锥形瓶中，加水 150mL，加 3mL 淀粉溶液，以待标定的碘溶液滴定至溶液呈蓝色为终点。记录消耗 I_2 标准溶液的体积 V_2。

碘标准溶液的配制和比较法标定的操作步骤图：

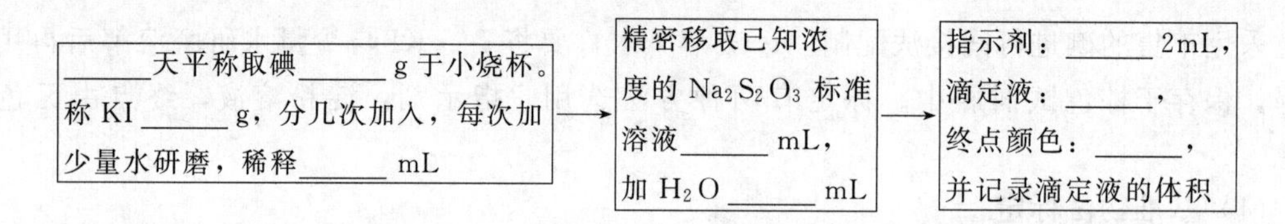

4. 结果计算

(1) 基准物 As_2O_3 标定：

$$c(\frac{1}{2}I_2)=\frac{m(As_2O_3)}{M(\frac{1}{4}As_2O_3)(V_1-V_0)\times10^{-3}}$$

式中，$c(\frac{1}{2}I_2)$ 为 I_2 标准滴定溶液的浓度，mol/L；$m(As_2O_3)$ 为称取基准物质 As_2O_3 的质量，g；$M(\frac{1}{4}As_2O_3)$ 为以 $\frac{1}{4}As_2O_3$ 为基本单元的 As_2O_3 的摩尔质量，g/mol；V_1 为滴定消耗 I_2 标准滴定溶液的体积，mL；V_0 为空白试验消耗 I_2 标准滴定溶液的体积，mL。

(2) $Na_2S_2O_3$ 比较法标定：

$$c(\frac{1}{2}I_2)=\frac{c(Na_2S_2O_3)V(Na_2S_2O_3)}{V_2}$$

式中，$c(Na_2S_2O_3)$ 为 $Na_2S_2O_3$ 滴定液的浓度，mol/L；$V(Na_2S_2O_3)$ 为滴定消耗的

$Na_2S_2O_3$ 滴定液的体积，mL；V_2 为滴定消耗 I_2 滴定液的体积，mL。

5. 记录与报告单（见表 7-17）

表 7-17 碘标准溶液的标定（比较法）

测定项目	1	2	3
$V(Na_2S_2O_3)$/mL			
$c(Na_2S_2O_3)$/(mol/L)			
$c(\frac{1}{2}I_2)$/(mol/L)			
$\bar{c}(\frac{1}{2}I_2)$/(mol/L)			
相对极差/%			

6. 注意事项

（1）配制时碘片和碘化钾溶解，溶解完全后再稀释。

（2）在良好的保存条件下，碘滴定液有效期为一个月。

7. 问题与思考

（1）碘溶液应装在__________滴定管中，因为__________。

（2）配制 I_2 溶液时，为什么要在溶液非常浓的情况下将 I_2 与 KI 一起研磨？当 I_2 和 KI 溶解后才能用水稀释？如果过早地稀释会发生__________情况。

7.5.3 技能训练和解析

维生素 C 片中抗坏血酸含量的测定实验

1. 任务原理

维生素 C 分子中的烯二醇基具有较强的还原性，能被弱氧化剂 I_2 定量地氧化成二酮基，其反应如下：

$$\text{(烯二醇内酯环)}-\underset{H}{\overset{OH}{C}}-CH_2OH + I_2 \xrightleftharpoons{HAc} \text{(二酮内酯环)}-\underset{H}{\overset{OH}{C}}-CH_2OH + 2HI$$

可在稀 HAc 溶液中，用 I_2 滴定液直接测定维生素 C 的含量。基本单元：$\frac{1}{2}I_2$、$\frac{1}{2}V_C$。

2. 试剂材料

	仪器和试剂	准备情况
仪器	酸式滴定管、锥形瓶、量筒、分析天平	
试剂	维生素 C(样品)、I_2 滴定液[$c(\frac{1}{2}I_2)=0.1$mol/L]、HAc 溶液(2mol/L)、淀粉指示剂(5g/L)	

3. 任务操作

准确称取维生素C样品约0.2g（若试样为粒状或片状，各取1粒或1片）于锥形瓶，加2mol/L的HAc溶液10mL，加新煮沸过的冷蒸馏水100mL，待样品溶解完后，加入2mL淀粉指示剂，用碘标准溶液滴定至溶液由无色变为浅蓝色（30s内不褪色）即为终点。

精密称取维生素C样品______g	→	HAc溶液10mL，煮沸冷却蒸馏水100mL	→	滴定液：______，指示剂：______2mL 终点颜色：______，30s不褪色

4. 结果计算

$$w(V_C)=\frac{c(\frac{1}{2}I_2)V(I_2)\times 10^{-3}M(\frac{1}{2}V_C)}{m}\times 100\%$$

式中，$c(\frac{1}{2}I_2)$ 为 I_2 标准滴定液基本单元的浓度，mol/L；$V(I_2)$ 为滴定消耗 I_2 滴定液的体积，mL；$M(\frac{1}{2}V_C)$ 为 V_C 的基本单元的摩尔质量，g/mol；m 为称取维生素C样品的质量，g。

5. 记录与报告单（见表7-18）

表7-18 维生素C样品的含量测定

测定项目	1	2	3
维生素C样品的质量 m/g			
滴定消耗 $V(I_2)$/mL			
$c(\frac{1}{2}I_2)$/(mol/L)			
$w(V_C)$/%			
$\overline{w}(V_C)$/%			
相对平均偏差($\overline{R}_d$)/%			

6. 注意事项

注意节约碘液，冲洗滴定管或未滴完的碘液应倒入回收瓶中。

7. 问题与思考

（1）在HAc酸性条件下测定维生素C样品，是因为______。

（2）淀粉指示剂应在______时候加入，终点颜色______，与间接碘量法比较，有何不同?

（3）溶解样品时用新煮沸并冷却的蒸馏水，是因为______。

7.5.4 知识宝库

碘量法常用的标准溶液及其应用

1. 碘标准滴定溶液的配制

（1）I_2 溶液的粗配

用升华法制得的纯碘可以用来直接配制碘标准溶液，但因碘具有挥发性和腐蚀性，不宜在分析天平上称量，通常采用间接法配制。

因碘在水中很难溶解，应加入 KI，以增加其溶解度，而且能降低其挥发性。

配制 I_2 溶液时常加入少许盐酸，目的是为了减少碘的微量 KIO_3 杂质的影响，防止溶液中 I_2 的分解，以及在它与 $Na_2S_2O_3$ 溶液反应时，中和掉 $Na_2S_2O_3$ 含有的配制所加的 Na_2CO_3。

[托盘天平称市售碘] + [过量 KI，分几次加入，每次少量水] —每次研磨溶解→ [近似浓度的 I_2 溶液，放棕色瓶中]

I_2 溶液有腐蚀性，应避免与橡胶等有机物接触，I_2 溶液见光、受热时浓度容易改变，所以 I_2 溶液应置于具塞的棕色玻璃瓶中，密闭，在凉处保存。

（2）I_2 溶液的标定

① 直接标定　常用的基准试剂为 As_2O_3（俗称砒霜，剧毒）。As_2O_3 难溶于水，易溶于碱溶液中，生成亚砷酸盐。

$$As_2O_3+6NaOH \xlongequal{} 2Na_3AsO_3+3H_2O$$

用盐酸或硫酸中和过量的碱，加入 $NaHCO_3$ 保持 pH 约等于 8，用 I_2 溶液滴定，滴定反应：

$$Na_3AsO_3+I_2+H_2O \xlongequal{} Na_3AsO_4+2HI$$

反应中产生的 H^+ 被 $NaHCO_3$ 中和。基本单元：$\frac{1}{2}I_2$、$\frac{1}{4}As_2O_3$

[准确称 As_2O_3，加入 NaOH] ⟶ [HCl 中和过量碱，可加 1 滴甲基橙，加酸至黄色变粉红] ⟶ [加入 $NaHCO_3$ 中和，滴定液：待标 I_2 溶液；指示剂：淀粉溶液]

② 比较法标定　用已知准确浓度的硫代硫酸钠标准滴定液，标定所配制的 I_2 溶液的浓度。基本单元：$\frac{1}{2}I_2$、$Na_2S_2O_3$。

准确移取一定体积的 $Na_2S_2O_3$ 标准溶液 —滴定→ [滴定液：待标定 I_2 溶液；指示剂：淀粉溶液，变浅蓝色]

2. $Na_2S_2O_3$ 标准滴定溶液的配制

（1）$Na_2S_2O_3$ 标准溶液的粗配

$Na_2S_2O_3\cdot 5H_2O$ 试剂一般都含有少量杂质，且易风化，其溶液不稳定，需用间接法配制。

$Na_2S_2O_3$ 溶液有“三怕”（怕光、怕细菌、怕空气中二氧化碳和 O_2 作用），因此应当用新煮沸冷却的蒸馏水配制，并加入少量 Na_2CO_3，呈弱碱性，抑制细菌生长。刚配制好的溶液不稳定，应暗处放置 8～10 天后再标定。溶液应储存于棕色瓶中，放置暗处。

$Na_2S_2O_3$ 容易分解，溶液长期放置后需重新标定。

（2）$Na_2S_2O_3$ 标准溶液的标定

标定：用氧化剂 $K_2Cr_2O_7$ 作基准物，采用间接碘量法标定 $Na_2S_2O_3$ 溶液的浓度，反应如下：

$$Cr_2O_7^{2-}+6I^-+14H^+ \rightleftharpoons 2Cr^{3+}+3I_2+7H_2O$$

析出的碘，用待标定的 $Na_2S_2O_3$ 溶液滴定。

其中基本单元：$\frac{1}{6}K_2Cr_2O_7$、$Na_2S_2O_3$。

准确称取 $K_2Cr_2O_7$ 基准物于碘量瓶中 ⟶ [加 KI 和 H_2SO_4 暗处反应 10min，加水稀释] ⟶ [滴定液：待标 $Na_2S_2O_3$ 溶液；指示剂：淀粉，滴定浅黄色时加入；终点：蓝色变为亮绿色]

3. 碘量法的应用和注意事项

（1）碘量法的应用和方法对比（见表 7-19）

① 直接碘量法可测定许多还原性物质的含量，如维生素 C、亚砷酸盐、亚硫酸盐等。

② 间接碘量法可测定许多氧化性物质的含量，如高锰酸钾、重铬酸钾、溴酸盐、过氧化氢、二氧化锰、铜盐、葡萄糖、漂白粉等。

（2）碘量法误差的主要来源及减免方法

误差来源：① I_2 易挥发；② 在酸性溶液中，I^- 易被空气中的 O_2 氧化。

减免措施如下。

① 防止 I_2 的挥发：加过量 KI 使 I_2 生成 I_3^-；可使用碘量瓶水封；滴定温度不高于 25℃，不剧烈摇动；

② 防止 I^- 的氧化：反应时将碘量瓶置暗处；滴定开始前才调节酸度；析出 I_2 后立即滴定。

表 7-19　直接碘量法和间接碘量法的操作要点对比

滴定相关项目	直接碘量法（碘滴定法）	间接碘量法（滴定碘法）
测定对象	还原性物质	氧化性物质
介质要求	中性或弱酸性	
反应式	$I_2+2e^- \longrightarrow 2I^-$（滴定反应）	$2I^- - 2e^- \longrightarrow I_2$（氧化物作用 KI 产生碘） $2Na_2S_2O_3+I_2 = Na_2S_4O_6+2NaI$（滴定反应）
所需反应试剂和标准溶液	I_2 标准溶液	$Na_2S_2O_3$ 标准溶液、KI 试剂
基本单元	$\frac{1}{2}I_2$	$Na_2S_2O_3$
指示剂	淀粉溶液	
指示剂加入时间	滴定开始时就加入	滴定至近终点（浅黄色）时加入
终点颜色	出现蓝色	蓝色消失

知识要点

要点 1　氧化还原反应及电极电位

（1）氧化还原反应

反应实质：通过转移电子，从而发生在氧化电对和还原电对的物质间的相互作用。包括氧化作用和还原作用。反应推动力是两个电对的电极电位差。差值越大，反应进行得越完全。

（2）电极电位及其应用

同一物质的氧化态与还原态，称为有对应（共轭）关系的一个氧化还原电对 Ox/Red。其电效应表现在构成原电池的一个电极时，有一定的电位，即电极电位 φ(Ox/Red)。两个电极电对之间存在电位差，则原电池有电流通过。

电池电动势：$E=\varphi(\mathrm{Ox/Red})-\varphi(\mathrm{Ox/Red})$。电池总反应即氧化还原总反应。

① φ 的计算　电对的电极电位的计算，遵循能斯特方程（25℃）：

$$\varphi(\mathrm{Ox/Red})=\varphi^{\ominus}(\mathrm{Ox/Red})+\frac{0.0592\mathrm{V}}{n}\lg[\text{氧化态}]/[\text{还原态}]$$

式中，$\varphi^{\ominus}$(Ox/Red) 为标准电极电位，是标准状态下，即温度 25℃，离子浓度为 1mol/L 或气体压力为 100kPa 时的电对电极电位。

当计算需要考虑到离子活度受离子强度和各种副反应的影响时，用客观条件下修正 $\varphi^{\ominus}$ 为条件电极电位 $\varphi^{\ominus}$ (Ox/Red)，代入计算。

② φ 的应用

a. 判断氧化剂或还原剂的强弱

φ 值	电对的氧化态氧化能力	电对的还原态还原能力	举例
φ 越大	强氧化剂	弱还原剂	如：卤素单质氧化性强，其离子还原性弱
φ 越小	弱氧化剂	强还原剂	如：金属单质还原性强，其离子氧化性弱

b. 判断反应自发的方向和次序

方向：φ 值较高的氧化态与 φ 值较低的还原态，自发反应。

次序：φ 值相差最大的电对间首先发生反应，其次是 $\Delta\varphi$ 稍小的，顺次确定次序。

c. 判断反应进行的程度

计算平衡常数 K，公式：　$\lg K=\frac{n_1n_2(\varphi_1^{\ominus}-\varphi_2^{\ominus})}{0.059}$

$\Delta\varphi^{\ominus}$ 越大，K 越大，反应进行得越彻底，一般 $\Delta\varphi^{\ominus}$ 大于 0.4V 的反应，可用于滴定分析。

要点 2　氧化还原滴定原理和常用方法

（1）滴定原理

原理：利用氧化还原反应进行滴定分析。

滴定剂：氧化剂或还原剂。

测定：还原物质或氧化物质。

特点：是电子转移的反应，价态改变有时复杂，伴有副反应，有时反应较慢，常需要合理控制反应条件才可以进行滴定。

（2）常用方法

根据采用的氧化剂不同，分为高锰酸钾法、重铬酸钾法、碘量法、溴酸钾法、铈量法等。

常用方法的反应原理和滴定条件见下表。

对比项目	高锰酸钾法	重铬酸钾法	碘量法	
			直接碘量法	间接碘量法
滴定液及配制	$KMnO_4$ 标准溶液 间接法配制	$K_2Cr_2O_7$ 标准溶液 直接法配制	I_2 标准溶液 直接法配制	$Na_2S_2O_3$ 标准溶液 间接法配制
直接滴定对象	还原性物质	还原性物质	还原性物质	氧化性物质
基本单元	$\frac{1}{5}KMnO_4$	$\frac{1}{6}K_2Cr_2O_7$	$\frac{1}{2}I_2$	$Na_2S_2O_3$
电对 φ 值	强酸性，$\varphi^{\ominus}=+1.51V$	$\varphi^{\ominus}=+1.33V$	KI 溶液中，$\varphi^{\ominus}=+0.545V$	
指示剂	自身	二苯胺磺酸钠等氧化还原指示剂	淀粉溶液	
常用反应条件	H_2SO_4 介质，滴定先慢后快，有些测定需加热	HCl 等强酸介质	中性或弱酸性介质，防止 I_2 的挥发和 I^- 的氧化	
			I_2 溶液避光保存	碘量瓶；反应避光

习　题

一、选择题

1. 以 $K_2Cr_2O_7$ 法测定铁矿石中铁含量时，用 0.02mol/L $K_2Cr_2O_7$ 滴定。设试样含铁以 Fe_2O_3（其摩尔质量为 159.7g/mol）计约为 50%，则试样称取量应为（　　）。

A. 0.1g 左右　　B. 0.2g 左右　　C. 1g 左右　　D. 0.35g 左右

2. $KMnO_4$ 滴定所需的介质是（　　）。

A. 硫酸　　B. 盐酸　　C. 磷酸　　D. 硝酸

3.（　　）是标定硫代硫酸钠标准溶液较为常用的基准物。

A. 升华碘　　B. KIO_3　　C. $K_2Cr_2O_7$　　D. $KBrO_3$

4. 在碘量法中，淀粉是专属指示剂，当溶液呈蓝色时，这是（　　）。

A. 碘的颜色　　B. I^- 的颜色

C. 游离碘与淀粉生成物的颜色　　D. I^- 与淀粉生成物的颜色

5. 配制 I_2 标准溶液时，是将 I_2 溶解在（　　）中。

A. 水　　B. KI 溶液　　C. HCl 溶液　　D. KOH 溶液

6. 用草酸钠作基准物标定高锰酸钾标准溶液时，开始反应速率慢，稍后，反应速率明显加快，这是（　　）起催化作用。

A. 氢离子　　B. MnO_4^-　　C. Mn^{2+}　　D. CO_2

7. 在酸性介质中，用 $KMnO_4$ 溶液滴定草酸盐溶液，滴定应（　　）。

A. 在室温下进行　　B. 将溶液煮沸后即进行

C. 将溶液煮沸，冷至 85℃进行　　D. 将溶液加热到 65～75℃时进行

8. 对高锰酸钾滴定法，下列说法错误的是（　　）。

A. 可在盐酸介质中进行滴定　　B. 直接法可测定还原性物质

C. 标准滴定溶液用标定法制备　　D. 在硫酸介质中进行滴定

9. 标定 I_2 标准溶液的基准物是（　　）。

A. As_2O_3　　B. $K_2Cr_2O_7$　　C. Na_2CO_3　　D. $H_2C_2O_4$

10. 用 $K_2Cr_2O_7$ 法测定 Fe^{2+}，可选用（　　）作指示剂。

A. 甲基红-溴甲酚绿　　B. 二苯胺磺酸钠　C. 铬黑 T　　D. 自身指示剂

11. 用 $KMnO_4$ 法测定 Fe^{2+}，可选用（　　）作指示剂。

A. 甲基红-溴甲酚绿　　B. 二苯胺磺酸钠　C. 铬黑 T　　D. 自身指示剂

12. 间接碘量法要求在中性或弱酸性介质中进行测定，若酸度大高，将会使（　　）。

A. 反应不定量　　B. I_2 易挥发

C. 终点不明显　　D. I^- 被氧化，$Na_2S_2O_3$ 被分解

13. 在间接碘量法测定中，下列操作正确的是（　　）。

A. 边滴定边快速摇动　　B. 加入过量 KI，并在室温和避免阳光直射的条件下滴定

C. 在 70～80℃恒温条件下滴定；　D. 滴定一开始就加入淀粉指示剂

14. 间接碘量法测定 Cu^{2+} 含量，介质的 pH 应控制在（　　）。

A. 强酸性；　　B. 弱酸性；　　C. 弱碱性；　　D. 强碱性

15. 在间接碘量法中，滴定终点的颜色变化是（　　）。

A. 蓝色恰好消失　　B. 出现蓝色　　C. 出现浅黄色　　D. 黄色恰好消失

16. 间接碘量法（即滴定碘法）中加入淀粉指示剂的适宜时间是（　　）。

A. 滴定至近终点，溶液呈稻草黄色时

B. 滴定开始时

C. 滴定至 I_3^- 的红棕色褪尽，溶液呈无色时

D. 在标准溶液滴定了近 50%时

17. 碘量法测定 $CuSO_4$ 含量，试样溶液中加入过量的 KI，对其作用叙述错误的是（　　）。

A. 还原 Cu^{2+} 为 Cu^+　B. 防止 I_2 挥发　C. 与 Cu^+ 形成 CuI 沉淀　D. 还原 $CuSO_4$ 为 Cu

二、计算题

1. 精密量取市售的双氧水 15.00mL，用直接法配制成 250.0mL，摇匀。再从其中精密吸出 25.00mL 于锥形瓶中，加硫酸酸化后，用 0.02068mol/L $KMnO_4$ 滴定液滴定，终点时消耗 $KMnO_4$ 滴定液 26.42mL，请计算样品中 H_2O_2 的含量（单位以 g/mL 表示）。

2. 标定 $Na_2S_2O_3$ 溶液时，称得基准 $K_2Cr_2O_7$ 样品 0.1506g，酸化，并加入过量的 KI，释放的 I_2 用 26.23mL 的 $Na_2S_2O_3$ 滴定至终点，请计算 $Na_2S_2O_3$ 溶液的物质的量浓度。

3. 精密称取硫酸铜样品 0.5726g，加蒸馏水 30mL、CH_3COOH 约 4mL、碘化钾 2.0g，用 0.09002 mol/L 的 $Na_2S_2O_3$ 滴定液滴定至浅黄色时，加入淀粉指示剂 2mL，继续滴定至溶液呈淡蓝色时加入 10%的 KSCN 溶液 5mL，然后继续滴定至蓝色恰好消失溶液呈米色悬浮液。终点时消耗 $Na_2S_2O_3$ 滴定液的体积为 21.00mL。求样品中硫酸铜的质量分数。

项目8

沉淀滴定与沉淀分析法

项目引入

沉淀是发生化学反应时生成的不溶物质，沉淀反应是无机化学及分析化学中一类重要的化学反应。自然界的鬼斧神工——石钟乳、石笋、石柱，就是由于碳酸钙经过不断的沉淀和侵蚀，在历经数万年后形成的。水管中的水垢也是由于水中碳酸钙和氢氧化镁等沉淀的沉积形成的。同时，沉淀反应在离子的分离与鉴定、重量分析、材料制备及环境保护等方面都有着重要的应用。如明矾净水，是通过明矾水解产生的絮状沉淀吸附水中的沉淀，达到分离净化的目的。

钟乳石石林

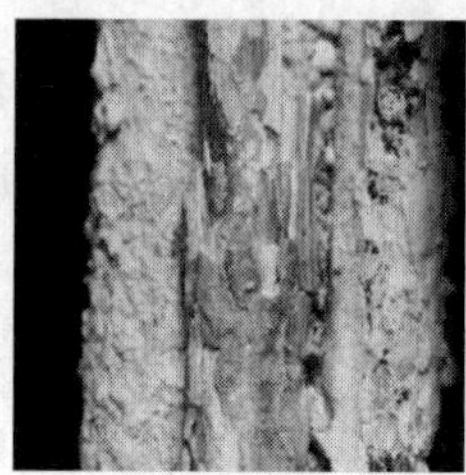

水管结垢

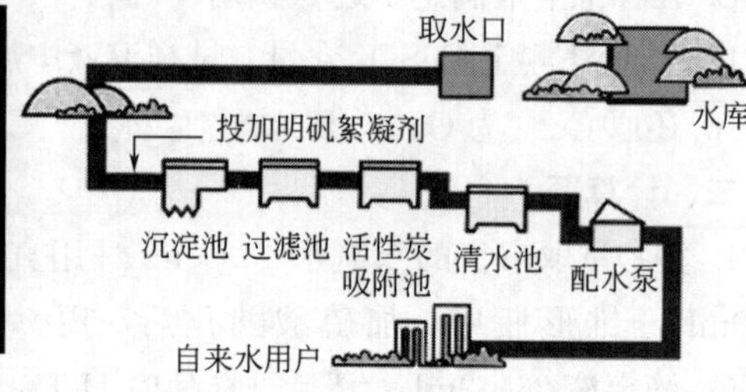

自来水处理中的明矾净水

利用沉淀反应进行滴定分析的方法为沉淀滴定法。沉淀反应很多，但是由于实践条件的限制，目前有实用价值能用于沉淀滴定分析的主要是形成难溶性银盐的反应，例如：

$$Ag^{+}+Cl^{-}=\!=\!=AgCl\downarrow \text{（白色）}$$

这种利用生成难溶银盐进行沉淀滴定的方法称为银量法。银量法主要用于测定 Cl^{-}、Br^{-}、I^{-}、Ag^{+}、CN^{-}、SCN^{-} 等及含卤素的有机化合物。

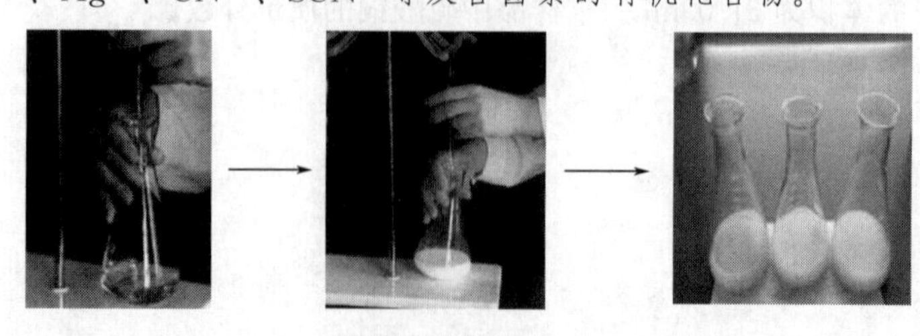

沉淀滴定操作过程

除了采用沉淀滴定法进行定量分析外，还有重量分析法。该法使待测组分发生沉淀反应生成难溶性化合物进行分离和称量，从而达到定量分析的目的。具体过程为：

溶样 → 沉淀 → 过滤 → 洗涤 → 烘干或灼烧 → 称量

本项目通过沉淀滴定法和重量分析法技能操作任务训练，掌握操作技能要点，理解沉淀反应和沉淀平衡的基本知识，掌握沉淀滴定和重量分析法的基本原理，学会相关分析计算。

任务	技能训练和解析	知识宝库
8.1 认识沉淀反应与沉淀平衡	8.1.2 沉淀反应观察与实践	8.1.3 沉淀反应原理
8.2 莫尔法测定水中氯离子含量	8.2.2 $AgNO_3$ 标准溶液的配制实验 8.2.3 自来水中氯离子含量的测定实验	8.2.4 莫尔法(铬酸钾法)
8.3 福尔哈德法测定复合肥中氯含量	8.3.2 NH_4SCN 标准溶液的配制实验 8.3.3 复合肥中氯含量的测定实验	8.3.4 福尔哈德法(铁铵矾法)
8.4 法扬司法测定氯化钾试剂中氯含量	8.4.2 氯化钾试剂中氯含量的测定实验	8.4.3 法扬司法(吸附指示剂法)
8.5 重量分析法测定物质的含量	8.5.2 氯化钡含量的测定实验 8.5.3 硫酸镍中镍含量的测定实验	8.5.4 称量分析法的原理与计算

任务 8.1 认识沉淀反应与沉淀平衡

8.1.1 任务书

沉淀反应是两种离子生成沉淀物质的反应，在各个行业有多种应用。例如，含镉废水通过加入石灰生成氢氧化镉沉淀，将镉从废水中脱除，可治理因重金属镉（Cd）污染的河水。工艺中，要保证金属离子的彻底沉淀并减少溶解，才能达到良好净化效果。本次任务将通过一系列实验，探讨沉淀反应和平衡原理，观察沉淀的生成和溶解，理解沉淀反应的条件。

8.1.2 技能训练和解析

沉淀反应观察与实践

1. 任务原理

在一定温度下，溶解度为一定值，相关离子浓度幂的乘积是一个常数。这个常数称为溶度积，用 K_{sp} 表示。任意条件下的溶液中离子浓度幂的乘积为离子积，用符号 Q_c 表示。

溶度积规则如下：

当 $Q_c>K_{sp}$，溶液过饱和，有沉淀析出，直到溶液达到新的平衡；

当 $Q_c=K_{sp}$，溶液恰好饱和，沉淀与溶解处于平衡状态；

当 $Q_c<K_{sp}$，溶液未达到饱和，无沉淀析出，有沉淀则溶解直到溶液饱和。

离子沉淀完全的要求：$c(M^{n+})\leqslant 10^{-5}$ mol/L。

2. 试剂材料

	仪器和试剂	准备情况
仪器	离心机、试管	
试剂	2.0mol/L HCl、2.0mol/L NaOH、1.00mol/L NH_4Cl、2.00mol/L $NH_3 \cdot H_2O$、0.50mol/L Na_2SO_4、饱和 Na_2CO_3、0.10mol/L Na_2S、0.02mol/L KI、0.10mol/L K_2CrO_4、0.5mol/L $CaCl_2$、0.10mol/L $MgCl_2$、0.10mol/L $Al(NO_3)_3$、0.10mol/L $Pb(NO_3)_2$、0.010mol/L $Pb(Ac)_2$、0.10mol/L $Fe(NO_3)_3$、0.10mol/L $AgNO_3$	

3. 任务操作

（1）沉淀的生成

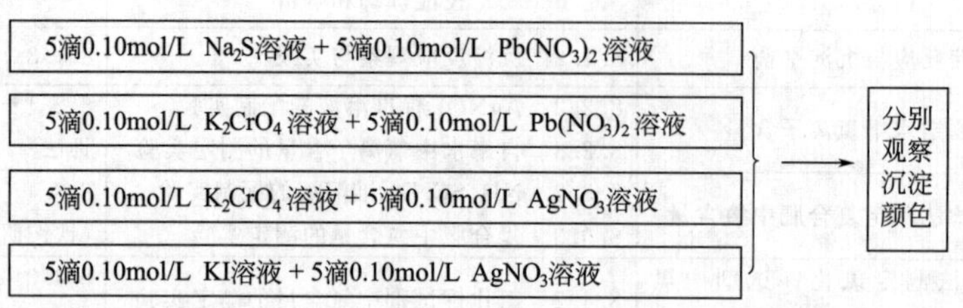

（2）分步沉淀

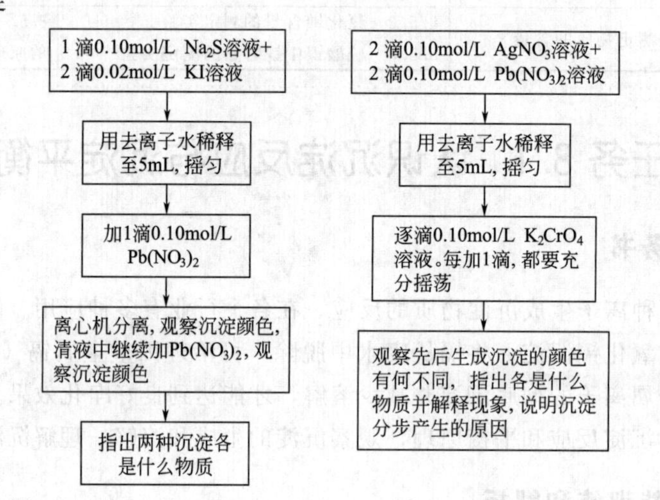

（3）沉淀的溶解

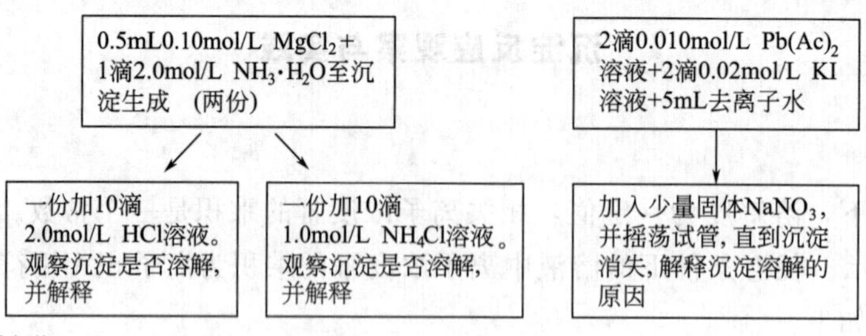

（4）沉淀的转化

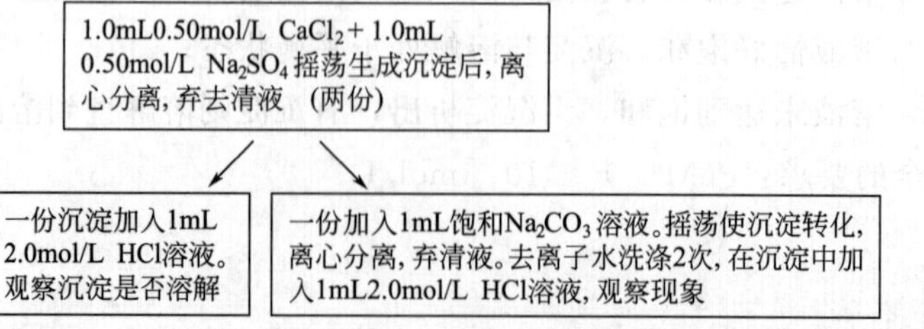

4. 记录与试验报告（见表 8-1）

表 8-1 沉淀反应

试验内容		试验现象	解释
(1)沉淀的生成	$Na_2S+Pb(NO_3)_2$		
	$K_2CrO_4+Pb(NO_3)_2$		
	$K_2CrO_4+AgNO_3$		
	$KI+AgNO_3$		
(2)分步沉淀	$Na_2S+KI+Pb(NO_3)_2$ 离心分离，清液中继续加 $Pb(NO_3)_2$		
	$AgNO_3+Pb(NO_3)_2$ 混合液 $+K_2CrO_4$		
(3)沉淀溶解	$MgCl_2$ 与 $NH_3·H_2O$ 的沉淀＋盐酸		
	$MgCl_2$ 与 $NH_3·H_2O$ 的沉淀＋盐酸 $+NH_4Cl$		
	$Pb(Ac)_2+KI+$ 固体 $NaNO_3$		
(4)沉淀的转化	$CaCl_2+Na_2SO_4$ 离心后沉淀加 HCl		
	$CaCl_2+Na_2SO_4$ 离心后沉淀加 Na_2CO_3，再次离心后沉淀加 HCl		

5. 思考与质疑

将 2 滴 0.1mol/L $AgNO_3$ 溶液和 2 滴 0.10mol/L $Pb(NO_3)_2$ 溶液混合并稀释到 5mL，再逐滴加入 0.10mol/L K_2CrO_4 溶液时，哪种沉淀先生成？为什么？

 8.1.3 知识宝库

沉淀反应原理

1. 沉淀溶解平衡

在一定温度下，难溶电解质晶体与溶解在溶液中的离子之间存在溶解和结晶的平衡，称作多项离子平衡，也称为沉淀溶解平衡。以 AgCl 为例，AgCl 在溶液中存在两个过程。

在水分子作用下，少量 Ag^+ 和 Cl^- 脱离 AgCl 固体表面，成为水合离子溶入水中，这个过程称为溶解[见图 8-1(a)]；溶液中的 Ag^+ 和 Cl^- 不停地作无规则运动，受 AgCl 表面正负离子的吸引，重新回到固体表面上来，并从溶液中析出，这个过程称为沉淀[见图 8-1(b)]；在一定温度下，当沉淀溶解和沉淀生成的速率相等时，得到 AgCl 的饱和溶液，即建立沉淀溶解平衡［见图 8-1（c）］。

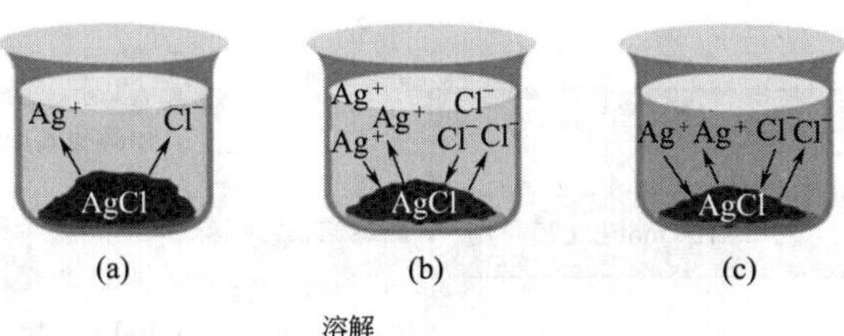

$$AgCl(s) \underset{沉淀}{\overset{溶解}{\rightleftharpoons}} Ag^+(aq) + Cl^-(aq)$$

图 8-1 溶解和沉淀平衡示意图

2. 溶度积、离子积及溶度积规则

溶度积：难溶化合物在水中达到沉淀溶解平衡后，在一定温度下，各离子浓度的幂的乘积为一常数，为溶度积，用 K_{sp} 表示。

$$[M^{n+}]^m[A^{m-}]^n = K_{sp}(M_mA_n) \tag{8-1}$$

离子积：任意条件下的溶液中离子浓度幂的乘积为离子积，用符号 Q_c 表示。表达式为

$$c^m(M^{n+})c^n(A^{m-}) = Q(M_mA_n) \tag{8-2}$$

溶度积规则：

当 $Q_c > K_{sp}$，溶液过饱和，有沉淀析出，直到溶液到达新的平衡；

当 $Q_c = K_{sp}$，溶液恰好饱和，沉淀与溶解处于平衡状态；

当 $Q_c < K_{sp}$，溶液未达到饱和，无沉淀析出，有沉淀则溶解直到溶液饱和。

【例 8-1】 已知 K_{sp}（$PbCl_2$）$=1.2\times10^{-5}$，将 NaCl 溶液逐滴加到 0.020mol/L Pb^{2+} 溶液中：(1) 当 c（Cl^-）$=3.0\times10^{-4}$mol/L 时，有无 $PbCl_2$ 沉淀生成？(2) 当 c（Cl^-）为多大时，开始生成 $PbCl_2$ 沉淀（忽略由于加入 Cl^- 引起的体积的变化）。

解 (1)已知 $c(Cl^-)=3.0\times10^{-4}$ mol/L，$[Pb^{2+}]=c(Pb^{2+})=0.020$mol/L

$Q=c(Pb^{2+})c^2(Cl^-)=0.020\times(3.0\times10^{-4})^2=1.8\times10^{-9}$

$K_{sp}(PbCl_2)=1.2\times10^{-5}$

由于 $Q<K_{sp}$，所以无 $PbCl_2$ 沉淀生成

(2)根据 $$PbCl_2 \rightleftharpoons Pb^{2+} + 2Cl^-$$

得 $$K_{sp}=[Pb^{2+}][Cl^-]^2$$

$$[Cl^-]=\sqrt{\frac{K_{sp}}{[Pb^{2+}]}}=\sqrt{\frac{1.2\times10^{-5}}{0.020}}=0.024(\text{mol/L})$$

所以 当 $c(Cl^-)$ 为 0.024mol/L 时，开始生成 $PbCl_2$ 沉淀。

3. 沉淀的生成、分步沉淀、沉淀的转化与沉淀的溶解

(1) 沉淀的生成

当 $Q_c > K_{sp}$，平衡向着生成沉淀的方向移动。待沉淀离子的浓度低于 1.0×10^{-5} mol/L 时，则认为该离子已被沉淀完全。

(2) 分步沉淀

在一定条件下，使一种离子先沉淀，而其他离子在另一条件下后沉淀的现象叫做分步沉淀或选择沉淀。

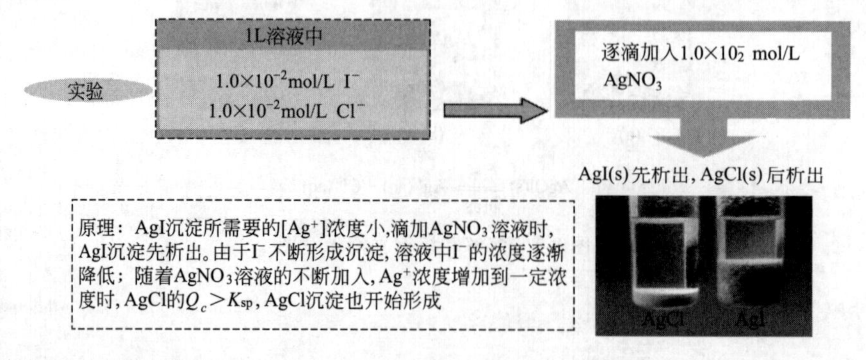

【例 8-2】 在 2mL0.02mol/L NaCl 和 2mL0.02mol/L KI 的混合溶液中，逐滴加入 $AgNO_3$ 溶液，求 AgI 和 AgCl 沉淀开始生成时所需要的 Ag^+ 的浓度分别是多少？

解 已知 $K_{sp}(AgCl)=1.8\times10^{-10}$，$K_{sp}(AgI)=8.5\times10^{-17}$

$$[Ag^+]_{AgCl}=\frac{K_{sp}(AgCl)}{[Cl^-]}=\frac{1.8\times10^{-10}}{0.01}=1.8\times10^{-8}(mol/L)$$

$$[Ag^+]_{AgI}=\frac{K_{sp}(AgI)}{[I^-]}=\frac{8.5\times10^{-17}}{0.01}=8.5\times10^{-15}(mol/L)$$

【例 8-3】 在 2mL 0.02mol/L NaCl 和 2mL 0.02mol/L KI 的混合溶液中，逐滴加入 Ag-NO_3 溶液，当 AgCl 开始沉淀时，溶液中的 I^- 是否被沉淀完全？

解 当 AgCl 开始沉淀时 $[Ag^+]=1.8\times10^{-8}$ mol/L

由例 8-2 可知，

$$[I^-]=\frac{K_{sp}(AgI)}{[Ag^+]}=\frac{8.5\times10^{-17}}{1.8\times10^{-8}}=4.7\times10^{-9}(mol/L)$$

此时溶液中 I^- 的浓度远远小于 1.0×10^{-5} mol/L，认为 I^- 已沉淀完全。

(3) 沉淀的转化

沉淀的转化：由一种沉淀转化为另一种沉淀的过程，称为沉淀的转化。以 AgCl 转化为 AgBr 为例：

$$AgCl+Br^- \rightleftharpoons AgBr+Cl^-$$

$$K_j=\frac{c(Cl^-)}{c(Br^-)}\times\frac{c(Ag^+)}{c(Ag^+)}=\frac{K_{sp}(AgCl)}{K_{sp}(AgBr)}$$

K_j 越大，沉淀转化越彻底。即生成的沉淀 K_{sp} 越小，转化越彻底。

一般来说，将溶解度较大的沉淀转化为溶解度较小的沉淀是容易进行的，溶解度差别越大，转化越容易进行；反之，必须在一定条件下沉淀转化才能进行。

(4) 沉淀的溶解

根据溶度积原理，当 $Q_c<K_{sp}$ 时，溶液处于不饱和状态，沉淀将继续溶解。使沉淀溶解的方法通常有以下几种。

① 生成弱酸 难溶性弱酸盐遇到强酸或较强酸时反应生成弱酸或气体放出，使得 $Q_c<K_{sp}$，沉淀溶解。

$$BaCO_3(s) \rightleftharpoons Ba^{2+} + CO_3^{2-}$$
$$+$$
$$2HCl \longrightarrow 2Cl^- + 2H^+$$
$$\Updownarrow$$
$$H_2CO_3 \longrightarrow CO_2\uparrow + H_2O$$

$$FeS(s) \rightleftharpoons Fe^{2+} + S^{2-}$$
$$+$$
$$2HCl \longrightarrow 2Cl^- + 2H^+$$
$$\Updownarrow$$
$$H_2S\uparrow$$

② 生成水　难溶性氢氧化物加入酸时，发生中和反应生成水，这样就降低了溶液中 OH^- 的浓度，使得 $Q_c < K_{sp}$，沉淀溶解。

$$Fe(OH)_3(s) \rightleftharpoons Fe^{3+} + 3OH^-$$
+
$$3HCl \longrightarrow 3Cl^- + 3H^+$$
⇅
$$3H_2O$$

③ 生成弱碱　某些难溶氢氧化物溶解在铵盐溶液中，生成弱电解质 $NH_3 \cdot H_2O$，继而分解为水和有挥发性的氨气，导致 OH^- 的浓度不断减小，使得 $Q_c < K_{sp}$，沉淀溶解。

$$Mg(OH)_2(s) \rightleftharpoons Mg^{2+} + 2OH^-$$
+
$$2NH_4Cl \longrightarrow 2Cl^- + 2NH_4^+$$
⇅
$$2NH_3 \cdot H_2O \longrightarrow 2H_2O + 2NH_3\uparrow$$

④ 生成配合物使沉淀溶解　某些难溶盐溶液中的金属离子与氨水能形成易溶于水且更难解离的配位离子，使得 $Q_c < K_{sp}$，也会使沉淀溶解。

$$AgCl(s) \rightleftharpoons Ag^+ + Cl^-$$
+
$$2NH_3$$
⇅
$$[Ag(NH_3)_2]^+$$

⑤ 利用氧化还原反应使沉淀溶解　有些 K_{sp} 很小的硫化物通常加入具有强氧化性的浓硝酸，两种物质发生氧化还原反应生成硫沉淀和一氧化氮气体放出，使反应向硫化物溶解的方向移动。

$$CuS(s) \rightleftharpoons Cu^{2+} + S^{2-}$$
+
$$HNO_3$$
↓
$$S\downarrow + NO\uparrow$$

4. 同离子效应和盐效应对沉淀反应的影响

（1）同离子效应

在难溶电解质饱和溶液中加入含有共同离子（即一种构晶离子）的强电解质时，导致难溶电解质溶解度降低的现象。

（2）盐效应

在难溶电解质的饱和溶液中，加入与其不含相同离子的易溶强电解质，将使难溶电解质的溶解度增大，这种现象称为盐效应（见图 8-2）。

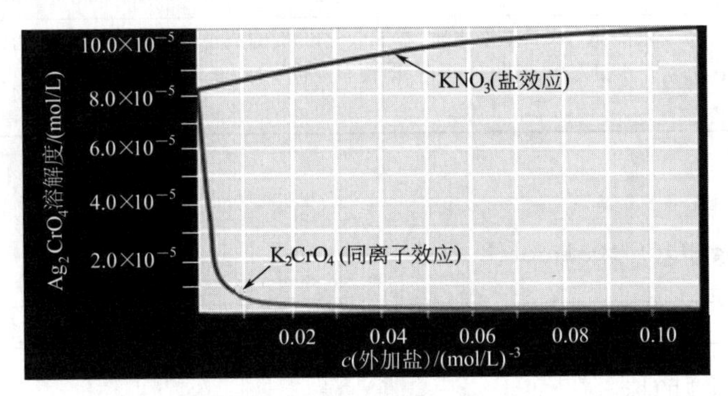

图 8-2 同离子效应和盐效应

任务 8.2 莫尔法测定水中氯离子含量

8.2.1 任务书

氯化物是水中常见的一种无机阴离子，在河流、湖泊、沼泽地区，氯离子一般含量较低，但在海水、盐湖及某些地下水中，每升含量可高达数十克，水中氯化物含量较高时，会损害金属管道和建筑物，并妨碍植物的生长。测量水中氯离子的含量具有重要意义。

本次任务对自来水中的氯含量进行测定，掌握 $AgNO_3$ 溶液的配制、储存方法。能熟练运用铬酸钾指示剂法的原理和条件，测定卤素化合物和银盐的含量。

8.2.2 技能训练和解析

$AgNO_3$ 标准溶液的配制实验

1. 任务原理

$AgNO_3$ 标准滴定溶液可以用经过预处理的基准试剂 $AgNO_3$ 直接配制。但非基准试剂 $AgNO_3$ 中常含有杂质，如金属银、氧化银、游离硝酸、亚硝酸盐等，因此用间接法配制。先配成近似浓度的溶液后，用基准物质 NaCl 标定。

以 NaCl 作为基准物质，溶样后，在中性或弱碱性溶液中，用 $AgNO_3$ 溶液滴定 Cl^-，以 K_2CrO_4 作为指示剂，反应式为：

$$Ag^+ + Cl^- \xlongequal{} AgCl\downarrow \text{（白色，}K_{sp}=1.8\times10^{-10}\text{）}$$

$$2Ag^+ + CrO_4^{2-} \xlongequal{} Ag_2CrO_4\downarrow \text{（砖红色，}K_{sp}=2.0\times10^{-12}\text{）}$$

达到化学计量点时，微过量的 Ag^+ 与 CrO_4^{2-} 反应生成砖红色 Ag_2CrO_4 沉淀，指示滴定终点。

2. 试剂材料

	仪器和试剂	准备情况
仪器	分析天平、托盘天平、25mL 棕色酸式滴定管、250mL 锥形瓶、5mL 与 50mL 量筒、500mL 量杯、500mL 棕色试剂瓶	
试剂	固体 $AgNO_3$(分析纯)、固体 NaCl(基准物质,在 500～600℃灼烧至恒重)、50g/L K_2CrO_4 指示液(称取 5g K_2CrO_4,溶于少量水中,滴加 $AgNO_3$ 溶液至红色不褪,混匀,放置过夜后过滤,将滤液稀释至 100mL)	

3. 任务操作

(1) 配制 $c(AgNO_3)=0.1mol/L$ 溶液

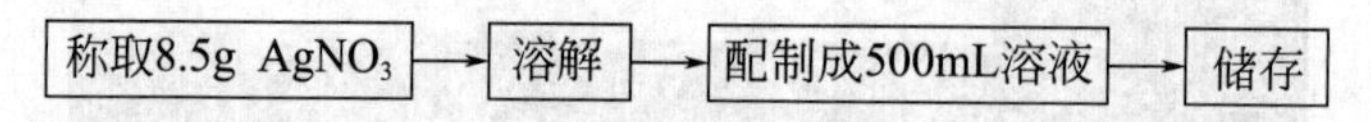

(2) $AgNO_3$ 溶液的标定

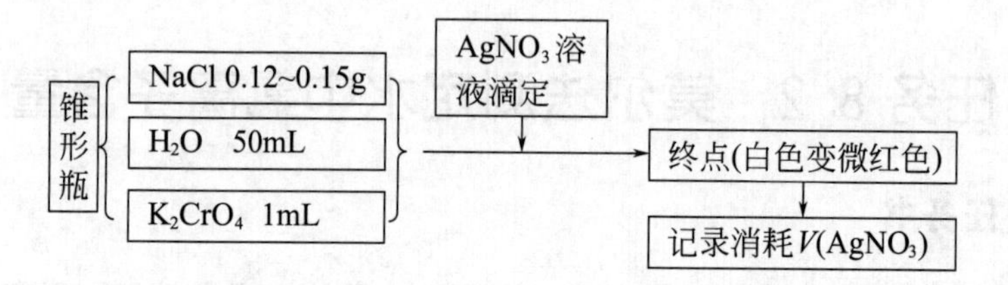

注意:

(1) $AgNO_3$ 试剂及其溶液具有腐蚀性,破坏皮肤组织,注意切勿接触皮肤及衣服;

(2) 配制 $AgNO_3$ 标准溶液的蒸馏水应无 Cl^-,否则配成的 $AgNO_3$ 溶液会出现白色浑浊;

(3) 配制好 $AgNO_3$ 的溶液储存于带玻璃塞的棕色试剂瓶中,摇匀,置于暗处;

(4) 实验完毕,盛装 $AgNO_3$ 溶液的滴定管应先用蒸馏水洗涤 2～3 次后,再用自来水洗净,以免 AgCl 沉淀残留于滴定管内壁。

4. 结果计算

$$c(AgNO_3)=\frac{m(NaCl)}{M(NaCl)V(AgNO_3)\times10^{-3}}$$

式中,$c(AgNO_3)$为 $AgNO_3$ 标准溶液的浓度,mol/L;$m(NaCl)$为称取基准试剂 NaCl 的质量,g;$M(NaCl)$为 NaCl 的摩尔质量,g/mol;$V(AgNO_3)$为滴定时消耗 $AgNO_3$ 溶液的体积,mL。

5. 记录与报告单(见表 8-2)

表 8-2 $AgNO_3$ 标定记录

测定项目	1	2	3
$m(NaCl+称量瓶)_{初}/g$			

续表

测定项目	1	2	3
$m(NaCl+称量瓶)_{末}/g$			
$m(NaCl)/g$			
$V(AgNO_3)_{终}/mL$			
$V(AgNO_3)_{初}/mL$			
$V(AgNO_3)_{消耗}/mL$			
$c(AgNO_3)/(mol/L)$			
$\bar{c}(AgNO_3)/(mol/L)$			
相对极差/%			

6. 问题与思考

莫尔法标定 $AgNO_3$ 溶液，用 $AgNO_3$ 滴定 NaCl 时，滴定过程中为什么要充分摇动溶液？如果不充分摇动溶液，对测定结果有何影响？为什么溶液的 pH 需控制在 6.5～10.5？

 8.2.3 技能训练和解析

自来水中氯离子含量的测定实验

1. 任务原理

在中性或弱碱性介质中，以 K_2CrO_4 为指示剂，用 $AgNO_3$ 标准溶液进行滴定，可以直接滴定 Cl^- 或 Br^-。由于 AgCl 的溶解度比 Ag_2CrO_4 小，因此在滴定过程中，当 Cl^- 与 CrO_4^{2-} 共存时，首先生成 AgCl 沉淀，当 Cl^- 沉淀完全后，微过量的 Ag^+ 与 CrO_4^{2-} 生成砖红色的 Ag_2CrO_4 沉淀，指示终点的到达。

$$终点前：Ag^+ + Cl^- \longrightarrow AgCl\downarrow \ （白色）$$
$$终点：2Ag^+ + CrO_4^{2-} \longrightarrow Ag_2CrO_4\downarrow \ （砖红色）$$

2. 试剂材料

	仪器和试剂	准备情况
仪器	分析天平、托盘天平、25mL 棕色酸式滴定管、250mL 锥形瓶、5mL 与 50mL 量筒、500mL 量杯、500mL 棕色试剂瓶	
试剂	0.01mol/L $AgNO_3$ 标准滴定溶液、50g/L K_2CrO_4 指示液、水试样：自来水或天然水	

3. 任务操作

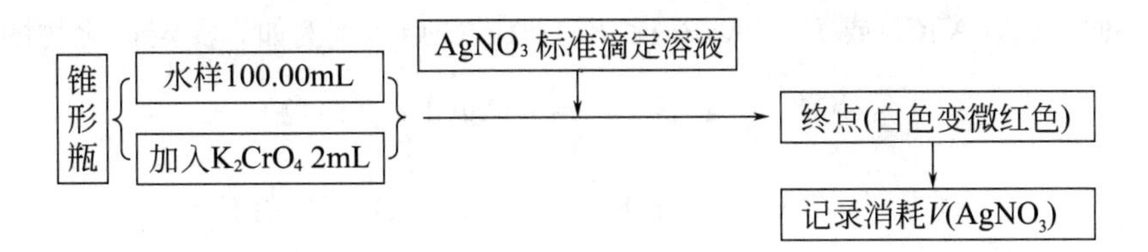

4. 计算公式

$$\rho(\mathrm{Cl})=\frac{cV_1M(\mathrm{Cl})}{V_2}\times 1000$$

式中，$\rho(\mathrm{Cl})$为水试样中氯的质量浓度，mg/L；c 为 $AgNO_3$ 标准溶液的浓度，mol/L；V_1 为滴定消耗 $AgNO_3$ 标准滴定溶液的体积，mL；M 为 Cl 的摩尔质量，g/mol；V_2 为水试样的体积，mL。

5. 记录与报告单（见表 8-3）

表 8-3 自来水中氯离子含量的测定记录

测定项目	1	2	3
$c(AgNO_3)/(\mathrm{mol/L})$			
$V(AgNO_3)_{终}/\mathrm{mL}$			
$V(AgNO_3)_{初}/\mathrm{mL}$			
$V(AgNO_3)_{消耗}/\mathrm{mL}$			
$\rho(\mathrm{Cl})/(\mathrm{mg/L})$			
平均 $\overline{\rho}(\mathrm{Cl})/(\mathrm{mg/L})$			
相对平均偏差/%			

6. 思考与质疑

(1) 莫尔法测定 Cl^- 的酸度条件是什么？能否用其测定 I^-、SCN^-？为什么？

(2) K_2CrO_4 指示剂的加入量大小对测定结果会产生什么影响？

8.2.4 知识宝库

莫尔法（铬酸钾法）

莫尔法是以 K_2CrO_4 为指示剂，用 $AgNO_3$ 标准溶液在中性或弱碱性介质中，直接测定可溶性氯化物和溴化物含量的银量法。

1. 指示剂的作用原理

待测物：氯化物或溴化物。

指示剂：K_2CrO_4。

原理依据：$K_{sp}(AgCl)$或 $K_{sp}(AgBr)<K_{sp}(Ag_2CrO_4)$。例如，测定氯化物的反应为：

终点前：$Ag^+ + Cl^- \longrightarrow AgCl\downarrow$（白色）

终点时：$2Ag^+ + CrO_4^{2-} \longrightarrow Ag_2CrO_4$（砖红色）

2. 滴定条件

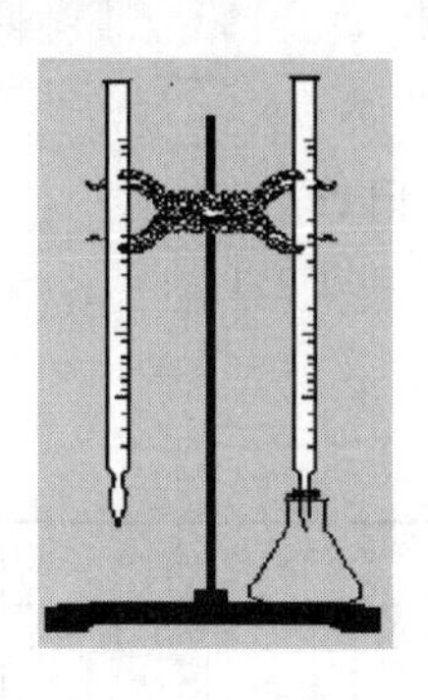

(1) 指示剂用量：实验证明，确定滴定终点的适宜浓度：$c(K_2CrO_4)=5\times10^{-3}$mol/L

(2) 酸度的影响：适宜酸度条件为pH=6.5~10.5，否则有副反应

酸性：$2CrO_4^{2-}+2H^+ \rightleftharpoons 2HCrO_4^- \rightleftharpoons Cr_2O_7^{2-}+H_2O$

强碱：$2Ag^++2OH^- \rightleftharpoons Ag_2O\downarrow+H_2O$

当碱性太强时，用稀HNO_3溶液中和；酸性太强可用$Na_2B_4O_7\cdot10H_2O$或$NaHCO_3$中和；在氨碱性溶液中进行时，因为生成$[Ag(NH_3)_2]^+$而使沉淀溶解。滴定的pH范围应控制在6.5~7.2之间

3. 方法的选择性与应用范围

（1）选择性

凡能与 CrO_4^{2-} 反应生成沉淀的阳离子或与 Ag^+ 生成沉淀的阴离子，都会干扰滴定。同时有色离子，如 Cu^{2+}、Co^{2+}，或在中性、弱碱性溶液中易水解的离子如 Fe^{3+} 和 Al^{3+} 等，也会产生干扰，故在滴定前必须将干扰物质掩蔽或分离。

（2）应用范围

主要用于测定 Cl^-、Br^- 和 Ag^+。当试样中 Cl^- 和 Br^- 共存时，测得的结果是它们的总量。若测定 Ag^+，应采用返滴定法。莫尔法不宜测定 I^- 和 SCN^-，因为滴定生成的 AgI 和 AgSCN 沉淀表面会强烈吸附 I^- 和 SCN^-，使滴定终点过早出现，造成较大的滴定误差。

任务 8.3　福尔哈德法测定复合肥中氯含量

 8.3.1　任务书

菜农李某购买硫基复合肥用于菜地施肥。一段时间后，李某发现很多撒过肥料的四季豆叶子出现打蔫、死苗现象，造成大量经济损失。农技人员初步判断认为，肥料中氯含量过高灼伤了四季豆根系。一些不法生产企业用廉价氯化钾代替高价的硫酸钾，造成生产的硫基复合肥中含有大量氯化物，伤害了对氯耐受力很差的蔬菜。根据复混肥国家标准 GB 15063—2009，未标识“含氯”的复合肥产品，氯离子的质量分数要求小于 3.0%。

本次检验任务是学会分析判断肥料中的氯化物含量是否超标。学会以铁铵矾为指示剂判断滴定终点的方法，掌握 NH_4SCN 溶液的配制、用福尔哈德法标定 NH_4SCN 溶液与测定复混肥中氯含量的基本原理、操作方法和计算。

 8.3.2　技能训练和解析

NH_4SCN 标准溶液的配制实验

1. 任务原理

以铁铵矾为指示剂，用配好的 NH_4SCN 溶液滴定一定体积的 $AgNO_3$ 标准溶液，由 $[Fe(SCN)]^{2+}$ 配离子的红色指示终点。因此在滴定过程中，Ag^+ 与 SCN^- 首先生成 AgSCN

沉淀，当Ag^+沉淀完全后，微过量的SCN^-与Fe^{3+}生成红色的$[Fe(SCN)]^{2+}$，指示终点的到达。

反应式为：

$$终点前：Ag^+ + SCN^- = AgSCN\downarrow \text{（白色）}$$

$$终点时：Fe^{3+} + SCN^- = [Fe(SCN)]^{2+} \text{（红色）}$$

2. 试剂材料

	仪器和试剂	准备情况
仪器	分析天平、托盘天平、25mL棕色酸式滴定管、250mL锥形瓶、5mL与50mL量筒、500mL量杯、500mL试剂瓶	
试剂	固体NH_4SCN（分析纯）、固体$AgNO_3$（基准物质，于硫酸干燥器中干燥至恒重）、硝酸溶液（1＋3）、0.10mol/L $AgNO_3$标准溶液、400g/L $NH_4Fe(SO_4)_2$指示剂（配制：40g硫酸铁铵溶于水中，加浓HNO_3至溶液几乎无色，稀释至100mL）	

3. 任务操作

（1）配制$c(NH_4SCN)=0.1mol/L$溶液500mL

称取3.8g硫氰酸铵 → 溶解 → 配制成500mL溶液

（2）用基准试剂$AgNO_3$标定NH_4SCN溶液

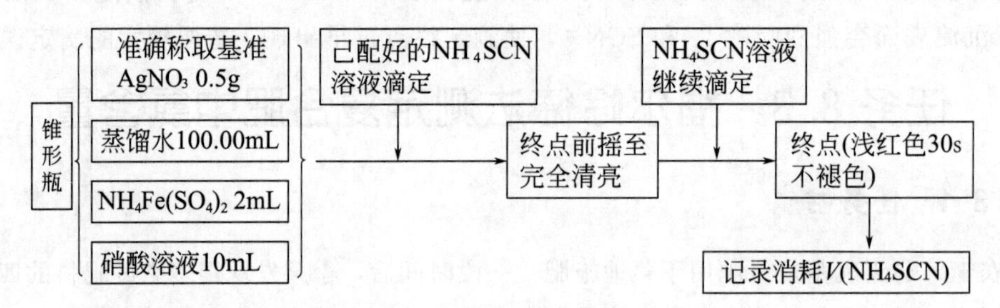

注意：（1）指示液对滴定有影响，一般控制在0.015mol/L为宜；

（2）由于指示剂中的Fe^{3+}在中性或碱性溶液中将发生水解，因此一般用HNO_3调节溶液的酸度在0.3～1mol/L之间进行；

（3）用NH_4SCN溶液滴定Ag^+溶液时，生成的AgSCN沉淀能吸附溶液中的Ag^+，使Ag^+浓度降低，以致红色出现略早于化学计量点。因此在滴定时需剧烈摇动，使被吸附Ag^+释放出来。

4. 计算公式

$$c(NH_4SCN)=\frac{m(AgNO_3)}{M(AgNO_3)V(NH_4SCN)\times 10^{-3}}$$

式中，$c(NH_4SCN)$为NH_4SCN标准溶液的浓度，mol/L；$m(AgNO_3)$为称取基准试剂$AgNO_3$的质量，g；$M(AgNO_3)$为$AgNO_3$的摩尔质量，169.9g/mol；$V(NH_4SCN)$为滴定时消耗NH_4SCN溶液的体积，mL。

5. 记录与报告单（见表8-4）

表8-4 NH_4SCN溶液标定记录

测定项目	1	2	3
$m(AgNO_3$+称量瓶$)_{初}/g$			
$m(AgNO_3$+称量瓶$)_{末}/g$			
$m(AgNO_3)/g$			
$V(NH_4SCN)_{终}/mL$			
$V(NH_4SCN)_{初}/mL$			
$V(NH_4SCN)_{消耗}/mL$			
$c(NH_4SCN)/(mol/L)$			
$\bar{c}(NH_4SCN)/(mol/L)$			
相对极差/%			

6. 思考与质疑

福尔哈德法的滴定酸度条件是什么？能否在碱性条件下进行？

8.3.3 技能训练和解析

复合肥中氯含量的测定实验

1. 任务原理

在0.1～1mol/L的HNO_3介质中，在处理好的样品中加入一定量过量的$AgNO_3$标准溶液，使Cl^-与Ag^+反应完全生成AgCl沉淀，加铁铵矾指示剂，用NH_4SCN标准溶液返滴定过量的$AgNO_3$至出现$[Fe(SCN)]^{2+}$红色指示终点。反应如下：

$$\text{滴定前：} Ag^+ + Cl^- \xlongequal{} AgCl\downarrow \text{（白色）}$$
（Ag^+过量、定量）

$$\text{滴定时：} Ag^+ + SCN^- \xlongequal{} AgSCN\downarrow \text{（白色）}$$
（Ag^+剩余量）

$$\text{终点时：} Fe^{3+} + SCN^- \xlongequal{} [FeSCN]^{2+} \text{（红色）}$$

2. 试剂材料

仪器和试剂		准备情况
仪器	分析天平、托盘天平、25mL棕色酸式滴定管、250mL锥形瓶、5mL与50mL量筒、500mL试剂瓶	
试剂	HNO_3溶液(1+1)、0.05mol/L $AgNO_3$标准溶液、硝基苯或邻苯二甲酸二丁酯、0.05mol/L NH_4SCN溶液、固体混肥；80g/L $NH_4Fe(SO_4)_2$（配制：称取8g硫酸高铁铵，溶解于少许水中，滴加浓硝酸至溶液几乎无色，用水稀释至100mL，装入小试剂瓶中，贴好标签）	

3. 任务操作

（1）样品处理

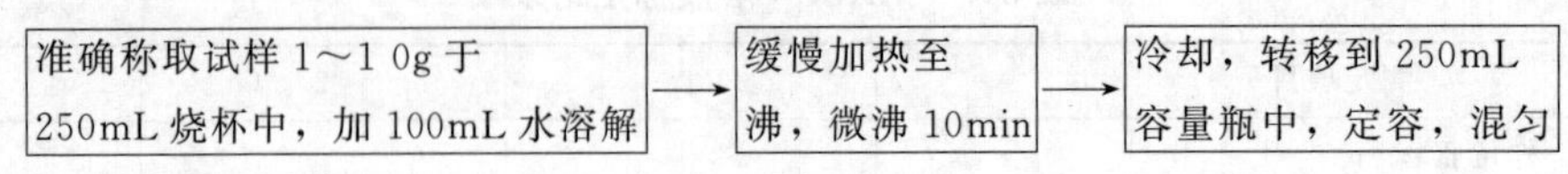

注意称样量范围见表 8-5。

表 8-5　称样量范围

氯离子质量分数 w_2/%	$w_2<5$	$5\leqslant w_2\leqslant 25$	$w_2>25$
称样量/g	10～5	5～1	1

（2）样品测定

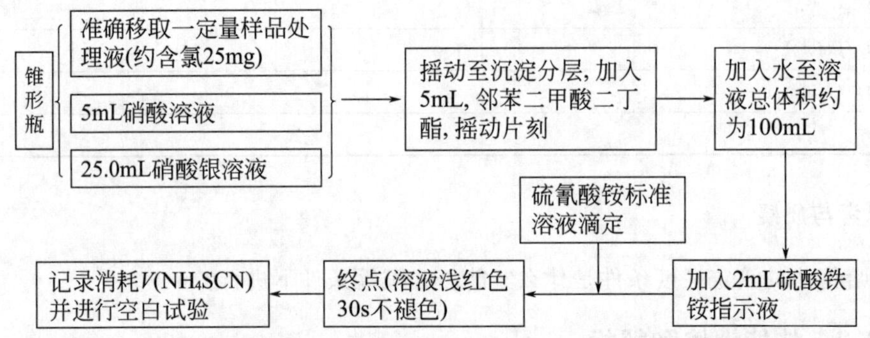

注意：为了防止 Fe^{3+} 水解，应在 0.3～1mol/L HNO_3 溶液中进行；

在用 NH_4SCN 标准溶液返滴时，向待测溶液中加入一定量的硝基苯或邻苯二甲酸二丁酯等有机溶剂，并剧烈振摇，使 AgCl 沉淀的表面覆盖上一层有机溶剂，减少 AgCl 沉淀与溶液接触，防止转化。

4. 计算公式

$$w=\frac{(V_0-V_1)c\times 35.45}{mD\times 1000}\times 100\%$$

式中，V_0 为空白试验（25.0mL 硝酸银溶液）所消耗硫氰酸铵标准溶液的体积，mL；V_1 为滴定试液时所消耗硫氰酸铵标准滴定溶液的体积，mL；c 为硫氰酸铵标准滴定溶液的浓度，mol/L；m 为试料的质量，g；D 为测定时吸取试液体积与试液的总体积的比值；35.45 为氯离子的摩尔质量，g/mol。

5. 记录与报告单（见表 8-6）

表 8-6　复合肥中氯含量测定记录

测定项目	1	2	3
m(复合肥＋称量瓶)$_{初}$/g			
m(复合肥＋称量瓶)$_{末}$/g			
m(复合肥)/g			
V 复合肥试液移取			
$V_1(NH_4SCN)_{终}$/mL			
$V_1(NH_4SCN)_{初}$/mL			
$V_1(NH_4SCN)_{消耗}$/mL			
$V_0(NH_4SCN)_{终}$/mL			
$V_0(NH_4SCN)_{初}$/mL			

续表

测定项目	1	2	3
$V_0(NH_4SCN)_{消耗}$/mL			
$w(Cl)$/%			
$\overline{w}(Cl)$/%			
相对平均偏差/%			

6. 思考与质疑

用福尔哈德法测定 Cl^- 时，加入硝基苯的目的是什么？若测定 Br^-、I^- 时是否需要加入硝基苯？硝基苯可以用什么试剂代替？

8.3.4 知识宝库

福尔哈德法（铁铵矾法）

福尔哈德法是以铁铵矾[$NH_4Fe(SO_4)_2 \cdot 12H_2O$]作指示剂，用 NH_4SCN 或 KSCN 溶液为滴定液，在酸性介质中，测定可溶性银盐和卤素化合物的银量法。根据滴定方式的不同，福尔哈德法分为直接滴定法和返滴定法两种。

1. 直接滴定法测定 Ag

（1）滴定原理

在含有 Ag^+ 的 HNO_3 介质中，以铁铵矾作指示剂，用 NH_4SCN 标准溶液直接滴定，当滴定到化学计量点时，微过量的 SCN^- 与 Fe^{3+} 结合生成红色的$[FeSCN]^{2+}$，即为滴定终点。

$$Ag^+ + SCN^- = AgSCN\downarrow \text{（白色）}$$

$$Fe^{3+} + SCN^- = [FeSCN]^{2+} \text{（红色）}$$

（2）滴定条件

由于 Fe^{3+} 在中性或碱性溶液中将发生水解，因此一般用 HNO_3 调节溶液的酸度在 0.3～1mol/L 之间进行。用 NH_4SCN 溶液滴定 Ag^+ 溶液时，生成的 AgSCN 沉淀能吸附溶液中的 Ag^+，使 Ag^+ 浓度降低，以致红色的出现略早于化学计量点。因此在滴定过程中需剧烈摇动，使被吸附的 Ag^+ 释放出来。

2. 返滴定法测定卤素离子

（1）测定原理　福尔哈德法测定卤素离子（如 Cl^-、Br^-、I^-）和 SCN^- 时应采用返滴定法。即在酸性（HNO_3 介质）待测溶液中，先加入已知过量的 $AgNO_3$ 标准溶液，再用铁铵矾作指示剂，用 NH_4SCN 标准溶液回滴剩余的 Ag^+（HNO_3 介质）。反应如下：

$$\text{滴定前：} \underset{\text{（过量）}}{Ag^+} + Cl^- = AgCl\downarrow \text{（白色）}$$

$$\text{滴定时：} \underset{\text{（剩余量）}}{Ag^+} + SCN^- = AgSCN\downarrow \text{（白色）}$$

$$\text{终点时：} Fe^{3+} + SCN^- = [FeSCN]^{2+} \text{（红色）}$$

（2）滴定条件　酸性条件下滴定：这样可防止 Fe^{3+} 的水解，同时也可避免 SO_3^{2-}、

PO_4^{3-}、AsO_4^{3-}、CO_3^{2-} 等弱酸根离子的干扰。

注意事项：

（1）用福尔哈德法测定 Cl^- 时：由于 AgSCN 的溶解度小于 AgCl 的溶解度，滴定到临近终点时，加入的 NH_4SCN 将与 AgCl 发生沉淀转化反应，而导致滴加 NH_4SCN 形成的红色随着溶液的摇动而消失。

$$AgCl + SCN^- \rightleftharpoons AgSCN\downarrow + Cl^-$$

这种转化作用无疑将多消耗 NH_4SCN 标准滴定溶液。为了避免上述现象的发生，通常采用以下措施。

① 试液中加入一定过量的 $AgNO_3$ 标准溶液之后，将溶液煮沸，使 AgCl 沉淀凝聚。滤去沉淀，并用稀 HNO_3 充分洗涤沉淀，然后用 NH_4SCN 标准滴定溶液回滴滤液中过量的 Ag^+。

② 在滴入 NH_4SCN 标准溶液之前，加入有机溶剂硝基苯或邻苯二甲酸二丁酯或 1，2-二氯乙烷。用力摇动后，有机溶剂将 AgCl 沉淀包住，使 AgCl 沉淀与外部溶液隔离，阻止 AgCl 沉淀与 NH_4SCN 发生转化反应。此法方便，但硝基苯有毒。

③ 提高 Fe^{3+} 的浓度以减小终点时 SCN^- 的浓度，从而减小上述误差［实验证明，一般溶液中 $c(Fe^{3+})=0.2mol/L$ 时，终点误差将小于 0.1%］。

测定 Br^-、I^- 和 SCN^- 时，滴定终点十分明显，不会发生沉淀转化，不必采取上述措施。

（2）用福尔哈德法测定 I^- 的注意事项

在测定碘化物时，必须加入过量 $AgNO_3$ 溶液之后再加入铁铵矾指示剂，以免 I^- 对 Fe^{3+} 的还原作用而造成误差。

$$2Fe^{3+} + 2I^- \rightleftharpoons 2Fe^{2+} + I_2$$

强氧化剂和氮的氧化物以及铜盐、汞盐都与 SCN^- 作用，因而干扰测定，必须预先除去。

任务 8.4 法扬司法测定氯化钾试剂中氯含量

 8.4.1 任务书

某企业有一袋化学原料氯化钾，原含量为 99.5%，因存放过久，吸湿潮解，致其含量降低，请应用法扬司法测定其中氯含量，了解其浓度变化的状况。法扬司法是以吸附指示剂确定滴定终点，以 $AgNO_3$ 溶液为滴定液测定卤化物的一种银量法。通过任务解析和操作以及知识宝库的学习，理解吸附指示剂法的实验原理、反应条件的控制、终点指示方法以及测定氯化钾试剂中氯含量的具体分析方法。

 8.4.2 技能训练和解析

氯化钾试剂中氯含量的测定实验

1. 任务原理

吸附试剂是一类有机化合物，当它们被沉淀表面吸附后，会因结构的改变引起颜色的变

化。用吸附指示剂确定终点的银量法称为法扬司法，其原理是利用吸附作用在终点时生成带正电荷的卤化银胶粒而吸附指示剂阴离子，使指示剂的结构发生改变，生成有色的吸附化合物指示终点。本实验采用的荧光黄为一种有机弱酸，用 HFIn 表示，其原理可表示为：

$$滴定前：HFI \rightleftharpoons H^+ + FI^- \ （呈黄绿色）$$

$$终点前：(AgCl) \cdot Cl^- 与 FI^- 不吸附 \ （呈黄绿色）$$

$$终点时：\underset{(黄绿色)}{(AgCl) \cdot Ag^+ + FI^-} = \underset{(粉红色)}{(AgCl) \cdot Ag^+ \cdot FI^-}$$

2. 仪器与试剂

	仪器和试剂	准备情况
仪器	分析天平、托盘天平、称量瓶、100mL 烧杯、10mL 小量筒、酸式滴定管、250mL 锥形瓶、250mL 容量瓶、25mL 移液管	
试剂	KCl 试剂待测样、$AgNO_3$ 标准溶液、荧光黄指示剂、2%糊精溶液	

3. 任务操作

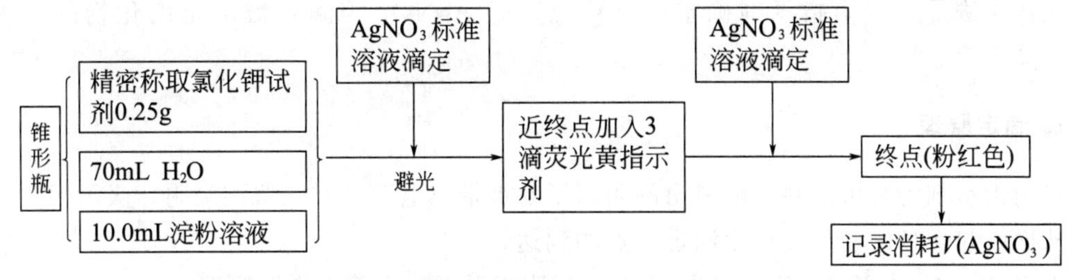

注意：(1) 为了防止胶体聚沉，滴定前应加入淀粉溶液。

(2) 为了防止生成氧化银沉淀，应控制溶液为中性或弱碱性（pH7～10)。

(3) 由于卤化银易感光分解出金属银，使沉淀变为灰色或是黑灰色，因此在实验过程中应避免强光的照射，否则影响终点观察，造成测量误差。

(4) 实验结束后，应将未用完的 $AgNO_3$ 标准溶液和氯化银沉淀分别倒入回收瓶中储存。

4. 计算公式

$$w(Cl) = \frac{VcM(Cl) \times 10^{-3}}{m_s} \times 100\%$$

式中，$w(Cl)$ 为 Cl 的质量分数，%；c 为 $AgNO_3$ 标准溶液的浓度，mol/L；V 为滴定时消耗 $AgNO_3$ 溶液的体积，mL；m_s 为 KCl 样品的质量，g；M (Cl) 为 Cl 的摩尔质量，g/mol。

5. 记录与报告单（见表 8-7）

表 8-7　氯化钾试剂中氯含量测定记录

测定项目	1	2	3
$c(AgNO_3)/(mol/L)$			

续表

测定项目	1	2	3
$V(AgNO_3)_{终}$/mL			
$V(AgNO_3)_{初}$/mL			
$V(AgNO_3)_{消耗}$/mL			
w(Cl)/%			
平均 w(Cl)/%			

6. 思考与质疑

(1) 为什么要在滴定的过程中加入糊精？

(2) 滴定过程中为什么要避光滴定？

8.4.3 知识宝库

法扬司法（吸附指示剂法）

法扬司法是以吸附指示剂确定滴定终点，以 $AgNO_3$ 为滴定液测定卤化物的一种银量法。

1. 滴定原理

吸附指示剂为有机染料，解离出的阴离子易被带正电荷的胶状沉淀吸附，吸附后结构改变，从而引起颜色的变化，指示滴定终点的到达。

现以 $AgNO_3$ 标准溶液滴定 Cl^- 为例，说明指示剂荧光黄的作用原理。

荧光黄是一种有机弱酸，用 HFI 表示，在水溶液中可解离为 H^+ 和荧光黄阴离子 FI^-，呈黄绿色：$HFI \rightleftharpoons FI^- + H^+$。

在化学计量点前，生成的 AgCl 沉淀在过量的 Cl^- 溶液中，AgCl 沉淀吸附 Cl^- 而带负电荷，形成的 $(AgCl)\cdot Cl^-$ 不吸附指示剂阴离子 FI^-，溶液呈黄绿色。达化学计量点时，微过量的 $AgNO_3$ 可使 AgCl 沉淀吸附 Ag^+ 形成 $(AgCl)\cdot Ag^+$ 而带正电荷，此带正电荷的 $(AgCl)\cdot Ag^+$ 吸附荧光黄阴离子 FI^-，结构发生变化呈现粉红色，使整个溶液由黄绿色变成粉红色，指示终点的到达。

$$(AgCl)\cdot Ag^+ + FI^- \rightleftharpoons (AgCl)\cdot Ag\cdot FI$$

（黄绿色）　　　　（粉红色）

2. 滴定条件

(1) 控制溶液酸度

吸附指示剂大多是有机弱酸，而起指示剂作用的是其阴离子。酸度大时，H^+ 与指示剂阴离子结合成不被吸附的指示剂分子，无法指示终点。

(2) 保持沉淀呈胶体状态

由于吸附指示剂的颜色变化发生在沉淀微粒表面上，因此，应尽可能使卤化银沉淀呈胶体状态，具有较大的表面积。为此，在滴定前应将溶液稀释，并加糊精或淀粉等高分子化合物作为保护剂，以防止卤化银沉淀凝聚。

(3) 避免在强光下滴定

卤化银沉淀遇光易分解析出银，使沉淀变为灰黑色，影响滴定终点的观察。

(4) 选择适当的指示剂

沉淀胶体微粒对指示剂离子的吸附能力，应略小于对待测离子的吸附能力，否则指示剂将在化学计量点前变色。但不能太小，否则终点出现过迟。卤化银对卤化物和几种吸附指示剂的吸附能力的次序如下（见表 8-8）：

$$I^- > \text{二甲基二碘荧光黄} > Br^- > \text{曙红} > Cl^- > \text{荧光黄}$$

因此，测定 Br^- 时不能用二甲基二碘荧光黄（应选曙红）；滴定 Cl^- 不能选曙红（应选荧光黄）。

表 8-8 常用吸附指示剂

指示剂	被测离子	滴定剂	滴定 pH 范围	终点颜色变化
荧光黄	Cl^-、Br^-、I^-	$AgNO_3$	7～10	黄绿色→粉红色
二氯荧光黄	Cl^-、Br^-、I^-	$AgNO_3$	4～10	黄绿色→红色
曙红	Br^-、SCN^-、I^-	$AgNO_3$	2～10	橙黄色→红紫色
溴酚蓝	生物碱盐类	$AgNO_3$	弱酸性	黄绿色→灰紫色
甲基紫	Ag^+	NaCl	酸性溶液	黄红色→红紫色

3. 应用范围

法扬司法可用于测定 Cl^-、Br^-、I^- 和 SCN^- 及生物碱盐类（如盐酸麻黄碱）等。

任务 8.5 重量分析法测定物质的含量

8.5.1 任务书

实验室有一瓶氯化钡试剂发生部分变质现象，请应用重量分析法对氯化钡含量进行准确测定，了解变质的情况。另外，实验室有一瓶过期的硫酸镍试剂，需通过后处理回收金属镍，为判断回收情况，请事先采用重量分析法测定其中的镍含量。本次任务通过解析和操作以及知识宝库的学习，掌握影响沉淀溶解度和沉淀纯度的因素、沉淀的条件和称量形的获得，学会沉淀剂的选择、称量分析结果的计算。同时掌握氯化钡含量和硫酸镍中镍含量的具体测定方法。

8.5.2 技能训练和解析

氯化钡含量的测定实验

1. 任务原理

SO_4^{2-} 与 Ba^{2+} 反应生成 $BaSO_4$ 溶解度小。$BaSO_4$ 的化学组成相当稳定，符合称量分析对沉淀的要求，所以硫酸钡重量分析法是测定可溶性盐中硫含量或钡含量的经典方法。反应为：

$$Ba^{2+} + SO_4^{2-} = BaSO_4 \downarrow \text{（白色）}$$

$BaSO_4$ 是典型的晶形沉淀，在最初形成时是细小的结晶，过滤时易穿透滤纸。因此，为了得到比较纯净而粗大的晶形沉淀，应按照晶形沉淀的沉淀条件进行操作。

为了防止生成 $BaCO_3$、$BaHPO_4$ 沉淀及 $Ba(OH)_2$ 共沉淀，需在酸性溶液中进行沉淀。同时，适当地提高酸度，增加 $BaSO_4$ 在沉淀过程中的溶解度，以降低其相对过饱和度，有利于获得较好的晶形沉淀。通常在 0.05mol/L HCl 溶液中进行沉淀。另外样品中应不含有酸不能溶解的物质，若含有易于被吸附的离子，需预先处理样品。沉淀经陈化、过滤、洗涤、炭化、灰化、灼烧后，以 $BaSO_4$ 形式称量，根据 $BaSO_4$ 的质量求出 Ba 的含量。

2. 仪器与试剂

	仪器和试剂	准备情况
仪器	分析天平、称量瓶 1 个、100mL、250mL、400mL 烧杯各 2 个、9cm 表面皿 2 个、小试管、10mL 与 100mL 量筒各 1 个、玻璃棒 2 支、滴管 2 支、长颈漏斗 2 个、漏斗架 1 个、25mL 瓷坩埚 2 个、坩埚钳 1 把、干燥器、高温炉、定量滤纸(慢速)	
试剂	固体 $BaCl_2 \cdot 2H_2O$、2mol/L HCl 溶液、1mol/L 与 0.1mol/L H_2SO_4 溶液、2mol/L HNO_3 溶液、0.1mol/L $AgNO_3$ 溶液、1% NH_4NO_3 溶液	

3. 任务操作

（1）瓷坩埚的准备

将瓷坩埚洗净，晾干，放在(850±20)℃的恒温马弗炉中灼烧至恒重。第一次灼烧 40min，第二次后每次灼烧 20min。灼烧也可在煤气灯上进行，冷却，放入干燥器中，称重。

（2）沉淀制备

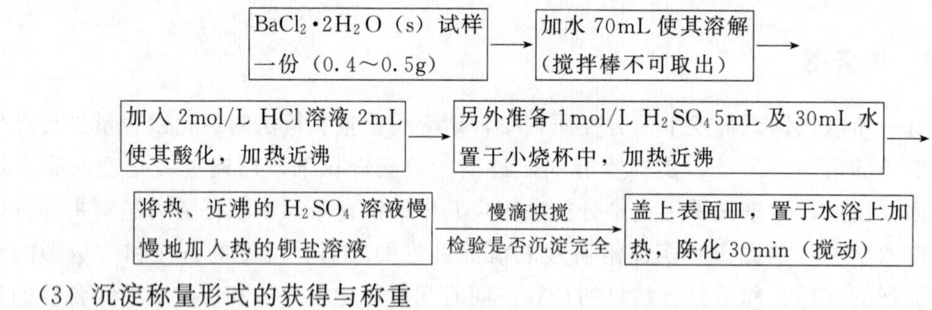

（3）沉淀称量形式的获得与称重

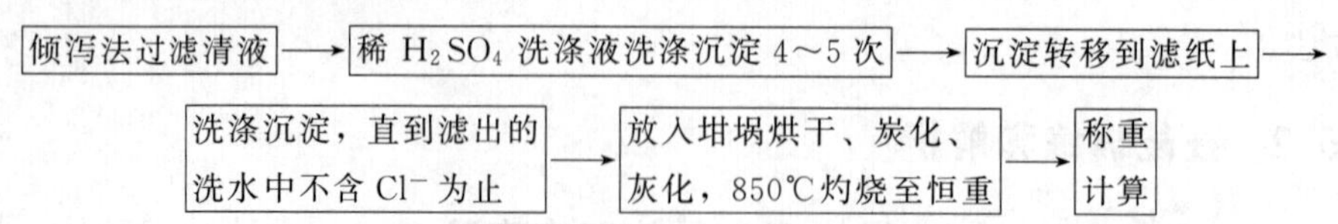

注意：① $BaCl_2 \cdot 2H_2O$ 加热近沸而不沸腾，防止产生的蒸汽带走液滴或试液飞溅而损失。沉淀操作时，放入 $BaCl_2$ 溶液中的玻璃棒不能拿出，以免溶液有损失。稀硫酸和试样溶液都必须加热至沸，并趁热加入硫酸，最好在断电的热电炉上加入，加入硫酸的速率要慢并不断搅拌，否则形成的沉淀太细会穿透滤纸。

② 玻璃棒不断搅拌时不要碰烧杯底及内壁，以免划破烧杯，使沉淀沾附在烧杯壁上。

③ 检验沉淀是否完全是待 $BaSO_4$ 沉淀下沉后，于上层清液中加入 1～2 滴 0.1mol/L H_2SO_4 溶液，有浑浊则说明沉淀不完全，无浑浊则说明沉淀完全。

④ 陈化其间要不时搅拌。

⑤ 倾泻法过滤和洗涤：配制 300～400mL 稀 H_2SO_4 洗涤液（每 100mL 水加入 1mol/L H_2SO_4 溶液 2mL），装入洗瓶中。勿将陈化好的沉淀搅起，先将上层清液分数次倾在滤纸上，再用倾泻法洗涤 4～5 次，每次约 10～15mL。然后将沉淀定量转移到慢速滤纸上，用洗瓶吹洗烧杯壁上附着的沉淀至漏斗中，用撕下来的滤纸角擦拭玻璃棒和烧杯，放入漏斗中。再用稀 H_2SO_4 洗涤 4～6 次，使沉淀集中到滤纸锥体底部。洗涤直至滤液中不含 Cl^- 为止（检查方法：用洁净的表面皿收集 2mL 滤液，加 2 滴 2mol/L HNO_3 溶液酸化，加入 1 滴 $AgNO_3$ 溶液，若无白色浑浊产生，表示 Cl^- 已洗净）。再用 1% NH_4NO_3 溶液洗涤 1～2 次，除去残留的 H_2SO_4。

⑥ 灼烧沉淀和称量时，将折叠好的沉淀滤纸包置于已恒重的瓷坩埚中，先在电炉上烘干和炭化，提高温度灰化后，再于（850±20）℃的马弗炉中灼烧 20min，取出稍冷，放入干燥器中冷却至室温（约 20min），称量。再灼烧 15min，冷却，称量，反复操作直至恒重。

⑦ 在灼烧过程中滤纸未灰化前，温度不要太高，以免沉淀颗粒随火焰飞散。滤纸灰化时空气要充足，否则 $BaSO_4$ 易被滤纸上的碳还原为绿色的 BaS。

$$BaSO_4+4C \xlongequal{} BaS+4CO\uparrow \qquad BaSO_4+4CO \xlongequal{} BaS+4CO_2\uparrow$$

如遇此情况，可将坩埚冷却后，加入几滴（1+1）H_2SO_4，小心加热，至 SO_3 白烟冒尽，再继续灼烧。BaS 和分解形成的 BaO 可再转化为 $BaSO_4$。

$$BaS+H_2SO_4 \xlongequal{} BaSO_4\downarrow+H_2S\uparrow \qquad BaO+H_2SO_4 \xlongequal{} BaSO_4\downarrow+H_2O$$

灼烧温度不能太高，如超过 900℃，空气不足灼烧时，$BaSO_4$ 也会被碳还原。如超过 900℃，部分 $BaSO_4$ 按下式分解。

$$BaSO_4 \xlongequal{} BaO+SO_3\uparrow$$

⑧ 在灼烧、冷却、称量过程中，应注意每次放入干燥器中冷却的条件与时间应尽量一致，使用同一台天平和同一盒砝码，这样才容易达到恒重。

4. 计算公式

$$w(BaCl_2)=\frac{m(BaSO_4)M(BaCl_2)}{M(BaSO_4)m_s}\times100\%$$

式中，$w(BaCl_2)$为 $BaCl_2$ 的质量分数，%；$m(BaSO_4)$ 为处理后称量的 $BaSO_4$ 的质量，g；$M(BaCl_2)$为 $BaCl_2$ 的摩尔质量，g/mol；$M(BaSO_4)$为 $BaSO_4$ 的摩尔质量，g/mol；m_s 为 $BaCl_2\cdot2H_2O$ 样品的质量，g。

5. 记录与报告单（见表 8-9）

使用仪器：分析天平型号__________，称量范围__________，称量精度__________。

表 8-9 氯化钡含量测定记录

记录项目	$m(BaCl_2\cdot2H_2O$ 样品$)$/g	$m(BaSO_4)$/g	$w(BaCl_2)$/%
记录数值			

8.5.3 技能训练和解析

硫酸镍中镍含量的测定实验

1. 任务原理

丁二酮肟分子式为$C_4H_8O_2N_2$，是一种二元弱酸，以H_2D表示。解离平衡为：

$$H_2D \underset{+H^+}{\overset{-H^+}{\rightleftharpoons}} HD^- \underset{+H^+}{\overset{-H^+}{\rightleftharpoons}} D^{2-}$$

在氨性溶液中主要以HD^-状态存在，与Ni^{2+}发生配位反应：

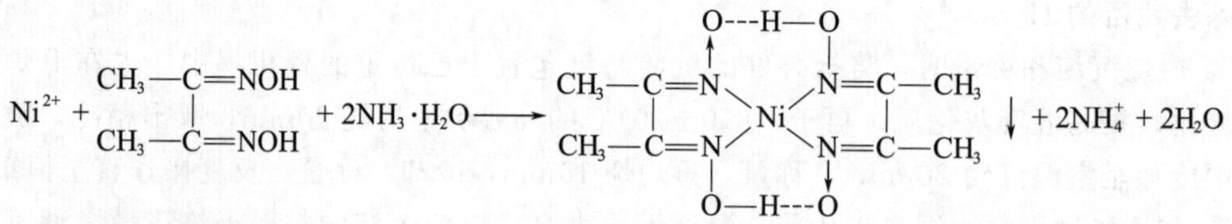

$$Ni^{2+} + \begin{matrix} CH_3-C=NOH \\ | \\ CH_3-C=NOH \end{matrix} + 2NH_3 \cdot H_2O \longrightarrow \begin{matrix} & & O\text{---}H-O & & \\ & & \uparrow \quad\quad | & & \\ CH_3-C=N & & & & N=C-CH_3 \\ | & \searrow & Ni & \swarrow & | \\ CH_3-C=N & & & & N=C-CH_3 \\ & & | \quad\quad \downarrow & & \\ & & O-H\text{---}O & & \end{matrix} \downarrow + 2NH_4^+ + 2H_2O$$

鲜红色沉淀$Ni(HD)_2$经过滤、洗涤，在120℃下烘干至恒重，称量丁二酮肟镍沉淀的质量，计算Ni的质量分数。丁二酮肟镍沉淀的酸度条件为pH=8～9的氨性溶液。酸度大，生成H_2D，使沉淀溶解度增大，酸度小，生成D^{2-}，氨浓度太高时，会生成Ni^{2+}的氨配合物$[Ni(NH_3)_4]^{2+}$。同样可增加沉淀的溶解度。

丁二酮肟是一种选择性较高的有机沉淀剂，它只与Ni^{2+}、Pd^{2+}、Fe^{2+}生成沉淀。Co^{2+}、Cu^{2+}、Fe^{3+}与其生成水溶性配合物，不仅会消耗H_2D，且会引起共沉淀现象，是本实验的干扰离子，含量高时，最好进行二次沉淀。此外，Fe^{3+}、Al^{3+}、Cr^{3+}、Ti^{4+}等，在氨性溶液中生成氢氧化物沉淀，干扰测定，故在溶液加氨水前，需加入柠檬酸或酒石酸等配位剂掩蔽。

为获得大颗粒沉淀，可在酸性热溶液中加入沉淀剂，然后滴加氨水调节溶液的pH为8～9，使沉淀慢慢析出（均匀沉淀法），再在60～70℃保温30min。

2. 仪器与试剂

	仪器和试剂	准备情况
仪器	减压抽滤装置(抽滤瓶、抽气水泵、橡胶垫圈)、P_{16}号微孔玻璃坩埚2个、称量瓶1个、400mL烧杯2个、11cm表面皿2个、2支玻璃棒、2支滴管、干燥器、干燥箱	
试剂	HCl(1+19)与200g/L NH_4Cl溶液、200g/L与20g/L酒石酸溶液、10g/L丁二酮肟乙醇溶液、$NH_3 \cdot H_2O$溶液(1+1与3+97)、2mol/L HNO_3、0.1mol/L $AgNO_3$、硫酸镍试样	

3. 任务操作

（1）空坩埚的准备

洗净两个微孔玻璃坩埚，用真空泵抽2min，以除去玻璃砂板中的水分，便于干燥。放入130～150℃烘箱中，第一次干燥1.5h，冷却0.5h，以后每次干燥1h，直至恒重。

（2）测定

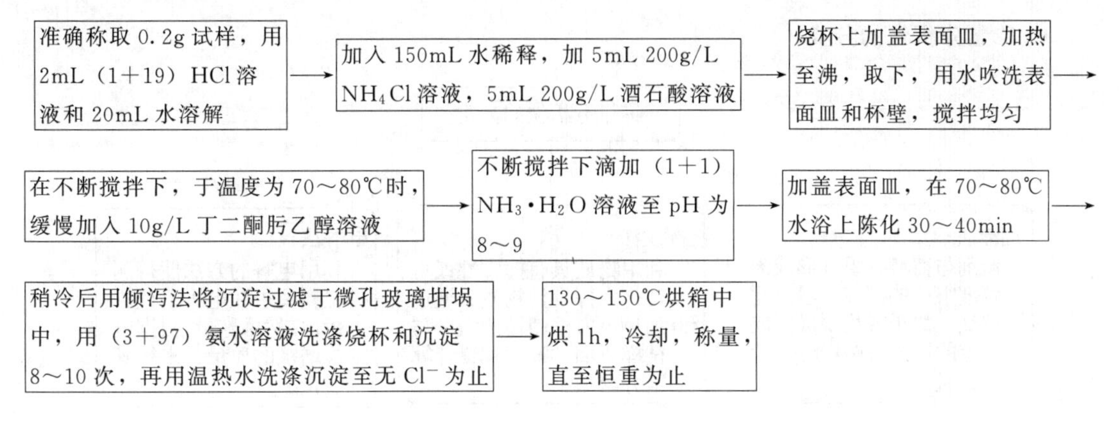

注意：

（1）过滤时溶液的量不要超过坩埚高度的1/2。

（2）实验完毕，微孔玻璃坩埚以稀盐酸洗涤干净。

（3）丁二酮肟乙醇溶液加量为：每毫克Ni^{2+}约需1ml 10g/L的丁二酮肟溶液。

4. 计算公式

$$w(\mathrm{Ni})=\frac{(m_2-m_1)\times\dfrac{M(\mathrm{Ni})}{M(\mathrm{C_8H_{14}N_4O_4})}}{m}\times100\%$$

式中，$w(\mathrm{Ni})$为Ni的质量分数，%；m_1为微孔玻璃坩埚的质量，g；m_2为沉淀与微孔玻璃坩埚的总质量，g；$M(\mathrm{Ni})$为Ni的摩尔质量，g/mol；$M(\mathrm{C_8H_{14}N_4O_4})$为$\mathrm{Ni(HD)_2}$的摩尔质量，g/mol；$m$为试样的质量，g。

5. 数据记录与处理（见表8-10）

使用仪器：分析天平的型号__________，称量范围__________，称量精度__________。

表8-10 镍含量测定记录

测定项目	$m(\mathrm{NiSO_4})$/g	$m(\mathrm{C_8H_{14}N_4O_4})$/g	$w(\mathrm{Ni})$/%
记录数值			

6. 思考与质疑

什么是均匀沉淀法？有何优点？本实验的干扰离子有哪些？如何消除？

8.5.4 知识宝库

称量分析法的原理与计算

称量分析法（重量分析法）是用物理或化学方法先将试样中的待测组分与其他组分分离，然后用称量的方法测定该组分的含量。该法比较准确，一般测定的相对误差不大于0.1%。

1. 称量分析法的分类

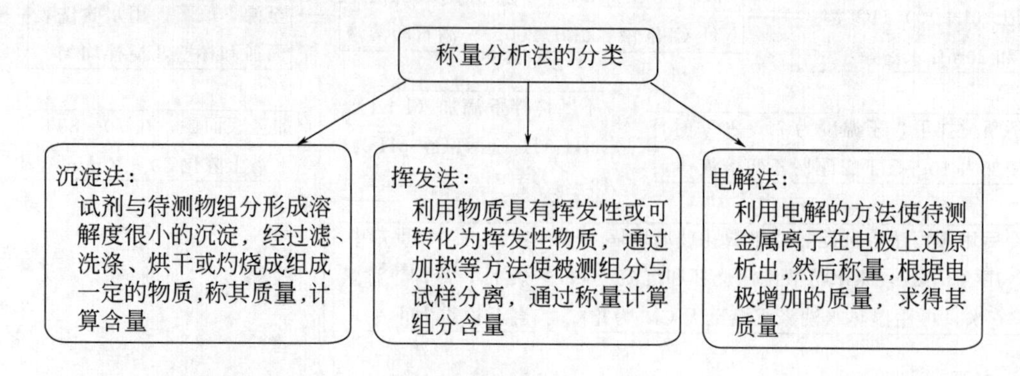

2. 沉淀称量法对沉淀形式和称量形式的要求

沉淀法中生成的沉淀物质称为沉淀形式。沉淀形式经处理后，供最后称量的物质称为称量形式。沉淀形式和称量形式有时相同，有时不同。例如：

$$\underset{\text{被测组分}}{Ag^{+}} \xrightarrow{\text{沉淀}} \underset{\text{沉淀形}}{AgCl} \xrightarrow{\text{灼烧}} \underset{\text{称量形}}{AgCl}$$

$$\underset{\text{被测组分}}{Fe^{3+}} \xrightarrow{\text{沉淀}} \underset{\text{沉淀形}}{Fe(OH)_3} \xrightarrow{\text{灼烧}} \underset{\text{称量形}}{Fe_2O_3}$$

在重量分析法中，为获得准确的分析结果，沉淀形和称量形必须满足以下要求。

沉淀形的要求

(1) 沉淀要完全，沉淀的溶解度要小，一般要求溶解损失应小于0.1mg。

(2) 沉淀必须纯净，所含杂质的量不得超出称量误差所允许的范围。

(3) 沉淀形应易于转化为称量形

称量形的要求

(1) 称量形的组成需与化学式相符。

(2) 称量形要有足够的稳定性，不易吸收空气中的CO_2、H_2O，不受空气氧化而改变结构，干燥或灼烧时不分解或变质。

(3) 称量形的摩尔质量尽可能大

3. 沉淀剂的选择

根据上述对沉淀形和称量形的要求，选择沉淀剂时应考虑如下几点。

(1) 沉淀剂应具有较好的选择性和特效性。

(2) 沉淀剂本身溶解度大，与待测离子生成沉淀的溶解度小。

(3) 过量的沉淀剂易除去，应尽可能选用容易洗涤、易挥发或易灼烧除去的沉淀剂。

(4) 生成的沉淀经烘干或灼烧所得称量形式必须有确定的化学组成。

4. 沉淀的纯净

影响沉淀的主要因素是共沉淀现象及后沉淀现象。

共沉淀

共沉淀：当一种难溶化合物沉淀析出时，一些可溶性杂质也混杂于沉淀中，并被同时沉淀下来的现象称为共沉淀。产生共沉淀的原因有表面吸附、形成混晶或固溶体、包埋或吸留

后沉淀

后沉淀：当溶液中在沉淀析出后，与母液一起放置时，溶液中某些杂质离子可能慢慢地沉积到原沉淀上，放置时间越长，杂质析出的量越多，这种现象称为后沉淀。例如：CaC_2O_4 沉淀表面可吸附有较高 $C_2O_4^{2-}$，这时溶液中如果有 Mg^{2+}，Mg^{2+} 易形成稳定的草酸盐过饱和溶液而不立即析出产生后沉淀

提高沉淀的纯度可采用如下措施。

（1）采用适当的分析程序，应先沉淀低含量组分，再沉淀高含量组分。

（2）降低易被吸附杂质离子的浓度，可采用适当的掩蔽方法或改变杂质离子价态。

（3）选择合适的沉淀剂，尽量选择有机试剂做沉淀剂。

（4）对不同类型的沉淀，应选用不同的沉淀条件，以获得符合重量分析要求的沉淀。

（5）选择适当的洗涤液洗涤沉淀，洗涤时采取“少量多次”的洗涤原则。

（6）再沉淀，必要时将沉淀过滤、洗涤、溶解后，再进行一次沉淀。

5. 试样的溶解与沉淀

（1）试样的溶解

不溶于水的试样，一般采用酸溶法、碱溶法或熔融法。在溶解样品的过程中，必须确保待测组分全部溶解而无损失，同时注意所加入的溶剂不应干扰以后的分析。

（2）试样的沉淀

沉淀的形成要经过晶核形成和晶核长大两个过程，简单表示如下：

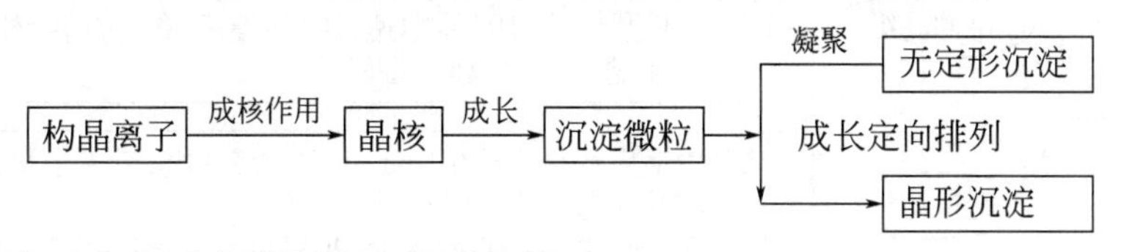

形成的沉淀可分为无定形沉淀和晶形沉淀。

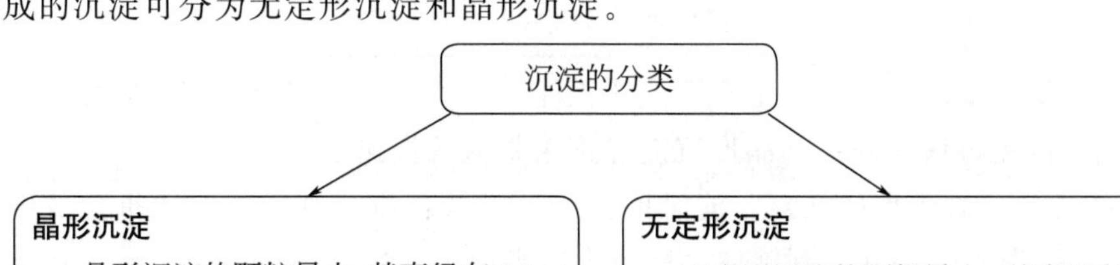

晶形沉淀

晶形沉淀的颗粒最大，其直径在0.1~1μm之间。在沉淀内部，离子按晶体结构有规则地进行排列，因而结构紧密，整个沉淀所占的体积较小，极易沉降于容器底部。如$BaSO_4$、$MgNH_4PO_4$等

无定形沉淀

无定形沉淀的颗粒最小，其直径在0.02μm以下。沉淀内部离子排列杂乱无章，并且包含有大量水分子，因而结构疏松，体积庞大，难以沉降。如$Fe(OH)_3$、$Al(OH)_3$等

沉淀分析操作：滴管口接近液面滴加沉淀剂，并用玻璃棒不断搅动溶液。在沉淀过程

中，不得将玻璃棒拿出烧杯，以防损失沉淀。溶液需要加热，一般在水浴或电热板上进行，沉淀后应检查沉淀是否完全。沉淀如果完全，然后盖上表面皿，玻璃棒放于烧杯尖嘴处。

检查沉淀的方法：将溶液静置待沉淀下沉后，在上层澄清液中，沿杯壁加 1 滴沉淀剂，观察滴落处是否出现浑浊，无浑浊出现表明已沉淀完全。

6. 沉淀的过滤和洗涤

过滤的目的是将沉淀从母液中分离出来，并通过洗涤获得纯净的沉淀。

过滤方法选择

- 需要灼烧的沉淀，根据沉淀的性状选用合适规格的滤纸过滤。
- 只需烘干即可作为称量形的沉淀，选用合适型号的微孔玻璃坩埚过滤

洗涤液选择

- 对于溶解度很小，又不易形成胶体的沉淀，可用蒸馏水洗涤。
- 对于溶解度较大的晶形沉淀，可用沉淀剂的稀溶液洗涤，但沉淀剂必须在烘干或灼烧时易挥发或易分解除去

洗涤注意事项

(1) 用热洗涤液洗涤，则过滤较快，且能防止形成胶体，但溶解度随温度的升高而增大。较快的沉淀不能用热洗涤液洗涤。

(2) 洗涤必须连续进行，一次完成，不能将沉淀放置太久。

(3) 同体积的洗涤液，采用“少量多次”“尽量沥干”的洗涤原则

(1) 用滤纸过滤

① 滤纸的选择

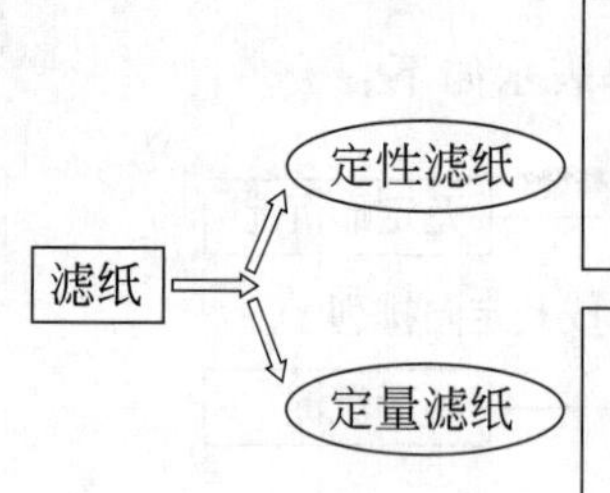

用途：灼烧后有一定量灰分，不适于重量分析法，只适用于定性化学分析及其中的过滤
型号：101型快速，102型中速，103型慢速，盒上印字“快速”、“中速”、“慢速”字样

用途：灼烧后灰分小于0.1mg，也称无灰滤纸，适于定量化学分析中重量法中的过滤
型号：201型快速，202型中速，203型慢速，分别用白、蓝、红色标于滤纸盒上

使用定量滤纸过滤时，因为无定形沉淀体积庞大，不易过滤，应选用孔隙较大、直径较大的快速滤纸，以免过滤太慢；细晶形沉淀宜选用紧密的慢速滤纸。

② 漏斗的准备（做成水柱状） 滤纸的折叠和安放：将滤纸对折两次折叠成四层，即四折法，如图 8-3 所示，展开成圆锥体。所得锥体半边为一层，另半边为三层。将半边为三层的滤纸外层撕下一小角，以便其内层滤纸紧贴漏斗。撕下的滤纸角保存在洁净而干燥的表面皿上（以备在重量分析中擦拭烧杯壁和玻璃棒上残留的沉淀）。将滤纸放入漏斗中，三层的一边应放在漏斗出口较短的一边，用手指按住三层一边，用洗瓶吹入少量蒸馏水将滤纸湿润。轻压滤纸，使它紧贴在漏斗壁上，并赶走气泡。加水至滤纸边沿，使之形成水柱（即漏斗颈中充满水），则说明漏斗准备完好。

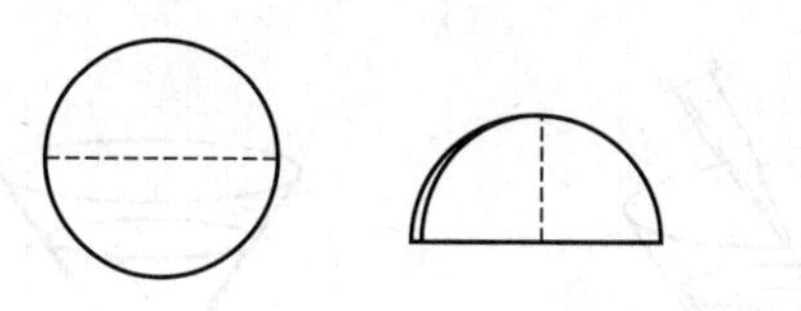
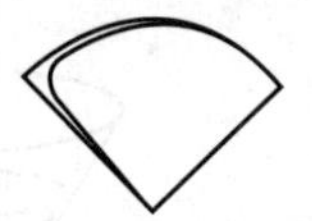
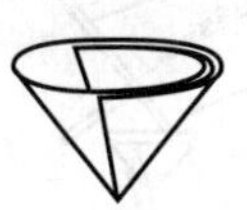

图 8-3　滤纸的折叠

③ 过滤　倾注过滤操作方法如图 8-4 所示。将准备好的漏斗放在漏斗架上，漏斗颈下部尖端长的一边紧靠烧杯壁，将玻璃棒垂直对着滤纸三层的一边约 2/3 滤纸高度处，并尽可能接近滤纸，但不要接触滤纸，烧杯嘴贴紧玻璃棒，将上层清液沿玻璃棒倾入漏斗[见图 8-4(a)]。注意漏斗中的液面不得高于滤纸高度的 2/3，以免部分沉淀可能由于毛细作用越过滤纸上缘而损失。

暂停倾注时，应将烧杯嘴沿玻璃棒向上提一下，使烧杯嘴上的液滴流入烧杯[见图 8-4(b)]。立即将玻璃棒放入烧杯中[见图 8-4(c)]。如此反复操作，尽可能将沉淀的上层清液转入漏斗中，而不将滤液搅混过滤，以防沉淀堵塞滤纸孔隙而影响过滤速率。

上层清液转移后，用洗瓶每次以少量洗涤液（10～15mL）吹洗烧杯内壁，使黏附着的沉淀进入烧杯底部，充分搅拌，待沉淀沉降后，将上层清液用上述方法倾入漏斗中，如此洗涤 2～3 次。然后，进行沉淀的转移和洗涤。

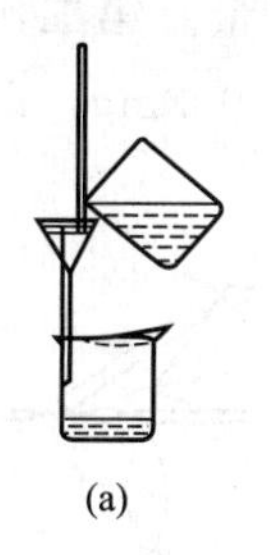
(a)
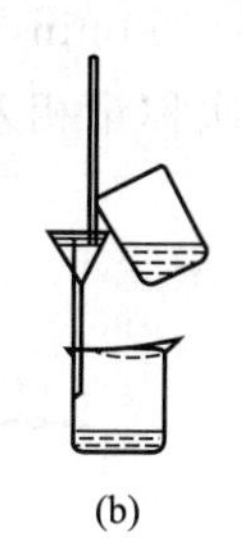
(b)

(c)

图 8-4　沉淀过滤

沉淀用倾泻法洗涤后，在盛有沉淀的烧杯中加入 10～15mL 洗涤液，搅起沉淀，小心使悬浊液沿玻璃棒全部倾入漏斗中。如此重复 2～3 次，尽可能地将沉淀转移到滤纸上。烧杯中残留的很少量的沉淀，可按图 8-5（a）所示吹洗方法洗至漏斗中，将玻璃棒横放在烧杯口上，玻璃棒下端比烧杯口长出 2～3cm，左手食指按住玻璃棒的较高地方，大拇指在前，其余手指在后，拿起烧杯，放在漏斗上方，倾斜烧杯使玻璃棒仍指向三层滤纸的一边，用右手以洗瓶冲洗烧杯壁上附着的沉淀，使洗涤液和沉淀沿玻璃棒全部流入漏斗中。最后用撕下来保存好的滤纸角擦拭玻璃棒上的沉淀，擦拭后的滤纸角，用玻璃棒拨入漏斗中，用洗涤液再冲洗烧杯，将残存的沉淀全部转入漏斗中。然后在滤纸中用洗瓶将洗涤液以螺旋形从上往下移动洗涤沉淀[见图 8-5(b)]几次，这样可使沉淀洗得干净且可将沉淀集中到滤纸锥体的底部，便于滤纸的折卷。不可将洗涤液直接冲到滤纸中央沉淀上，如图 8-5（c）所示，以免沉淀外溅。待每次洗涤液流尽后再进行第二次洗涤。检查沉淀是否洗净，至洗净为止。

（2）用微孔玻璃坩埚（或漏斗）使用抽滤法过滤

在抽滤瓶口配一个橡胶垫圈，插入坩埚，瓶侧的支管用乳胶管与水流泵相连，进行减压过滤。过滤结束时，先去掉抽滤瓶上的胶管，然后关闭水泵，以免水倒吸入抽滤瓶中。

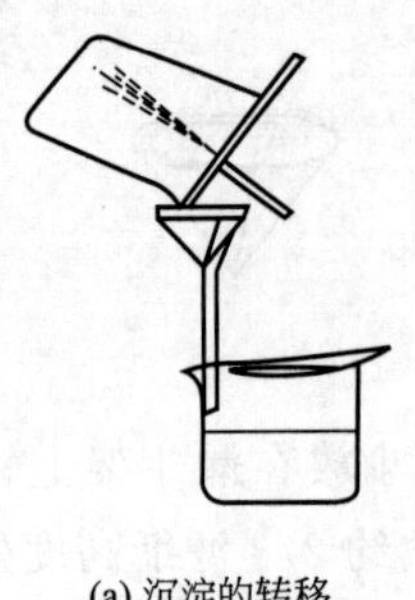

(a) 沉淀的转移

(b) 沉淀的洗涤

(c) 沉淀集中到滤纸底部

图 8-5　沉淀的转移和洗涤

7. 沉淀的烘干和灼烧

(1) 瓷坩埚的准备

洗净的瓷坩埚倾斜放在泥三角上，如图 8-6(a) 所示，斜放好盖子，用小火小心加热坩埚盖[见图 8-6(b)]，使热空气流反射到坩埚内部将其烘干，稍冷却，编号，然后在坩埚底部灼烧至恒重[见图 8-6(c)]。灼烧温度和时间应与灼烧沉淀时间相同。在灼烧过程中要用热灼烧钳慢慢转动坩埚数次，使其灼烧均匀。空坩埚第一次灼烧 30min 后，停止加热，稍冷却，用热坩埚钳夹取放入干燥器内冷却 45～50min，然后称量。第二次再灼烧 15min，冷却，称量（每次冷却时间要相同），直至两次称量相差不超过 0.2mg，即为恒重。将恒重后的坩埚放在干燥器内备用。

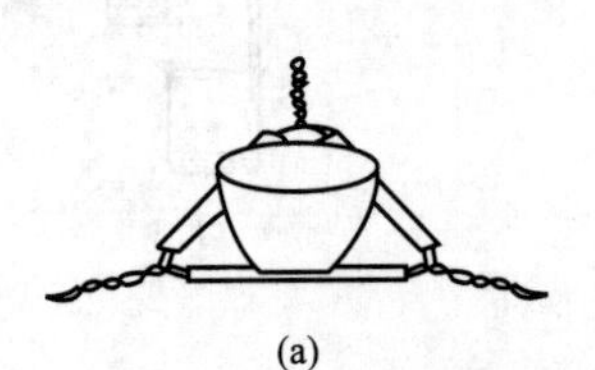

(a)　　(c)　　(b)

图 8-6　坩埚的干燥

(2) 沉淀的包裹

用清洁的玻璃棒将滤纸的三层部分挑起，再用洗净的手将带沉淀的滤纸取出，打开成半圆形，自右端约 1/3 半径处向左折起；由上边向下折，再自右向左卷起，折卷好的滤纸包，放入已恒重的瓷坩埚中[见图 8-7(a)]。对于胶状沉淀，由于体积一般较大，不宜用上述包裹方法，而用玻璃棒将滤纸边挑起（三层边先挑），再向中间折叠（单层边先折叠），将沉淀全部盖住，再用玻璃棒将滤纸转移到恒重的瓷坩埚中（锥体的尖头朝上），如图 8-7 (b) 所示。

(3) 沉淀的干燥和灼烧

沉淀的干燥：微孔玻璃坩埚（或漏斗）只需烘干即可称量，一般将微孔玻璃坩埚（或漏斗）连同沉淀放在表面皿上，然后放入烘箱中，根据沉淀性质确定烘干温度。一般第一次烘干时间约 2h，第二次烘干时间 45min～1h。沉淀烘干后取出直接置干燥器中冷却至室温后称量。反复烘干、称量，直至质量恒定为止。

沉淀的灼烧：凡是用滤纸过滤的沉淀都需用灼烧方法处理。灼烧在预先已烧至恒重的瓷

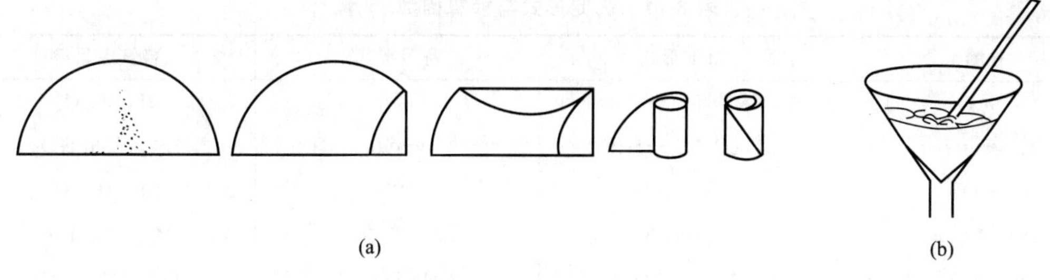

图 8-7 沉淀的包裹

坩埚中在250～1200℃温度下进行。

将滤纸包放入已恒重的坩埚中，让滤纸层数较多的一边朝上，小心地用小火把滤纸和沉淀烘干至滤纸炭化，逐渐升高温度，并用坩埚钳夹住坩埚不断转动，使滤纸完全灰化呈灰白色。滤纸全部灰化后，沉淀在与灼烧空坩埚的相同条件下进行灼烧，冷却，直至恒重。

8. 沉淀称量法分析结果的计算

沉淀析出，经过滤、洗涤、干燥或灼烧等操作制成称量形式，最后精确称重、计算。沉淀重量法的分析结果常以质量分数表示。

(1) 当沉淀的称量形式与被测组分的表示形式相同时，按下式计算：

$$w_{被测组分}=\frac{m_{称量形式}}{m_{试样}}\times 100\% \quad (8\text{-}3)$$

例如，测定计算 SiO_2 的含量，重量分析最后称量形也是 SiO_2，其分析结果按下式计算：

$$w(SiO_2)=\frac{m(SiO_2)}{m_s}\times 100\%$$

式中，$w(SiO_2)$ 为 SiO_2 的质量分数，%；$m(SiO_2)$为 SiO_2 沉淀质量；m_s 为试样质量。

(2) 当沉淀的称量形式与被测组分的表示形式不相同时，按下式计算：

$$w_{被测组分}=\frac{m_{称量形式}\times\dfrac{M_{被测组分}}{M_{称量形式}}}{m} \quad (8\text{-}4)$$

式中，$w_{被测}$ 为试样中被测组分的质量分数；$m_{称量形式}$ 为沉淀称量形式的质量，g；m 为试样的质量，g；$M_{称量形式}$ 为沉淀称量形式的摩尔质量，g/mol；$M_{被测组分}$ 为被测组分的摩尔质量，g/mol。

对于指定的分析方法，比值$\dfrac{M_{被测组分}}{M_{称量形式}}$为一常数，称为换算因数或化学因数（即欲测组分的摩尔质量与称量形的摩尔质量之比），以 F 表示（见表 8-11）。采用换算因数计算分析结果时，若称量形式与被测组分所含被测元素原子或分子数目不相等，则需乘以相应的倍数，使分子和分母所含被测组分的原子或分子数目相等。

表 8-11 沉淀形式与换算因数示例

被测组分	沉淀形式	称量形式	换算因数 F
Fe	$Fe(OH)_3 \cdot nH_2O$	Fe_2O_3	$2Fe/Fe_2O_3$
Fe_3O_4	$Fe(OH)_3 \cdot nH_2O$	Fe_2O_3	$2Fe_3O_4/3Fe_2O_3$
SO_4^{2-}	$BaSO_4$	$BaSO_4$	$SO_4^{2-}/BaSO_4$
MgO	$MgNH_4PO_4$	$Mg_2P_2O_7$	$2MgO/Mg_2P_2O_7$
P_2O_5	$MgNH_4PO_4$	$Mg_2P_2O_7$	$P_2O_5/Mg_2P_2O_7$

【例 8-4】 用 $BaSO_4$ 重量法测定黄铁矿中硫的含量时，称取试样 0.2436g，最后得到 $BaSO_4$ 沉淀 0.5218g，计算试样中硫的质量分数。

解 待测组分的摩尔质量为 $M(S)$，称量形式的摩尔质量为 $M(BaSO_4)$。

$$w(S)=\frac{m\times\dfrac{M(S)}{M(BaSO_4)}}{m_s}\times100\%$$

$$=\frac{0.5218\times32.06/233.4}{0.2436}\times100\%$$

$$=29.42\%$$

答：该试样中硫的质量分数为 29.42%。

知识要点

要点 1 沉淀反应与沉淀平衡

(1) 沉淀溶解平衡

在一定温度下，当沉淀溶解和沉淀生成速率相等时，便达到动态平衡状态，称为沉淀溶解平衡。

(2) 溶度积规则

当 $Q_c>K_{sp}$，溶液过饱和，有沉淀析出，直到溶液到达新的平衡；

当 $Q_c=K_{sp}$，溶液恰好饱和，沉淀与溶解处于平衡状态；

当 $Q_c<K_{sp}$，溶液未达到饱和，无沉淀析出，有沉淀则溶解直到溶液饱和。

(3) 沉淀的生成、分步沉淀与沉淀转化

沉淀的生成：加入适当的沉淀剂或者控制溶液的 pH，$Q_c>K_{sp}$，生成沉淀。

分步沉淀：利用一种沉淀剂使溶液中两种或两种以上的离子先后沉淀析出的方法。

沉淀的转化：通过加入某种试剂，使一种沉淀转换成另一种沉淀的过程称为沉淀的转化。

(4) 同离子效应和盐效应对沉淀反应的影响

同离子效应：在难溶电解质的饱和溶液中，加入与其含有相同离子的易溶强电解质，难溶电解质的沉淀溶解平衡将向生成沉淀的方向移动，导致难溶电解质的溶解度降低。

盐效应：在难溶电解质的饱和溶液中，加入与其不含相同离子的易溶强电解质，将使难溶电解质的溶解度增大。

要点 2 莫尔法

- 莫尔法
  - 原理
    - 终点前：$Ag^+ + Cl^- \rightleftharpoons AgCl\downarrow$ 白色
    - 终点时：$Ag^+ + CrO_4^{2-} \rightleftharpoons Ag_2CrO_4\downarrow$ 砖红色
  - 适宜条件
    - ①指示剂浓度为 5.0×10^{-3} mol/L 是适宜浓度
    - ②中性或弱碱性（pH=6.5～10.5）溶液中进行
    - ③不能在氨碱性溶液中进行
    - ④掩蔽或分离干扰离子
  - 应用范围：测定 Cl^-、Br^- 和 Ag^+

要点 3　福尔哈德法

- 福尔哈德法
  - 直接滴定法
    - 原理
      - 终点前：$Ag^+ + SCN^- \rightleftharpoons AgSCN\downarrow$ 白色
      - 终点时：$Fe^{3+} + SCN^- \rightleftharpoons [FeSCN]^{2+}$ 淡棕色
    - 条件：HNO_3 调节酸度 0.3～1mol/L
    - 使用范围：测定 Ag^+
  - 返滴定法
    - 原理
      - 终点前：Ag^+（过量）$+ X^- \rightleftharpoons AgX\downarrow$ 白色
      - Ag^+（剩余）$+ SCN^- \rightleftharpoons AgSCN\downarrow$ 白色
      - 终点时：$Fe^{3+} + SCN^- \rightleftharpoons [FeSCN]^{2+}$ 淡棕色
    - 条件
      - ①HNO_3 调节酸度
      - ②测定 Cl^- 时加入硝基苯，防止沉淀转化
      - ③测定时先滴加 $AgNO_3$，后滴加 NH_4SCN
    - 适用范围：卤化物

要点 4　法扬司法

- 法扬司法
  - 原理
    - 滴定前：$HFI \rightleftharpoons H^+ + FI^-$（黄绿色）
    - 终点前：$(AgCl)\cdot Cl^- + FI^-$（黄绿色）
    - 终点时：$(AgCl)\cdot Ag^+ + FI^-$（黄绿色）$=\!=\!= (AgCl)\cdot Ag^+\cdot FI^-$（粉红色）
  - 条件
    - ①保持沉淀呈胶态
    - ②控制适当的酸度
    - ③避免在强光照射下滴定
    - ④选择吸附力适当的指示剂
  - 适用范围：卤化物测定

要点 5　称量分析法操作

溶样 ⟶ 沉淀 ⟶ 过滤 ⟶ 洗涤 ⟶ 烘干或灼烧 ⟶ 称量

要点 6　称量分析法结果的计算

（1）当沉淀的称量形式与被测组分的表示形式相同时，按下式计算：

$$w_{被测组分}=\frac{m_{称量形式}}{m_{试样}}\times100\%$$

（2）当沉淀的称量形式与被测组分的表示形式不相同时，按下式计算：

$$w_{被测组分}=\frac{m_{称量形式}\times\dfrac{M_{被测组分}}{M_{称量形式}}}{m}$$

习　题

一、填空题

1. CaF_2 的溶度积常数表达式为 ________，Ag_2CrO_4 的溶度积常数表达式

为__________。

在溶液中，当相关离子离子积__________ K_{sp} 时，溶液为__________溶液，将产生__________；当相关离子离子积__________ K_{sp}，溶液为__________溶液，沉淀将__________。

2. 沉淀滴定法中，铁铵矾指示剂法测定 Cl^- 时，为了防止 AgCl 沉淀的转化，需加入__________。

3. 法扬司法测定 Cl^- 时，在荧光黄指示剂溶液中常加入淀粉，其目的是保护__________，减少凝聚，增加__________。

4. 用草酸盐沉淀分离 Ca^{2+} 和 Mg^{2+} 时，CaC_2O_4 沉淀不能陈化，原因是__________。

5. 铁铵矾指示剂法既可直接用于测定__________离子，又可间接用于测定__________离子。

6. 因为卤化银__________易分解，故银量法的操作应尽量避免__________。

7. 沉淀称量分析的一般步骤是：溶样→__________→__________→__________→烘干或灼烧。

8. 沉淀称量分析选择的沉淀剂，其本身溶解度要__________，形成沉淀溶解度要很__________。

9. 沉淀转化的关键取决于两种沉淀溶度积的__________。溶度积__________的沉淀容易转化为溶度积__________的沉淀。

10. 莫尔法测定 Cl^-，pH 范围应为__________，如果 pH 为 4.0，将导致滴定结果偏__________。

11. 莫尔法测定 NH_4Cl 中 Cl^- 含量时，若 pH＞7.5，会引起__________的形成，使分析结果偏__________。

12. 莫尔法测定 Cl^- 含量时，若指示剂__________用量太大，将会引起滴定终点__________到达，使测定结果偏__________。

13. 在福尔哈德法中，Ag^+ 采用__________法测定，Cl^-、Br^-、I^-、SCN^- 采用__________法测定。

14. 在法扬司法中，以 $AgNO_3$ 溶液滴定 NaCl 溶液时，化学计量点前沉淀带__________电荷，化学计量点后沉淀带__________电荷。

二、选择题

1. 已知难溶电解质 A_mB_n，其溶度积的表达式为（　　）。

A. $[A^{m+}]^n[B^{n-}]^m$　B. $[A^{n+}]^m[B^{m-}]^n$　C. $[A^{m+}]^m[B^{n-}]^n$　D. $[A^{n+}]^n[B^{m-}]^m$

2. 某溶液中加入一种沉淀剂时，发现有沉淀生成，其原因是（　　）。

A. 离子积＞溶度积常数　B. 离子积＜溶度积常数

C. 离子积＝溶度积常数　D. 无法判断

3. 莫尔法采用 $AgNO_3$ 标准溶液测定 Cl^- 时，其滴定条件是（　　）。

A. pH＝2.0～4.0　B. pH＝6.5～10.5　C. pH＝4.0～6.5　D. pH＝10.0～12.0

4. 以铁铵矾为指示剂，用硫氰酸铵标准溶液滴定银离子时，应在（　　）条件下进行。

A. 酸性　B. 弱酸性　C. 碱性　D. 弱碱性

5. 用福尔哈德法测定 Cl^- 时，如果不加硝基苯，会使分析结果（　　）。

A. 偏高　B. 偏低　C. 无影响　D. 可能偏高，也可能偏低

6. 沉淀分析时，欲使 Ag^+ 沉淀完全，可以加入过量的（　）。

A. $AgNO_3$　B. $NaNO_3$　C. NaI　D. KNO_3

7. 用氯化钠基准试剂标定 $AgNO_3$ 溶液的浓度时，溶液酸度过大，会使标定结果（　）。

A. 偏高　B. 偏低　C. 不影响　D. 难以确定其影响

8. 在水溶液中 $AgNO_3$ 与 NaCl 反应，在化学计量点时 Ag^+ 的浓度为（　）。

A. 2.0×10^{-5}　B. 1.34×10^{-5}　C. 2.0×10^{-6}　D. 1.34×10^{-6}

9. 被 AgCl 沾污的容器用（　）洗涤最合适。

A. 1+1 盐酸　B. 1+1 硫酸　C. 1+1 醋酸　D. 1+1 氨水

10. 已知 CaC_2O_4 的溶解度为 4.75×10^{-5}mol/L，则 CaC_2O_4 的溶度积是（　）。

A. 9.50×10^{-5}　B. 2.38×10^{-5}　C. 2.26×10^{-9}　D. 2.26×10^{-10}

11. 若将 0.002mol/L 硝酸银溶液与 0.005mol/L 氯化钠溶液等体积混合，则（　）。

A. 无沉淀析出　B. 有沉淀析出　C. 难以判断　D. 先沉淀后消失

12. 沉淀重量法中，称量形式的摩尔质量越大，（　）。

A. 沉淀越易于过滤洗涤　B. 沉淀越纯净

C. 沉淀的溶解度越减小　D. 测定结果准确度越高

三、名词解释和简答题

1. 名词解释：银量法　铬酸钾指示剂法　吸附指示剂法　同离子效应　盐效应

2. 简答题：

(1) 用溶度积常数可以比较任何难溶物质溶解度的大小吗？

(2) 什么是分步沉淀？试用其原理说明莫尔法判断终点的依据。

(3) 比较莫尔法和福尔哈德法测定 Cl^- 的区别。

(4) 法扬司法中吸附指示剂的作用原理是什么？

(5) 为什么莫尔法只能在中性或弱碱性溶液中进行？

(6) 福尔哈德法测 I^- 时，应在加入过量 $AgNO_3$ 溶液后再加入铁铵矾指示剂，为什么？

(7) 沉淀称量法中加入沉淀剂以后如何检查沉淀是否完全？

(8) 沉淀形式与称量形式有何区别？试举例说明。

四、判断题

1. 银量法中使用 $pK_a=5.0$ 的吸附指示剂测定卤素离子时，溶液酸度应控制在 pH>5。

2. 法扬司法中吸附指示剂的 K_a 越大，滴定适用的 pH 越低。

3. 沉淀洗涤的目的是洗去由于吸留或混晶影响沉淀纯净的杂质。

4. 重量分析法要求称量形式必须与沉淀形式相同。

五、计算题

1. 计算下列换算因数：

(1) 从 $Mg_2P_2O_7$ 的质量计算 $MgSO_4\cdot7H_2O$ 的质量；

(2) 从 $(NH_4)_3PO_4\cdot12MoO_3$ 的质量计算 P 和 P_2O_5 的质量。

2. 将 30.00mL $AgNO_3$ 溶液作用于 0.1357g NaCl，过量的银离子需用 2.50mL NH_4SCN 滴定至终点。预先知道滴定 20.00mL $AgNO_3$ 溶液需要 19.85mL NH_4SCN 溶液。试计算（1）$AgNO_3$ 溶液的浓度；（2）NH_4SCN 溶液的浓度。

3. 将 0.1159mol/L $AgNO_3$ 溶液 30.00mL 加入含有氯化物试样 0.2255g 的溶液中，然后用 3.16mL 0.1033mol/L NH_4SCN 溶液滴定过量的 $AgNO_3$。计算试样中氯的质量分数。

4. 仅含有纯 NaCl 及纯 KCl 的试样 0.1325g，用 0.1032mol/L $AgNO_3$ 标准溶液滴定，用去 $AgNO_3$ 溶液 21.84mL。试求试样中 NaCl 及 KCl 的质量分数。

5. 将 0.1159mol/L $AgNO_3$ 溶液 30.00mL 加入含有氯化物试样 0.2255g 的溶液中，然后用 3.16mL 0.1033mol/L NH_4SCN 溶液滴定过量的 $AgNO_3$。计算试样中氯的质量分数。

项目9

紫外-可见光谱法

项目引入

物质的含量分析，主要有化学分析法和仪器分析法。

(1) 化学分析法：以物质的化学计量反应为基础，通常用于试样中常量组分（1%以上）的测定。测定的相对误差通常为0.1%～0.2%。包括滴定分析法和称量分析法。

(2) 仪器分析法：以物质的物理或物理化学性质为基础的分析方法。通常用于试样的微量和痕量组分的测定。需使用光、电、电磁、热、放射能等测量仪器，故称仪器分析法。包括：电化学分析、光谱分析、色谱分析、质谱分析、核磁共振等。

其中，光谱分析法主要有紫外-可见吸收光谱法、红外光谱法、原子发射光谱法、原子吸收光谱法等。

光谱分析法广泛应用于制药、医疗卫生、食品、化学化工、地质、生物、材料、冶金、农林和环保等行业中。如：食品中营养成分、农残、重金属、甜蜜素、防腐剂等含量检测；抗生素类药物分析；水中油、苯系物、挥发酚等污染物测定；空气中甲醛、SO_2 等含量测定；蛋白质、核酸等测定。据统计，在国际上发表的分析相关论文中，光谱分析法约占28%。

本项目学习紫外-可见吸收光谱法，是利用物质对可见光或紫外线的吸收程度与浓度呈线性关系，通过测定吸光度得出物质含量的分析方法。可测定多种有机物和无机物。

任务	技能训练和解析	知识宝库
9.1　可见分光光度法测定铁含量	9.1.2　纯碱中微量铁的测定实验	9.1.3　物质对光的吸收 9.1.4　显色反应和显色条件 9.1.5　紫外-可见分光光度计 9.1.6　光谱分析定量方法

任务9.1　可见分光光度法测定铁含量

9.1.1　任务书

工厂要生产一批Ⅰ类优等品的纯碱产品（工业碳酸钠），测定产品中的杂质铁，对照工业碳酸钠国家标准（GB 210—92）中项目表，评价其是否符合Ⅰ类优等品的铁含量要求。

通过操作任务掌握可见分光光度计的使用、测绘光吸收曲线和选择测定波长、标准曲线定量法的操作步骤，求出试样的分析结果。

检验项目		指标						
		Ⅰ类	Ⅱ类			Ⅲ类		
		优等品	优等品	一等品	合格品	优等品	一等品	合格品
总碱量(以 Na_2CO_3 计)/%	≥	99.2	99.2	98.8	98.0	99.1	98.8	98.0
氯化物(以 NaCl 计)含量/%	≤	0.50	0.70	0.90	1.20	0.70	0.90	1.20
铁(Fe)含量/%	≤	0.004	0.004	0.006	0.010	0.004	0.006	0.010

9.1.2 技能训练和解析

纯碱中微量铁的测定实验

1. 任务原理

纯碱样品加入 HCl 溶液酸化后煮沸，除碳酸根干扰后，调 pH 约为 2，加入抗坏血酸将试液中 Fe^{3+} 还原成 Fe^{2+}。调节 pH4～6，加入邻菲罗啉与 Fe^{2+} 生成橙红色配合物，用分光光度计于最大吸收波长约 510nm 处测量其吸光度。

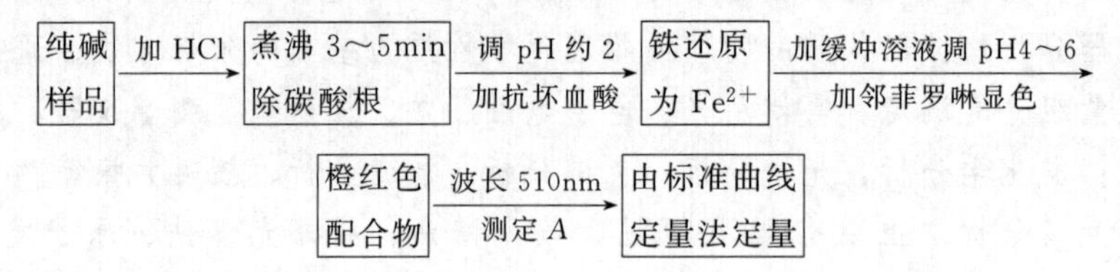

2. 试剂材料

	仪器和试剂	准备情况
仪器	分光光度计(3cm 比色皿)、电子天平、1000mL 容量瓶、250mL 容量瓶、100mL 容量瓶一组、250mL 烧杯、25mL 移液管、10mL 吸量管、洗瓶	
试剂	氨水溶液(2+3)及(1+9)；盐酸溶液(1+1)及(1+3)；醋酸-醋酸钠缓冲溶液(pH≈4.5)；抗坏血酸溶液(ρ=20g/L 水溶液，有效期 10 天)；邻菲罗啉溶液(2g/L)；铁标准溶液[ρ(Fe)＝0.0100 mg/mL]；pH 精密试纸	

配制方法：

① 铁标准溶液[ρ(Fe)＝0.100mg/mL]，称取 0.863g 硫酸铁铵［$NH_4Fe(SO_4)_2\cdot 12H_2O$］(精确至 0.001g)，置于烧杯中，加水约 100mL 溶解，加入 10mL 浓硫酸，溶解后移入 1000mL 容量瓶中，稀释至刻度，摇匀。

② 铁标准溶液[ρ(Fe)＝0.0100mg/mL]，用 25mL 移液管移取① 中配制的铁标准溶液置于 250mL 容量瓶中，稀释至刻度，摇匀。

③ 邻菲罗啉溶液（2g/L），称取邻菲罗啉 0.2g，用少量乙醇溶解，再用水稀释至 100mL。

④ 醋酸-醋酸钠缓冲溶液（pH≈4.5），称取无水醋酸钠 50g，加 60mL 冰醋酸，加水溶解后稀释至 500mL。

3. 任务操作

操作步骤示意图如图 9-1～图 9-4 所示。可根据描述，填写图 9-2～图 9-4 中的填空。

（1）标准系列溶液的配制和显色

取一组 100mL 容量瓶，用吸量管依次加入 0mL、1.00mL、2.00mL、4.00mL、6.00mL、8.00mL、10.00mL 铁标准溶液（0.010mg/mL），各加水至约 60mL，用盐酸溶液（1＋3）或氨水（1＋9）调节溶液 pH 约为 2（用 pH 试纸检验）。

在每支容量瓶中，各加 2.5mL 抗坏血酸溶液，摇匀，再加 10mL 醋酸-醋酸钠缓冲溶液和 5mL 邻菲罗啉溶液，用水稀释定容，摇匀。

（2）波长的选择

用 3cm 玻璃比色皿，取上述含 6.00mL 铁标准溶液的显色溶液，以未加铁标准溶液的试剂溶液作参比，在分光光度计上从波长 440～600nm 之间测定吸光度。一般每隔 10nm 测一个数据；在最大吸收波长附近，每隔 2～5nm 测定一个数据。

以波长为横坐标，吸光度为纵坐标，绘制吸收曲线。从而选择铁测定的适宜波长。

（3）测绘标准曲线

在选定波长下，用 3cm 比色皿分别取配制的标准系列显色溶液，以未加铁标准溶液的试剂溶液作参比，测定各溶液的吸光度 $A_{校正}$。

以 100mL 溶液中铁含量（mg）为横坐标，相应的吸光度 $A_{测}$ 为纵坐标，绘制吸光度对铁含量的标准曲线。

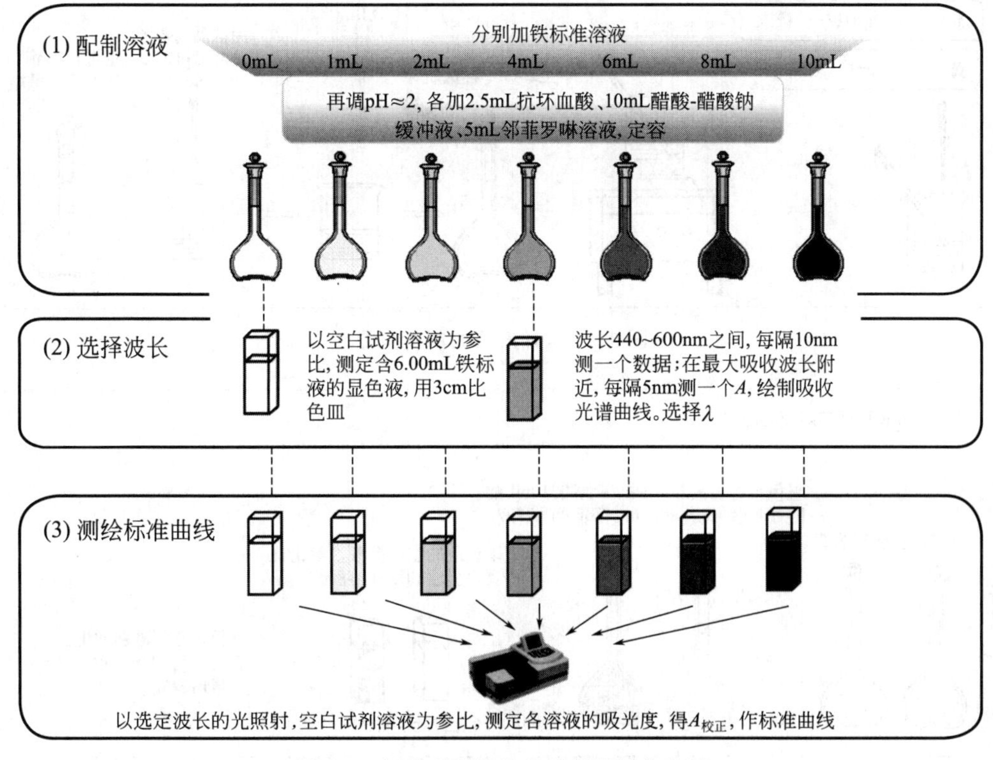

图 9-1 标准系列溶液的配制及测定步骤

（4）试样中铁含量的测定

① 空白溶液的制备　取 7mL（1+1）盐酸溶液置于 100mL 烧杯中，用（2+3）氨水中和后，用（1+9）氨水及（1+3）盐酸溶液，调节 pH 为 2（用精密 pH 试纸检验）。定量移入 100mL 容量瓶中，稀释至刻度，摇匀。

② 试样溶液的制备　称取 10g 纯碱样品（准确至 0.01g），置于烧杯中，加少量水润湿，滴加 35mL（1+1）盐酸，煮沸 3～5min，冷却（必要时过滤），移入 250mL 容量瓶中，稀释，摇匀。

吸取 50mL（或 25mL）上述试液，置于 100mL 烧杯中，同法用盐酸和氨水溶液调至 pH 为 2，定量移入 100mL 容量瓶中。

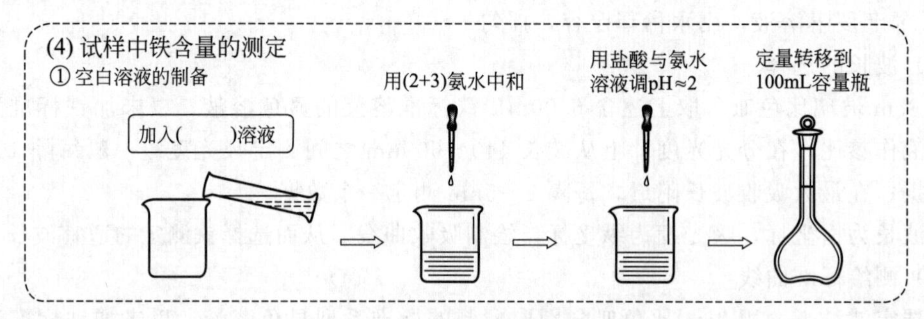

图 9-2　空白溶液的制备步骤

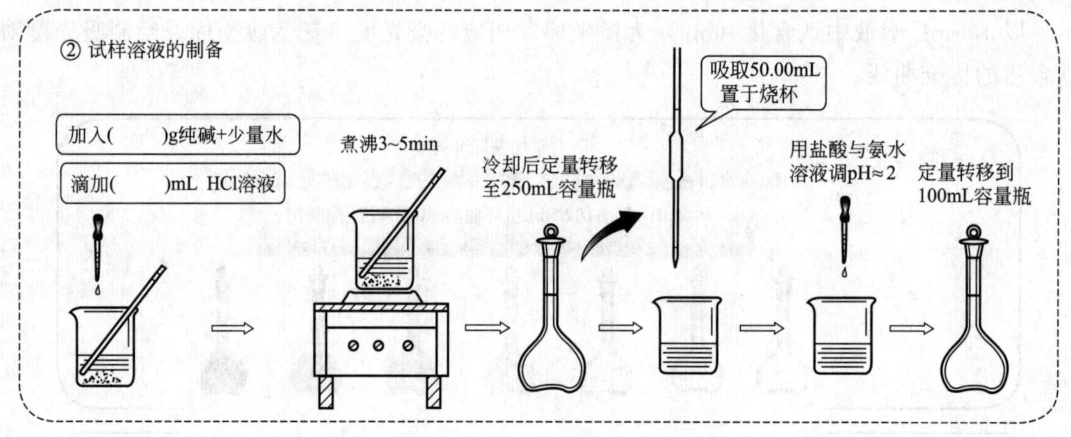

图 9-3　试样溶液的制备步骤

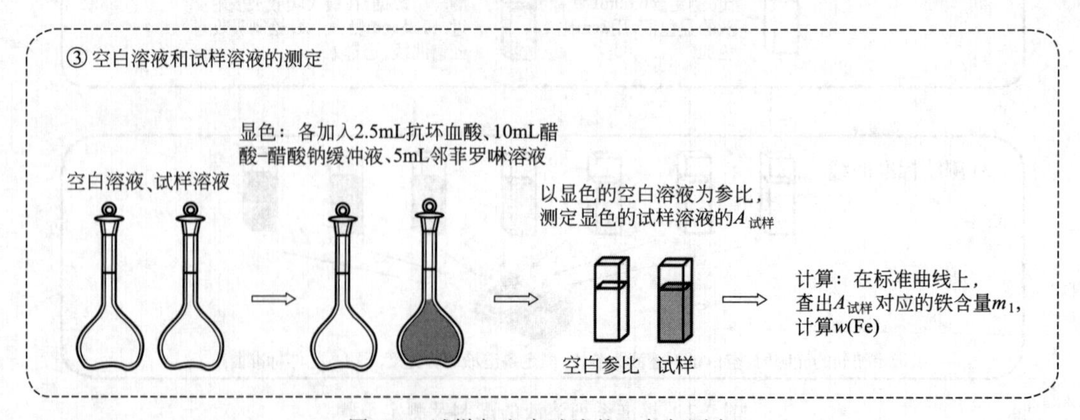

图 9-4　试样与空白试液的显色与测定

③ 显色和测定　将试样溶液和空白溶液，按标准系列溶液显色的同样操作，顺序加入2.5mL抗坏血酸、10mL醋酸-醋酸钠缓冲溶液和5mL邻菲罗啉溶液进行还原和显色，并在同样条件下，以显色后空白溶液为参比，测定显色后试样溶液的吸光度$A_{试样}$。

计算：由$A_{试样}$在标准曲线查出对应铁含量m_1，计算$w(Fe)$。平行测两份。

4. 结果计算

$$w(\mathrm{Fe})=\frac{m_1}{m\times\frac{V}{250}\times10^3}$$

式中，m_1为试样溶液吸光度在标准曲线上查得的铁含量，mg；m为称取样品的质量，g；V为吸取试样溶液的体积，50mL（或25mL）。

5. 记录与报告单

（1）吸收曲线的绘制和波长的选择（见表9-1）

吸收曲线名称：__________；被测标准溶液的浓度：__________ μg/mL。

表9-1　吸收曲线的绘制和波长的选择

λ/nm													
A													
λ/nm													
A													

由上表数据绘制吸收曲线，确定最大吸收波长λ_{max}=__________ nm。

（2）标准曲线的绘制（见表9-2）

测量波长：__________；所取标准溶液的浓度：__________ μg/mL。

表9-2　标准曲线绘制记录

溶液号	吸取标液体积/mL	m/mg	$A_{校正}$
0			
1			
2			
3			
4			
5			
6			

由表中数据做标准曲线，得回归方程：A=__________；m=__________。相关系数为：r=__________。

（3）试样中铁含量的测定（见表9-3）

表9-3　铁含量测定记录

测定项目	1	2
吸取试样溶液的体积V/mL		
测得试样吸光度($A_{试样}$)		

续表

测定项目	1	2
$A_{试样}$ 查得的铁含量 m_1/mg		
w(Fe)/%		
铁的平均浓度/%		
相对平均偏差/%		

6. 注意事项

(1) 测绘吸光曲线时，每次调整波长后必须重新进行仪器调零。

(2) 注意比色皿握持毛面，加液至 2/3～3/4。

7. 问题与思考

(1) 实验中加入抗坏血酸的作用是________，加入醋酸-醋酸钠缓冲溶液的作用是________。为什么预先用稀盐酸和氨水调节溶液 pH 为 2?

(2) 测定纯碱试样时，为什么取 7mL 盐酸（1+1）作空白试验？如果吸取 25mL 试液，应取________ mL 盐酸溶液。

 9.1.3 知识宝库

物质对光的吸收

1. 光的特性和物理量

(1) 波粒二象性

光是一种电磁波，既表现出粒子性，又表现出波动性，即光的波粒二象性。

20 世纪初，爱因斯坦提出了光的量子理论——光子说，不同于机械粒子，人们认识到光既具有波动性，又具有粒子性。

粒子性：
如表现出光电效应。光的能量是一份一份不连续，光子照射激发出金属电子。

波动性：
如表现出干涉、衍射等波的特征。

光子的能量：$E=h\nu$

（其中，ν 为频率；h 为普朗克常数）

$\lambda=\dfrac{c}{\nu}$

（其中，λ 为波长；c 为波速）

ν 频率越高的光，粒子性越明显；λ 波长越长的光，波动性越明显。

(2) 可见-紫外分光光度法

如图 9-5 中各种光的排列，由右向左波长递减，频率增强，能量增加。X 射线能量较强，穿透性强，用于医学透视人体和金属部件的无损探伤等。微波振动能引起食物分子和水的共振，转化为食物内能，升高温度，因而制成微波炉加热食物。各种光都有着不同的功用。

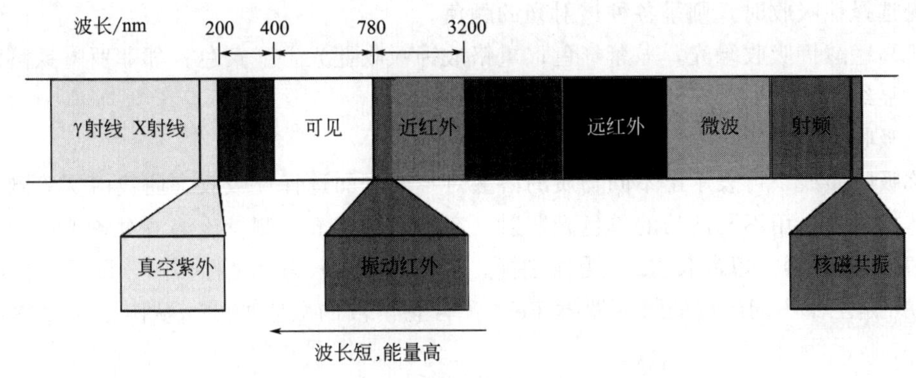

图 9-5 各种光谱的分布排列示意图

图 9-6 列出了可见光中各种色光的近似波长范围。

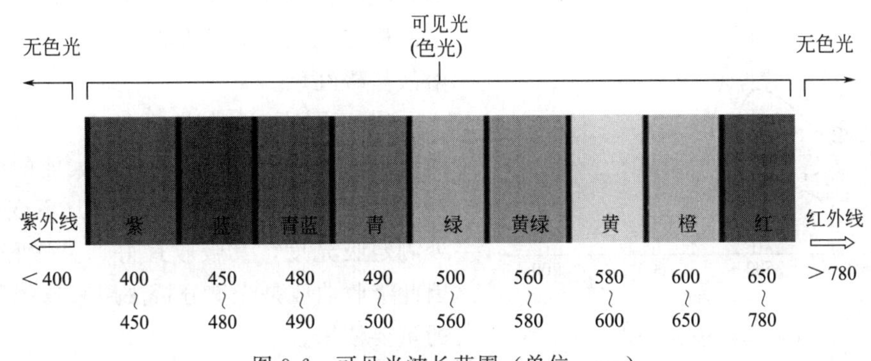

图 9-6 可见光波长范围（单位：nm）

人眼能看到的光为波长 400～780nm，统称可见光。凡是波长小于 400nm 的紫外线和波长大于 780nm 的红外线，均不可见。

紫外-可见分光光度法，是利用可见光（400～780nm）或近紫外线（200～400nm）被物质吸收的特性，而对物质进行含量分析。利用红外线进行分析，称为红外分光光度法。本项目重点介绍可见分光光度法。

2. 溶液对光的吸收原理

（1）溶液颜色与吸光

光的互补色：日光、白炽光等的白光是由各种色光混合而成的，其经过棱镜色散后，为红、橙、黄、绿、青、蓝、紫七色光。将七种颜色的光混合可得到白光。如果将两种颜色的光混合，也可以得到白光，这两种颜色的光为互补光。互补关系见图 9-7，对角的两种光为互补光。也称为“光隔三色为互补”。

溶液的颜色：溶液的颜色体现了物质对光的选择性吸收，不同物质溶液对光的吸收不同。溶液显示的颜色是所透过光（不吸收）的颜色，与吸收光颜色互补。

图 9-7 颜色互补关系

光完全透过时，溶液为无色；

光完全吸收时，溶液为黑色；

对光均匀吸收时，则呈现灰色；

对光选择性吸收时，则呈各种透射光的颜色。

例：高锰酸钾吸收绿光，显紫红色；重铬酸钾吸收蓝光，显黄色；邻菲罗啉铁溶液吸收蓝绿光，显红色。

（2）吸收光谱曲线

也称吸收曲线，可表示出不同物质的溶液对不同光的选择性吸收。曲线由实验测定和绘制，具体方法为：用不同波长的单色光照射一定浓度的溶液，测量该溶液对各单色光的吸收程度（即吸光度 A）。以波长（λ）为横坐标，吸光度（A）为纵坐标作图，即可得到吸收曲线。图 9-8 是三个不同浓度的邻菲罗啉-Fe^{2+} 配合物溶液的吸收曲线。从图中可以得出如下规律。

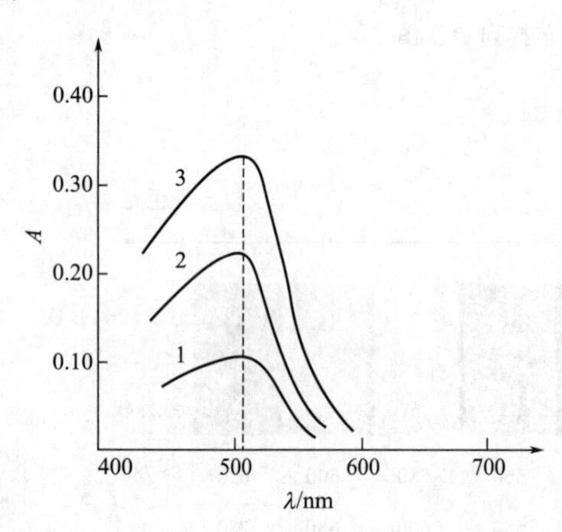

图 9-8　邻菲罗啉-Fe^{2+} 溶液的吸收曲线

1—0.0002mgFe^{2+}/mL；
2—0.0004mgFe^{2+}/mL；
3—0.0006mgFe^{2+}/mL

① 邻菲罗啉-Fe^{2+} 溶液对不同波长光的吸收情况不同。对波长 510nm 的绿色光吸收最多，吸收曲线上此处为高峰；而对 600nm 以上的橙红色光几乎不吸收，完全透过，因而该溶液呈橙红色。

② 不同浓度的邻菲罗啉-Fe^{2+} 溶液的吸收曲线形状相似。光吸收程度最大处的波长，即最大吸收波长（常以 λ_{max} 表示）不变。在 λ_{max} 处测定吸光度，其吸收最好，灵敏程度最高。因此吸收曲线是光谱分析法用来选择测定波长的重要依据。

③ 对于同一波长光的吸收，此物质的不同浓度溶液，浓度越大，测得的吸光度越高，这个特性可作为物质定量分析的依据。

由于物质对光的选择吸收情况与物质的分子结构密切相关，因此每种物质具有自己特征的光吸收曲线。

3. 光的吸收定律

（1）透光度（τ 或 T）和吸光度 A

单色光入射到含有吸光物质的均匀稀溶液时，由于溶液吸收了一部分光，光强度减小。

如图 9-9 所示，以透射光强度 I_t 与入射光的强度 I_0 之比称为透光度，或透射比，用 τ 或 T 表示。常用百分数表示：

$$\tau=\frac{I_t}{I_0} \tag{9-1}$$

以透射比倒数的对数表示溶液对光的吸收程度，称为吸光度，用 A 表示。

$$A=\lg\frac{I_0}{I_t}=-\lg\tau \tag{9-2}$$

透光度越大，溶液的吸收越少；反之，当透光度越小，溶液的吸收越多。

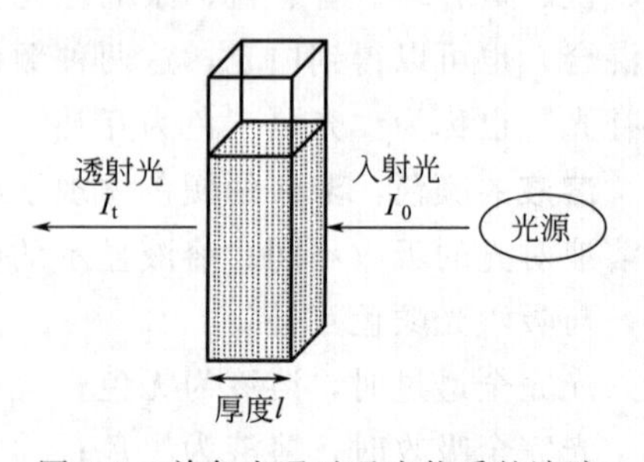

图 9-9　单色光通过吸光物质的溶液

入射光全部透过溶液时，$I_t=I_0$，$\tau=1$（或100%），$A=0$；当入射光全部被溶液吸收时，$I_t\to 0$，$\tau\to 0$，$A\to\infty$。

（2）朗伯-比耳定律

溶液对光的吸收除了与溶液本身特性有关外，主要还与入射光波长、溶液浓度、液层厚度及温度有关。朗伯（Lambert）和比耳（Beer）研究得出，一束平行单色光垂直通过一定厚度的均匀、非散射的稀溶液时，在入射光的波长、强度以及溶液温度等保持不变时，该溶液的吸光度 A 与液层厚度 b、溶液浓度 c 的乘积成正比。即：

$$A=\varepsilon bc \tag{9-3}$$

式中，b 为吸收池内溶液的光路长度（液层厚度），cm；c 为溶液中吸光物质的物质的量浓度，mol/L；ε 为摩尔吸光系数，L/(cm·mol)。

朗伯-比耳定律是光谱分析法（或称分光光度法）的定量依据，对紫外线、可见光、红外线的吸收等光谱分析法都适用。

当溶液浓度用质量浓度 ρ（单位 g/L）表示时，定律表达为：

$$A=ab\rho \tag{9-4}$$

式中，a 称为质量吸光系数，单位为 L/(cm·g)。

摩尔吸光系数 ε（或质量吸光系数 a）是吸光物质的特性常数，其值与吸光物质的种类、入射光波长、温度及溶剂有关。ε 或 a 值越大，表示该吸光物质对此入射光的吸光能力越强，用于光谱分析测定时的灵敏度越高。一般认为：$\varepsilon>10^5$，超高灵敏；$\varepsilon=(6\sim10)\times10^4$，高灵敏；$\varepsilon<2\times10^4$，不灵敏。

注意：吸光系数 ε 测定不是把1mol/L浓溶液放在比色皿中直接测定，而是把某浓度稀溶液放在比色皿中进行测定，然后通过计算求出吸光系数。

【例9-1】 用双硫腙光度法测定 Pb^{2+}，已知 Pb^{2+} 的浓度为0.08mg/50mL，用2cm比色皿，在520nm测得 $\tau=53\%$，求摩尔吸光系数？[$M(Pb)=207.2$g/mol]

解题思路 把质量浓度换算为物质的量浓度，由 τ 计算 A，代入公式即可求出 ε。

解
$$c(Pb^{2+})=\frac{\rho}{M(Pb^{2+})}=\frac{0.08}{50\times207.2}=7.7\times10^{-6}\ (\text{mol/L})$$

$$A=-\lg53\%=-\lg0.53=0.28$$

$$\varepsilon=\frac{A}{bc}=\frac{0.28}{2\times7.7\times10^{-6}}=1.8\times10^4\,[\text{L/(cm·mol)}]$$

【例9-2】 有一种物质的不同浓度的有色溶液，当液层厚度相同时，测得 τ 值分别为：(1)65.0%；(2)41.8%。求它们的 A 值？如果已知溶液(1)的浓度为 6.51×10^{-4} mol/L，求溶液（2）的浓度？

解题思路 把 τ 换成 A 后用比较法求出溶液（2）的浓度。

解
$$A_1=-\lg65.0\%=2-\lg65.0=0.187$$

$$A_2=-\lg41.8\%=2-\lg41.8=0.379$$

$$c_2=\frac{A_2}{A_1}c_1=\frac{0.379}{0.187}\times 6.51\times 10^{-4}=1.32\times 10^{-3}\ (\text{mol/L})$$

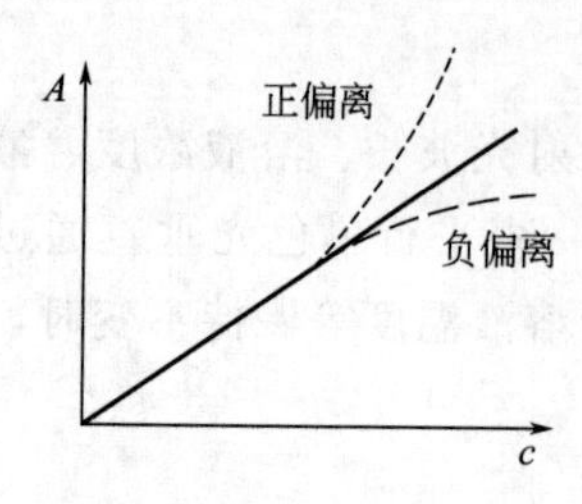

图 9-10 曲线偏离线性关系

朗伯-比耳定律适用于：① 入射光为单色光；② 溶液均匀，非散射光；③ 溶液为稀溶液（$c<0.01\text{mol/L}$）。

在实际工作中有时发现吸光度 A 与浓度 c 的关系不成直线的情况，常常是当吸光物质的浓度高时，吸光物质分子间可能发生凝聚或缔合现象，使吸光度与浓度不成正比关系，产生正偏差或负偏差（见图 9-10）。

 9.1.4 知识宝库

显色反应和显色条件

可见光谱分析法利用物质溶液对可见光（有色光）的吸收进行测定，测定的溶液为有色溶液。有些物质颜色很浅或无色，可以加入适当显色剂，生成稳定的有色物质，进行检测。

1. 显色反应和显色剂

显色反应：使待测物质转变为有色物质的反应。

显色剂：与待测物质进行显色反应的试剂。

显色反应主要有配位反应和氧化还原反应，其中配位反应用得最多。选择显色反应和显色剂时，应尽量满足下列要求。

① 灵敏度高：一般 $\varepsilon>10^4$。

② 选择性好：显色剂仅与被测离子发生显色反应。

③ 对照性好：产生的有色化合物和显色剂颜色有较大的差别，也即显色剂在测定波长处无明显吸收，避免显色剂本身干扰。一般显色剂和显色产物的吸收波长之差 $\Delta\lambda_{max}>60\text{nm}$。

④ 反应生成的有色化合物组成恒定，稳定。

⑤ 显色条件易于控制，重现性好。

如表 9-4 所示，显色剂可分为无机显色剂和有机显色剂两大类。

表 9-4 无机显色剂和有机显色剂的应用对比

类别	无机显色剂		有机显色剂	
显色特点	一般生成的无机有色配合物组成不恒定，不稳定，光度分析灵敏度不高，选择性差		与金属离子生成稳定的螯合物，具有特征颜色，其选择性和灵敏度较高	
应用	在光谱分析法中应用不多		广泛应用于光谱分析法	
显色剂举例	硫氰酸盐	测 Fe、Mo、W、Nb 等	邻菲罗啉	测 Fe^{2+}（生成橙红色配合物）
	钼酸铵	测定 Si、P、W 等	双硫腙	测 Cu^{2+}、Pb^{2+}、Zn^{2+}、Cd^{2+}、Hg^{2+} 等重金属离子
	过氧化氢	测定 Ti、V 等	PAR 及其衍生物	测金属离子

近年来，利用两种试剂与待测物质形成三元配合物（三元配合物是指由三个组分形成的配合物）的色谱分析法，受到关注，三元配合物显色体系可以提高灵敏度，改善分析特性。有些方法被纳入新修订的国家标准中。

2. 显色反应条件的选择

显色条件会影响显色反应的顺利进行，从而影响测定的灵敏度和准确度，必须控制适宜的反应条件。

（1）显色剂用量

$$\underset{\text{待测组分}}{M} + \underset{\text{显色剂}}{R} \rightleftharpoons \underset{\text{有色化合物}}{MR}$$

因素影响：一般显色剂越多，显色反应进行得越彻底，需要加入过量的显色剂。但不是显色剂越多越好，有时显色剂太多会引起副反应。

选择方法：在实际工作中，显色剂用量多少需经实验确定。即固定被测组分浓度和其他条件，当加入不同量的显色剂时，分别测定吸光度，绘制 $A\text{-}c_R$（显色剂浓度）曲线，再合理选择。

$A\text{-}c_R$ 曲线一般有如图 9-11 所示的几种情况。

如为（a）图，则表示显色剂超过一定浓度后，显色产物稳定，可选取曲线拐点后平直区间的合适显色剂浓度，确定加入量。

如为（b）图，则只有浓度控制在中间一小部分区段时，吸光度才比较稳定，此时要严格控制显色剂加入量。

如为（c）图，随着显色剂浓度加大，吸光度不断增加，必须十分严格控制显色剂加入量或者另换显色剂。

（2）反应体系的酸度

因素影响：酸度是显色反应的重要条件，酸度可影响配位反应的配位数，影响配合物的稳定性，使显色剂变色，引起被测离子水解等，因而要合理控制酸度条件。

选择方法：在实际工作中，显色反应适宜酸度需经实验确定。即固定被测组分浓度和显色剂浓度等其他条件，配制多个相同的显色液，分别加入不同量的酸或碱，测定吸光度，绘制 A-pH 曲线，如图 9-12 所示，选择曲线平坦区部分所对应的 pH 范围为宜。

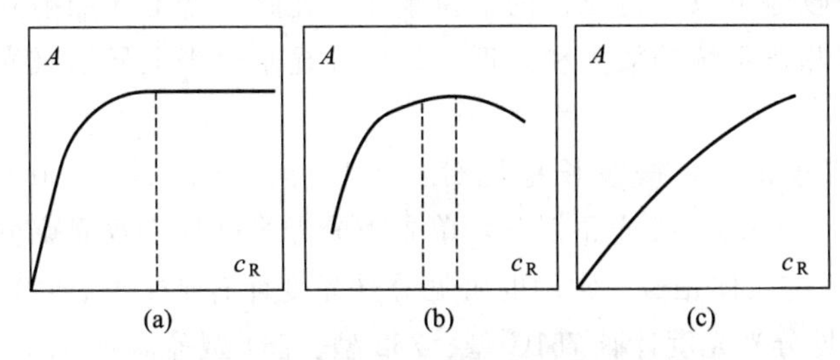

图 9-11 吸光度与显色剂浓度之间的关系

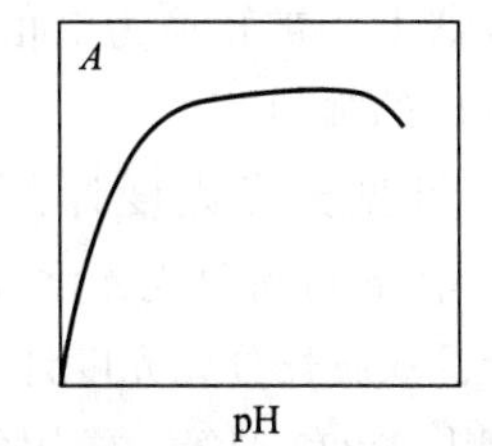

图 9-12 吸光度与 pH 的关系

（3）显色时间与温度

因素影响：多数显色反应在常温下几分钟即可完成，颜色达到稳定状态，但有些反应室温下进行缓慢，需适当加热以加快反应；有些反应需放置一段时间才完成，有些反应在一定时间后，物质受空气氧化或产生反应而褪色。

选择方法：适宜的温度和时间可通过实验确定。即固定被测组分浓度和显色剂浓度、酸度等其他条件，配制多个相同的显色液，处于不同温度，或某一显色液经历不同时间，测定吸光度，绘制 A-温度及 A-时间曲线，选择平稳区段范围内对应的时间和温度为宜。

(4) 溶剂

一般采用水相进行显色反应和测定，但有些显色配合物在有机溶剂中可以提高溶解度，从而增加反应的灵敏度。如利用硫氰酸盐显色测定钨时，产生黄色配合物，在水中的 ε 值为 7.7×10^3，而在甲基酮等有机溶剂中 ε 值提高到 1.8×10^4，明显提高了检测灵敏度。也可通过不同溶剂的对比实验确定溶剂条件。

9.1.5 知识宝库

紫外-可见分光光度计

1. 仪器的组成

测量溶液对不同波长单色光吸收程度的仪器称为分光光度计。它包括光源、单色器、吸收池、光电接收器和信号测量系统五个组成部分，如图 9-13 所示。可见分光光度计用可见光源（400～780nm）；紫外分光光度计用紫外光源（200～400nm）。当光源包括可见光和紫外线时，即为紫外-可见分光光度计。

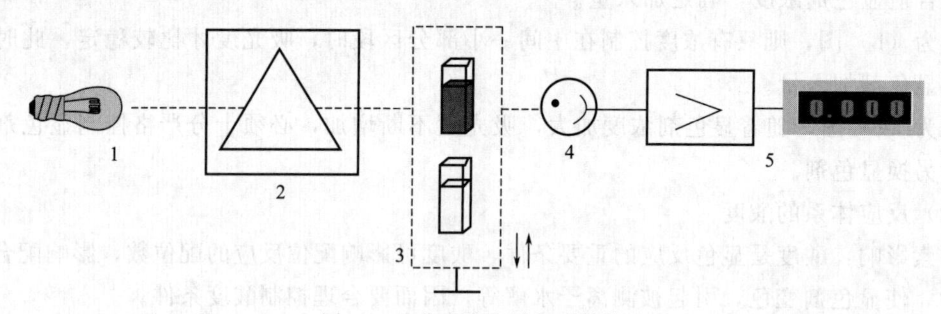

图 9-13　分光光度计组成结构

1—光源；2—单色器；3—吸收池与拉杆；4—光电接收器；5—信号测量系统

原理：由光源发出的复合光，经单色器（棱镜或光栅）色散为测量所需要的单色光，然后通过盛有吸光溶液的吸收池，不同吸收池可以通过拉杆的推拉来放入光路，透射光照射到光电接收器上，被转换为电信号，经过测量系统的放大和处理，最后在显示仪表上显示吸光度或透射比的数值。

紫外-可见分光光度计的种类和型号繁多。按波长范围分：可见分光光度计（400～780nm）、紫外-可见分光光度计（200～1000nm）；按光路划分：单光束分光光度计、双光束分光光度计、双波长分光光度计。其光学系统大体相似。常用的可见分光光度计有 721 型、7210 型、722 型、7230 型等；常用的紫外-可见分光光度计有 751G 型、752 型、754 型等。

(1) 光源

作用：提供入射光。在整个紫外区或可见光谱区可以发射连续光谱，具有足够的辐射强度、较好的稳定性和较长的使用寿命，如图 9-14 所示。

① 可见光源　可见分光光度计常用钨灯作为光源，能发出波长范围在为 320～2500nm

的连续光谱，最适宜波长范围为380～1000nm。

② 紫外光源 主要是氢、氘、氙灯等气体放电灯，常用氘灯，适宜使用波长范围为200～375nm的光谱。

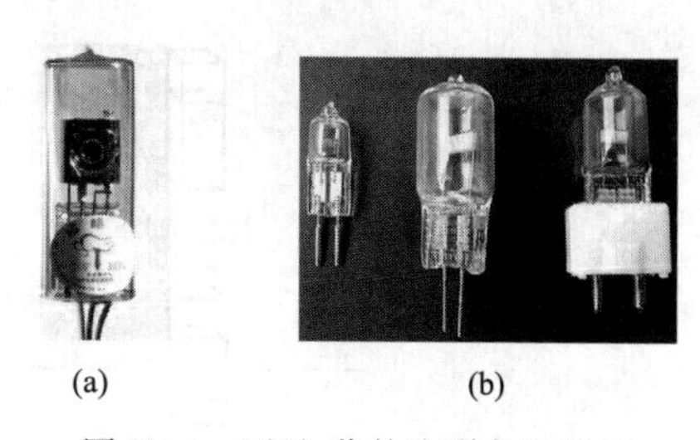

图 9-14 可见-紫外光谱仪的光源

(a) 氘灯—紫外线；(b) 卤钨灯—可见光

(2) 单色器

作用：将入射的复合光分解成单色光并可从中分离出一定波长的单色光。它是仪器的心脏部分。如图9-15所示，分光元件包括如下构件。

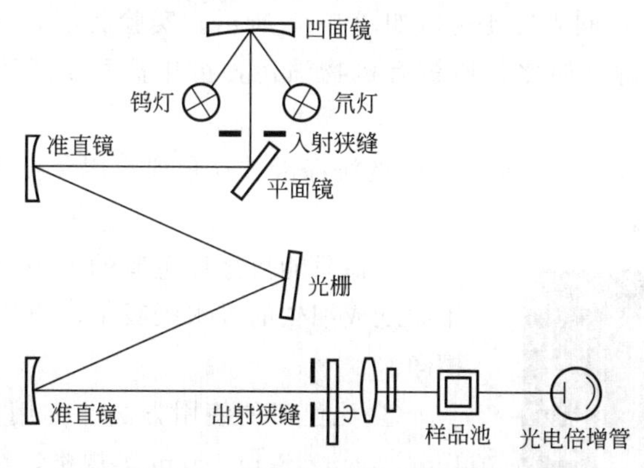

图 9-15 单光束分光光度计光路图

① 入射狭缝 限制杂散光的进入，光源的光由此进入单色器。

② 准光装置 透镜或反射镜使入射光成为平行光束。

③ 色散元件 即棱镜或光栅，可将复合光分解成单色光。棱镜：由玻璃或石英制成，将不同波长λ的光按折射率不同而分开，但光谱疏密不均。光栅：由抛光表面密刻许多平行条痕而制成，利用光的衍射作用和干涉作用使不同波长的光进行色散分光。光谱均匀分布。

④ 聚焦装置 透镜或凹面反射镜，将分光所得单色光聚焦至出射狭缝。

⑤ 出射狭缝 让特定波长的光射出。

(3) 样品室

样品室放置比色皿（吸收池）。要根据所使用的波长来选择不同类型的比色皿。在紫外光区需采用石英比色皿，可见光区用玻璃比色皿。

① 比色皿配套性检查 在使用比色皿盛装溶液，测定待测物质的吸光度时，比色皿壁、溶剂和所含试剂都会吸光，产生数据误差。为此要使用参比来扣除误差，方法是：首先将一个比色皿盛空白溶液（除待测物质外，其他试剂都加入），置于仪器光路中，作为参比，将仪表读数调到透射比$T=100\%$，即吸光度$A=0$，即扣除了比色皿和试剂等的误差；然后拉动拉杆，将盛试液的比色皿送入仪器光路，读出待测物质的吸光度。

作为参比的比色皿与测定试液的比色皿，要配对良好，才能扣除比色皿的误差。所以在使用之前要进行配套性检查，如图9-16所示。检查石英比色皿用220nm的光，玻璃比色皿用440nm，装入适量蒸馏水，以一个比色皿为参比，调节$T=100\%$，再测量其他比色皿，透射比的偏差小于0.5%的两个比色皿可配成一套（如果现有比色皿不能配套，则使用前先将二者的吸光度之差，即皿差测出，在每次后续测定数据中减去皿差即可）。

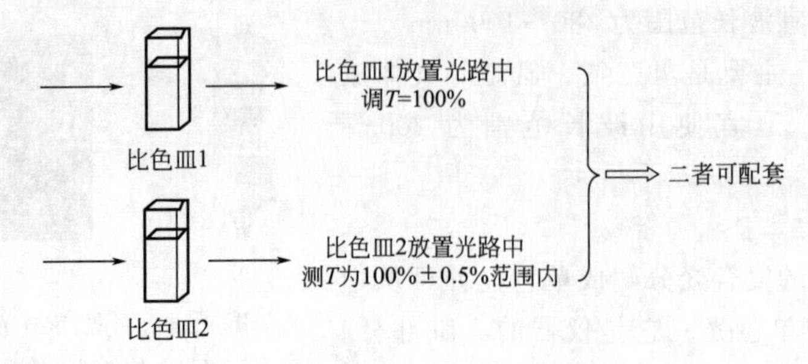

图 9-16 比色皿配套性检查示意图

② 比色皿的清洁 不同规格比色皿如图 9-17 所示。实验后，立即洗净比色皿。一般先用水冲洗，再用蒸馏水洗。如比色皿被有机物沾污，可用盐酸-乙醇混合洗涤液浸泡片刻，用水冲洗，倒立晾干。

不能用碱溶液或铬酸洗液等氧化性强的洗涤液洗比色皿，以免损坏。不能用毛刷清洗比色皿，以免损伤透光面。

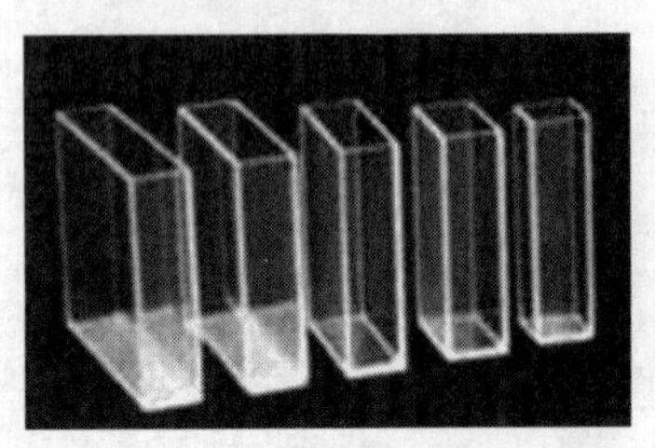

图 9-17 不同规格的比色皿

手指只能持握比色皿的毛玻璃面，比色皿外壁的水用滤纸或细软的吸水纸吸干，再用柔软绒布或拭镜头纸擦净。

③ 比色皿的使用方法 常用比色皿有厚度 0.5cm、1cm、2cm、3cm、5cm 等规格，在实际分析工作中，根据溶液浓度不同，选用厚度不同的比色皿，以使溶液测定的吸光度控制在 0.2～0.7 之间。

另外，在分析使用时，还需注意以下事项。

比色皿使用注意事项

- 测定前，用待测溶液润洗内壁几次，以免改变待装溶液的浓度；
- 测定一系列溶液时，按由稀到浓的顺序测定；
- 盛装溶液高度为比色皿的 2/3～3/4 处；
- 凡含有腐蚀玻璃的物质的溶液，不得长期盛放在比色皿中；
- 不能将比色皿放在火焰或电炉上加热或干燥箱内烘烤；
- 对有挥发性的样品，用带盖比色皿盛装测定。

(4) 检测器

检测器的作用是利用光电效应将透过比色皿的光信号变成可测的电信号，其电信号大小与透过光的强度成正比。常用的有光电池、光电管或光电倍增管。光电池受光照太久易疲劳，不能连续工作 2h 以上。

(5) 信号测量系统

将电信号转换为吸光度、透光率等数字，显示出来。目前较为先进的分光光度计，都采用计算机进行仪器自动控制和结果处理。

2. 仪器操作

紫外-可见分光光度计的型号和类别虽然不尽相同，但其操作主要步骤大体相似。其仪器调节面板包括按键或旋钮，主要有：方式转换 Mode 键（可使屏幕显示数据在透光率 T、吸光度 A、浓度 c 之间转换）、波长旋钮、"0%T" 按键、"100%T" 按键。

现代普通数字式单光束分光光度计，基本操作步骤包括以下几步。

① **预热** 打开电源开关，预热 20min。(为了防止光电管疲劳，不要连续光照。有些仪器，预热时将比色皿暗箱盖打开，使光路切断)

② **选择波长** 调节波长旋钮，选定所需的单色光波长。

③ **调零** 当挡板在光路中切断光路时，按动 "0%T" 调零钮，使电表显示 $T=0\%$（即 $A=\infty$）的位置（有些仪器在预热自检时即自动校准和调零，不需手动操作此步骤）。

④ **调百** 将空白溶液（参比）放入光路中，调 "100%T" 旋（按）钮，调至显示为 $T=100\%$ 位置（$A=0$）。

⑤ **测量** 拉动比色皿架拉杆，将待测溶液依次送入光路，每次直接读出各溶液的吸光度 A。

⑥ **测定完毕**，切断电源，取出比色皿，在暗箱中放入干燥剂袋，盖好暗箱盖。

3. 测量条件的选择

除了可见光谱分析法需要确定合适的显色条件外，为了获得较高的灵敏度和准确度，还必须调整合适的仪器测量条件。

(1) 入射光波长的选择

一般由绘制的吸收光谱曲线，确定 λ_{max} 为入射光波长。这样可以提高分析结果的准确度和灵敏度。

如果 λ_{max} 处有共存组分干扰时，则应考虑选择灵敏度稍低但能避免干扰的另一波长作为入射光波长。尽可能选择吸收曲线较平滑的部分，以保证测定的精密度。

(2) 读数范围的控制

浓度测量值的相对误差（$\Delta c/c$）不仅与仪器的透光率误差 $\Delta\tau$ 有关，而且与其透光率读数 τ 的值也有关。当 $\tau=36.8\%$（即 $A=0.434$）时，相对误差 $\Delta c/c$ 取最小值。且当 τ 在 15%～65%时，吸光度在 0.2～0.8 之间时，$\Delta c/c$ 相对误差较小，为最佳读数范围。

一般的定量分析时，为了使吸光度测量读数落在 0.2～0.8 范围内，可采取的调整措施包括：调整溶液的浓度；选择不同厚度的比色皿。

(3) 选择适当的参比溶液

参比溶液，也称空白溶液，用于调节吸光度零点（$\tau=100\%$）。在可见光区，当试液中其他共存组分或显色剂及其他试剂有色时，在测定波长处产生吸收，造成误差。此时，通过适当改变参比溶液，可以扣除这部分吸收误差。参比溶液选取方法即："谁有色就用谁做参比"。表 9-5 列出几种参比溶液，可以根据实际情况进行选择。

表 9-5 参比溶液的类型和应用

参比溶液类型	适用情况		参比溶液构成
	试液中其他组分	显色剂及其他试剂	
溶剂参比	无色	无色	纯溶剂
试剂参比 (也称试剂空白)	无色	有色	不加被测试样的试剂溶液

续表

参比溶液类型	适用情况		参比溶液构成
	试液中其他组分	显色剂及其他试剂	
试液参比	有色	无色	不加显色剂的被测试液
褪色参比	有色	有色	在试液中加入适当掩蔽剂将待测组分掩蔽后，再加显色剂

9.1.6 知识宝库

光谱分析的定量方法

紫外-可见光谱分析用于有机化合物的定性鉴别，通过比较未知物与已知化合物的紫外-可见吸收光谱图信息，判断某些官能团和推断骨架结构等。但因谱图一般只有少数几个简单宽阔的吸收带，没有精细结构，标志性较差，因而较少用于定性分析，只起辅助鉴别作用。

紫外-可见光谱分析主要用于对有机物和无机物的定量分析方面。

1. 目视比色法（单组分分析）

目视比色法原理：利用眼睛观察溶液颜色深浅来测定物质含量的方法。当溶液中吸光物质浓度越大，对某种色光的吸光越多，所透过的互补色光就会越突出，人们观察到的溶液颜色就越深。也即是：观察到的颜色深浅与溶液中物质的浓度有关。如果待测试液与标准溶液的液层厚度相等、颜色深度相同时，则二者物质浓度相同，如此定量。

方法：① 以一组同样材料制成的、形状大小相同的平底玻璃管（比色管），分别装入不同体积的已知浓度的标准溶液，并分别加入等量的显色剂及其他试剂，然后稀释至同一刻度，即形成颜色逐渐加深的标准色阶；② 测定试样时，在相同条件下样品也同样显色处理后，装入同样比色管中，与标准色阶对比。若试液与某一标准溶液的颜色深度一致，则它们的浓度相等（注意观察时，从上向下看，见图 9-18）。

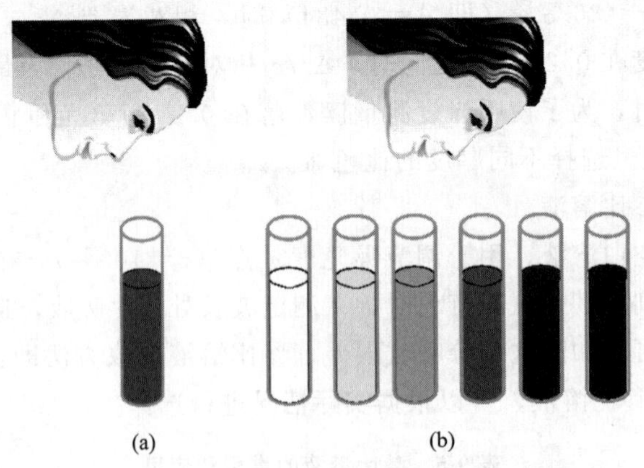

图 9-18 目视比色法观察和对比

（a）样品观察；（b）标准色阶观察

目视比色法的主要缺点是准确度不高，因为人的眼睛对不同颜色及其深度的分辨率不同，会产生较大的主观误差。但由于这种方法仪器简单、操作方便，目前仍应用于准确度要求不很高的例常分析中。例如，环境监测中用目视比色法测定水的色度（铂-钴比色法）。

2. 标准曲线法（单组分分析）

方法：① 配制一系列不同浓度的吸光物质的标准溶液，其浓度覆盖的范围含有待测样品的浓度，在干扰少的吸收峰波长处，用同样的比色皿分别测定各溶液的吸光度 A，由朗伯-比耳定律可知，浓度 c 与吸光度 A 呈线性关系。在坐标纸上，做 c-A 直线，即为标准曲线。如图 9-19 所示。

② 待测样品溶液在相同条件下进行处理和测量，根据测得的吸光度 A_x，从标准曲线上即可查出相应浓度 c_x。

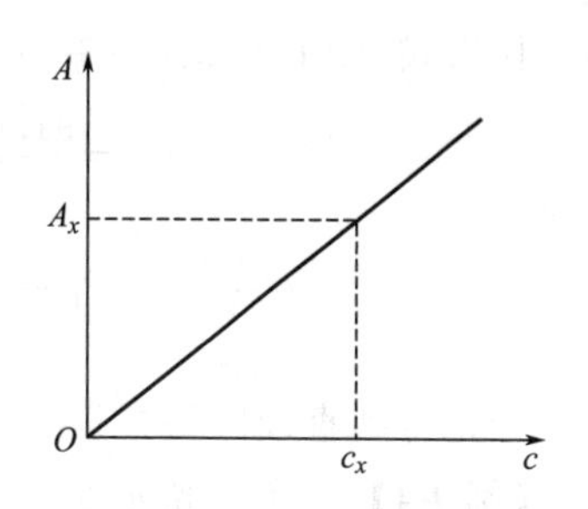

图 9-19 标准曲线示意图

在实际测绘标准曲线时，为了避免描点作图的随意性和误差。可以利用数学上的最小二乘法拟合出标准曲线方程，即得到直线回归方程。该方程的一般形式为：

$$y=bx+a \tag{9-5}$$

式中，y 为吸光度；x 为浓度；b 为斜率；a 为截距。

设 x 的取值分别为 x_1、x_2、$\cdots x_i \cdots x_n$，y 的对应值分别为 y_1、y_2、$\cdots y_i \cdots y_n$，则 a、b 值按下列公式求出：

$$a=\frac{\sum x_i^2 \sum y_i - \sum x_i \sum x_i y_i}{n\sum x_i^2 - (\sum x_i)^2} \tag{9-6}$$

$$b=\frac{n\sum x_i y_i - \sum x_i \sum y_i}{n\sum x_i^2 - (\sum x_i)^2} \tag{9-7}$$

求出 a、b 值后代入式（9-5），便得到直线回归方程。也可以采用 EXCEL 软件作图，求出回归方程，或采用带有线性回归功能的计算器处理数据，得到方程。

测定试样吸光度 A_x 值后，只要将其代入回归方程，即可计算出 c_x 值。

标准曲线的线性好坏可用回归曲线的相关系数 γ 表示，γ 由公式求得。

$$\gamma=b\sqrt{\frac{\sum(x_i-\overline{x})^2}{\sum(y_i-\overline{y})^2}} \tag{9-8}$$

相关系数 γ 越接近 1,说明标准曲线的线性越好。一般要求 $\gamma>0.999$ 时,测定的精密度越高。

标准曲线法测定的一般步骤如图 9-20 所示。

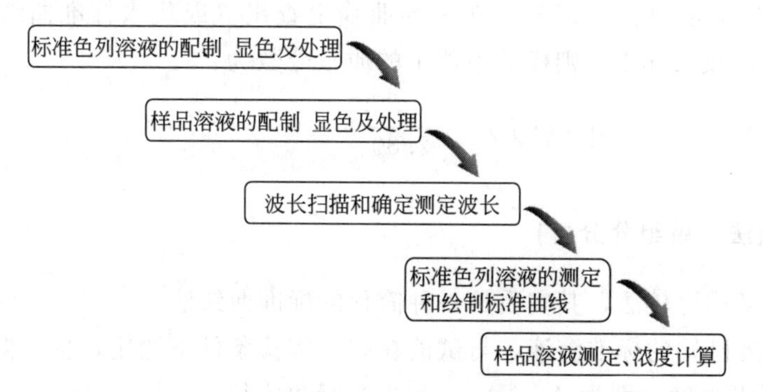

图 9-20 标准曲线法测定的一般步骤(可见分光光度分析)

当进行紫外分光光度分析时,除不需显色步骤以外,其他测定步骤与图 9-20 相同。

【例 9-3】用分光光度法测定某显色配合物的标准溶液，得到下列一组数据。求这组数据的直线回归方程。(以吸光度为 y 轴，溶液浓度为 x 轴)

标液浓度 ρ/(mg/L)	1.00	2.00	3.00	4.00	5.00	6.00
吸光度 A	0.114	0.212	0.335	0.434	0.545	0.653

解 设直线回归方程为 $y=bx+a$。由实验数据得到：

$$\sum x_i=21.00、\sum x_i^2=91.00、\sum y_i=2.293、\sum x_i y_i=9.922$$

代入式 (9-6) 和式 (9-7) 计算 a、b 值：

$$a=\frac{91.00\times2.293-21.00\times9.922}{6\times91.00-(21.00)^2}=0.002867$$

$$b=\frac{6\times9.922-21.00\times2.293}{6\times91.00-(21.00)^2}=0.1084$$

于是得到直线回归方程 $y=0.1084x+0.002867$，即 $A=0.1084\rho+0.002867$。

【例 9-4】 采用分光光度法测定芦丁含量，取样品 2.0mg 稀释至 25mL，并显色，测得吸光度为 0.563。配制芦丁的系列标准溶液，测得吸光度数值如下表所示，试确定样品中所含芦丁的含量。

样品号	1	2	3	4	5	6	7	样品
浓度 ρ/(mg/25mL)	0.000	0.100	0.200	0.300	0.400	0.500	0.600	c_x
吸光度 A	0.000	0.116	0.240	0.365	0.491	0.627	0.733	0.563

解 由标准溶液的浓度和吸光度数据，绘制标准曲线 A-ρ，如图 9-21 所示。

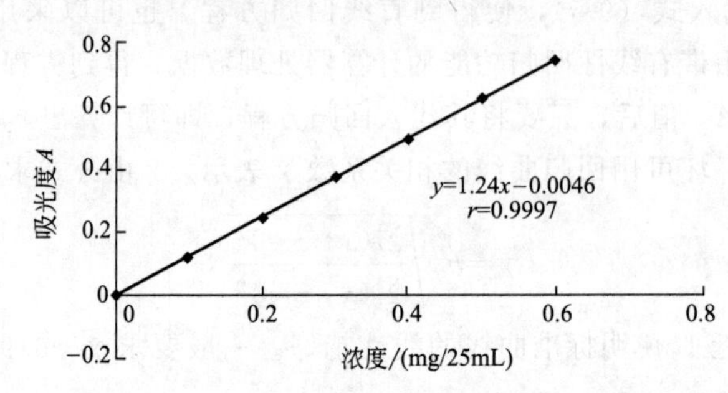

图 9-21 分光光度法测定芦丁含量的标准曲线

由样品溶液吸光度 $A_x=0.563$，在标准曲线上查出（或代入标准曲线方程计算）含有芦丁浓度为 0.458mg/25mL，则样品中芦丁的质量分数为：

$$w（芦丁）=\frac{0.458}{2.00}\times100\%=22.9\%$$

3. 标准对照法（单组分分析）

标准对照法又称比较法，其实质是一种简化的标准曲线法。

配制一份浓度已知的标准溶液，与试液在同一实验条件下测定，标准溶液和试液的浓度为 c_s、c_x，测得吸光度分别为 A_s、A_x。根据光吸收定律：

$$A_s=\varepsilon bc_s$$

$$A_x = \varepsilon b c_x$$

两式相除，比色皿厚度 b 相同，同一种吸光物质 ε 相同，故

$$\frac{A_s}{A_x} = \frac{c_s}{c_x} \text{则} c_x = \frac{A_x}{A_s} c_s \quad (9\text{-}9)$$

由此可计算出试样溶液的浓度 c_x。此法简化了绘制标准曲线的手续，但误差比标准曲线法要大些，适用于单个样品的测定。操作时应注意，配制标准溶液的浓度要接近被测试液的浓度，以减小测量误差。

【例 9-5】 采用分光光度法测定含铁溶液，已知浓度为 1.78×10^{-5} mol/L 的 Fe^{3+} 标准溶液，显色后在一定波长下用 2cm 比色皿测得吸光度为 0.376。有一含 Fe^{3+} 的试样溶液，按同样方法处理，测得的吸光度为 0.415。求试样中 Fe^{3+} 的浓度？

解 已知 $c_s = 1.78 \times 10^{-5}$ mol/L，$A_s = 0.376$，$A_x = 0.415$，代入式（9-9）

$$c_x = \frac{0.415 \times 1.78 \times 10^{-5}}{0.376} = 1.96 \times 10^{-5} \ (\text{mol/L})$$

4. 解联立方程法（多组分分析）

如果溶液中存在两个组分 X 与 Y，则首先要判断二者在测定波长处是否互相干扰，再进行测定。存在两种情况：在测定波长处，X 与 Y 组分都有吸收，测定有干扰；或者 X 与 Y 组分无吸收、无干扰。

① 如果在测定波长处，X 与 Y 组分中，只有一个组分有吸收，另一组分无吸收（即无干扰），则可按照含有单一组分一样进行测定。如图 9-22（a）所示，Y 与 X 的 λ_{max} 测定波长（λ_1 与 λ_2）互不干扰。测定 X 时选择 λ_1 波长，测定 Y 时选择 λ_2 波长，按照单一组分一样测定。

并且，当吸收波长有部分干扰时，可通过选择合适波长避免干扰，如图 9-22（b）所示，测定 X 组分时，在最大吸收波长 λ_2 处，杂质 Y 有吸收，干扰测定，因而选择 λ_1 作为测定波长，Y 无吸收，可消除其干扰。

② 在 X 的各测定波长处，Y 组分都有吸收，可利用吸光度的加和性联立方程组解得。如图 9-22（c）所示。

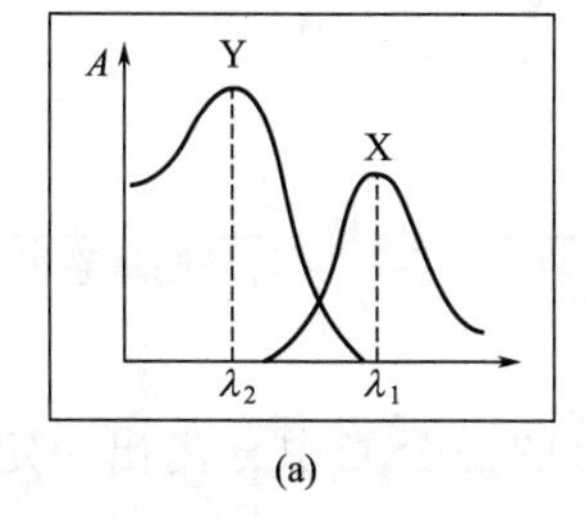

(a)

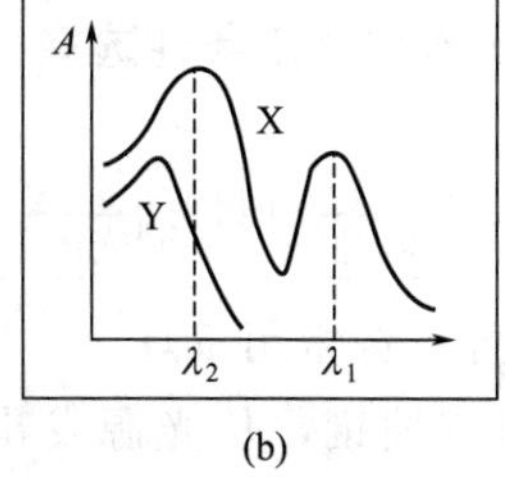

(b)

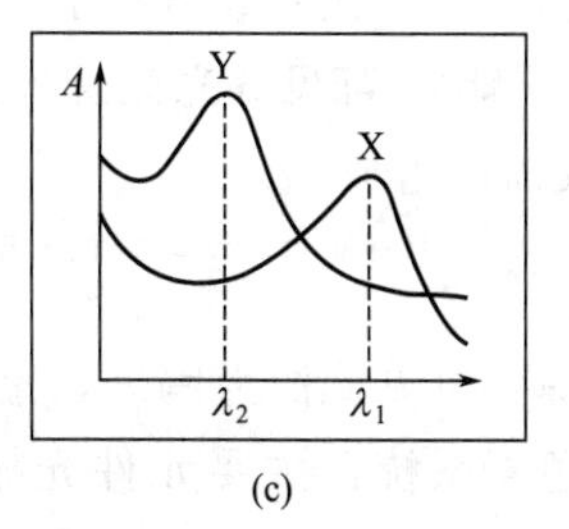

(c)

图 9-22 混合组分 X 与 Y 的吸收光谱谱图示意

取 X 与 Y 组分的最大吸收波长 λ_1 与 λ_2 分别作为入射光，测量待测溶液的吸光度 A_1 及 A_2，则：

$$\begin{cases}A_1=\varepsilon_1^{X}bc_X+\varepsilon_1^{Y}bc_Y\text{（在}\lambda_1\text{处测得}A_1=\text{X组分在}\lambda_1\text{处的吸光度}+\text{Y组分在}\lambda_1\text{处的吸光度）}\\A_2=\varepsilon_2^{X}bc_X+\varepsilon_2^{Y}bc_Y\text{（在}\lambda_2\text{处测得}A_2=\text{X组分在}\lambda_2\text{处的吸光度}+\text{Y组分在}\lambda_2\text{处的吸光度）}\end{cases}$$

注：ε_1^{X}、ε_1^{Y} 为在 λ_1 处 X 与 Y 的吸光系数；ε_2^{X}、ε_2^{Y} 为在 λ_2 处 X 与 Y 的吸光系数。

知识要点

要点 1　物质对光的吸收

（1）光的特性和物理量

光具有波粒二象性，物理量及公式：① $E=h\nu$；② $\nu=\dfrac{c}{\lambda}$。频率越高，波长越短，粒子性越明显，而波动性越弱。

紫外-可见分光光度法所利用光的波长：可见光 400～780nm、近紫外线 200～400nm。

（2）溶液对光的吸收原理

溶液的颜色：溶液显示的颜色是所透过光的颜色，与吸收光颜色互补。

吸收光谱曲线：反应溶液对各单色光的吸收多少。以波长（λ）为横坐标，吸光度（A）为纵坐标作图。每种物质都具有自己特征的光吸收曲线。

（3）光的吸收定律

① 定义吸光度　　$A=\lg\dfrac{I_0}{I_t}=-\lg\tau$

② 朗伯-比耳定律 $A=\varepsilon bc$，适用于：入射光为单色光；溶液均匀，非散射光；溶液为稀溶液（$c<0.01$mol/L）。

要点 2　显色反应和显色条件

显色剂：有机显色剂选择性和灵敏度较高，应用多，无机显色剂应用较少。

显色反应条件的选择：

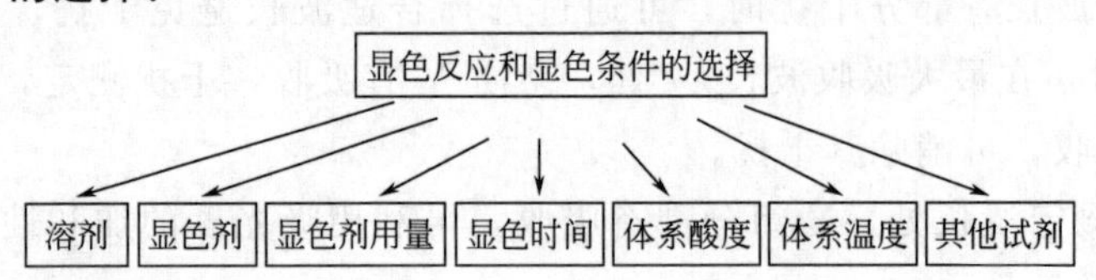

选择方法：固定其他参数条件，改变一个参数，观察实验效果或作图观察效果。选择能使测定吸光度 A 较强并数值稳定的条件作为测定较好的条件。

要点 3　紫外-可见分光光度计操作和测定条件选择

（1）仪器的组成

光源 —混合光→ 单色器 —单色光→ 吸收池 —出射光→ 光电接收器 —电信号→ 信号测量系统

① 光源：可见光源为钨灯，紫外光源常用氘灯。

② 单色器系统：主要元件光栅或棱镜，从光源发出的混合光中分离出一定波长的单色光。

③ 吸收池（比色皿）：使用前作配套性检查，以一个比色皿为参比调 $T=100\%$，测定另一只比色皿 T，二者透射比 ΔT 小于 0.5%。

④ 检测器：光电池或光电倍增管等。

⑤ 信号测量系统：转换信号，显示吸光度 A 或透光率 T 或浓度 c。

(2) 仪器操作

一般单光束分光光度计的基本操作步骤为：

预热 ⟶ 选波长 ⟶ 调零 ⟶ 调百 ⟶ 测量 ⟶ 结束

有些仪器在预热自检时即自动校准和调零，测定过程中根据需要再“调零”。

(3) 测量条件的选择

入射光波长的选择：一般由吸收光谱曲线，确定 λ_{max} 为入射光波长。如果此处有共存组分吸收和干扰时，则应考虑选择灵敏度稍低但能避免干扰的另一波长作为入射光波长。

读数范围的控制：吸光度在 0.2～0.8 之间时，$\Delta c/c$ 相对误差较小，为最佳读数范围。

选择适当的参比溶液：溶剂参比、试剂参比、试液参比、褪色参比四种，选取的原则“谁有色就用谁做参比”，从而扣除其吸收误差。

要点 4　定量分析方法

(1) 目视比色法（单组分分析）

目视观察待测试液与所配制的标准溶液的颜色，当试样溶液与某一标准溶液颜色深度相同时，则二者物质浓度相同。本法误差较大，用于准确度要求不很高的例常分析。

(2) 标准曲线法（单组分分析）

配制一系列不同浓度的标准溶液，测定每个的吸光度 A，做 A-c 曲线。待测样品溶液在相同条件下进行处理和测量，根据测得的吸光度 A_x 值在曲线上查得对应的浓度值。适用于大量样品的定量分析。

(3) 标准对照法（单组分分析）

已知浓度 c_s 标准溶液与试液 c_x，在同一实验条件下测得 A_s 和 A_x，由 $\frac{A_s}{A_x}=\frac{c_s}{c_x}$ 可求 c_x。适用于单个样品的定量分析。

(4) 解联立方程法（多组分分析）

溶液中存在两个组分 X 与 Y，首先绘制二者的吸收光谱曲线，判断测定波长处二者有无互相干扰。

① 如果在测定波长处无干扰（或者可以选择其中一个组分没有吸收的波长处测定），则可按照单一组分样品测定方法定量。

② 如果在测定波长处有干扰，在两个波长处进行吸光度测定，利用吸光度的加和性联立方程组解得各组分的含量。

习　题

一、填空题

1. 人的眼睛能感觉到的光是________，其波长范围为________。波长在________范围称为紫外线。紫外-可见分光光度法测定的波长范围是________。

2. 可见分光光度法可测定________溶液，________溶液显色后也可以测定。(有色或无色)

3. 描述某种物质对________波长光的选择________情况的曲线称为________曲

线。吸收程度最大处的波长称为________，一般选择它作为测定波长。

4. 光的吸收定律又称为________，其数学表达式________。它表明：一束平行________光垂直通过均匀稀溶液时，溶液的吸光度 A 与________及________的乘积成正比。

5. 应用光吸收定律的条件是入射光必须是________；测定的溶液是________。

6. 一般分光光度计由________、________、________、________和测量系统五部分组成。

7. 使用分光光度计的测定步骤是：预热、________、________、________和测定吸光度。

8. 吸光度的读数一般应该在________范围之内，如果不在该范围之内，可以通过改变________和调整________使读数符合要求。

9. 分光光度分析使用的两个比色皿之间透射比之差应该小于________。

10. 在紫外区使用的比色皿材质是________，在可见光区使用________比色皿。

11. 紫外分光光度计的光源是________，可见分光光度计的光源是________。

12. 衡量校准曲线的可靠性可以用线性回归的________，一般要求它大于________。

二、选择题

1. 硫酸铜溶液呈蓝色是由于它吸收了白光中的（　　）。

A. 红色光　　B. 黄色光　　C. 橙色光　　D. 蓝色光

2. Fe^{2+} 能与邻菲罗啉生成（　　）配合物，其最大吸收波长在 510nm。

A. 绿色　　B. 青蓝色　　C. 紫色　　D. 红橙色

3. 当溶液符合光的吸收定律时，把溶液稀释后，其最大吸收波长（　　）。

A. 不变　　B. 向长波方向移动　　C. 向短波方向移动　　D. 无法判断

4. 某溶液用 1cm 比色皿测得 $A=0.100$，若条件不变，改用 2cm 比色皿，则 A 值是（　　）。

A. 0.100　　B. 0.200　　C. 不确定　　D. 0.050

5. 摩尔吸光系数越大，表明（　　）。

A. 测定灵敏度越高　　B. 浓度越浓　　C. 液层厚度越厚　　D. 吸光性越差

6. 在显色反应中，关于显色剂的加入量说法正确的是（　　）。

A. 没有影响　　B. 越多越好　　C. 越少越好　　D. 适当过量

7. 分光光度计预热时，透射比 $\tau=$（　　）。

A. 100%　　B. 0%　　C. 50%　　D. 80%

8. 实际工作中有时发现标准曲线不成直线，特别当物质浓度（　　）时，表现明显偏离。

A. 低　　B. 高　　C. 适中　　D. 无变化

三、判断题

1. 任意两种不同颜色的光按一定强度比例混合都可以得到白光。

2. 不同物质 ε 不同，同一物质入射光波长不同时 ε 也不同。在做吸收光谱曲线时，每改变一个波长必须进行“调百”操作。

3. 有些有机化合物在紫外区有吸收，但是灵敏度低，干扰多，通常将这些物质显色后在可见光区测定。

4. 入射光通量$\varphi_0=\varphi_{tr}$透过光通量，说明入射光全部通过，$\tau=100\%$，$A=0$。

透过光通量$\varphi_{tr}=0$，说明入射光全部被吸收，$\tau=0$，$A=0$。

入射光通量$\varphi_0>\varphi_{tr}$透过光通量，$\tau<100\%$，$A>0$。

5. 紫外-可见分光光度法灵敏度高，可检测到$10^{-5}\sim10^{-6}$ mol/L 的物质，因而应用广泛。

6. 在分光光度法测定中，参比溶液的作用是消除溶剂和试剂等非测定物质对入射光吸收的影响。

四、计算题

1. 有一浓度为c的有色溶液，吸收了入射光线的20%，在同样的条件下浓度为$3c$的溶液的吸光度和透射比各是多少？

2. 某有色稀溶液在1.0cm的比色皿中测得的透射比为90.0%，若使测得的吸光度大于0.1，应该使用几厘米的比色皿？这时该溶液的透射比和吸光度各为多少？

3. 二苯卡巴肼法测定Cr^{6+}，已知显色液含Cr^{6+} 1.92×10^{-5} mol/L，在540nm处，用1cm比色皿测得吸光度为0.80，试计算该条件下的摩尔吸光系数。

4. 有两种不同浓度的某物质有色溶液，当液层厚度相同时，对某一波长的光，τ值分别为：(1) 35.0%；(2) 66.0%。求它们的A值？如果已知溶液(1)的浓度为2.5×10^{-4} mol/L，求溶液(2)的浓度？

5. 紫外分光光度法测定苯甲醛中微量苯甲酸含量。已知苯甲酸标准溶液浓度是0.00μg/mL、2.00μg/mL、4.00μg/mL、6.00μg/mL、8.00μg/mL、10.00μg/mL、12.00μg/mL，在226nm处，用1cm比色皿测得吸光度分别是0.000、0.142、0.286、0.434、0.576、0.720、0.844。准确移取10mL苯甲酸未知液，在100mL容量瓶中定容。在相同条件下测得试液的吸光度是0.420。试绘制标准曲线，求出回归方程、相关系数，从标准曲线上查得未知液的浓度。

6. 紫外分光光度法测定维生素C含量。已知维生素C标准溶液的浓度是0.00μg/mL、2.00μg/mL、4.00μg/mL、6.00μg/mL、8.00μg/mL、10.00μg/mL、12.00μg/mL、14.00μg/mL、16.00μg/mL，用1cm比色皿，在265nm处测得吸光度分别是0.000、0.116、0.232、0.348、0.464、0.581、0.672、0.812、0.928。准确移取10mL维生素C试液，在100mL容量瓶中定容。在相同条件下测得试液的吸光度是0.320。试用Excel软件计算回归方程及相关系数，并计算试液中维生素C的含量(μg/mL)。

附录

附录一　常用酸碱的密度和浓度

试剂名称	密度/(kg/m³)	含量/%	c/(mol/L)
盐酸	1.18～1.19	36～38	11.6～12.4
硝酸	1.39～1.40	65.0～68.0	14.4～15.2
硫酸	1.83～1.84	95～98	17.8～18.4
磷酸	1.69	85	14.6
高氯酸	1.68	70.0～72.0	11.7～12.0
冰醋酸	1.05	99.8（优级纯） 99.0（分析纯）	17.4
氢氟酸	1.13	40	22.5
氢溴酸	1.49	47.0	8.6
氨水	0.88～0.90	25.0～28.0	13.3～14.8

附录二　常用缓冲溶液

缓冲溶液组成	pK_a	缓冲溶液 pH	缓冲溶液配制方法
氨基乙酸-HCl	2.35(pK_{a_1})	2.3	取氨基乙酸 150g 溶于 500mL 水中后，加浓 HCl 80mL，再用水稀至 1L
H_3PO_4-柠檬酸盐		2.5	取 $Na_2HPO_4 \cdot 12H_2O$ 113g 溶于 200mL 水中，加柠檬酸 387g，溶解，过滤后，稀至 1L
一氯乙酸-NaOH	2.86	2.8	取 200g 一氯乙酸溶于 200mL 水中，加 NaOH 40g，溶解后，稀至 1L
邻苯二甲酸氢钾-HCl	2.95(pK_{a_1})	2.9	取 500g 邻苯二甲酸氢钾溶于 500mL 水中，加浓 HCl 80mL，稀至 1L
甲酸-NaOH	3.76	3.7	取 95g 甲酸和 40gNaOH 于 500mL 水中，溶解，稀至 1L
NH_4Ac-HAc		4.5	取 77gNH_4Ac 溶于 200mL 水中，加冰醋酸 59mL，稀至 1L
NaAc-HAc	4.74	4.7	取 83g 无水 NaAc 溶于水中，加冰醋酸 60mL，稀至 1L
NH_4Ac-HAc		5.0	取 250g NH_4Ac 溶于水中，加冰醋酸 25mL，稀至 1L
六亚甲基四胺-HCl	5.15	5.4	取六亚甲基四胺 40g 溶于 200mL 水中，加浓 HCl 10mL，稀至 1L
NH_4Ac-HAc		6.0	取 NH_4Ac 600g 溶于水中，加冰醋酸 20mL，稀至 1L

续表

缓冲溶液组成	pK_a	缓冲溶液 pH	缓冲溶液配制方法
$NaAc$-Na_2HPO_4		8.0	取无水 NaAc 50g 和 $Na_2HPO_4 \cdot 12H_2O$ 50g,溶于水中,稀至 1L
Tris-HCl[三羟甲基氨基甲烷,$H_2NC(HOCH_3)_3$]	8.21	8.2	取 25g Tris 试剂溶于水中,加浓 HCl 8mL,稀至 1L
NH_3-NH_4Cl	9.26	9.2	取 NH_4Cl 54g 溶于水中,加浓氨水 63mL,稀至 1L
NH_3-NH_4Cl	9.26	9.5	取 NH_4Cl 54g 溶于水中,加浓氨水 126mL,稀至 1L
NH_3-NH_4Cl	9.29	10.0	取 NH_4Cl 54g 溶于水中,加浓氨水 350mL,稀至 1L

注：1. 缓冲液配制后可用 pH 试纸检查。如 pH 不对，可用共轭酸或碱调节。pH 欲调节精确时，可用 pH 计调节。

2. 若需增加或减少缓冲液的缓冲容量时，可相应增加或减少共轭酸碱对的物质的量，然后按上述调节。

附录三　弱酸在水中的解离常数（25℃，$I=0$）

酸		化学式	K_a	pK_a
无机酸	砷酸	H_3AsO_4	K_{a_1} 6.5×10^{-3} K_{a_2} 1.15×10^{-7} K_{a_3} 3.2×10^{-12}	2.19 6.94 11.50
	亚砷酸	H_3AsO_3	K_{a_1} 6.0×10^{-10}	9.22
	硼酸	H_3BO_3	K_{a_1} 5.8×10^{-20}	9.24
	碳酸	H_2CO_3 (CO_2+H_2O)	K_{a_1} 4.2×10^{-7} K_{a_2} 5.6×10^{-11}	6.38 10.25
	铬酸	H_2CrO_4	K_{a_2} 3.2×10^{-7}	6.50
	氢氰酸	HCN	4.9×10^{-10}	9.31
	氢氟酸	HF	6.8×10^{-4}	3.17
	氢硫酸	H_2S	K_{a_1} 8.9×10^{-8} K_{a_2} 1.2×10^{-13}	7.05 12.92
	磷酸	H_3PO_4	K_{a_1} 6.9×10^{-3} K_{a_2} 6.2×10^{-8} K_{a_3} 4.8×10^{-13}	2.16 7.21 12.32
	硅酸	H_2SiO_3	K_{a_1} 1.7×10^{-10} K_{a_2} 1.6×10^{-12}	9.77 11.80
	硫酸	H_2SO_4	K_{a_2} 1.2×10^{-2}	1.92
	亚硫酸	H_2SO_3 (SO_2+H_2O)	K_{a_1} 1.29×10^{-2} K_{a_2} 6.3×10^{-8}	1.89 7.20
有机酸	甲酸	$HCOOH$	1.7×10^{-4}	3.77
	乙酸	CH_3COOH	1.75×10^{-5}	4.76
	丙酸	C_2H_5COOH	1.35×10^{-5}	4.87
	氯乙酸	$ClCH_2COOH$	1.38×10^{-3}	2.86
	二氯乙酸	$Cl_2CHCOOH$	5.5×10^{-2}	1.26
	氨基乙酸	$NH_3^+CH_2COOH$	K_{a_1} 4.5×10^{-3} K_{a_2} 1.7×10^{-10}	2.35 9.78
	苯甲酸	C_6H_5COOH	6.2×10^{-5}	4.21
	草酸	$H_2C_2O_4$	K_{a_1} 5.6×10^{-2} K_{a_2} 5.1×10^{-5}	1.25 4.29
	α-酒石酸	HO—CH—COOH | HO—CH—COOH	K_{a_1} 9.1×10^{-4} K_{a_2} 4.3×10^{-5}	3.04 4.37
	琥珀酸	CH_2—COOH | CH_2—COOH	K_{a_1} 6.2×10^{-5} K_{a_2} 2.3×10^{-6}	4.21 5.64

续表

	酸	化学式	K_a	pK_a
有机酸	邻苯二甲酸	$C_6H_4(COOH)_2$（邻位）	K_{a_1} 1.12×10^{-3} K_{a_2} 3.91×10^{-6}	2.95 5.41
	柠檬酸	$CH_2—COOH$ $HO—C—COOH$ $CH_2—COOH$	K_{a_1} 7.4×10^{-4} K_{a_2} 1.7×10^{-5} K_{a_3} 4.0×10^{-7}	3.13 4.76 6.40
	苯酚	C_6H_5OH	1.12×10^{-10}	9.95
	乙酰丙酮	$CH_3COCH_2COCH_3$	1×10^{-9}	9.0
	乙二胺四乙酸	$CH_2—N(CH_2COOH)_2$ $CH_2—N(CH_2COOH)_2$	K_{a_1} 0.13 K_{a_2} 3×10^{-2} K_{a_3} 1×10^{-2} K_{a_4} 2.1×10^{-3} K_{a_5} 5.4×10^{-7} K_{a_6} 5.5×10^{-11}	0.9 1.6 2.0 2.67 6.16 10.26
	8-羟基喹啉	（8-羟基喹啉结构式，N，OH）	K_{a_1} 8×10^{-6} K_{a_2} 1×10^{-9}	5.1 9.0
	苹果酸	$HO—CH—COOH$ $CH_2—COOH$	K_{a_1} 4.0×10^{-4} K_{a_2} 8.9×10^{-6}	3.4 5.0
	水杨酸	（邻羟基苯甲酸结构式，OH，COOH）	K_{a_1} 1.05×10^{-3} K_{a_2} 8×10^{-14}	2.98 13.1
	磺基水杨酸	（结构式，OH，COOH，SO_3^-）	K_{a_1} 3×10^{-3} K_{a_2} 3×10^{-12}	2.6 11.6
	顺丁烯二酸	$CH—COOH$ $\Vert$ $CH—COOH$	K_{a_1} 1.2×10^{-2} K_{a_2} 6.0×10^{-7}	1.92 6.22

附录四　弱碱在水中的解离常数（25℃，$I=0$）

碱	化学式	K_b	pK_b
氨	NH_3	1.8×10^{-5}	4.75
联氨	H_2NNH_2	K_{b_1} 9.8×10^{-7} K_{b_2} 1.32×10^{-15}	6.01 14.88
羟胺	NH_2OH	9.1×10^{-9}	8.04
甲胺	CH_3NH_2	4.2×10^{-4}	3.38
乙胺	$C_2H_5NH_2$	4.3×10^{-4}	3.37
苯胺	$C_6H_5NH_2$	4.2×10^{-10}	9.38
乙二胺	$H_2NCH_2CH_2NH_2$	K_{b_1} 8.5×10^{-5} K_{b_2} 7.1×10^{-8}	4.07 7.15
三乙醇胺	$N(CH_2CH_2OH)_3$	5.8×10^{-7}	6.24
六亚甲基四胺	$(CH_2)_6N_4$	1.35×10^{-9}	8.87
吡啶	C_5H_5N	1.8×10^{-9}	8.74
邻菲罗啉	N N	6.9×10^{-10}	9.16

附录五　标准电极电位（25℃）

电极反应	$\varphi^\ominus/V$	电极反应	$\varphi^\ominus/V$
$F_2+2e^-\longrightarrow 2F^-$	+2.87	$I_3^-+2e^-\longrightarrow 3I^-$	+0.54
$O_3+2H^++2e^-\longrightarrow O_2+H_2O$	+2.07	I_2（固）$+2e^-\longrightarrow 2I^-$	+0.535
$S_2O_3^{2-}+2e^-\longrightarrow 2SO_4^{2-}$	+2.0	$Cu^++e^-\longrightarrow Cu$	+0.52
$H_2O_2+2H^++2e^-\longrightarrow 2H_2O$	+1.77	$[Fe(CN)_6]^{3-}+e^-\longrightarrow [Fe(CN)_6]^{4-}$	+0.355
$Ce^{4+}+e^-\longrightarrow Ce^{3+}$	+1.61	$Cu^{2+}+2e^-\longrightarrow Cu$	+0.34
$2BrO_3^-+12H^++10e^-\longrightarrow Br_2+6H_2O$	+1.5	$Hg_2Cl_2+2e^-\longrightarrow 2Hg+2Cl^-$	+0.268
$MnO_4^-+8H^++5e^-\longrightarrow Mn^{2+}+4H_2O$	+1.51	$SO_4^{2-}+4H^++2e^-\longrightarrow H_2SO_3+H_2O$	+0.17
PbO_2（固）$+4H^++2e^-\longrightarrow Pb^{2+}+2H_2O$	+1.46	$Cu^{2+}+e^-\longrightarrow Cu^+$	+0.17
$BrO_3^-+6H^++6e^-\longrightarrow Br^-+3H_2O$	+1.44	$Sn^{4+}+2e^-\longrightarrow Sn^{2+}$	+0.15
$Cl_2+2e^-\longrightarrow 2Cl^-$	+1.358	$S+2H^++2e^-\longrightarrow H_2S$	+0.14
$Cr_2O_7^{2-}+14H^++6e^-\longrightarrow 2Cr^{3+}+7H_2O$	+1.33	$S_4O_6^{2-}+2e^-\longrightarrow 2S_2O_3^{2-}$	+0.09
MnO_2（固）$+4H^-+2e^-\longrightarrow Mn^{2+}+2H_2O$	+1.23	$2H^++2e^-\longrightarrow H_2$	0
$O_2+4H^++4e^-\longrightarrow 2H_2O$	+1.229	$Pb^{2+}+2e^-\longrightarrow Pb$	−0.126
$2IO_3^-+12H^++10e^-\longrightarrow I_2+6H_2O$	+1.19	$Sn^{2+}+2e^-\longrightarrow Sn$	−0.14
$Br_2+2e^-\longrightarrow 2Br^-$	+1.08	$Ni^{2+}+2e^-\longrightarrow Ni$	−0.25
$HNO_2+H^++e^-\longrightarrow NO+H_2O$	+0.98	$PbSO_4+2e^-\longrightarrow Pb+SO_4^{2-}$	−0.356
$VO_2^++2H^++e^-\longrightarrow VO^{2+}+H_2O$	+0.999	$Cd^{2+}+2e^-\longrightarrow Cd$	−0.403
$NO_3^-+3H^++2e^-\longrightarrow HNO_2+H_2O$	+0.94	$Fe^{2+}+2e^-\longrightarrow Fe$	−0.44
$Hg^{2+}+2e^-\longrightarrow 2Hg$	+0.845	$S+2e^-\longrightarrow S^{2-}$	−0.48
$Ag^++e^-\longrightarrow Ag$	+0.7994	$2CO_2+2H^++2e^-\longrightarrow H_2C_2O_4$	−0.49
$Hg_2^{2+}+2e^-\longrightarrow 2Hg$	+0.792	$Zn^{2+}+2e^-\longrightarrow Zn$	−0.7628
$Fe^{3+}+e^-\longrightarrow Fe^{2+}$	+0.771	$SO_4^{2-}+H_2O+2e^-\longrightarrow SO_3^{2-}+2OH^-$	−0.93
$2H^++O_2+2e^-\longrightarrow H_2O_2$	+0.69	$Al^{3+}+3e^-\longrightarrow Al$	−1.66
$2HgCl_2+2e^-\longrightarrow Hg_2Cl_2+2Cl^-$	+0.63	$Mg^{2+}+2e^-\longrightarrow Mg$	−2.37
$MnO_4^-+2H_2O+3e^-\longrightarrow MnO_2+4OH$	+0.588	$Na^++e^-\longrightarrow Na$	−2.713
$MnO_4^-+e^-\longrightarrow MnO_4^{2-}$	+0.57	$Ca^{2+}+2e^-\longrightarrow Ca$	−2.87
$H_3AsO_4+2H^++2e^-\longrightarrow HAsO_2+2H_2O$	+0.56	$K^++e^-\longrightarrow K$	−2.925

附录六 相对原子质量（A_r）

元素		A_r	元素		A_r
符号	名称		符号	名称	
Ag	银	107.868	Na	钠	22.98977
Al	铝	26.98154	Nb	铌	92.9064
As	砷	74.9216	Nd	钕	144.24
Au	金	196.9665	Ni	镍	58.69
B	硼	10.81	O	氧	15.9994
Ba	钡	137.33	Os	锇	190.2
Be	铍	9.01218	P	磷	30.97376
Bi	铋	208.9804	Pb	铅	207.2
Br	溴	79.904	Pd	钯	106.42
C	碳	12.011	Pr	镨	140.9077
Ca	钙	40.8	Pt	铂	195.08
Cd	镉	112.41	Ra	镭	226.0254
Ce	铈	140.12	Rb	铷	85.4678
Cl	氯	35.453	Re	铼	186.207
Co	钴	58.9332	Rh	铑	102.9055
Cr	铬	51.996	Ru	钌	101.07
Cs	铯	132.9054	S	硫	32.06
Cu	铜	63.546	Sb	锑	121.75
F	氟	18.998403	Sc	钪	44.9559
Fe	铁	55.847	Se	硒	78.96
Ga	镓	69.72	Si	硅	28.0855
Ge	锗	72.59	Sn	锡	118.69
H	氢	1.0079	Sr	锶	87.62
He	氦	4.00260	Ta	钽	180.9479
Hf	铪	178.49	Te	碲	127.60
Hg	汞	200.59	Th	钍	232.0381
I	碘	126.9045	Ti	钛	47.88
In	铟	114.82	Tl	铊	204.383
K	钾	39.0983	U	铀	238.0289
La	镧	138.9055	V	钒	50.9415
Li	锂	6.941	W	钨	183.85
Mg	镁	24.305	Y	钇	88.9059
Mn	锰	54.9380	Zn	锌	65.38
Mo	钼	95.94	Zr	锆	91.22
N	氮	14.0067			

附录七　常见化合物的摩尔质量（M）

化学式	M/（g/mol）	化学式	M/（g/mol）
Ag_3AsO_3	446.52	$CdSO_4$	208.47
Ag_3AsO_4	462.52	$CoCl_2\cdot 6H_2O$	237.93
AgBr	187.77	CuSCN	121.62
AgSCN	165.95	$CuHg(SCN)_4$	496.45
AgCl	143.32	CuI	190.45
Ag_2CrO_4	331.73	$Cu(NO_3)_2\cdot 3H_2O$	241.60
AgI	234.77	CuO	79.55
$AgNO_3$	169.87	$CuSO_4\cdot 5H_2O$	249.68
$Al(C_9H_6ON)_3$（8-羟基喹啉铝）	459.44	$FeCl_2\cdot 4H_2O$	198.81
$AlK(SO_4)_2\cdot 12H_2O$	474.38	$FeCl_3\cdot 6H_2O$	270.30
Al_2O_3	101.96	$Fe(NO_3)_3\cdot 9H_2O$	404.00
As_2O_3	197.84	FeO	71.85
As_2O_5	229.84	Fe_2O_3	159.69
$BaCO_3$	197.34	Fe_3O_4	231.54
$BaCl_2$	208.24	$FeSO_4\cdot 7H_2O$	278.01
$BaCl_2\cdot 2H_2O$	244.27	HCOOH	46.03
$BaCrO_4$	253.32	CH_3COOH	60.05
$BaSO_4$	233.39	H_2CO_3	62.03
BaS	169.39	$H_2C_2O_4$（草酸）	90.04
$Bi(NO_3)_3\cdot 5H_2O$	485.07	$H_2C_2O_4\cdot 2H_2O$	126.07
Bi_2O_3	465.96	$H_2C_4H_4O_4$（琥珀酸，丁二酸）	118.090
BiOCl	260.43	$H_2C_4H_4O_6$（酒石酸）	150.088
CH_2O（甲醛）	30.03	$H_3C_6H_5O_7\cdot H_2O$（柠檬酸）	210.14
$C_{14}H_{14}N_3O_3SNa$（甲基橙）	327.33	HCl	36.46
$C_6H_5NO_3$（硝基酚）	139.11	HNO_2	47.01
$C_4H_8N_2O_2$（丁二酮肟）	116.12	HNO_3	63.01
$(CH_2)_6N_4$（六亚甲基四胺）	140.19	H_2O_2	34.01
$C_7H_6O_6S$（磺基水杨酸）	218.18	H_3PO_4	98.00
$C_{12}H_6N_2$（邻菲罗啉）	180.21	H_2S	34.08
$C_{12}H_8N_2\cdot H_2O$	198.21	H_2SO_3	82.07
$C_2H_5NO_2$（氨基乙酸，甘氨酸）	75.07	H_2SO_4	98.07
$C_6H_{12}N_2O_4S_2$（L-胱氨酸）	240.30	$HClO_4$	100.46
$CaCO_3$	100.09	$HgCl_2$	271.50
$CaC_2O_4\cdot H_2O$	146.11	Hg_2Cl_2	472.09
$CaCl_2$	110.99	HgO	216.59
CaF_2	78.08	HgS	232.65
CaO	56.08	$HgSO_4$	296.65
$CaSO_4$	136.14	$KAl(SO_4)_2\cdot 12H_2O$	474.38
$CaSO_4\cdot 2H_2O$	172.17	KBr	119.00
$CdCO_3$	172.42	$KBrO_3$	167.00
$Cd(NO_3)_2\cdot 4H_2O$	308.48	KCN	65.116
CdO	128.41	KSCN	97.18

续表

化学式	M/(g/mol)	化学式	M/(g/mol)
K_2CO_3	138.21	Na_2BiO_3	279.97
KCl	74.55	$NaC_2H_3O_2$(醋酸钠)	82.03
$KClO_3$	122.55	$Na_3C_6H_5O_7$(柠檬酸钠)	258.07
$KClO_4$	138.55	Na_2CO_3	105.99
K_2CrO_4	194.19	$Na_2CO_3 \cdot 10H_2O$	286.14
$K_2Cr_2O_7$	294.18	$Na_2C_2O_4$	134.00
$K_3Fe(CN)_6$	329.25	NaCl	58.44
$K_4Fe(CN)_6$	368.35	$NaClO_4$	122.44
$KHC_4H_4O_6$(酒石酸氢钾)	188.18	NaF	41.99
$KHC_8H_4O_4$(邻苯二甲酸氢钾)	204.22	$NaHCO_3$	84.01
$K_3C_8H_5O_7$(柠檬酸钾)	306.40	$Na_2H_2C_{10}H_{12}O_8N_2$(EDTA二钠盐)	336.21
KI	166.00	$Na_2H_2C_{10}H_{12}O_8N_2 \cdot 2H_2O$	372.24
KIO_3	214.00	$NaH_2PO_4 \cdot 2H_2O$	156.01
$KMnO_4$	158.03	$Na_2HPO_4 \cdot 2H_2O$	177.99
KNO_2	85.10	$NaHSO_4$	120.06
KNO_3	101.10	NaOH	39.997
KOH	56.11	Na_2SO_4	142.04
K_2PtCl_6	485.99	$Na_2S_2O_3 \cdot 5H_2O$	248.17
$KHSO_4$	136.16	$NaZn(UO_2)_3(C_2H_3O_2)_9 \cdot 6H_2O$	1537.94
K_2SO_4	174.25	$NiSO_4 \cdot 7H_2O$	280.85
$K_2S_2O_7$	254.31	$Ni(C_4H_7N_2O_2)_2$(丁二酮肟镍)	288.91
$Mg(C_9H_6ON)_2$(8-羟基喹啉镁)	312.61	PbO	223.2
$MgNH_4PO_4 \cdot 6H_2O$	245.41	PbO_2	239.2
MgO	40.30	$Pb(C_2H_3O_2)_2 \cdot 3H_2O$	379.3
$Mg_2P_2O_7$	222.55	$PbCrO_4$	323.2
$MgSO_4 \cdot 7H_2O$	246.47	$PbCl_2$	278.1
$MnCO_3$	114.95	$Pb(NO_3)_2$	331.2
MnO_2	86.94	PbS	239.3
$MnSO_4$	151.00	$PbSO_4$	303.3
$NH_2OH \cdot HCl$(盐酸羟胺)	69.49	SO_2	64.06
NH_3	17.03	SO_3	80.06
NH_4	18.04	SO_4	96.06
$NH_4C_2H_3O_2$(醋酸铵)	77.08	SiF_4	104.08
NH_4SCN	76.12	SiO_2	60.08
$(NH_4)_2C_2O_4 \cdot H_2O$	142.11	$SnCl_2 \cdot 2H_2O$	225.63
NH_4Cl	53.49	$SnCl_4$	260.50
NH_4F	37.04	SnO	134.69
$NH_4Fe(SO_4)_2 \cdot 12H_2O$	482.18	SnO_2	150.69
$(NH_4)_2Fe(SO_4)_2 \cdot 6H_2O$	392.13	$SrCO_3$	147.63
NH_4HF_2	57.04	$Sr(NO_3)_2$	211.63
$(NH_4)_2Hg(SCN)_4$	468.98	$SrSO_4$	183.68
NH_4NO_3	80.04	$TiCl_3$	154.24
NH_4OH	35.05	TiO_2	79.88
$(NH_4)_3PO_4 \cdot 12MoO_3$	1876.34	$ZnHg(SCN)_4$	498.28
$(NH_4)_2S_2O_8$	228.19	$ZnNH_4PO_4$	178.39
$Na_2B_4O_7$	201.22	ZnS	97.44
$Na_2B_4O_7 \cdot 10H_2O$	381.37	$ZnSO_4$	161.44

参考文献

[1] 王桂芝，王淑华．化学分析检验技术．北京：化学工业出版社，2015.

[2] 刘尧．无机及分析化学．北京：高等教育出版社，2013.

[3] 赵晓华．无机及分析化学．北京：中国轻工业出版社，2012.

[4] 徐英岚．无机及分析化学．第3版．北京：中国农业出版社，2012.

[5] 张振宇．化工分析．第3版．北京：化学工业出版社，2012.

[6] 叶芬霞．无机及分析化学实验．北京：高等教育出版社，2003.

[7] 姚金柱．化工分析例题与习题．北京：化学工业出版社，2009.

[8] 王新．化学分析技术．北京：化学工业出版社，2012.

[9] 赵金安，张慧勤．无机及分析化学实验与指导．郑州：郑州大学出版社，2007.

[10] 胡伟光，张文英．定量化学分析实验．第2版．北京：化学工业出版社，2009.

[11] 李楚芝，王桂芝．分析化学实验．第2版．北京：化学工业出版社，2006.

[12] 刘珍．化验员读本．第4版．北京：化学工业出版社，2004.

[13] 中华人民共和国国家标准 GB/T 601—2002. 化学试剂标准滴定溶液的制备．北京：中国标准出版社，2004.

[14] 中华人民共和国国家标准 GB/T 14666—2003. 分析化学术语．北京：中国标准出版社，2004.

[15] 中华人民共和国国家标准 GB/T 8170—2008. 数值修约规则与极限数值的表示和判定．北京：中国标准出版社，2008.

元素周期表

IUPAC 2013

图例：95 Am 镅˄ $5f^77s^2$ 243.06138(2)✦（+2 +3 +4 +5 +6）
- 原子序数
- 元素符号(红色的为放射性元素)
- 元素名称(注˄的为人造元素)
- 价层电子构型
- 氧化态(单质的氧化态为0，未列入；常见的为红色)
- 以 $^{12}C=12$ 为基准的原子量(注✦的是半衰期最长同位素的原子量)

s区元素　p区元素　d区元素　ds区元素　f区元素　稀有气体

周期\族	1 ⅠA	2 ⅡA	3 ⅢB	4 ⅣB	5 ⅤB	6 ⅥB	7 ⅦB	8	9 ⅧB(Ⅷ)	10	11 ⅠB	12 ⅡB	13 ⅢA	14 ⅣA	15 ⅤA	16 ⅥA	17 ⅦA	18 ⅧA(0)	电子层
1	1 H 氢 $1s^1$ 1.008 −1 +1																	2 He 氦 $1s^2$ 4.002602(2)	K
2	3 Li 锂 $2s^1$ 6.94 +1	4 Be 铍 $2s^2$ 9.0121831(5) +2											5 B 硼 $2s^22p^1$ 10.81 +3	6 C 碳 $2s^22p^2$ 12.011 −4 +2 +4	7 N 氮 $2s^22p^3$ 14.007 −3 −2 −1 +1 +2 +3 +4 +5	8 O 氧 $2s^22p^4$ 15.999 −2 −1	9 F 氟 $2s^22p^5$ 18.998403163(6) −1	10 Ne 氖 $2s^22p^6$ 20.1797(6)	L K
3	11 Na 钠 $3s^1$ 22.98976928(2) −1 +1	12 Mg 镁 $3s^2$ 24.305 +2											13 Al 铝 $3s^23p^1$ 26.9815385(7) +3	14 Si 硅 $3s^23p^2$ 28.085 −4 +2 +4	15 P 磷 $3s^23p^3$ 30.973761998(5) −3 −2 +1 +3 +5	16 S 硫 $3s^23p^4$ 32.06 −2 +2 +4 +6	17 Cl 氯 $3s^23p^5$ 35.45 −1 +1 +3 +5 +7	18 Ar 氩 $3s^23p^6$ 39.948(1)	M L K
4	19 K 钾 $4s^1$ 39.0983(1) −1 +1	20 Ca 钙 $4s^2$ 40.078(4) +2	21 Sc 钪 $3d^14s^2$ 44.955908(5) +3	22 Ti 钛 $3d^24s^2$ 47.867(1) −1 0 +2 +3 +4	23 V 钒 $3d^34s^2$ 50.9415(1) 0 +2 +3 +4 +5	24 Cr 铬 $3d^54s^1$ 51.9961(6) −3 0 ±1 +2 +3 +4 +5 +6	25 Mn 锰 $3d^54s^2$ 54.938044(3) −2 0 ±1 +2 +3 +4 +5 +6 +7	26 Fe 铁 $3d^64s^2$ 55.845(2) −2 0 ±1 +2 +3 +4 +5 +6	27 Co 钴 $3d^74s^2$ 58.933194(4) 0 ±1 +2 +3 +4 +5	28 Ni 镍 $3d^84s^2$ 58.6934(4) 0 ±1 +2 +3 +4	29 Cu 铜 $3d^{10}4s^1$ 63.546(3) +1 +2 +3 +4	30 Zn 锌 $3d^{10}4s^2$ 65.38(2) +1 +2	31 Ga 镓 $4s^24p^1$ 69.723(1) +1 +3	32 Ge 锗 $4s^24p^2$ 72.630(8) +2 +4	33 As 砷 $4s^24p^3$ 74.921595(6) −3 +3 +5	34 Se 硒 $4s^24p^4$ 78.971(8) −2 +2 +4 +6	35 Br 溴 $4s^24p^5$ 79.904 −1 +1 +3 +5 +7	36 Kr 氪 $4s^24p^6$ 83.798(2) +2 +4	N M L K
5	37 Rb 铷 $5s^1$ 85.4678(3) −1 +1	38 Sr 锶 $5s^2$ 87.62(1) +2	39 Y 钇 $4d^15s^2$ 88.90584(2) +3	40 Zr 锆 $4d^25s^2$ 91.224(2) +1 +2 +3 +4	41 Nb 铌 $4d^45s^1$ 92.90637(2) 0 ±1 +2 +3 +4 +5	42 Mo 钼 $4d^55s^1$ 95.95(1) 0 ±1 +2 +3 +4 +5 +6	43 Tc 锝˄ $4d^55s^2$ 97.90721(3)✦ 0 +1 +2 +3 +4 +5 +6 +7	44 Ru 钌 $4d^75s^1$ 101.07(2) 0 +1 ±2 +3 +4 +5 +6 +7 +8	45 Rh 铑 $4d^85s^1$ 102.90550(2) 0 ±1 +2 +3 +4 +5 +6	46 Pd 钯 $4d^{10}$ 106.42(1) 0 +1 +2 +3 +4	47 Ag 银 $4d^{10}5s^1$ 107.8682(2) +1 +2 +3	48 Cd 镉 $4d^{10}5s^2$ 112.414(4) +1 +2	49 In 铟 $5s^25p^1$ 114.818(1) +1 +3	50 Sn 锡 $5s^25p^2$ 118.710(7) +2 +4	51 Sb 锑 $5s^25p^3$ 121.760(1) −3 +3 +5	52 Te 碲 $5s^25p^4$ 127.60(3) −2 +2 +4 +6	53 I 碘 $5s^25p^5$ 126.90447(3) −1 +1 +3 +5 +7	54 Xe 氙 $5s^25p^6$ 131.293(6) +2 +4 +6 +8	O N M L K
6	55 Cs 铯 $6s^1$ 132.90545196(6) −1 +1	56 Ba 钡 $6s^2$ 137.327(7) +2	57~71 La~Lu 镧系	72 Hf 铪 $5d^26s^2$ 178.49(2) +1 +2 +3 +4	73 Ta 钽 $5d^36s^2$ 180.94788(2) 0 ±1 +2 +3 +4 +5	74 W 钨 $5d^46s^2$ 183.84(1) 0 ±1 +2 +3 +4 +5 +6	75 Re 铼 $5d^56s^2$ 186.207(1) 0 ±1 +2 +3 +4 +5 +6 +7	76 Os 锇 $5d^66s^2$ 190.23(3) 0 +1 +2 +3 +4 +5 +6 +7 +8	77 Ir 铱 $5d^76s^2$ 192.217(3) 0 +1 +2 +3 +4 +5 +6	78 Pt 铂 $5d^96s^1$ 195.084(9) 0 +2 +3 +4 +5 +6	79 Au 金 $5d^{10}6s^1$ 196.966569(5) +1 +2 +3 +5	80 Hg 汞 $5d^{10}6s^2$ 200.592(3) +1 +2 +3	81 Tl 铊 $6s^26p^1$ 204.38 +1 +3	82 Pb 铅 $6s^26p^2$ 207.2(1) +2 +4	83 Bi 铋 $6s^26p^3$ 208.98040(1) −3 +3 +5	84 Po 钋 $6s^26p^4$ 208.98243(2)✦ −2 +2 +4 +6	85 At 砹 $6s^26p^5$ 209.98715(5)✦ ±1 +5 +7	86 Rn 氡 $6s^26p^6$ 222.01758(2)✦ +2	P O N M L K
7	87 Fr 钫˄ $7s^1$ 223.01974(2)✦ +1	88 Ra 镭 $7s^2$ 226.02541(2)✦ +2	89~103 Ac~Lr 锕系	104 Rf 𬬻˄ $6d^27s^2$ 267.122(4)✦	105 Db 𬭊˄ $6d^37s^2$ 270.131(4)✦	106 Sg 𬭳˄ $6d^47s^2$ 269.129(3)✦	107 Bh 𬭛˄ $6d^57s^2$ 270.133(2)✦	108 Hs 𬭶˄ $6d^67s^2$ 270.134(2)✦	109 Mt 鿏˄ $6d^77s^2$ 278.156(5)✦	110 Ds 𫟼˄ 281.165(4)✦	111 Rg 𬬭˄ 281.166(6)✦	112 Cn 鿔˄ 285.177(4)✦	113 Nh 鿭˄ 286.182(5)✦	114 Fl 𫓧˄ 289.190(4)✦	115 Mc 镆˄ 289.194(6)✦	116 Lv 𫟷˄ 293.204(4)✦	117 Ts 鿬˄ 293.208(6)✦	118 Og 鿫˄ 294.214(5)✦	Q P O N M L K

★ 镧系	57 La★ 镧 $5d^16s^2$ 138.90547(7) +3	58 Ce 铈 $4f^15d^16s^2$ 140.116(1) +2 +3 +4	59 Pr 镨 $4f^36s^2$ 140.90766(2) +3 +4	60 Nd 钕 $4f^46s^2$ 144.242(3) +2 +3 +4	61 Pm 钷˄ $4f^56s^2$ 144.91276(2)✦ +3	62 Sm 钐 $4f^66s^2$ 150.36(2) +2 +3	63 Eu 铕 $4f^76s^2$ 151.964(1) +2 +3	64 Gd 钆 $4f^75d^16s^2$ 157.25(3) +3	65 Tb 铽 $4f^96s^2$ 158.92535(2) +3 +4	66 Dy 镝 $4f^{10}6s^2$ 162.500(1) +3 +4	67 Ho 钬 $4f^{11}6s^2$ 164.93033(2) +3	68 Er 铒 $4f^{12}6s^2$ 167.259(3) +3	69 Tm 铥 $4f^{13}6s^2$ 168.93422(2) +2 +3	70 Yb 镱 $4f^{14}6s^2$ 173.045(10) +2 +3	71 Lu 镥 $4f^{14}5d^16s^2$ 174.9668(1) +3
★ 锕系	89 Ac★ 锕 $6d^17s^2$ 227.02775(2)✦ +3	90 Th 钍 $6d^27s^2$ 232.0377(4) +3 +4	91 Pa 镤 $5f^26d^17s^2$ 231.03588(2) +3 +4 +5	92 U 铀 $5f^36d^17s^2$ 238.02891(3) +2 +3 +4 +5 +6	93 Np 镎 $5f^46d^17s^2$ 237.04817(2)✦ +3 +4 +5 +6 +7	94 Pu 钚 $5f^67s^2$ 244.06421(4)✦ +3 +4 +5 +6 +7	95 Am 镅˄ $5f^77s^2$ 243.06138(2)✦ +2 +3 +4 +5 +6	96 Cm 锔˄ $5f^76d^17s^2$ 247.07035(3)✦ +3 +4	97 Bk 锫˄ $5f^97s^2$ 247.07031(4)✦ +3 +4	98 Cf 锎˄ $5f^{10}7s^2$ 251.07959(3)✦ +2 +3 +4	99 Es 锿˄ $5f^{11}7s^2$ 252.0830(3)✦ +2 +3	100 Fm 镄˄ $5f^{12}7s^2$ 257.09511(5)✦ +2 +3	101 Md 钔˄ $5f^{13}7s^2$ 258.09843(3)✦ +2 +3	102 No 锘˄ $5f^{14}7s^2$ 259.1010(7)✦ +2 +3	103 Lr 铹˄ $5f^{14}6d^17s^2$ 262.110(2)✦ +3